LA
PÉRIODE GLACIAIRE

ÉTUDIÉE PRINCIPALEMENT

EN FRANCE ET EN SUISSE

PAR

A. FALSAN

CORRESPONDANT DU MINISTÈRE DE L'INSTRUCTION PUBLIQUE
POUR LA CONSERVATION DES BLOCS ERRATIQUES, ETC., ETC.

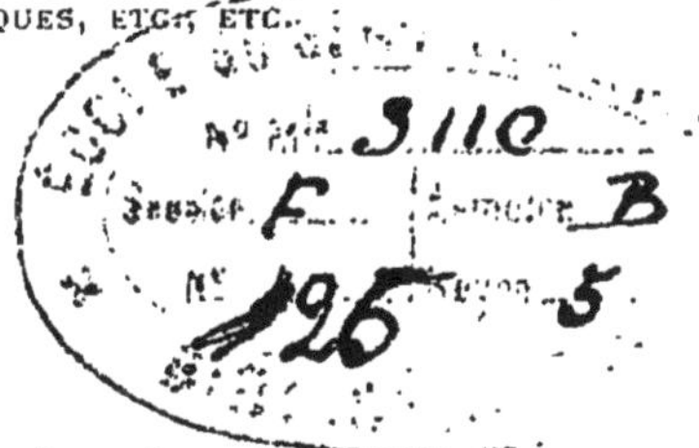

Avec 105 gravures dans le texte, et 2 planches hors texte

PARIS
ANCIENNE LIBRAIRIE GERMER BAILLIÈRE ET Cie
FÉLIX ALCAN, ÉDITEUR
108, BOULEVARD SAINT-GERMAIN, 108

1889

« Lorsque la neige fit son apparition sur la terre, l'évaporation « agissait encore avec une grande puissance. La condensation alors « s'est localisée sur les points les plus froids, sur les pôles et sur « les montagnes. C'est l'introduction dans les causes géologiques « d'un élément nouveau, l'eau solide avec toute sa puissance. »

(Ed. Collomb, *Bibl. univ. de Genève*, mars 1848.)

LA

PÉRIODE GLACIAIRE

GLACIER DU RHONE

LA PÉRIODE GLACIAIRE

INTRODUCTION

CONSIDÉRATIONS GÉNÉRALES

Influence de la chaleur sur les phénomènes naturels. — Sources de la chaleur. — Chaleur solaire. — Zones climatériques principales, lignes isothermes. — Influence des montagnes sur les lignes isothermes. — Influence des mers et des continents. — Influence de l'altitude sur le développement de la vie et sur certains phénomènes géologiques. — Climats principaux de la France. — Liaison entre le climat, la flore et la faune. — Groupements principaux des espèces végétales et animales. — Rapports entre les flores et les faunes fossiles et celles de nos jours. — Détermination des anciens climats par l'étude comparée des flores et des faunes fossiles. — Flores et faunes de l'époque houillère; Saint-Étienne. — Flores et faunes des terrains jurassiques; lac d'Armailles. — Différenciation des climats. — Mode de dispersion des végétaux. — Apparition de la glace et des premiers glaciers sur le globe. — Flores des terrains tertiaires; flore pliocène de Meximieux. — Flores fossiles du pôle Nord. — Conclusions. — Époque glaciaire, terrain erratique; but de l'auteur.

Influence de la chaleur sur les phénomènes naturels. — La chaleur a toujours exercé un rôle considérable sur la production des phénomènes naturels qui se sont passés ou qui se passent encore sur la terre. Le monde organique est soumis à son influence, et le monde inorganique ne lui échappe pas. La chaleur combinée avec l'humidité a présidé à l'apparition de la vie sur notre globe; et c'est elle qui en a favorisé le développement; c'est elle qui la maintient chaque jour. Les plantes et les animaux se multiplient, se groupent, se propagent ou s'éteignent selon la plus ou moins grande quantité de chaleur qu'ils reçoivent. C'est encore la chaleur qui fait subir à l'eau ces étranges métamorphoses, qui la transforment en vapeur, ou qui la solidifient en neige ou en glace. C'est elle qui donne l'impulsion aux grands fleuves océaniques, et qui, en se combinant avec d'autres forces, agite dans l'atmosphère les immenses courants aériens.

En remontant la série des âges les plus anciens, le naturaliste la voit intervenir dans la formation de la nébuleuse terrestre et dans sa concentration en un noyau solide, noyau qu'elle a injecté de roches plutoniques et de laves.

Enfin le géologue retrouve encore son influence, lorsqu'il étudie ces vastes nappes diluviennes qui ne sont que la conséquence d'énormes précipitations aqueuses, ou lorsqu'il observe ces terrains étranges auxquels les glaciers ont donné un aspect si anormal et si caractéristique!

Sources de la chaleur. — Mais quelles sont donc les sources principales de cette chaleur dont la variété dans les effets égale la puissance? Évidemment nous devons, dans cette étude de certains phénomènes d'histoire naturelle, laisser de côté toutes les sources de chaleur résultant de l'industrie humaine. Nous ne tiendrons pas plus compte de la chaleur rayonnée par les espaces célestes que de la chaleur développée par l'étincelle électrique d'un nuage orageux. L'une est trop faible pour nous donner des résultats appréciables; l'autre a des effets trop restreints et trop isolés, malgré la violence de leur intensité.

Après cette élimination, il nous reste à parler de deux sources de chaleur : l'une interne, propre et spéciale à la terre; l'autre externe, ayant pour foyer le soleil lui-même. La première s'est progressivement amoindrie en perdant peu à peu l'énergie qu'elle avait manifestée, lorsque les éléments de notre globe se groupaient pour avoir une existence indépendante. Ce calorique intense, stérile, rayonna dans l'espace, et, par suite, les couches géologiques superficielles se sont refroidies du haut en bas. Les restes de cette chaleur initiale se sont réfugiés à l'intérieur du globe. Sans doute avant l'épaississement de la croûte terrestre, cette chaleur interne put réagir, comme le thermosiphon d'une serre chaude, sur les organismes qui se développèrent à la surface des premiers continents, mais cette chaleur obscure était peu propre à favoriser l'épanouissement de la vie, et son action s'effaça promptement devant celle du soleil qui versait sur notre planète des flots incessants de lumière et de chaleur.

Chaleur solaire. — La chaleur solaire, malgré l'éloignement de l'astre qui la fournit, est donc le véritable agent qui manifeste partout son action sur la terre. Depuis des myriades de siècles, son intensité a dû varier, et elle variera encore, mais rien ne détruira les liens mystérieux qui lui ont toujours subordonné les êtres vivant sur la terre. Privation de lumière et de chaleur a toujours été et sera toujours synonyme de mort! Aussi, en mesurant en chaque lieu la puissance du calorique qui l'échauffe, de la lumière qui l'illumine, on peut en quelque sorte calculer l'intensité de la vie qui s'y développe; on peut même préciser un certain nombre de phénomènes géologiques qui ont pu s'y manifester.

Il est évident que cette quantité de chaleur se mesurerait facilement, si la terre présentait constamment au soleil une surface discoïdale toujours perpendiculaire à la direction moyenne des rayons lumineux et caloriques qui la frappent. Sur tous les points de ce disque, la chaleur serait uniformément la même. Mais, il n'en est pas ainsi; la surface de la terre est sphérique et les rayons solaires l'échauffent inégalement en raison de leur obliquité; la rotation de la terre sur elle-même, sa translation autour du soleil, l'inclinaison de son axe sur le plan de l'écliptique viennent encore compliquer les lois du réchauffement terrestre et leur impriment des caractères bien connus. Ce n'est pas tout; les irrégularités orographiques de la surface de la terre et l'inégale distribution des mers et des terres font naître de nouvelles difficultés.

En théorie, il serait donc très difficile et fort complexe de calculer pour chaque région l'action moyenne des divers éléments géométriques de la forme de la terre, combinés avec les éléments météorologiques, c'est-à-dire de déterminer le climat d'un lieu quelconque. En pratique, en se servant de divers thermomètres et d'autres instruments analogues perfectionnés, il est aisé d'obtenir ce résultat; ce n'est qu'une affaire de temps et d'habileté.

Zones climatériques principales; lignes isothermes. — Ces observations thermométriques faites avec soin et dans des milliers de stations ont été très fécondes en données scientifiques. Non seulement tout le monde sait aujourd'hui que la surface terrestre, au point de vue général, peut se diviser en cinq grandes zones suivant la chaleur et la lumière qu'elle reçoit sur chaque point, mais encore, on est parvenu à subdiviser ces zones principales en zones secondaires, à en suivre les limites sinueuses, à déterminer les causes de leur manque de parallélisme, enfin, à indiquer comment les aréas occupés par les principaux groupes de végétaux et d'animaux s'adaptent aux exigences du climat moyen de chaque grande région.

De l'équateur aux pôles, les différences de température peuvent être considérables. Ainsi dans l'hémisphère sud, à l'intérieur de l'Afrique et de l'Australie, la température moyenne peut s'élever jusqu'à 30° C., tandis que, au nord-est de la Sibérie et au nord de l'Amérique septentrionale, à l'île de Parry (pôle de froid), le thermomètre descend, en moyenne, à — 40° en janvier [1]. Entre ces deux points extrêmes on pourrait trouver des stations offrant toutes les températures moyennes intermédiaires, dispersées sans aucune symétrie géométrique, mais suivant la résultante des éléments météorologiques locaux. Sur les océans, les lignes isothermes sont plus régulières; elles s'infléchissent vers le nord, tandis que celles

1. Mohn, *Météorologie pratique;* trad. par Decaudin-Labesse, p. 69 et 70.

des grands continents, malgré la bizarrerie de leurs tracés, ont une tendance à descendre vers le sud [1].

Influence des montagnes sur la direction des lignes isothermes. — Les causes qui modifient la direction des lignes isothermes sont très complexes; les accidents orographiques, la présence de grandes masses d'eau, etc., font varier leur tracé. En effet, qu'il se rencontre, sur le tracé imaginaire d'une ligne isotherme, un massif ou une chaîne de montagnes élevées, voilà une déviation qui se produit. Ces cimes, n'étant plus protégées contre le rayonnement par d'épaisses couches atmosphériques, se refroidissent et se transforment en puissants condensateurs. A leur approche, la vapeur d'eau charriée par les courants aériens se précipite en pluies abondantes ou en neige qui elle-même engendre des névés et des glaciers. En outre les masses d'air chaud qui s'élèvent de la plaine contre les parois de la montagne se dilatent et se refroidissent. Le climat se modifie, la moyenne en est moins chaude, et la ligne isotherme s'infléchit vers le sud. De plus lorsque d'énormes banquises de 1000 mètres d'épaisseur et d'un volume de plusieurs myriades de mètres cubes se détachent des glaciers du pôle Nord, suivent le courant polaire et contournent le banc de Terre-Neuve, pour se laisser entraîner ensuite en contresens vers le nord-est par le Gulf-Stream, l'atmosphère environnante devient d'un froid intense, et même la température des côtes occidentales de l'Europe s'abaisse [2]. De cette manière, M. le professeur Fournet expliquait une baisse thermométrique qui se produit souvent dans nos régions dans le mois de mai, et que les habitants de nos campagnes attribuent naïvement aux *trois saints de glace, saint Pacôme, saint Servais et saint Boniface!*

Également, d'après M. le professeur de la Rive [3], la basse température des années de 1816 à 1818 a été la conséquence d'une débâcle de glace qui eut lieu dans les mers polaires et sur les côtes du Groënland.

Influence des mers et des continents. — Si une vaste mer intérieure, comme la Méditerranée, s'étend sur le tracé d'une ligne isotherme, cette ligne se bifurque, comme pour renfermer ce bassin, dont la température uniforme a favorisé sur ses bords le développement d'une flore offrant presque partout les mêmes caractères. Le rôle de cette mer intérieure a donc été d'emmagasiner de la chaleur pour la répandre ensuite sur les contrées qu'elle baigne [4].

1. Mohn, *Météorologie pratique*, p. 68.
2. Élisée Reclus, *la Terre*, t. II, p. 54.
3. Séance de la Société de phys. et d'hist. nat. de Genève, 16 février 1860. — A. Favre, *Recherches*, etc., t. I, p. 192. — A. Favre, *Description géologique du canton de Genève*, t. I, p. 107.
4. Élisée Reclus, *la Terre*, t. II, p. 527.

Peu importe si les eaux marines forment de grands courants ou bien restent stagnantes, l'effet produit par elles sur le climat et sur la flore sera toujours en raison de leur température : le Gulf-Stream réchauffe les côtes occidentales de l'Europe, tandis que le contre-courant polaire refroidit les contrées littorales des États-Unis qu'il contourne. La direction des lignes isothermes se trouve donc déviée par suite de ces conditions thermiques opposées.

Au point de vue général, dans toutes les régions qui s'étendent au bord des océans, l'amplitude des variations climatériques est peu sensible ; c'est le caractère propre des climats *moyens* ou *marins*. Mais loin des mers, qui ne sont en définitive que de vastes compensateurs, les oscillations du climat s'accentuent et les moyennes différentielles de l'hiver s'éloignent énormément de celles de l'été. Les climats deviennent alors *extrêmes*, comme dans l'intérieur des grands continents, de l'Asie, par exemple. Souvent, même dans ces conditions, l'air est si peu humide que cette sécheresse devient un grand obstacle pour le développement d'une flore abondante ; on le constate dans le grand désert de Gobi ou de Chamo[1].

Les climats, tout en variant d'après la latitude et en se refroidissant de l'équateur aux pôles, subissent donc l'influence de nombreux accidents locaux qui peuvent changer l'état thermométrique et météorologique de l'air. Telle est l'origine de ces apparentes irrégularités dans la distribution des climats et de ces divergences de direction entre les lignes isothermes et les cercles parallèles.

Influence de l'altitude sur le développement de la vie et sur certains phénomènes géologiques. — Comme nous l'avons déjà dit, l'altitude, tout aussi bien que la latitude, exerce une action sur le climat d'un pays [2]. Les hautes montagnes sont à leurs cimes des magasins de froid et d'humidité. A mesure qu'on s'élève sur leurs flancs, on voit donc la température s'abaisser comme si on s'avançait de l'équateur vers les pôles. Il est vrai que ces changements s'opèrent beaucoup plus rapidement, puisque, en moyenne, sur les flancs des montagnes de la Suisse, une différence en altitude de 160 mètres en été et de 240 mètres en hiver correspond à deux degrés de latitude environ et à un abaissement de température d'un degré centigrade [3]. A chaque étage, la flore et la faune se modifient pour s'adapter aux nouvelles conditions thermiques de l'atmosphère, car la chaleur est toujours le principal facteur du climat et par conséquent le régulateur du groupement des plantes et des animaux.

A une hauteur qui s'abaisse à mesure qu'on s'éloigne de l'équateur et qui finit par être au niveau de la mer, près des pôles, la

1. H. Mohn, *les Phénomènes de l'atmosphère*, p. 273.
2. H. Mohn, *les Phénomènes de l'atmosphère*, p. 59, 61.
3. Élisée Reclus, *la Terre*, t. II, p. 492, et pl. XIX, p. 474.

végétation s'appauvrit, la vie animale s'éteint pour ainsi dire, en se réfugiant dans quelques organismes inférieurs; la neige et la glace recouvrent le sol, où elles peuvent se maintenir. Le froid règne en souverain dans ces tristes régions et, dans son empire, les forces dynamiques de la nature exercent seules leur puissance. C'est là que fonctionnent les glaciers. Après avoir été engendrés par la transformation des névés en glace, ils se dilatent, progressent, usent les roches, les creusent, les strient, en transportent des débris de toutes grosseurs. Partout le silence, le froid, la neige et la glace! Cependant, ces mornes solitudes, tant qu'elles se maintiennent dans les zones tropicales et tempérées, ne sont jamais aussi désolées que celles des pôles, car elles ne sont jamais ensevelies dans une longue nuit de plusieurs mois; chaque jour, le soleil vient les visiter et leur verser sa lumière.

Climats principaux de la France. — Pour tout un système montagneux, pour toute une chaîne de montagnes, cet abaissement altitudinal de température ne suit pas sur chaque versant une marche uniforme; bien des accidents locaux peuvent le faire varier suivant l'exposition du lieu, la configuration du sol, la direction et la nature des vents dominants, etc.; souvent, chaque versant présente un climat particulier. Dans les plaines, les conditions météorologiques sont plus régulières, néanmoins il faut une série d'observations aussi nombreuses que bien faites pour se rendre compte du climat d'un pays ou même d'un seul groupe de montagnes.

Par cette méthode, on est arrivé à déterminer en France sept climats principaux en tenant compte de la configuration orographique des régions, de la température moyenne, de l'humidité et des autres facteurs. Généralement les limites de ces divers climats se confondent avec celles des régions agricoles naturelles, car chaque climat est plus favorable à tel ou tel groupe de plantes, plutôt qu'à tout autre. Sans doute, bien des végétaux peuvent croître dans toute la France; mais la plupart sont cantonnés dans des régions distinctes, où ils trouvent la quantité de chaleur et d'humidité qui leur convient : là, ce sont les palmiers, les orangers, les oliviers qui sont les plantes caractéristiques du climat; ici ce sont les noyers, la vigne, le blé, etc.; ailleurs le seigle, le hêtre; plus haut les sapins, les rhododendrons, etc.

Liaison entre le climat, la faune et la flore. — Les rapports qui unissent la végétation d'un lieu avec les conditions météorologiques qui y règnent, sont tellement intimes, constants, réguliers que l'étude d'un certain nombre de plantes recueillies dans cette même région suffirait pour permettre d'établir le climat de ce lieu. Nous insistons sur ce point.

Parfois un débris d'une seule plante caractéristique donnerait une garantie suffisante pour arriver à un résultat approximatif satisfaisant.

Réciproquement la connaissance exacte du climat d'une contrée quelconque peut, *a priori*, faire pressentir la composition de la flore qui s'y étale.

Tout ce que nous venons de dire relativement aux végétaux, nous pourrions le répéter pour les animaux. Des liens analogues, aussi réguliers, aussi constants, rattachent leurs groupements à l'influence du climat de chaque région.

Seulement comme les animaux ont la faculté de se mouvoir, et quelques-uns, celle d'émigrer, les contours des aréas qu'ils occupent, se modifient plus facilement et ne sont pas aussi tranchés que ceux des cantonnements des plantes. Mais, en général, les faunes et les flores sont subordonnées aux exigences de la latitude et des sinuosités des lignes isothermes.

Groupements principaux des espèces végétales et animales. — Ces études climatologiques détaillées ne pourraient convenir que pour des monographies locales, car, si on adoptait cette méthode pour de vastes travaux d'ensemble, on se laisserait arrêter à chaque instant par un réseau inextricable de difficultés.

En se plaçant à un point de vue général pour embrasser un hémisphère ou une large étendue, on est forcé de tracer des démarcations moins compliquées et de simplifier les divisions. Ainsi, Unger établit dans l'hémisphère nord sept zones, en subdivisant les zones principales, et y fit rentrer toutes les espèces végétales. Cette classification se base sur l'influence de la chaleur et du climat, combinée avec celle de la latitude, et entre chaque groupe il existe des différences facilement appréciables.

Il convient ici de faire encore une remarque : vers les régions polaires, les espèces sont peu nombreuses, mais relativement abondantes, et elles offrent partout les mêmes caractères; à mesure qu'on descend vers l'équateur, on voit leur nombre se multiplier prodigieusement, tandis que la beauté des formes progresse et s'épanouit. En même temps la différenciation des espèces, quoique dans les mêmes zones, s'accentue de plus en plus pour chaque continent si bien que, aux mêmes latitudes, à mesure qu'on avance vers le sud, souvent on aurait plutôt des espèces analogues que des espèces semblables. Ce défaut d'identité ne saurait néanmoins empêcher un botaniste de distinguer facilement les végétaux de chaque zone, tant le soleil et la chaleur leur ont imprimé un caractère marqué.

Le groupement des animaux marins est plus simple, parce que le tracé des lignes isothermes sur les océans se confond bien des fois avec celui des parallèles terrestres. Forbes, qui a étudié cette classe d'animaux avec soin, a également établi sa classification sur les conditions diverses de chaleur et de climat, et n'a signalé que cinq zones homozoïques. Agassiz s'est encore appuyé sur les mêmes principes pour grouper tous les animaux du globe en huit régions zoologiques. Au lieu de former des zones concentriques autour du globe, ces régions constituent des aires isolées qui se distinguent les unes des autres par les caractères des espèces qu'elles renferment; parfois même ces formes sont tellement étranges que, au lieu de se relier à celles du monde actuel, elles paraissaient plutôt se rattacher à celles des mondes géologiques disparus. Ainsi, sans doute, grâce à un climat qui est resté immobile depuis des âges bien reculés, les animaux et les végétaux semblent être restés stationnaires en Australie et dans la Nouvelle-Zélande.

Rapports et différences entre les flores et les faunes fossiles et celles de nos jours. — Les études botaniques et zoologiques entreprises dans ces singulières régions ont été fécondes en résultats scientifiques, elles ont fourni des termes de comparaison qui ont permis aux géologues de reconstituer par la pensée l'état de la terre aux époques anciennes, houillères, jurassiques, crétacées ou tertiaires, etc. En effet, au lieu de concentrer toute leur attention sur l'étude de la surface de la terre et celle des plantes et des animaux qui l'animent, la peuplent et l'embellissent, si les naturalistes observent les couches plus inférieures ou plus anciennes, ils voient qu'elles renferment des débris nombreux de végétaux et d'animaux disposés entre eux dans un ordre rigoureux, spécial, et groupés d'après des lois fixes de corrélation dans les formes, si bien que chaque étage renferme pour ainsi dire les vestiges d'un monde à part. On ne tarda pas à constater que lès faunes et les flores des couches inférieures ne correspondaient pas à celles de l'époque actuelle qui leur étaient superposées et que par conséquent les conditions climatériques dans lesquelles elles s'étaient développées n'avaient pas été les mêmes, et que la quantité de chaleur qu'elles avaient reçue avait considérablement varié.

Détermination des anciens climats par l'étude comparée des flores et des faunes fossiles. — Pouvait-on arriver à connaitre ces variations thermiques? Était-il possible de reconstituer ces anciens climats? La climatologie générale, la géographie botanique et la paléontologie avaient fait assez de progrès pour donner le droit de répondre affirmativement à ces questions. Que fallait-il en effet pour résoudre ces problèmes? Il ne s'agissait que de trouver de nos jours dans la nature des termes de comparaison ; puis de rapprocher chaque flore ou chaque faune fossile des groupes similaires de plantes et d'animaux vivants et d'attribuer le développement des deux termes de comparaison aux mêmes influences climatériques. La connaissance du climat actuel de la contrée choisie pour type amène ainsi à préciser facilement l'ancien climat de telle ou telle station géologique qu'il s'agit d'étudier; de la sorte, on peut se rendre compte du milieu dans lequel ont vécu les fossiles enfermés dans toutes les couches anciennes.

Cette prétention n'est pas exagérée et, dans les pages précédentes, notre but a été uniquement de chercher à mettre en évidence la légitimité de ces rapprochements, de ces conclusions, en indiquant les bases qui servaient d'appui à cette méthode scientifique.

Il serait inutile de suivre les travaux de Brongniart, de Cuvier, de Schimper, de Gaudry, de Heer, d'Owen, de Boyd Dawkins, de Grand'Eury, de de Saporta, de Lesquereux et de tant d'autres savants paléontologistes; nous ne citerons que quelques exemples de localités particulièrement connues de nous. Ainsi, qu'on étudie avec Brongniart, ou MM. Grand'Eury et Renault les empreintes végétales dispersées dans les schistes et les grès houillers du bassin de la Loire, ou avec M. de Saporta [1] les plantes des terrains jurassiques, telles que les Cycadées et les Conifères que nous avons recueillis avec lui sur les bords du lac d'Armailles en Bugey (Ain), et qu'on tienne compte des débris de vertébrés qui accompagnent ces restes de flores, on peut arriver à reconnaître que ces régions jouissaient d'un climat plus chaud que de nos jours. Cependant, il n'est pas possible de comparer d'une manière absolue la flore du terrain houiller ou des terrains jurassiques avec celle d'une contrée déterminée des zones tropicales ou subtropicales actuelles.

Flores et faunes de l'époque houillère; Saint-Étienne. — Du temps des houilles, la flore terrestre tout entière était très loin de son développement final; il n'y avait place pour aucune plante angiospermique; il n'existait donc que des cryptogames et des gymnospermes. Par conséquent entre les flores fossiles et les flores tropicales ou subtropicales contemporaines, on ne saurait trouver les termes précis d'une comparaison rigoureuse, car ces dernières sont aussi riches en angiospermes qu'en autres plantes.

Cependant, à l'aide de certains indices et particulièrement des fougères arborescentes qui demandent de la chaleur et de l'humidité, on peut avec raison présumer que la température de l'époque houillère était élevée. Mais comme les fougères en arbres sont assez dispersées et qu'il en existe dans des régions relativement froides de l'Australie, c'est plutôt par l'étude d'un ensemble de caractères particuliers aux animaux et aux plantes de cet âge que l'on est amené à la présomption d'une élévation climatérique importante, et surtout d'une égalité de climat répandue uniformément sur toute la surface du globe. Cette égalité a dû persister pendant les premières périodes, après les dépôts houillers, en sorte que la végétation d'abord incomplète, en même temps

1. *Paléontologie française*, 2e série; *Plantes jurassiques*, t. II, Cycadées, etc.

qu'uniforme, du pôle à l'équateur, a tendu, sur tous les points occupés par elle, à acquérir des types destinés à la compléter, en cessant peu à peu d'être semblable à elle-même.

Le climat fut donc tout d'abord universellement chaud et humide, très différent en cela même du climat actuel du bassin de Saint-Étienne; de là cette diversité étrange de formes qui apparaît d'une manière si évidente, lorsque, dans ce même bassin, on compare les représentants de la nature organique actuelle avec les débris de la flore et de la faune fossiles des couches carbonifères.

Plus tard le climat perdit en humidité et en chaleur, et graduellement il se différencia d'après la latitude.

Flores et faunes des terrains jurassiques; lac d'Armailles. — Dans le cours du jurassique, la flore est composée d'éléments plus amis de la sécheresse, plus coriaces; les plantes renferment moins de parties molles et vertes, et plus de parties dures, mais le règne végétal a perdu de sa richesse.

Ici nous manquons encore de termes précis de comparaison, et ce qui existe ne peut guère nous guider dans une appréciation rigoureuse du passé. Il faut nous contenter d'aperçus généraux et réunir les indices qui nous sont offerts de diverses parts, si nous voulons arriver à une conclusion relative au climat de l'époque jurassique.

Quant à l'appréciation du climat qui a favorisé le développement de la flore du lac d'Armailles, riche en cycadées et en conifères, particulièrement en cupressinées, on ne peut la préciser qu'en employant la méthode précédente et en consultant d'autres éléments que ceux de cette flore. En effet, s'il y a des cycadées qui exigent une chaude température, il en est d'autres qui s'accommodent du climat de Cannes et de Nice (+ 16° C. de moyenne annuelle) et la plupart des cupressinées se contentent aussi d'un pareil climat. Néanmoins, il est plus que probable que le climat des temps jurassiques et par suite celui qui régnait pendant le dépôt des schistes bitumineux du Bugey et du lac d'Armailles, étaient bien plus chauds que celui de nos jours. Toutefois, c'est surtout en étudiant les restes des vertébrés, par exemple, des reptiles à sang froid, enfermés dans les strates jurassiques qu'on peut établir la nécessité d'une température élevée à cette époque, puisque l'existence des grands reptiles à respiration aérienne est corrélative de cette élévation de température. Leurs tailles considérables l'attestent autant que leur structure.

Différenciation des climats. Mode de dispersion des végétaux. — Ce qui paraît aussi certain, c'est que, vers le commencement de la craie, l'égalité primitive vint à s'altérer petit à petit et les différenciations des climats débutèrent par un certain abaissement relatif de la température vers les alentours immédiats du pôle Nord et par conséquent du pôle opposé. A ce moment, le règne végétal acheva de se développer et reçut la plus grande partie de son complément; ces faits semblent prouver une certaine connexion entre les phénomènes thermiques et les phénomènes de la marche ascensionnelle de la vie. On est donc tenté de supposer que l'apparition ou l'extension des angiospermes qui se montrent partout, à l'époque du cénomanien, ait eu lieu vers le nord de la zone tempérée boréale actuelle, le long du cercle polaire, mais plutôt, à ce qu'il semble, en dehors de lui. C'est l'opinion que M. de Saporta a été amené à adopter à la suite de ses études sur le développement de la végétation, et Darwin lui-même, consulté par cet auteur, n'était pas loin de l'admettre. Il faut croire encore que la chaleur relative qui a pu être modérée, lorsqu'elle s'étendait également partout, s'accentua par contraste vers l'équateur à mesure que le nord se refroidissait progressivement. Mais, jusqu'à présent, nous ignorons quelle était la nature de la flore équatoriale, alors que le climat de l'extrême nord s'abaissait graduellement et que la zone tempérée actuelle jouissait d'une température tropicale.

Il reste acquis que les espèces et les genres ne cessèrent, depuis la craie moyenne jusqu'à la fin du tertiaire, de descendre du nord au sud et d'être refoulés petit à petit vers cette direction, tandis que d'autres espèces venant du pôle s'avançaient pour les remplacer.

Apparition de la glace et des premiers glaciers sur le globe. — Ce mouvement s'est opéré à différentes reprises jusqu'à ce que, à la fin du miocène supérieur, l'espace circumpolaire ait été enfin occupé par d'immenses glaciers dont il doit rester encore des lambeaux en quelque sorte fossiles, comme le dit M. de Lapparent [1]. Telle serait la date de la première apparition de la glace sur la terre.

Dans ces conditions le pôle Nord vit disparaître progressivement tous les végétaux qui l'avaient habité si longtemps : d'abord ceux des plaines, émigrés les premiers, puis ceux des montagnes, descendus dans le fond des vallées et finalement émigrés à leur tour, sinon éliminés entièrement.

Flores des terrains tertiaires; flore pliocène de Meximieux. — A Meximieux, notre ami M. de Saporta et nous, nous n'avons plus trouvé les vestiges d'une flore subtropicale. A l'époque pliocène, la chaleur y était moins forte qu'à Armailles. Les lauriers-roses, les bambous, les liquidambars, les laurinées canariennes avaient déjà remplacé les cycadées et les formes anciennes des conifères jurassiques, de telle sorte que M. de Saporta put rattacher le climat des cascatelles incrustantes de Meximieux à celui des iles Canaries [2]. Il l'évalua même à une moyenne annuelle de 17° C.; la moyenne estivale avait dû être de 20° et celle de l'hiver ne devait pas descendre au-dessous de 12°. De nos jours la température

1. *Traité de géologie,* p. 296.

2. Marquis de Saporta et A. F. Marion, Recherches sur les végétaux fossiles de Meximieux (Ain), *Archives du Muséum d'hist. nat. de Lyon,* t. I, p. 311. — *Tirage à part,* p. 181.

moyenne de Meximieux est de 11°,8 et il faudrait descendre jusqu'à Palerme pour retrouver cette moyenne de 17° !

Flores fossiles du pôle Nord. Conclusions. — Mais pour faire comprendre les différences qui peuvent exister entre les climats anciens et le climat moderne d'une même contrée, nous ne pouvons rien faire de mieux que de rappeler les découvertes de fossiles houillers, jurassiques, crétacés et tertiaires, faites au delà du cercle polaire arctique par Mac-Clure, Armstrong et surtout par l'illustre Nordenskjold. Avant d'avoir été ensevelis sous la neige et les glaces, le Groënland et le Spitzberg ont été jadis revêtus d'une riche végétation. Les savants travaux de O. Heer, chargé de déterminer toutes ces curieuses empreintes, ne laissent aucun doute à cet égard; c'est même au milieu des zones tempérées et tropicales qu'il a été forcé de chercher des types de comparaison pour étudier ces flores polaires. En définitive, partout l'examen scientifique des débris animaux et végétaux renfermés dans chaque terrain fournit des documents analogues qui permettent de rétablir avec une approximation suffisante les évolutions climatériques d'une région déterminée, pendant les âges anciens. C'est donc avec raison qu'on a dit que les fossiles étaient en quelque sorte les *médailles de l'histoire de la terre* [1]. Mais si on n'embrasse que la partie climatologique de cette histoire, ne peut-on pas aussi les comparer à des thermomètres et autres instruments de physique analogues, puisque ce sont eux qui nous donnent les moyens de reconstituer les climats des mondes disparus et d'en mesurer les variations successives?

De l'exposé de ces faits, il résulte une conclusion générale : c'est que le mode de distribution de la chaleur et de l'humidité à la surface de la terre n'a pas toujours été en raison de ce que nous voyons aujourd'hui.

Pour des causes que nous chercherons à indiquer plus loin, la chaleur primitive, répandue sur le sol, était plus élevée qu'elle ne l'est à notre époque; en outre elle était répandue partout uniformément; mais cet équilibre ne tarda pas à se rompre, et la chaleur, obéissant à une loi impérieuse, s'abaissa progressivement à partir des pôles pour se concentrer en définitive et se maintenir stationnaire vers l'équateur.

Pendant ce temps-là les climats commencèrent à s'établir, et d'après leurs différences on partagea la surface de la terre en plusieurs zones concentriques irrégulières. La température de ces diverses zones se modifia pour s'amoindrir progressivement, tandis que les végétaux et les espèces animales, maintenus par la chaleur dans une étroite sujétion, étaient forcés de s'éloigner des pôles comme de leur centre de dispersion. Ils vinrent ensuite

1. Hooke, Discours sur les tremblements de terre, *Œuvres posthumes*, 1705. — Cf. Lyell, *Principes de géologie*, chap. III, liv. Ier, p. 74, trad. Tullia Meulen.

se grouper en abondance dans les régions tropicales, après avoir laissé derrière eux, dans des cantonnements distincts, toutes les espèces qui avaient pu se plier aux exigences d'un climat qui allait en se refroidissant selon la latitude et même l'altitude des lieux.

Époque glaciaire, terrain erratique; but de l'auteur. — A une époque relativement peu éloignée de nous, cet abaissement thermique fut tellement accentué qu'il engendra des phénomènes géologiques inconnus jusqu'alors. Puis, après cette période de refroidissement, les moyennes annuelles se relevèrent en donnant naissance aux climats divers dont nous jouissons.

Ce sont précisément ces faits et ceux qui leur sont subordonnés que nous nous proposons d'étudier avec attention, en mettant à profit la méthode que nous venons d'exposer, mais en la généralisant encore pour nous servir d'autres moyens d'investigation de caractères tout spéciaux, et propres à ce genre d'études.

La chaleur n'impressionne pas seulement les êtres animés, le monde inorganique est soumis à son influence et à son action. Nous l'avons déjà dit, le froid ou plutôt le manque de chaleur agit sur les roches et leurs débris, à toutes les latitudes, aux sommets des montagnes élevées, avec autant d'énergie qu'au delà du cercle polaire. Lorsque ces conditions de froid se rencontrent, les roches même les plus dures se fendent et s'écroulent en fragments plus ou moins volumineux. Tantôt ces débris sont transportés par les glaciers voisins, tantôt ils sont façonnés ou écrasés par eux, puis déposés pêle-mêle en nappes ou en bourrelets concentriques qui constituent alors de véritables formations géologiques qu'on ne peut confondre avec aucun autre terrain, et qu'on nomme *erratiques* ou *glaciaires*. Plus tard, tous ces matériaux sont souvent repris par les eaux courantes qui les entraînent, les roulent, les classent d'après leur grandeur et leur densité, pour les déposer par ordre à des distances plus ou moins grandes.

Aujourd'hui les amas erratiques glaciaires sont en voie de formation seulement dans les régions froides, où existent des glaciers, et c'est près des *mers de glace* qu'on assiste à leur genèse, qu'on peut suivre les phases successives de leur évolution.

Depuis longtemps ce fait était admis, mais on n'y avait d'abord pas attaché assez d'importance, car ces phénomènes auraient pu servir de termes de comparaison pour expliquer la formation de certains terrains géologiques dont l'origine était restée mystérieuse. En procédant ainsi, on aurait suivi une méthode analogue à celle que nous avons prise pour reconstituer les anciens climats, en comparant des débris fossiles à des types vivant actuellement.

En effet, aujourd'hui, bien loin des tristes champs de neige et de leurs solitudes stériles, des terrains semblables aux terrains glaciaires s'étalent dans de vastes plaines ou sur des coteaux inondés de chaleur et de lumière, parés d'une riche végétation et animés par les mouvements d'une faune nombreuse. Comment expliquer la présence de ces terrains dans un milieu si différent de celui qui est nécessaire à leur formation? Mais il y a plus : ces terrains, jadis si problématiques et néanmoins si fortement caractérisés, apparaissent parfois en lits ou en de grandes nappes intercalées au milieu de couches inférieures, remplies de fossiles qui avaient exigé pour vivre une quantité de chaleur bien plus considérable que celle qui est nécessaire au fonctionnement des glaciers. Quelle était la raison de cette apparente anomalie? Depuis les récents progrès de la science, la solution de ces problèmes paraît des plus évidentes. des plus simples ; pourtant elle a été fort lente à se faire jour. Une foule de théories ont été hasardées pour essayer de rendre compte de l'origine du terrain erratique; et les auteurs se sont livré des luttes très vives pour les défendre. Ce ne fut qu'après ces longues et ardentes discussions que la vérité apparut. Alors il fallut bien admettre que ces phénomènes ne pourraient s'expliquer que si l'on supposait que le climat de la terre s'était modifié, ou assez abaissé, pour favoriser l'extension des anciens glaciers jusque dans les plaines ouvertes, et cela à toutes les latitudes. L'existence de ce refroidissement climatérique, de cette *période glaciaire* une fois acceptée, il devenait tout naturel d'attribuer à l'action d'anciens glaciers l'origine des terrains erratiques ou glaciaires qui apparaissent actuellement loin des glaciers modernes.

En France, les phénomènes de la période glaciaire ont eu un développement grandiose. Les Alpes, le Jura, les Vosges, les Cévennes, le Plateau central, les Pyrénées ont servi de théâtres à ces derniers épisodes de notre histoire géologique. Nous allons essayer d'en tracer les principales scènes.

Mais auparavant nous chercherons à suivre rapidement, l'évolution des théories diverses proposées pour expliquer le transport du terrain et des blocs erratiques, le creusement des lacs, la progression des glaciers et les causes de la période glaciaire.

Après avoir tenté de retrouver les conditions météorologiques qui régnaient pendant la durée de cette étrange série de phénomènes et de chercher quelle a été leur influence sur le développement de la flore et de la faune, nous examinerons rapidement la question anthropologique dans ses rapports avec l'extension des glaciers quaternaires.

Puis nous étudierons d'une manière toute spéciale l'ancien glacier du Rhône, qui était le plus étendu et le plus puissant des glaciers quaternaires de la France et de l'Europe centrale.

Enfin, nous nous efforcerons de signaler, d'après leurs explorateurs, les traces laissées par les phénomènes glaciaires dans les Vosges, la Bretagne, le bassin de Paris, le Morvan, l'Auxois, le Beaujolais, le Lyonnais, les Cévennes, le Plateau central et les Pyrénées.

CHAPITRE PREMIER

TRANSPORT DU TERRAIN ERRATIQUE

ÉVOLUTION DES THÉORIES A CE SUJET

Généralités. — Auteurs anciens. — Diluvianistes. — École physico-théologique. — Théories diluviennes scientifiques. — De Saussure. — Ebel, Dolomieu, De Luc jeune. — De Buch. — Escher de la Linth. — Fournet, Élie de Beaumont. — Glaciairistes, considérations préliminaires. — Opinions des écrivains anciens sur les glaciers. — J. de Charpentier, Perraudin, Venetz. — Gœthe, Esmark, etc. — J. de Charpentier, suite; Agassiz, Schimper. — Dernières luttes entre les diluvianistes et les glaciairistes. — De Luc. — Studer, Necker, Rendu, Agassiz, etc. — Théories mixtes : Darwin, Wissmann, Murchison, Lyell, Sartorius de Waltershausen. — *Essai sur les glaciers*, J. de Charpentier. — Guyot, Studer, Hugi, Ch. Martins, Desor, Blanchet, Dollfus-Ausset, Ed. Collomb : glacier de l'Aar.

Généralités. — Maintenant, après de longues hésitations, il est admis que, à l'époque quaternaire, les glaciers avaient acquis une extension énorme et qu'ils s'étalaient largement sur de vastes régions, d'où ils ont complètement disparu. En outre, on attribue à ces mêmes glaciers le transport des blocs et du terrain erratiques, ainsi qu'une partie de l'érosion des vallées et des lacs.

Ce sont là deux vérités qui sont venues récemment agrandir le domaine de la science. Mais la possession de ces vérités ne peut suffire à notre esprit; nous voulons aller au delà; nous voulons savoir au prix de quelles peines, de quels travaux, elles ont été conquises; nous voulons connaître quelles théories on a créées et quelle voie on a suivie pour arriver à la solution des problèmes qui se lient à ces grands faits.

Nous allons donc nous efforcer de répondre rapidement à toutes ces questions.

Auteurs anciens. — Pendant de longues séries de siècles l'homme resta indifférent à l'étude scientifique de la terre, et, même en face des scènes les plus grandioses de la nature, il ne fut accessible qu'à de violentes émotions de crainte et de terreur, ou bien à une admiration confuse. Au lieu d'essayer d'analyser les phénomènes pour remonter à leurs causes et à leurs lois, il préféra les attribuer à l'action mystérieuse d'êtres chimériques, enfantés par sa jeune imagination. Ainsi les Grecs, malgré la science de leurs philosophes, voyaient dans le cratère de l'Etna l'entrée des forges de Vulcain. Ils ne retrouvaient dans les vents et les tempêtes que le souffle d'Eole, et dans les phénomènes électriques que les effets de la foudre du Maître de l'Olympe. Les innombrables galets de la Crau d'Arles, ces alluvions de la Durance et du Rhône qui se relient si intimement à notre sujet, n'étaient pour Eschyle et Strabon que les restes d'une grêle de cailloux lancés par Hercule ou par Jupiter lui-même, contre un ennemi de ce demi-dieu et le peuple intrépide des Liguriens [1].

Cette légende grecque fut transmise aux colons romains qui donnèrent à cette vaste plaine d'alluvions le nom de *Campi lapidei*. Les poètes en créant ces fictions n'avaient fait que revêtir d'une forme gracieuse les idées ou les sentiments des populations qui les entouraient, si bien que, jusqu'au moyen âge et même jusqu'au milieu du siècle dernier, cette interprétation de la nature se modifia peu, et persista dans bien des esprits. Ne se maintient-elle pas encore dans les campagnes reculées? Les fées, les génies et d'autres êtres fantastiques se sont seulement substitués aux créations mythologiques.

Enfin quelques rares esprits d'élite fondèrent, il est vrai, l'*Histoire naturelle*, mais souvent leur œuvre n'était qu'un travail de compilation, où des masses de faits étaient acceptés sans critique. D'ailleurs les philosophes anciens étaient trop impatients de découvrir la vérité pour se livrer à la minutieuse étude des faits. Ils étaient plus portés à créer de toutes pièces des théories et des systèmes cosmogoniques qu'à interroger chaque couche de la terre, pour distinguer et classer chaque terrain et arriver ainsi à former un corps de doctrines vraiment scientifiques. En suivant cette voie on négligea la géologie, la science de la terre.

Les vers d'Ovide si souvent cités :

> Vidi ego quod fuerat quondam solidissima tellus
> Esse fretum; vidi factas ex æquore terras, etc. [2].

ne peuvent être regardés comme les premières lignes d'un traité de géologie, mais simplement comme l'exposé des idées de l'école pythagoricienne sur les variations que subissent les phénomènes naturels, sous l'influence de ce qu'on a appelé plus tard les *causes actuelles* [3].

Diluvianistes. École physico-théologique. — Il faut remonter jusqu'au XVIe siècle pour constater des essais de géologie paléontologique et stratigraphique dans les œuvres de Bernard Palissy (1580)

1. Strabon, liv. IV; cf. Elisée Reclus, *Nouvelle géog. de la France*, p. 235.
2. *Métamorphoses*, lib. XV, 262.
3. Sainte-Claire Deville, *Coup d'œil historique sur la géologie*, p. 85, 86.

et de quelques savants italiens [1]. Mais ce fut le Danois Sténon, fixé à la cour du grand-duc de Toscane (1669), qui fit faire de véritables progrès à cette science. Malheureusement il voulut concilier ses nouvelles idées avec les Écritures Saintes et, se laissant impressionner par le récit du déluge mosaïque, autant que par la puissance des eaux qu'il avait vues en mouvement, il fonda en quelque sorte l'école des diluvianistes, et nous ne devons insister que sur ce côté de ses travaux.

Il supposait que les eaux diluviennes provenaient de l'intérieur de la terre, où elles s'étaient réfugiées, lorsqu'originairement la séparation de la terre et de la mer s'était opérée, et, comme le dit sir Ch. Lyell [2], de telles hypothèses n'étaient pas faites pour ajouter au mérite du traité de Sténon; mais plus tard elles ont servi de germes à diverses théories populaires. Revêtues de longs développements, elles ont été reproduites et présentées comme des idées nouvelles jusqu'à ces dernières années.

L'illustre de Saussure lui-même n'a pu se soustraire à leur influence, comme nous le verrons plus loin.

Dans ces conditions le terrain erratique ne pouvait pas encore être séparé des autres terrains superficiels, déposés par les eaux diluviennes. L'attention s'était seulement portée sur les blocs erratiques les plus volumineux; leurs positions isolées dans les plaines ou sur le flanc des montagnes, parfois dans un équilibre instable, leurs formes étranges avaient toujours frappé l'imagination des populations primitives. Elles ne surent pas séparer leur origine de celle d'autres gros blocs de calcaire ou de granite que les agents atmosphériques ont façonnés sur place dans presque toutes les régions montagneuses; mais elles leur donnèrent des noms bizarres, leur vouèrent souvent une sorte de culte superstitieux, et les crurent taillés ou transportés par des géants plus ou moins légendaires : Goliath, Samson, Gargantua, etc.

Après Sténon, de nombreux théologiens italiens, allemands, anglais, français prirent part aux discussions scientifiques, et presque tous eurent à cœur de trouver dans le déluge de Noé l'explication des phénomènes géologiques et de la dispersion des fossiles loin des mers. Il fallait même une certaine indépendance de caractère pour refuser de partager ces opinions, comme le firent Hooke en Angleterre (1688) et Leibnitz en Allemagne (1680) [3].

Ray (1692), Woodward (1695), Burnet (1690), Whiston (1696), Hutchinson (1724), en Angleterre, furent les plus brillants défenseurs des théories diluviennes, et Ray fut un des premiers écri-

1. Lyell, *Principes de géologie*, t. I, p. 60 et suivantes.
2. Lyell, *Principes*, t. I, p. 65.
3. Lyell, *Principes*, t. I, p. 72 et suivantes.

vains qui s'occupèrent des effets de l'eau courante à la surface de la terre.

Aucun de ces auteurs ne fut embarrassé pour indiquer l'origine des eaux diluviennes. Pour les uns des tremblements de terre ou un changement du centre de gravité du globe avaient déterminé la rupture de la croûte terrestre et permis aux eaux de s'échapper de leurs cavernes souterraines; d'autres attribuaient ces effets à la chaleur des rayons solaires, qui avait fissuré l'enveloppe superficielle de la terre. Whiston fit même intervenir l'attraction de la queue d'une comète pour pouvoir supposer la réalisation d'une semblable hypothèse!

Pourtant, à certains points de vue, on ne peut nier le savoir et l'habileté de ces auteurs; mais ajoutons avec Lyell que jamais, dans aucune branche des sciences, une illusion théorique ne se mêla d'une manière plus fâcheuse à l'observation exacte et à la classification systématique des faits!

Ces différents systèmes, où les observations scientifiques se confondaient avec des déductions théologiques, furent réfutés et même tournés en ridicule par Vallisnieri et d'autres géologues italiens, qui s'efforcèrent ainsi de ramener la science dans la voie plus rationnelle qu'avaient su lui ouvrir autrefois leurs précurseurs, Léonard de Vinci, Fracastoro, etc. [1].

Toutefois, il faut être juste, au milieu des rêveries de l'école *physico-théologique* la science fit de véritables progrès; on commença à classer les divers terrains; on fit un groupe à part des terrains de transport ou d'alluvions; on attribua leur origine à l'action des eaux courantes, et on leur donna plus tard le nom de *terrains diluviens*, lorsque William Buckland eut mis en usage dans la langue scientifique le nom de *diluvium* [2].

Théories diluviennes scientifiques. — Rien n'était plus juste que l'attribution de cette origine aux alluvions, mais on eut le tort de confondre deux terrains distincts : les alluvions et le terrain erratique, dont les caractères sont très différents, ainsi que nous l'avons dit dans les pages précédentes. Cette distinction ne se fit que plus tard, au commencement de notre siècle, avec beaucoup de peine, et, tout d'abord, par un petit nombre d'observateurs. C'était la présence des gros blocs erratiques et la difficulté d'expliquer leur charriage qui compliquaient la question; mais cette complication n'effraya pas les partisans des théories diluviennes. Petit à petit, les discussions perdirent leurs caractères théologiques, mais l'eau n'en resta pas moins le grand agent de transport. En effet il y avait là une force puissante qu'on devait penser à utiliser pour obtenir la solution de bien des problèmes.

1. Lyell, *Principes de géologie*, t. I, p. 51, 93.
2. *Order of superposition of strata in Britisch Isles.* Broch., 1819.

Les grandes inondations qui se produisent si souvent dans toutes les régions, semblaient suffire pour prouver la puissance de destruction et de transport que pouvait avoir une eau courante et tumultueuse.

Il ne faut donc pas s'étonner si les théories diluviennes furent les premières mises en avant pour expliquer scientifiquement le transport du terrain erratique et si elles luttèrent longtemps avec vigueur contre le système qui devait les vaincre définitivement; c'était une conséquence naturelle des faits que nous avons exposés succinctement. Mais une autre raison que nous mentionnerons bientôt retarda l'éclosion de la théorie rivale : la *théorie glaciaire.*

Pour avoir à leur disposition des masses d'eau considérables, les géologues diluvianistes ne furent pas plus embarrassés que ne l'avait été l'école physico-théologique; on ne fit plus intervenir le déluge mosaïque, mais on supposa souvent que des oscillations du sol avaient déplacé les océans pour les lancer sur les continents avec une violence extrême.

De Saussure. — De Saussure (1799) [1], modifiant quelques idées émises déjà avant lui, pensa pouvoir expliquer par de grands courants aqueux le transport des volumineux blocs erratiques qu'il voyait partout en Suisse et surtout dans les environs de Genève, au Salève et dans les grandes vallées voisines. Ainsi il crut qu'une secousse du globe avait entr'ouvert de grandes cavités qui étaient vides auparavant, et dans lesquelles s'engouffrèrent avec une violence extrême, proportionnée à leur hauteur, les eaux de l'Océan qui couvraient encore une partie des montagnes de la Suisse. Durant leur rapide déplacement, ces eaux creusèrent de profondes vallées et entraînèrent des masses énormes de débris, laissant derrière elles les masses les plus lourdes, les plus solides. Ces amas à demi liquides, chassés par le poids des eaux, s'accumulèrent jusqu'à la hauteur où on en voyait plusieurs fragments épars. Ainsi avaient été dispersés à divers niveaux les blocs et le terrain erratiques de la Suisse, comme les alluvions à cailloux roulés.

Plus loin il admit, pour produire les mêmes résultats, la rupture de barrages de lacs ou de violentes *débâcles* [2].

Pour vaincre les derniers doutes qui lui restaient encore, il aurait voulu trouver des traces plus évidentes du passage des eaux diluviennes. Il crut les rencontrer en voyant sur les flancs du Salève de longs sillons horizontaux et des cavités arrondies qu'il attribua à l'action érosive des courants [3]. Mais c'était une erreur; il n'y avait là que des effets de décomposition des roches

1. *Voyage dans les Alpes*, t. I, § 210.
2. *Voyage dans les Alpes*, t. I, § 215.
3. *Voyage dans les Alpes*, t. I, § 221, 222.

marno-calcaires sous l'influence des agents atmosphériques. Même, sans tenir compte de cette erreur, on voit que le système de de Saussure était bien loin de résoudre toutes les difficultés. Il ne donnait aucune preuve de l'existence de ces vastes cavernes souterraines dans lesquelles les eaux de la mer s'étaient englouties, et il n'expliquait pas d'une manière rationnelle comment des courants d'eau avaient pu transporter jusque sur les flancs et les sommets du Jura des blocs gigantesques arrachés aux cimes élevées des Alpes!

Ebel; Dolomieu; De Luc jeune. — D'autres géologues proposèrent donc des moyens différents pour rendre compte de la dispersion des blocs erratiques, même à des niveaux élevés. Ebel et Dolomieu [1], pour résoudre ce problème, supposèrent que, dans les premiers temps qui suivirent le soulèvement des Alpes, des plans inclinés s'étendaient depuis leurs sommets les plus élevés jusque sur les pentes du Jura; les débris erratiques, peut-être secondés par l'eau, avaient glissé sur ces pentes pour s'arrêter dans les positions qu'ils occupent encore. Ultérieurement des courants aqueux, en creusant les grandes vallées de la Suisse, avaient séparé ces blocs de leurs points d'origine.

De Charpentier réfuta cette hypothèse en démontrant que pour une foule de stations la pente de ce plan incliné n'aurait pas été assez forte pour permettre ce glissement du terrain erratique, et que d'ailleurs les grandes vallées de la Suisse n'étaient pas des vallées d'érosion.

Inutile de répéter ici les réfutations que de Charpentier et de Buch [2] ont faites du système des explosions gazeuses de De Luc jeune, puisque son auteur ne l'avait appuyé sur aucune observation, sur aucune raison sérieuse.

De Buch. — La principale objection qu'on opposait à la théorie des courants diluviens était basée sur l'impossibilité de leur supposer une vitesse assez grande et des sources assez puissantes pour charrier le terrain erratique. De Buch [3] voulut tourner la difficulté en remplaçant les eaux par des courants boueux qui auraient plus facilement tenu en suspension, même dans leurs nappes élevées, les blocs et les débris erratiques. Un choc violent produit par le soulèvement subit de la chaîne granitique des Alpes aurait donné leur impulsion à ces torrents boueux.

De Charpentier n'eut pas de peine à démontrer qu'on ne pouvait ni croire à la possibilité de ce choc, ni admettre par conséquent sa rapidité et sa violence, ainsi que ses résultats, tels que les indiquait le savant auteur.

1. De Charpentier, *Essai sur les glaciers*, p. 173.
2. De Charpentier, *Essai*, p. 190. — Nap. Leras. *Essai sur le phénomène erratique*, thèse de physique, p. 47. Strasbourg, 1844.
3. De Charpentier, *Essai*, p. 194.

Escher de la Linth. — Escher de la Linth [1] n'eut pas plus de succès avec ses débâcles de lacs qu'il supposait avoir existé dans les parties supérieures des vallées de la Suisse. Il avait en quelque sorte emprunté ce système à de Saussure. Mais où aurait-on pu placer les sources puissantes qui auraient alimenté ces lacs élevés, dont les barrières n'ont pas laissé de traces après leur rupture, et comment ces masses d'eau auraient-elles pu avoir assez de puissance, de vitesse, pour transporter d'énormes blocs aux sommets des montagnes qui bordaient leurs passages ou qui s'élevaient en face de leurs courants?

La rupture de la barrière de glace du lac de Gietroz, dans la vallée de Bagnes (1818), au lieu de fournir un appui à la théorie d'Escher de la Linth, ne servit qu'à démontrer que les effets dynamiques d'une grande masse d'eau en mouvement se produisent surtout dans le fond de la vallée qu'elle parcourt et dévaste, et non sur les hauteurs voisines.

Fournet; Élie de Beaumont. — Cette théorie du transport du terrain à la suite de débâcles de lacs fut accueillie avec empressement par notre maître, le professeur Fournet, qui employa toute sa science et son énergie à l'exposer et à la défendre dans son cours à la Faculté des sciences de Lyon. Fournet trouva un puissant appui dans le savant ouvrage d'Élie de Beaumont intitulé : *Recherches sur quelques-unes des révolutions de la surface du globe*, etc. [2]. Élie de Beaumont supposait que les neiges et les glaces dont les Alpes avaient été couvertes, avaient été fondues par les gaz auxquels est attribuée l'origine des dolomies et des gypses ou par l'apparition des ophites [3], et que ces fontes subites avaient fourni leurs éléments aux vagues diluviennes en combinant leurs effets avec des ruptures de lacs. Il ajoutait encore que dans les Pyrénées, dont la chaîne s'était soulevée en une seule fois, le terrain erratique manquait, parce qu'il n'y avait dans la région aucun glacier avant l'expansion des vapeurs chaudes produites par cet unique soulèvement. Par conséquent le terrain erratique ne pouvait se rencontrer dans cette chaîne de montagnes.

Cette dernière conclusion est inexacte; le terrain glaciaire ancien est très bien représenté dans les Pyrénées. De Charpentier lui-même en constata la présence et démontra que l'hypothèse elle-même attribuait à une cause trop restreinte, trop locale un phénomène général. Il fallait donc recourir à un autre agent.

Glaciairistes, considérations préliminaires. — C'était d'une manière fort indirecte qu'Élie de Beaumont avait introduit dans le débat l'action de la glace et pourtant c'était bien la glace qui avait

1. De Charpentier, *Essai sur les glaciers*, p. 201, 214.
2. *Annales des sciences naturelles*, t. XVIII, XIX, 1829, 1830.
3. *Bull. de la Soc. géol. franç.*, 2e série, t. IV, p. 1334, 5 juillet 1847.

été l'unique facteur de ces étranges phénomènes, le seul agent du transport et de la dispersion des blocs erratiques; c'était dans l'intervention des glaciers qu'était le nœud de la question.

Nous avons déjà dit pourquoi la théorie diluvienne avait été la première mise en avant et comment, malgré son insuffisance, elle avait été défendue avec vigueur et opiniâtreté. Il nous reste à exposer les raisons pour lesquelles, jusqu'au début de notre siècle, les savants avaient négligé de faire une application rationnelle de la puissance de transport de la glace et des glaciers. Au lieu de faire de la science en se livrant à de vaines spéculations dans un cabinet de travail, ils auraient dû plutôt aller interroger la Vérité dans les mystérieuses et solitaires retraites où elle se tenait cachée! Là, en face de la nature, en étudiant ces glaciers qu'on regardait comme des objets d'effroi et comme des masses inertes, on aurait appris à utiliser leur puissance; on aurait compris qu'une force immense, une force capable de charrier les blocs erratiques sans arrondir aucune arête, aucun angle, une force capable de façonner les montagnes résidait en eux.

Opinions des écrivains anciens sur les glaciers. — Mais dans les âges anciens, l'homme n'éprouvait pas ce que nous appelons le sentiment de la nature; il ne subissait pas ce charme puissant qui nous attire vers les grands spectacles qu'elle offre à chaque instant à notre admiration; il ne ressentait pas encore cet attrait qui, chaque année, appelle de nombreux touristes vers les grandes forêts, les profondes vallées, les glaciers pleins de mystères et de dangers ou qui les pousse vers les sommets les plus escarpés.

La neige et la glace n'éveillaient dans l'esprit de nos pères que des impressions de blancheur et de froid, sans jamais fournir à leur intelligence des idées d'une esthétique naturelle ou des notions plus scientifiques de force et de mouvement. De même que nous avons nommé *Mont-Blanc* le sommet le plus élevé de l'Europe et qu'on appelle *Weisshorn* une étincelante pyramide qui domine la vallée de Zermatt, nos ancêtres les Aryens [1] avaient imposé au colosse de l'Asie le nom d'*Himâlaya, la montagne blanche, la montagne froide et neigeuse*, d'après la racine sanscrite *hima, froid, neige, blancheur*. Mais, de part et d'autre, il n'y avait là rien qui puisse rappeler ces idées de dévastation et de transport que de tout temps a fait naître la vue des eaux torrentielles dans leur fureur.

Une tradition ancienne de la Perse parle d'un froid intense et permanent que l'homme pouvait à peine supporter et qui rendait inhabitable une grande partie de la terre [2]. Sans doute, on peut

1. Ad. Pictet, *les Aryas primitifs*, t. I, p. 90. — Élisée Reclus, *la Terre*, t. I, p. 206.

2. Vendidad-Sadé, chap. I; cf. François Lenormand, *les Premières Civilisations*, t. I, p. 63.

retrouver dans ces lignes la plus antique notion d'une période glaciaire; mais rien n'y dénote les germes des théories qui nous préoccupent.

Dans les chants des Hébreux, David compare un cœur purifié à la blancheur de la neige [1], et Job s'écrie : « Du sein de qui la glace est-elle sortie et qui a produit la gelée qui tombe du ciel? Les eaux se durcissent comme la pierre, et la surface de l'abîme se presse et devient solide [2]. » Mais il n'y a là que de l'enthousiasme religieux d'un poète, et non le langage d'un savant.

Les Grecs, malgré les progrès de leur civilisation et de leur philosophie, n'avaient pas même une expression univoque pour rendre l'idée de glacier. Il en était de même chez les Romains, et pourtant leurs armées avaient bien souvent traversé cette grande chaîne des Alpes dont ils voyaient briller les cimes neigeuses, des plaines de la Gaule cisalpine.

Leurs écrivains les plus savants ont consacré quelques mots à peine au sujet qui nous occupe. Lucrèce [3] dit que la puissance de la glace et la solidification de l'eau ralentissent le cours des fleuves; Pline l'Ancien [4] parle de la formation de la grêle et de la chute des neiges en hiver; Silius Italicus [5] dépeint en peu de vers le climat qui règne près des sommets élevés recouverts et blanchis par la neige et la glace; le poète Claudianus [6], comme l'avait fait avant lui Strabon [7], montre les dangers de la traversée des Alpes pour aller de l'Italie en Rhétie, mais aucun auteur latin ni grec ne décrit les glaciers ou leur structure, leurs mouvements de progression et leur puissance de transport et d'érosion! Cet

1. *Psaumes*, L, verset 7.
2. *Le Livre de Job*, chap. XXXVIII, verset 29.
3. De Natura rerum; cf. Dollfus-Ausset, *Matériaux*, t. I, p. 338 :

> Et vis magna geli, magnum duramen aquarum,
> Et mora, quæ fluvios passim refrenat aventeis, etc.

4. *Naturalis historia*, liber I, caput LX.
5. Deuxième guerre punique, vers 479; cf. Dollfus-Ausset, *Matériaux*, t. I, 2e partie, p. 97 :

> Cuncta gelu canaque, æternum grandine tecta
> Atque ævi glaciem cohibent; riget ardua montis
> Ætherei facies, surgentique obvia Phœbo
> Duratas nescit flammis mollire pruinas, etc...

6. Cf. Dollfus-Ausset, *Matériaux*, t. I, 2e partie, p. 111 :

> Sed Lacus Hesperiæ quæ Rhetia jungitur oræ,
> Præruptis ferit astra jugis, panditque tremendam
> Vix ætate viam; multi ceu Gorgone visa
> Obriguere gelu; multos hausere profundæ
> Vasta mole nives; cumque ipsis sæpe Juvencis
> Naufraga candenti merguntur plaustra Barathro,
> Inter dum subitam Glacie labente Ruinam
> Mons dedit.

7. *Geographia*, etc., liber IV.

honneur était réservé aux naturalistes suisses qui, vivant près des glaciers les plus grands de l'Europe centrale, étaient mieux que personne à même d'en étudier et d'en faire connaître la structure et le fonctionnement.

Déjà au milieu du XVIe siècle, Simler [1] (1574) signala les glaciers et les champs de glace ; puis Hottinger [2], Merian [3], Scheuchzer [4] par leurs ouvrages sur la géographie, l'orographie et les glaciers de la Suisse servirent de guides à Altmann [5] (1753) et à Gruner [6] (1760), qui furent eux-mêmes les savants précurseurs de Bénédict de Saussure (1779) [7]. Il serait trop long d'analyser ces œuvres remarquables; il nous suffira de dire que les bases de la science des glaciers étaient solidement établies ; mais ces nouvelles notions scientifiques étaient loin d'être vulgarisées, comme l'avaient été les théories diluviennes, diffusées largement par les opinions religieuses. Malgré les efforts de savants si nombreux, il régnait toujours parmi les populations une sorte de crainte superstitieuse inspirée par la vue des glaciers, et les voyageurs aimaient mieux visiter les lacs et les vallées que de parcourir les glaciers qui les dominaient. Le Mont-Blanc était aussi nommé le Mont-Maudit [8]. Sir Windham et Pococke, pendant leur singulière excursion aux *glacières* de Chamounix, semblèrent faire un véritable voyage de découvertes et comparèrent aux mers de glace les glaciers qui descendent du col du Géant à la source de l'Arveyron. Depuis lors, le glacier des Bois s'appela la *mer de glace* [9] et cette dénomination fut reçue dans le langage scientifique des géologues de tous pays pour exprimer un vaste glacier.

De Saussure exécuta la première ascension vraiment scientifique du Mont-Blanc et d'un grand glacier. Son récit est resté célèbre; malheureusement, il ne put s'affranchir des idées en vogue sur les débâcles, les eaux torrentielles, et il laissa à un autre voyageur, à un Anglais, le mérite de signaler le véritable agent de transport des blocs et des fragments erratiques.

Théorie glaciaire. Playfair. — Playfair [10] paraît en effet avoir été le premier qui, dès 1802, eut cette idée que les glaciers pouvaient

1. *Vallesiæ et Alpium descriptio;* cf. Dollfus-Ausset, t. I, p. 159; *le Phénomène erratique,* thèse, 1844, p. 3, N. Leras.
2. *Dissertatio de montibus glacialibus;* cf. Dollfus-Ausset, t. I, 2e partie, p. 87.
3. *Helvetische Topographie* (1642); cf. Dollfus-Ausset, t. I, p. 81.
4. *Helvetiæ Stoicheiographia, orographia, etc. Itineris Alpini descriptio medico-physica,* 1716, 1704; cf. Dollfus-Ausset, *Matériaux,* t. I, p. 142, 144.
5. *Versuch einer historischen und physischen Beschreibung der helvetischen Eisberge;* cf. Dollfus-Ausset, *Matériaux,* t. I, 2e partie, p. 83.
6. *Die Eisgebirge des Schweizerlandes;* cf. Dollfus-Ausset, *Matériaux,* t. I, p. 31.
7. De Saussure, *Voyages dans les Alpes,* § 732.
8. Stephen d'Arve, *les Fastes du Mont-Blanc,* p. III.
9. Stephen d'Arve, *les Fastes du Mont-Blanc,* p. VI.
10. D'Archiac, *Histoire des progrès de la géologie,* t. II, 1re partie, p. 237.

être la cause du transport des blocs erratiques. En 1806, il l'appliqua aux blocs du Jura, et il n'hésita pas à attribuer leur position à l'existence de glaciers qui avaient autrefois traversé le lac de Genève et la grande vallée de la Suisse. Un courant d'eau, quelque puissant qu'on le suppose, n'aurait jamais pu transporter, puis laisser sur une pente, un bloc, tel par exemple que la *Pierre-à-Bot*, près de Neuchâtel; mais, il l'aurait abandonné dans la première vallée qui se serait trouvée sur son passage. En outre ce bloc aurait eu ses angles arrondis, même en parcourant une distance beaucoup moindre; et il aurait acquis la forme qui caractérise les pierres soumises à l'action de l'eau. Un glacier, au contraire, qui comble les vallées et qui porte à sa surface des roches sans traces de frottement, est le seul agent que l'on puisse actuellement supposer capable de les charrier à une pareille distance sans émousser leurs angles.

Tout ce qu'on a appelé depuis la *théorie des anciens glaciers* se trouve, en germe, résumé dans ces vues d'un savant qui, loin de se laisser dominer par des idées toutes faites, par des opinions préconçues, était venu demander ses secrets à la nature elle-même. Aucune clarté, aucune précision ne manquait donc à l'inauguration de la théorie glaciaire.

Playfair ne publia que plus tard ses idées nouvelles [1]. Comme elles n'étaient présentées que dans une simple note, dans son *Explication sur la théorie de la terre par Hutton*, elles passèrent inaperçues, mais Forbes sut rendre justice à son compatriote (1843) [2].

J. de Charpentier, Perraudin, Venetz. — Ces idées cependant, avant d'être répandues chez les naturalistes, étaient depuis bien longtemps connues des montagnards et des chasseurs de chamois, habitués à vivre au milieu des glaciers. Chaque jour, ils voyaient comment ce que nous appelons le terrain erratique se relie au terrain glaciaire, et il leur paraissait très simple d'attribuer à la glace le charriage des blocs qu'ils voyaient même autour de leur demeure. Ils ne pouvaient songer à ne pas utiliser l'agent qui fonctionnait tous les jours devant eux, quand ils pensaient à résoudre ce problème.

Tous ces savants inconscients se sont personnifiés en ce brave chasseur de chamois, J.-P. Perraudin, chez qui de Charpentier vint un soir demander l'hospitalité, en 1815, dans son chalet de Lourtier, solitaire hameau de la vallée de Bagnes [3]. Le récit de

1. *Huttonian theory*, art. 349, Works, vol. I, p. XXIX, *Traduction française*, par C. Basset, p. 310, *nota*. Paris, 1815; cf. d'Archiac, *Histoire*, etc., p. 237; in de Charpentier, *Essai*, p. 246 (1841).

2. *Travels through the Alpes*, p. 39. Édimbourg, 1843.

3. De Charpentier, *Essai*, 241. — Charles Martins, De l'ancienne extension des

l'initiation du savant ingénieur par un simple montagnard a été si souvent répété qu'il est devenu presque légendaire; inutile de le redire encore! D'ailleurs de Charpentier avoua plus tard qu'il ne prêta à cette leçon qu'une légère attention. Mais ce germe fécond se développa sûrement dans cet esprit d'élite, et, après quelques hésitations, de Charpentier devint le plus habile défenseur de la théorie glaciaire. Il chercha d'abord à combattre les opinions de son ami Venetz qui, dès l'année 1821, s'était montré le partisan de l'ancienne extension des glaciers jusqu'au Jura [1]. Mais, chose étrange! ce fut en cherchant des arguments sur place pour les opposer à cette hypothèse qu'il trouva son chemin de Damas et se convertit à la théorie qu'il voulait réfuter. Le souvenir de Perraudin a-t-il été complètement étranger à cette conversion? Non, sans doute!

Gœthe, Esmark, etc. — La théorie glaciaire recevait de toutes parts de nouvelles adhésions. En Allemagne, le génie de Gœthe adopta (1829) cette doctrine ou plutôt en eut l'intuition [2]; en Norvège le professeur Esmark reconnut (1827) l'action des anciens glaciers dans toute cette vaste région [3], etc., etc.

J. de Charpentier, Agassiz, Schimper. — Cependant J. de Charpentier, en 1834, lut à la Société Helvétique, réunie à Lucerne, un premier mémoire [4] sur la *cause probable du transport des blocs erratiques de la Suisse*; il y signala l'identité qui existe entre les roches polies, moutonnées, striées, couvertes de terrain erratique, et les roches façonnées par les glaciers actuels et abandonnées à découvert pendant une période de recul. Il en déduisit cette conclusion que les deux séries d'effets avaient été produites par une seule et même cause. Puis il attribua à un soulèvement des Alpes la modification du climat qui avait permis aux glaciers d'envahir les vallées où le palmier nain, le *chamærops*, avait pu se développer dans la période géologique précédente. Ensuite les montagnes s'étant affaissées ou ayant été démantelées, le climat s'était adouci.

Sur ces entrefaites, Agassiz vint étudier le terrain erratique du Valais sous la direction de J. de Charpentier et s'empressa, dans

glaciers de Chamonix, *Revue des Deux Mondes*, t. XVII, 1er mars 1847. — Falsan et Chantre, *Monographie*, t. II, p. 102.

1. Cf. d'Archiac, *Histoire des progrès*, t. II, 1re partie, p. 237; Mémoire sur la température des Alpes, *Mém. Soc. helv. des Sci. nat.*, vol. I, part. 2, 1821; cf. de Charpentier, *Essai sur les glaciers*, p. v.

2. *Wilhelm Meister Wanderjahre*, 2tes Buch, cap. x. Gœthe's Werke, Bd. XXII, Cotta, 1829; cf. J. de Charpentier, *Essai*, p. 247.

3. Cf. de Charpentier, *Essai*, p. 247; N. Leras, thèse 1844, p. 46; *New. Philosophical journal*, vol. VI, p. 107.

4. Annales des mines, vol. VIII, 1835, *Essai*, p. 245. — D'Archiac, *Histoire*, t. II, 1re partie, p. 239.

son discours d'ouverture (1837)[1] à la Société Helvétique, d'adopter les opinions nouvelles, mais ne sut se défendre contre certaine exagération. Non seulement il admit que sur toute la terre il y avait eu des glaciers partout où l'on voyait des roches polies et striées et des blocs erratiques; ce qui est vrai. Mais encore il supposa que les phénomènes glaciaires s'étaient reproduits après chaque grande période géologique; ce qui est loin d'être prouvé et serait contraire à ce que l'on sait du refroidissement régulier de la terre et en désaccord avec la marche progressive et régulière de la végétation et de la faune.

Après le dernier refroidissement, les Alpes en se soulevant auraient brisé la croûte de glace, et les fragments de cette glace auraient entraîné avec eux les blocs erratiques sur les pentes et jusque dans les plaines!

Schimper[2], emporté par une imagination plus ardente, alla jusqu'à dire qu'une calotte universelle de glace avait recouvert tout le globe. Mais comment concilier cette supposition avec la localisation des dépôts erratiques, fait constaté partout?

Dernières luttes entre les diluvianistes et les glacialristes. De Luc. — Le triomphe de la théorie glaciaire n'était pas paisiblement assuré. Quelques diluvianistes étaient toujours disposés à la lutte. De Luc l'aîné admit encore un soulèvement des Alpes après la période tertiaire; ce soulèvement aurait brisé les roches et ouvert de larges et profondes vallées transversales par lesquelles des torrents boueux, très profonds, très rapides, auraient emporté au loin le terrain erratique.

Studer, Necker, Rendu, Agassiz, etc. — Studer fut d'abord partisan des courants diluviens[3], puis l'étude des roches polies et striées des environs de Zermatt en fit un défenseur de l'extension des anciens glaciers[4]. Godeffroy[5], Necker[6] firent de vaines objections à la théorie glaciaire, mais nous n'avons pas à revenir sur les torrents boueux qu'ils faisaient de nouveau intervenir.

Le chanoine Rendu (1840), qui avait passé sa vie au milieu des glaciers de la Savoie, prêta un puissant appui au système scientifique créé par Playfair, Venetz, de Charpentier, Agassiz. Sa *théorie sur les glaciers de la Savoie*[7] fut un travail remarquable

1. Actes de la Soc. Helvétique des sc. nat., 1837, *Bibl. univ. de Genève*, vol. XII, p. 367.
2. *Ode die Eiszeit.* 15 février 1837. — D'Archiac, *Histoire*, etc., p. 240.
3. *Neu Jahrb.*, 1838, p. 278, *Bull. Soc. géol. franç.*, vol. IX, p. 407.
4. *Neu Jahrb.*, 1840, p. 208; 1841, p. 677, *Bull.*, vol. XI, p. 49.
5. *Notice sur les glaciers, les moraines, et les blocs erratiques des Alpes.* Paris, Genève, 1840.
6. *Études géologiques dans les Alpes*, p. 350.
7. *Mémoires de l'Académie de Savoie*, 1840, vol. X.

dont Tyndall et Forbes reconnurent toute la valeur [1]. C'était le résumé de longues et intelligentes observations, qui laissaient peu de place au doute. Nous le dirons plus loin, le savant auteur indiquait même le moyen sûr de reconnaître l'origine glaciaire de la plupart des dépôts erratiques, en remontant jusqu'à leur origine.

La même année (1840), Agassiz publia ses magnifiques *Études sur les glaciers* [2].

C'était là un excellent point d'appui qu'il fournissait à tous les géologues pour attribuer à l'action de ces masses de glaces réputées jusqu'alors, pour ainsi dire, des masses inertes, la dispersion et le charriage du terrain erratique. En effet comment aurait-on pu d'une manière rationnelle faire intervenir un agent dont on ne connaissait qu'imparfaitement l'action et les allures?

Théories mixtes : Darwin, Wismann, Murchison, Lyell, Sartorius de Waltershausen, etc. — Au milieu de ces luttes livrées entre les deux camps, quelques esprits cherchèrent à faire prévaloir des opinions mixtes. Ainsi Darwin [3] (1839) et Wissmann [4] (1840) essayèrent séparément de combiner l'action de l'eau et de la glace. Sir Roderick Murchison et Sir Lyell [5] soutinrent une théorie identique au fond. D'après eux, les Alpes à la fin du pliocène auraient été entourées de lacs et de golfes, sur lesquels les glaciers des hautes vallées auraient lancé des glaçons couverts de fragments rocheux, ou de petites banquises analogues à celles qui se détachent du flanc du grand glacier d'Aletsch pour flotter sur la Margelen-See [6]. Ces banquises poussées par les vents et les courants auraient dispersé les blocs et les menus débris erratiques en les faisant rayonner autour des hauts sommets.

Plus récemment cette hypothèse a été reprise sans plus de succès par le professeur Sartorius de Waltershausen [7] qui, pas mieux que ses devanciers, n'a tenu compte des faits qu'il s'agissait d'expliquer. D'abord la mer n'a laissé en Suisse aucune trace de sa présence au moment du dernier soulèvement des Alpes. En outre, de ce mode de dispersion il ne pouvait résulter aucun dépôt en forme de moraines régulières, comme le terrain erratique en présente si souvent, ni aucun groupement de roches disposées symétriquement d'après leurs vallées d'origine et selon les lois découvertes par Guyot.

1. Tyndall, *les Glaciers et les Transformations de l'eau*, p. 154, Bibl. sc. nternationale.
2. Neuchâtel, 1840.
3. *Journal of researches in geology and natural history*. London. — De Charpentier, *Essai*, p. 181.
4. *Neu Jahrb.*, 1840, p. 314. — D'Archiac, *Histoire des progrès*, etc., t. II, 1re partie, p. 272.
5. *L'Ancienneté de l'homme prouvée par la géologie*, p. 311, 2e édition, 1870
6. Tyndall, *les Glaciers*, etc., p. 2.
7. *Untersuchungen über die klimate der Gegenwart und der Vorwelt*, p. 377.

De Charpentier[1] a combattu cette supposition par des arguments analogues. Le transport du terrain erratique ne s'est donc pas opéré en Suisse, comme il s'opère aujourd'hui dans les mers qui entourent les deux pôles.

Essai sur les glaciers; J. de Charpentier. — Pour s'expliquer ces luttes, ces discussions sans cesse renaissantes, J. de Charpentier comprit que, même parmi les naturalistes, il régnait encore beaucoup d'idées fausses sur la structure, la persistance, la marche des glaciers, ainsi que sur les rapports qui existent entre le terrain erratique et le terrain glaciaire. Il résolut donc de mettre à profit les connaissances qu'il avait acquises pendant vingt-cinq années d'observations, et il se mit à écrire son *Essai sur les glaciers et le terrain erratique du bassin du Rhône*. Il le rédigea avec indépendance, sans subir l'influence des remarquables travaux d'Agassiz et de Rendu, qui furent publiés d'ailleurs peu avant son savant mémoire.

Malgré la modestie de son titre, cet *Essai* fut un ouvrage capital qui assura le succès de la théorie glaciaire. Après avoir étudié avec soin les glaciers et le terrain erratique, après avoir combattu les principales objections qu'on lui avait opposées, de Charpentier conclut en faveur du système scientifique dont il était en quelque sorte le créateur. Il était si sûr de la bonté de la cause qu'il défendait que son seul espoir, son unique désir fut d'appeler sur ses travaux les études et les discussions des géologues et des physiciens! Le triomphe de ses idées dépassa ses espérances!

Blanchet, Guyot, Studer, Hugi, Ch. Martins, Desor, Dollfus-Ausset, Ed. Collomb; Glacier de l'Aar. — D'ailleurs, la théorie du transport par les anciens glaciers trouvait toujours de nouveaux défenseurs. Blanchet[2] poursuivit l'étude du terrain erratique en aval du Mont-de-Sion et du Vuache, dans le bassin inférieur du Rhône jusqu'à la mer. A Lyon, le professeur Fournet lui montra les blocs alpins qui recouvrent les collines autour de la ville et lui expliqua sa manière de voir sur les grands courants d'eau, sur les nappes diluviennes, mais ce fut sans succès! Blanchet n'en demeura que plus attaché à son hypothèse de prédilection, qui ne changeait rien aux lois et aux forces admises et qui n'avait besoin pour sa réalisation que d'un abaissement de température de quelques degrés. Ces idées exerçaient même sur lui une telle séduction qu'elles le firent sortir de toutes réserves. Blanchet commit l'erreur de regarder comme des collines moutonnées celles qui bordent le Rhône et de croire que les anciens glaciers avaient recouvert la plaine de la Crau!

1. *Essai*, p. 181.
2. *Terrain erratique alluvien du bassin du Léman et de la vallée du Rhône*, p. 21, 22, 26, 27. Lausanne, 1844.

De son côté, A. Guyot [1] apporta en faveur de la théorie triomphante une preuve en quelque sorte irréfutable. Escher de la Linth avait déjà observé et signalé un fait très intéressant, celui de la communauté d'origine des blocs d'une même vallée, mais Guyot fit plus. Il eut l'heureuse pensée de demander son extrait de naissance, si nous pouvons ainsi parler, à chaque groupe de roches erratiques du bassin du Rhône, et il eut le courage et la patience de suivre leur route pour remonter à leur point de départ. Alors il parvint à établir une loi de corrélation fixe entre l'origine de ces traînées erratiques et leurs dispositions dans les plaines, arrangement incompatible avec l'action des courants d'eau, mais analogue à celui du terrain glaciaire.

Desor, Studer, Escher de la Linth, Agassiz, Hugi, Dollfus-Ausset, Ch. Martins, et bien d'autres savants géologues se livrèrent à de nombreuses et remarquables études sur les glaciers et le terrain erratique [2]. Ils résumèrent leurs observations dans un grand nombre de mémoires et, sous leur studieuse impulsion, la science fit de rapides progrès.

En 1845, Dollfus-Ausset et Ed. Collomb [3] avaient fondé la Société d'histoire naturelle du Haut-Rhin : à eux seuls ils publièrent de nombreux articles scientifiques mensuels, et ils décidèrent que les réunions de leur Société se tiendraient chaque année au mois d'août, sur les bords du glacier de l'Aar inférieur, à plus de 2000 mètres d'altitude, au *Pavillon de l'Aar*, qui avait remplacé plus confortablement la *Cabane de Hugi* et l'*Hôtel des Neuchâtelois*.

Un jour, des géologues, des savants, des artistes, fidèles au rendez-vous, étaient venus demander l'hospitalité à Dollfus-Ausset [4]. En face de ce panorama splendide, de ces glaces éblouissantes, de ces sombres rochers, les lèvres de tous ces rudes pionniers de la science frémissaient de plaisir; leurs yeux brillaient d'une satisfaction profonde; *papa Dollfus* fit verser du champagne frappé dans des verres de glace; puis il porta un toast au glacier qui façonne la terre végétale, à cette boue glaciaire qui va féconder les vastes plaines! On n'oublia pas *l'ami soleil!* On chanta cet ami ou plutôt ce père des glaciers qui les enfante au sein des chaudes vapeurs enlevées aux mers des tropiques!

Le triomphe de la théorie glaciaire pouvait bien inspirer ce joyeux enthousiasme scientifique!

Quand la neige et le froid chassaient ces amis loin du glacier de l'Aar, ils aimaient à se retrouver dans le chalet hospitalier de

1. Note sur la distribution des espèces de roches dans le bassin erratique du Rhône, *Bull. de la Soc. des sciences naturelles de Neuchâtel,* 2 nov. 1844.

2. *Matériaux,* t. I, p. 13.

3. Cf. Dollfus-Ausset, *Matériaux*, passim.

4. *Matériaux,* etc., t. V, 1re partie, p. 351.

Combe-Varin [1]. Là, groupés autour de Desor, ces savants venus de toutes les parties du monde rappelaient les souvenirs du passé; ils formaient des projets pour la saison prochaine et cherchaient ensemble à poser ou à résoudre de nouveaux problèmes.

1. Habitation toute simple et rustique que E. Desor possédait dans le Jura Neuchâtelois. Il y passait chaque année la belle saison, et se faisait une joie d'y recevoir ses savants amis : Carl Vogt, Lyell, Tyndall, A. Favre, Escher de la Linth, Studer, Mérian, de Loriol, Stoppani, Wirchow, Capellini, Dowe, Ch. Martins, L. Lesquereux, Moleschott, Pictet, Guyot, etc. Il avait consacré à chacun de ses illustres visiteurs un des arbres de l'avenue qui conduisait au chalet de Combe-Varin. — L. Favre, Notice nécrologique de E. Desor, p. 22, *Bull. Soc. des sciences naturelles de Neuchâtel*, t. XII, 26 mai 1882.

CHAPITRE II

TRANSPORT DU TERRAIN ERRATIQUE; SUCCÈS DE LA THÉORIE GLACIAIRE

Progrès de la théorie glaciaire en Suisse et en France. — Vosges : Éd. Collomb, H. Hogard. — Les Pyrénées : Palassou, de Collegno, J. de Charpentier, etc. — Glaciers du Rhône et du versant sud-ouest des Alpes; glaciers delphino-savoisiens : A. Favre, E. Benoît, Lory, Rendu, Desor, Renevier. — Jura : Benoît, Lory, Gressly, Thurman, Marcou. — Alpes Provençales, Alpes Maritimes : Lory, de Saporta, Desor, de Rosemont. — Vivarais, Auvergne, Morvan : Fournet, Delanoue, Ch. Martins, Julien, Collomb, J. Martin, Collenot. — Bassin de Paris : Belgrand, Collomb, Julien, Tardy. — Bretagne : Barrois. — Auvergne (suite), Cévennes, Lyonnais, Beaujolais : Tardy, Marcou, Collot, Rames, Chantre, Falsan. — Versant italien des Alpes. — Versants nord et oriental des Alpes. — Nord de l'Europe. — Iles Britanniques. — Amérique du Nord. — Succès définitif de la théorie glaciaire; une de ses causes; conclusion.

Progrès de la théorie glaciaire en Suisse et en France. — Vosges : Éd. Collomb, H. Hogard. — Cette ardeur pour les nouvelles études ne restait plus concentrée en Suisse; elle rayonnait de toutes parts, et partout les travaux se multiplièrent. En France, Éd. Collomb [1], H. Hogard [2], complétant les travaux de Daubrée [3], de Le Blanc [4], de Renoir [5], de de Billy [6], de Leras [7], de Virlet [8], établirent clairement l'existence d'un terrain erratique et d'anciens glaciers dans la chaîne des Vosges. Ils retrouvèrent leurs

1. *Preuves de l'existence d'anciens glaciers dans les vallées des Vosges.* Paris, Victor Masson, in-8°, 1845. — Sur les traces du phénomène erratique dans les Vosges, *Bull. Soc. géol.*, t. II, 1845, p. 506. — Note sur les dépôts erratiques des Vosges, *Bull. Soc. géol.*, t. IV, 1846, p. 216, etc.

2. *Coup d'œil sur le terrain erratique des Vosges,* 1848. — *Recherches sur les formations erratiques des Vosges,* 1858, etc.

3. Recherches expérimentales sur le striage des roches dû au phénomène erratique, etc., *Bull. Soc. géol.,* 2e série, t. XV, p. 250, 1857.

4. *Bull. Soc. géol. de France,* vol. IX, p. 410, 1838. Cf. J. Marcou. *Bull. Soc. Em. du Doubs,* 16 avril 1887.

5. Note sur les glaciers qui ont recouvert la partie sud des Vosges, *Bull. Soc. géol. de France,* vol. XI, p. 53, 1840.

6. *Soc. d'hist. nat. de Strasbourg,* 6 juillet 1847; l'Institut, 22 septembre 1847.

7. *Essai sur le phénomène erratique,* thèse de physique. Strasbourg, 8 mai 1844.

8. *Comptes rendus,* vol. XXIII, p. 1041, 1846. — *Bull.,* 2e série, vol. IV, p. 296, 1846.

moraines, tracèrent les limites de leur extension, et reconstituèrent pour cette région les phases du phénomène erratique.

En 1847, la Société géologique de France tint sa réunion extraordinaire à Épinal et donna une éclatante confirmation aux découvertes géologiques, aux habiles conclusions de ces savants [1] glaciairistes !

Les Pyrénées : Palassou, de Collegno, J. de Charpentier, etc., etc. — Le problème de savoir si les hautes vallées des Pyrénées avaient été occupées, comme celles des Alpes, par d'anciens glaciers, s'était proposé naturellement à l'attention des géologues.

Depuis longtemps Palassou [2] avait signalé dans les vallées d'Ossau, d'Argelès, de Campan, de la Garonne, des alluvions et de gros blocs isolés, et, pour céder aux idées en vogue, il en avait attribué le transport à de grands courants aqueux. Le géologue italien, de Collegno, qui vint étudier les Pyrénées, se rangea de son avis [3], en supposant toutefois, comme Élie de Beaumont l'avait fait pour les Alpes, que la chaleur des éruptions des ophites avait fait fondre les glaciers et avait fourni ainsi les éléments des nappes diluviennes.

Mais Jean de Charpentier [4], qui cependant n'avait pas parlé du terrain erratique dans son *Essai sur la constitution géognostique des Pyrénées*, ne put accepter ces conclusions. Malgré le silence qu'avaient gardé Dufrénoy et de Billy, il affirma la présence de ce terrain dans cette chaîne de montagnes et réfuta les opinions de de Collegno et de Durocher [5], comme il l'avait fait pour Élie de Beaumont. Même il profita de cette circonstance pour exposer de nouveau ses idées générales sur l'extension et la puissance de transport des anciens glaciers.

Ch. Martins [6], Éd. Collomb [7], Garrigou [8], Piette [9], Trutat [10],

1. *Bull. Soc. géol. de France*, 10 septembre 1847.
2. *Essai sur la minéralogie des monts Pyrénées*, 1784.
3. Sur le terrain diluvien des Pyrénées, *Bull. Soc. géol. de France*, vol. XIV, p. 402, 1842-43. — Mémoire sur les terrains diluviens des Pyrénées, *Ann. des sc. géol.*, 1842.
4. *Essai sur les glaciers*, p. 210.
5. Sur les traces de phénomènes diluviens qui s'observent dans les Pyrénées, *Comptes rendus, Académie des sciences*, t. XIII, novembre 1841, p. 92. — Traces du phénomène erratique dans les Pyrénées, *Voyage en Scandinavie, en Laponie*, etc., t. I, p. 370.
6. Note géologique sur la vallée du Vernet, etc., *Bull. Soc. géol.*, 2e série, t. XI, p. 442, 1854. — Sur les causes de l'absence de grands lacs, au pied des Pyrénées, *Bull. Soc. Ramond*, 1871.
7. Essai sur l'ancien glacier de la vallée d'Argelès, *Bull. Soc. géol.*, 2e série, t. XXV, p. 47, 1867.
8. Traces de diverses époques glaciaires dans la vallée de Tarascon (Ariège), *Bull. Soc. géol.*, 2e série, t. XXIV, p. 577, 1867.
9. Sur le glacier quaternaire de la Garonne, *Bull. Soc. géol.*, 3e série, t. II, p. 498, 1874.
10. Les moraines de l'Arboust, ancien glacier de l'Oo, *Ann. Club. alp. fr.*, 1877, p. 449. — *Essai sur les Pyrénées*, 1874.

Gourdon [1], Bayssclance [2], le Dr Albrecht Penck [3], le Dr Jeanbernat [4] etc., développèrent largement ces premiers aperçus et restèrent fidèles au système de l'auteur de l'*Essai sur les glaciers*.

Leymerie [5] défendit seul l'hypothèse des nappes diluviennes, mais il finit par se rattacher à la théorie glaciaire.

Glaciers du Rhône et du versant sud-ouest des Alpes; glaciers delphino-savoisiens : A. Favre, E. Benoît, Lory, Rendu, Desor, Renevier. — Pendant ce temps-là, l'étude du terrain erratique du versant occidental et des chaînes secondaires des Alpes n'avait pas été négligée. M. E. Benoît, en travaillant à la carte géologique du département de l'Ain, fit le premier une étude spéciale des traces du phénomène erratique dans les montagnes du Bugey et sur le plateau des Dombes [6]. M. Tardy rechercha dans les mêmes régions les preuves indécises de plusieurs époques glaciaires [7]. De son côté, M. le professeur Lory publiait sa *Description géologique du Dauphiné*, et signalait dans ce savant ouvrage, ainsi que dans plusieurs mémoires moins importants [8], les dépôts erratiques de cette ancienne province et rectifiait ou complétait les premiers aperçus de M. Sc. Gras [9]. Mgr Rendu [10], Mgr Billiet [11], le chanoine Chamousset [12], M. L. Pillet [13]

1. Catalogue des blocs erratiques de la vallée de l'Arboust, *Bull. Soc. hist. nat. de Toulouse*, 1879.

2. La période glaciaire dans la vallée d'Ossau, *Ann. Club alp. fran.*, 1877, 423.

3. Die Eiszeit in den Pyrenäen; *Separat-Abdruck aus den Mitteilungen des Vereins für Erdkunde zu.* Leipzig, 1883. — La période glaciaire dans les Pyrénées, par le Dr A. Pench, tr. par Brœmer, *Soc. hist. nat. de Toulouse*, 19e année, 1885.

4. Note sur les glaciers de la Garonne et les lacs des Pyrénées, *Soc. sc. phys. et nat. de Toulouse, Matér.*, etc., p. 305, 1886.

5. Des phénomènes diluviens dans la vallée de la Garonne, *Bull. Soc. géol.*, 2e série, t. XII, p. 1299, 1855. — Sur les phénomènes diluviens de la vallée de l'Ariège, *Bull. soc. géol.*, 2e série, t. XX, p. 245, 1863. — *Description géologique et paléontologique des Pyrénées de la Haute-Garonne.* Toulouse, Privat, 1881.

6. Quelques traits du phénomène erratique, *Bull. soc. géol. de Fr.*, 2e série, t. XVI, p. 114. — Note sur les dépôts erratiques alpins dans l'intérieur et le pourtour du Jura méridional, *id.*, t. XX, p. 321, 1863.

7. Age, origine, climat des glaciers pliocènes, *Bull. Soc. géol.*, 3e série, t. II, p. 453, 1873. — Le département de l'Ain à l'époque quaternaire, *Bull. Soc. géol.*, 3e série, t. III, p. 479, 1874. — Le sud-est du bassin de la Saône, *Bull. Soc. géol.*, 3e série, t. V, p. 698, 1877.

8. Sur le plateau jurassique du nord du département de l'Isère et sur les dépôts erratiques dont il est recouvert, *Bull. Soc. géol. de Fr.*, 2e série, t. IX, p. 48. — Sur les dépôts tertiaires et quaternaires du Bas-Dauphiné, avec carte des anciens glaciers, *Bull. Soc. géol. de Fr.*, 2e série, t. XX, p. 364, 1863.

9. Sur la période quaternaire dans la vallée du Rhône, etc., *Bull. Soc. géol. de France*, 2e série, t. XIV, p. 207, 1856.

10. Théorie sur les glaciers en général et son application au transport des blocs erratiques, *Bull. Soc. géol. de Fr.*, 2e série, t. I, p. 631, 1844.

11. Caractères géologiques principaux du bassin de Chambéry et des vallées des Alpes de la Savoie, *Bull. Soc. géol. de France*, 2e série, t. I, p. 607, 1844.

12. Procès-verbal de la réunion de la *Soc. géol. à Chambéry, id.*, 2e série, t. I, p. 601, 1844.

13. *Description géolog. des environs d'Aix*, 1864, *des environs de Chambéry*, 1865.

et M. l'abbé Vallet [1], s'étaient occupés dans les montagnes de la Savoie avec autant de zèle que de succès de travaux analogues sur les formations géologiques.

En Suisse même et en France, les études des disciples de J. de Charpentier s'étaient multipliées, et de nouveaux géologues étaient venus se grouper autour des vétérans de cette école pour rendre plus éclatant le triomphe des théories glaciairistes. Desor [2], A. Favre[3], Ch. Grad [4], O. Heer [5], Jaccard [6], Renevier [7], de Mortillet [8], Ch. Martins [9], de Lapparent [10], marquis de Saporta [11], etc., etc., et bien d'autres habiles géologues que l'étroitesse de notre cadre ne nous permet pas de citer se livraient à de nombreux et importants travaux et entreprenaient des observations pleines d'intérêt.

En 1867, M. A. Favre fit paraître ses savantes *Recherches géologiques dans les parties de la Savoie, du Piémont et de la Suisse voisines du Mont-Blanc*. D'une main de maître il décrivit rapidement le terrain erratique ou glaciaire des environs de Genève et des vallées du Rhône et de l'Arve et exposa avec son talent habituel ses idées sur les causes et les effets de l'ancienne extension des glaciers.

Naturellement il se rangea parmi les disciples de Jean de Charpentier, et il devint un des plus habiles défenseurs des théories de cette école.

Le succès obtenu par les *Recherches géologiques* ne pouvait lui

1. M. Ch. Lory et M. l'abbé Vallet, *Carte géologique du département de la Savoie*, 1869.

2. Le phénomène erratique des Alpes. *Jahrbuch des Schweizer Alpenclub*, 1864, etc., etc., etc.

3. *Recherches géologiques dans les parties de la Savoie, du Piémont et de la Suisse voisines du Mont-Blanc*, 3 vol. avec atlas et carte géologique. Paris, V. Masson, 1867. Rapports sur l'étude et la conservation des blocs erratiques, *Arch. des sciences*, etc. — *Description géologique du canton de Genève*, 2 vol. avec carte géologique en 4 feuilles au 1 : 25 000, 1880.

4. *Recherches sur les charbons feuilletés inter-glaciaires de la Suisse*, 1877, *et nombreux mémoires*. — Un séjour au col de Saint-Théodule, Dollfus-Ausset, *Matériaux*, 3e partie, p. 273, etc., etc.

5. *Le monde primitif de la Suisse*, 1872, etc., etc

6. Description et carte géologique du Jura vaudois, *Matériaux pour la carte géologique de la Suisse*, VI, 1869.

7. *Carte géologique de la partie sud des Alpes vaudoises*, au 1 : 50 000, 1875, etc., etc.

8. Le Préhistorique, *Bib. des sciences contemporaines*, 1883, etc.

9. et Bravais, Glacier du Faulhorn, *Ann. des sc. géol.*, p. 842. — Les glaciers actuels et la période glaciaire, *Revue des Deux Mondes*, 32e année, t. LXVII, 15 janvier 1867. — Recherches récentes sur les glaciers actuels et la période glaciaire, *Revue des Deux Mondes*, 15 avril 1875. — De l'ancienne extension des glaciers de Chamonix depuis le Mont-Blanc jusqu'au Jura, *Revue des Deux Mondes*, t. XVII, 1er mars 1847, etc., etc.

10. *Traité de géologie*, 2e édition.

11. Les anciens climats, *Revue des Deux Mondes*, 1er juillet 1870. — Les temps quaternaires, *Revue des Deux Mondes*, 15 septembre, 15 octobre 1881, etc.

suffire; il avait déjà formé un plus vaste projet. Il réunit ses efforts à ceux de M. le professeur Soret et résolut de dresser la *Carte de la distribution des blocs erratiques en Suisse* et de concentrer tous les travaux isolés pour arriver plus sûrement à cette œuvre d'une si grande importance générale. La Société Helvétique des sciences naturelles, sous la présidence de M. Studer, réunie à Rheinfelden (Argovie), encouragea vivement ce projet, et, pour lui donner plus de publicité, elle lança un *Appel aux Suisses pour les engager à conserver les blocs erratiques*.

De nombreux blocs furent ainsi préservés d'une destruction prochaine, et une foule de documents furent communiqués à M. A. Favre pour lui permettre de dresser sa belle *Carte des phénomènes erratiques et des anciens glaciers du versant nord des Alpes et de la chaîne du Mont-Blanc* (1884) [1].

Ce fut pour répondre de notre mieux à l'appel de la Société Helvétique et de MM. A. Favre et Soret que, M. E. Chantre et nous, nous publiâmes (1879) la *Monographie géologique des anciens glaciers et du terrain erratique de la partie moyenne du bassin du Rhône* [2], pour compléter l'étude du terrain erratique de la vallée du Rhône au delà des limites que M. A. Favre s'était assignées.

M. Tardy [3] continua avec une ardeur infatigable ses études sur les terrains quaternaires et tertiaires supérieurs de la Bresse. Son zèle semble même l'avoir entraîné à compliquer la question par la recherche de trop de détails. Pour terminer, signalons encore quelques notes de MM. Chantre [4], Depéret [5] et Fontannes [6] sur les alluvions et le terrain glaciaires des environs de Lyon.

Jura : Benoît, Lory, Gressly, Thurman, Marcou, etc. — Au nord du département de l'Ain, les études sur le terrain erratique du bassin proprement dit du Rhône ne se relient à celles des Vosges que par les beaux et nombreux travaux des géologues suisses sur le versant oriental du Jura et par quelques notes succinctes de MM. Thurman [7], Desor et Gressly [8], Pidancet et Lory [9], E. Benoît [10],

1. 4 feuilles en couleurs.
2. 2 vol. avec figures, coupes et 6 feuilles de carte.
3. Nouvelles observations sur la Bresse, *Bull. Soc. géol.*, t. XII, 1883-1884, p. 696; *id.*, t. XIII, 1884-1885, p. 617; etc.
4. Note sur la disposition des dépôts morainiques des environs de Lyon, *Matériaux pour l'histoire primitive de l'homme*, 19e année, 3e série, t. II, 1885, p. 289.
5. Note sur les terrains de transport et glaciaires des environs de Meximieux, *Bull. Soc. géol.*, 3e série, t. XIV, 1885-1886, p. 122.
6. Note sur les alluvions anciennes des environs de Lyon, *Bull. Soc. géol.*, 3e série, t. XIII, 1884-1885, p. 89.
7. *Esquisses orographiques de la chaîne du Jura*, 1853, etc.
8. Études géologiques sur le Jura neuchâtelois, *Arch. des sc. nat. de Genève*, t. VI, novembre 1859, p. 297.
9. Note sur la Dôle (Jura), *Bull. Soc. géol. de France*, 2e série, t. V, p. 20, 1847.
10. Essai sur les anciens glaciers du Jura, *Actes de la S. Helvétique des sc.*

J. Marcou [1], M. Boyer [2]. Il reste donc là un vaste champ d'observations à exploiter.

Alpes Provençales, Alpes Maritimes : Lory, de Saporta, Desor, de Rosemont, etc. — Au sud du Dauphiné, sur le versant français des Alpes, il y a aussi une grande lacune à remplir pour continuer les travaux de M. le professeur Lory, au delà des Hautes-Alpes, et décrire les formations erratiques des Alpes Provençales.

Dans toute cette région, grâce à un climat plus doux qu'en Suisse, les glaciers quaternaires, comme l'a dit M. Lory [3], sont restés localisés près des sommets les plus élevés, dans les hautes vallées, au-dessus de la cote de 1600 mètres. Ainsi, d'après M. de Saporta [4], la vallée inférieure de la Durance n'a laissé reconnaître aucun vestige de l'action glaciaire, de Sisteron jusqu'à la mer.

Il en était de même au bas des Alpes Maritimes dont le déversoir était le Var démesurément agrandi ; M. Desor [5], avec M. de Rosemont, au pied des grands contreforts de la chaîne, en dessous du château de Levens, a découvert sur les bords du Var des moraines, des blocs anguleux et roulés, des cailloux striés, enfin tout l'appareil erratique franchement constitué. Cette constatation des vestiges de l'extension glaciaire était d'autant plus intéressante que le guide de M. Desor était un des derniers partisans des théories diluviennes. En effet M. de Rosemont [6] avait attribué à l'action de grands courants d'eau le transport de tous les fragments rocheux qui encombrent la vallée du Var et les vallées voisines ; c'était même pour expliquer l'origine de ces grandes nappes aqueuses qu'il avait fait intervenir des pluies d'une abondance extrême et qu'il avait créé l'expression de *période pluviaire*.

Vivarais, Auvergne, Morvan : Fournet, Delanoue, Ch. Martins, Julien, Collomb, J. Martin, Collenot. — Pendant qu'en face des glaciers, en Suisse, dans les Alpes, dans les Vosges, dans les Pyrénées, les géologues développaient la théorie glaciaire et en faisaient les premières applications, en Auvergne, au pied des anciens volcans, ils se préoccupèrent plutôt d'étudier les cratères, les coulées et les autres traces de l'activité volcanique.

nat. réunie à Porrentruy, p. 231, 1853. — Sur une expansion des glaciers alpins dans le Jura central par Pontarlier, *Bull. Soc. géol.*, 3e série, t. V, 1877, p. 61.

1. *Bull. Soc. géol. de France*, 2e série, t. XXVIII, p. 59, 1871.

2. Sur la provenance et la dispersion des galets silicatés et quartzeux dans l'intérieur et le pourtour des monts Jura, *Mém. Soc. d'Em. du Doubs*, 14 novembre 1885.

3. *Bull. Soc. géol. de France*, 3e série, t. X, p. 348, 1882. Description géologique du Dauphiné, p. 361.

4. Les temps quaternaires, *Revue des Deux Mondes*, 15 septembre 1881, p. 38.

5. Sur les terrains glaciaires des environs de Nice, p. 21, *Bull. de la Soc. niçoise des sc. nat. et hist.*, 1879.

6. *Études géologiques sur le Var et le Rhône*, 1873.

Cependant, on ne pouvait négliger les alluvions qui remplissent le fond des vallées, mais pour en expliquer le transport on recourut d'abord de préférence à l'action des courants diluviens.

Ainsi, M. Rozet [1], lorsqu'il rencontra sur les flancs des vallées qui descendent dans la Limagne et à une très grande hauteur, au milieu de fragments rocheux de tous volumes, des roches polies et striées, n'hésita pas à voir dans ces dispositions des traces du passage de nappes diluviennes! Il reconnut même en Auvergne des dépôts diluviens qu'il rapporta à trois époques [2]. M. Pomel alla plus loin : il pensa que les actions volcaniques avaient été tellement intenses qu'elles s'étaient opposées à la formation des glaciers ou bien qu'elles les avaient fondus pour occasionner des inondations aussi brusques que violentes, capables de transporter le terrain erratique et les alluvions et de les disposer comme ils le sont aujourd'hui [3].

M. de Malbosc [4] se montra aussi le disciple de la même école, lorsqu'il étudia en Vivarais le versant sud-est des Cévennes et que des sommets des montagnes de la Lozère, du Tanargue et du Mezenc il faisait ruisseler des torrents d'eau qui auraient entraîné, même sur les plateaux, des masses d'alluvions.

M. le professeur Fournet [5] de la Faculté de Lyon s'était déjà montré franchement le partisan des théories diluviennes et des débâcles de lacs. Il avait admis que d'immenses lames diluviennes avaient balayé toute la vallée du Rhône après avoir été grossies par la rupture de grands lacs et par l'arrivée de masses d'eau qui descendaient des points culminants des chaînes voisines. Pour lui encore, des courants dévastateurs, aussi considérables que les précédents, s'étaient échappés du groupe montagneux de la Margeride, du Tanargue, du Mont-Dore, du Cantal, pour ravager toutes les vallées divergentes et aller se perdre dans la Méditerranée ou l'Océan. Pourtant la question de l'origine de ces masses d'eau ne manquait pas de le préoccuper. Il pensait donc que l'effusion des lacs alpins avait été augmentée par les débâcles de lacs pareils, échelonnés sur le dos de la France centrale et par la rupture du lac de la Bresse. Toutes ces inondations s'étaient produites à la suite du soulèvement du Mont-Dore et du Cantal, contemporain de celui des Alpes du Valais, d'après Élie de Beaumont. Mais il restait toujours à indiquer les positions et les limites de ces anciens bassins. « Chose, disait-il, qui, quoique difficile,

1. *Bull. de la Soc. géol. de France,* 2e série, t. II, p. 306, 1845.
2. *Bull. de la Soc. géol. de France,* 1re série, t. XIII, p. 221, 1842.
3. D'Archiac, *Histoire des progrès,* t. II, 1re partie, p. 196.
4. *Bull. de la Soc. géol. de France,* 2e série, t. III, p. 139, 1846.
5. Sur le diluvium de la France, *Ann. des sciences géologiques,* vol. I, p. 981, 1842. — De l'action diluvienne sur le sol de la France, *Revue du Lyonnais,* t. XVII, 9e année, 98e livraison, p. 89, février 1843.

n'est peut-être pas tout à fait impossible. » Ce problème, personne n'a pu le résoudre, et Fournet montrait ainsi le côté faible, le point vulnérable de sa théorie! Quelques années plus tard, Élie de Beaumont, le grand promoteur de ce système des débâcles devait à son tour faire cet aveu[1] : « Le point délicat de la question est de savoir comment une quantité d'eau suffisante a pu se trouver rassemblée aux points de départ des courants diluviens! »

Le Plateau central et les Cévennes étaient donc le dernier retranchement des diluvianistes, mais leur système allait bientôt céder la place aux théories rivales.

M. Delanoue[2], le premier (1868), signala à la Société géologique l'existence d'anciennes moraines dans le département du Puy-de-Dôme. Ces moraines dont l'existence est incontestable garnissent la vallée de la Dordogne au-dessous du village des Bains sur le versant occidental du Mont-Dore.

La même année (1868), Charles Martins[3], préoccupé de la lacune qui semblait exister entre les dépôts erratiques des Vosges et ceux des Pyrénées, eut l'heureuse inspiration de rechercher des vestiges de l'action des anciens glaciers dans le haut de la vallée de Palhères qui s'ouvre près de Villefort, au sud-est du massif granitique de la Lozère ; ses recherches furent couronnées d'un plein succès. Il reconnut d'énormes blocs erratiques de granite plus ou moins anguleux et d'un caractère ambigu; puis il pénétra dans le vaste cirque de Costeilade, où tout l'appareil glaciaire était nettement représenté : moraines latérales, moraines terminales, traînées de blocs anguleux, monticules moutonnés ! Quoique la nature des roches ne leur ait pas permis de garder le poli et les stries, il ne pouvait rester aucun doute sur la présence des vestiges d'un ancien glacier depuis longtemps disparu de cette haute vallée.

Plus tard (1878), M. Torcapel[4] retrouva des traces de glaciers quaternaires dans les massifs de l'Aigoual et du Mézenc et compléta ainsi, dans les Cévennes, les observations de M. Ch. Martins. Ses études lui permirent même de conclure que ces anciens glaciers s'étaient peu étendus et que la période glaciaire avait été plutôt une époque d'humidité que de froid excessif.

Sans doute, si l'on suivait l'exemple de MM. Delanoue et Ch. Martins, on découvrirait dans les parties peu explorées du centre de la France, de nouvelles traces de l'ancienne extension des glaciers.

C'est ce que firent peu après ces deux explorateurs, M. Julien[5]

1. Note relative à l'une des causes présumables des phénomènes erratiques, *Bull. Soc. géol. de France*, 2e série, t. IV, p. 1334, 5 juillet 1847. Tirage à part, p. 40.

2. *Bull. Soc. géol. de France*, t. XXV, p. 402, février 1868.

3. *Comptes rendus*, t. LXVII, novembre 1868.

4. Les glaciers quaternaires des Cévennes, *Bull. Soc. géol.*, 3e série, p. 600, 1878.

5. *Des phénomènes glaciaires dans le plateau central de la France, en particu-*

(de Clermont) et son collègue M. Laval, qui ont exploré les principales vallées qui descendent du Cantal et de la chaîne du Mont-Dore. Ces géologues prétendirent même avoir recueilli les preuves de deux époques glaciaires dont la première laissait des vestiges moins nombreux, moins évidents que ceux de la seconde. Ils déterminèrent l'existence d'anciens glaciers dans la vallée de l'Allagnon, dans celle d'Allanches et dans les autres vallées voisines.

Chaque traînée de blocs était systématiquement disposée suivant la loi de A. Guyot; les éléments volcaniques du Cantal n'étaient pas mélangés aux roches granitiques d'Allanches; chaque pic avait fourni son convoi spécial.

C'était là une des meilleures démonstrations que M. Julien pouvait citer en faveur de sa thèse, et M. Collomb[1], juge si compétent en pareille matière, après avoir parcouru avec M. Julien les vallées que ce géologue venait de décrire, ne put que s'associer aux conclusions de son guide.

Déjà en 1868, M. Collenot[2] et M. Jules Martin[3] (1869) avaient annoncé l'existence de blocs erratiques d'origine glaciaire à Époisses (Côte-d'Or), au pied du Morvan. Par suite, M. Belgrand et bien d'autres géologues avaient été amenés à admettre que les hautes vallées du Morvan avaient été le théâtre de l'activité des anciens glaciers. Naturellement les glaciers du Morvan nous amènent à parler de ceux du bassin de Paris, qui n'étaient, paraît-il, qu'une de leurs dépendances?

Bassin de Paris : Belgrand, Collomb, Julien, Tardy. — Bretagne : Barrois. — En 1870, M. Belgrand[4] signala à l'attention des géologues les stries qui sillonnent les surfaces des grès de Fontainebleau, à la Padole et à Champcueil, près de Corbeil. M. Éd. Collomb[5] constata le caractère glaciaire de ces stries et fit remonter la production de ce phénomène au commencement du quaternaire ou à la fin du pliocène. Malheureusement il ne put trouver dans les plaines inférieures aucune trace des outils qui auraient buriné ces stries, aucun caillou strié, aucune moraine. Mais M. Julien[6] et M. Roujou crurent reconnaître ces preuves importantes de la pré-

lier dans le Puy-de-Dôme et le Cantal, in-8°, p. 103. Thèse, Sci. Nat., Montpellier, 1869.

1. Note sur les anciens glaciers du plateau central de la France, *Archives des sciences de la bibl. universelle,* 1870.

2. Existence de blocs erratiques d'origine glaciaire au pied du Morvan, *Bull. Soc. géol.,* 2e Sie, t. XXVI, p. 173, 1868. Description géol. de l'Auxois, 1873, etc.

3. Les glaciers du Morvan, etc., *Bull. Soc. géol.,* 2e Sie, t. XXVII, p. 225, 1869, etc.

4. Note sur la présence de stries à la surface des grès de Fontainebleau dans la localité dite la Padole, *Bull. Soc. géol.,* 2e série, t. XXVII, p. 549, 1870.

5. Note sur des stries observées sur les grès de Fontainebleau, etc., *id., id.,* p. 557, 1870.

6. Note sur les traces d'anciens glaciers dans la vallée de la Seine, *Bull. Soc. géol.,* 2e série, t. XXVII, p. 559, 1870.

sence d'anciens glaciers et virent sur le plateau de Mondeville des cailloux striés et anguleux, des vestiges de moraines et des roches moutonnées. Néanmoins quelques doutes persistèrent dans l'esprit de M. Julien sur la réalité de cette énorme extension des anciens glaciers. Il ne se prononça donc pas d'une manière absolue, et il se contenta de provoquer sur ces faits de nouvelles études quels qu'en dussent être les résultats.

M. Tardy [1] ne garda pas la même réserve; il n'hésita pas à placer dans les Alpes scandinaves l'origine des glaciers qui avaient strié les grès de la Padole!

Il admit en outre que des glaciers avaient existé dans le bassin de Paris à l'époque miocène [2].

Après nous être occupé des glaciers peut-être hypothétiques du bassin de Paris, nous ne pouvons oublier de mentionner les traces de l'époque glaciaire que M. Barrois a reconnues en Bretagne sur la plage de Kerguillé [3], au sud de la rade de Brest. Cette observation pleine d'intérêt appellera l'attention des géologues sur une contrée encore inexplorée à ce point de vue et provoquera sans doute une série de découvertes nouvelles : ce sera un progrès de plus pour la théorie glaciaire.

Auvergne (suite), **Cévennes, Lyonnais, Beaujolais : Tardy, Marcou, Collot, Rames, Chantre, Falsan.** — L'attention des géologues n'était cependant pas toute concentrée sur le bassin de Paris. En se rendant à la réunion de la Société géologique du Puy (1869), M. Tardy [4] rencontra près de Langeac et sur le versant oriental des chaînes du Velay qui séparent l'Allier de la Loire, en amont d'Espaly, des blocs striés et des lambeaux de moraines. Bientôt après, il en découvrit d'autres dans les montagnes de la Madeleine [5] (Loire).

De son côté, M. Jules Marcou [6] rencontra des traces d'anciens glaciers en Auvergne, sur le plateau qui s'étend de La Tour à La Nobre, route de Clermont à Mauriac, ainsi que dans les environs de Bort.

Plus au sud, sur les pentes du Plomb-du-Cantal, près de Thiezac, M. Rames, qui depuis longtemps a fait une étude générale des traces laissées par les anciens glaciers dans toute la région [7], et

1. Sur les stries observées sur les grès de Fontainebleau à la Padole, *id.*, *id.*, p. 561, 1870.
2. Recherches sur le glacier pliocène dans le bassin de Paris, *Bull. Soc. géol.*, 2e série, t. XXIX, p. 541, 1872.
3. Note sur les traces de l'époque glaciaire sur les côtes de la Bretagne, *Bull. Soc. géol.*, 3e série, t. V, p. 535, 1877, et *in litteris*.
4. Note sur les glaciers du Velay, *Bull. Soc. géol.*, 2e série, t. XXVI, p. 1178, 1860.
5. Traces glaciaires dans les montagnes de la Madeleine, *Bull. Soc. géol.*, 3e série, t. I, p. 514, 1873.
6. Notes pour servir à l'histoire des anciens glaciers de l'Auvergne, *Bull. Soc. géol.*, 2e série, t. XXVII, p. 361, 1870.
7. *Carte géologique du Cantal.* Aurillac, Bouygues frères, 1862, 1873. — *Géo-*

M. Collot [1] reconnurent l'appareil glaciaire pendant les excursions du congrès d'Aurillac.

Nous-même, quelques années plus tard (1877), nous avons pu ajouter de nouveaux anneaux à la chaîne d'observations qui relie les Pyrénées aux Vosges et par suite au Jura. M. E. Chantre et nous, nous avons signalé [2] des débris erratiques dans la vallée du Gier et sur le versant nord du mont Pilat, tout aussi bien que dans les montagnes du Lyonnais et du Beaujolais. Nous citerons surtout les moraines du cirque de l'Arbresle et des vallées de l'Azergues et de l'Ardière. Comme dans le cirque de Palhères, les roches n'ont pu garder leurs stries, mais on a découvert des cailloux striés dans la vallée de la Grône, au sud de Cluny [3], et M. Tardy a reconnu [4], en amont de cette petite ville, une moraine à Sainte-Cécile-la-Valouse. Ainsi se sont trouvés confirmés nos premiers aperçus.

Des jalons se trouvent donc plantés sur tout l'espace à parcourir; c'est à présent aux jeunes géologues à compléter ces esquisses et à dresser la carte détaillée des phénomènes erratiques et glaciaires dans le centre de la France, ainsi que dans les Vosges, le Jura, les Pyrénées, les Alpes Provençales et Maritimes.

Pour nous, après ce rapide exposé des faits qui nous ont permis de montrer la diffusion progressive de la théorie glaciaire dans toute la France, nous nous réservons de revenir sur ce sujet, afin de donner la description géographique rapide de chacun des dépôts erratiques que nous venons de mentionner.

Versant italien des Alpes. — Mais cette activité scientifique ne s'était pas concentrée dans notre pays [5]; de la Suisse elle avait débordé sur les autres contrées voisines, tout aussi bien que sur la France. Elle avait même rayonné au loin et partout dans les deux mondes.

Le versant italien des Alpes fut étudié comme les vallées de la

génie du Cantal. Id., Aurillac, 1873. — *Topographie raisonnée du Cantal.* Id., ibid., 1873. — Compte rendu de la réunion extraordinaire de la Société géologique à Aurillac, *Bull. Soc. géol.*, 3e série, t. XII, p. 782, séance du 24 août 1884, etc.

1. Sur le glaciaire de Carnéjac, *Bull. Soc. géol.*, 3e série, t. XII, p. 811, 1883-1884.

2. *Monographie géologique des anciens glaciers*, etc., t. II, p. 384, 1879.

3. *Revue du Lyonnais*, 1879.

4. De la présence de quelques vestiges d'anciens glaciers dans le Beaujolais, et de l'âge de la moraine de Sainte-Cécile-la-Valouse (vallée de la Grône), *Bull. Soc. géol.*, 3e série, t. VII, p. 744, 1879.

5. Nous ne pouvons faire connaître ici tous les travaux des géologues étrangers sur les phénomènes de la période glaciaire. Nous ne citerons donc qu'un ou deux de leurs ouvrages les plus remarquables et les plus connus, et nous passerons forcément sous silence bien des noms de savants naturalistes.

Suisse. Gastaldi et de Mortillet [1], Omboni [2], G. A. Pirona [3], Stoppani [4], Desor [5], Ch. Martins et Gastaldi [6], Rutimeyer [7], etc., et bien d'autres savants géologues étudièrent avec soin les traces des anciens glaciers, les dispositions de leurs moraines par rapport aux alluvions, la formation des lacs, les érosions glaciaires, et établirent le parallèle qui existait entre les phénomènes erratiques sur les deux versants des Alpes.

Versants nord et oriental des Alpes. — Plus à l'est, dans le Tyrol, la Styrie, les Alpes autrichiennes, la Bavière, etc., de savants géologues entreprirent avec succès de remarquables études sur le terrain erratique et les nombreux lacs de cette partie des Alpes; nous ne citerons que quelques noms : Steudel [8], Zittel [9], J. Partsch [10], A. Penck [11], Mojsisovics [12], A. Böhm [13], F. Stark [14], Simony [15].

Nord de l'Europe. — Le terrain erratique du nord de la Russie, du nord de l'Allemagne, de la Hollande se relie à celui de la Suède et de la Norwège et forme ce qu'on appelait autrefois le *diluvium scandinave*. L'étrangeté de cette liaison, malgré la séparation des deux groupes de contrées par une large mer, appela de bonne heure l'attention des géologues européens. Même des savants français, Alexandre Brongniart [16], Durocher [17], Elie de

1. Sur la théorie de l'affouillement glaciaire, *Atti della Soc. italiana di sci. nat.*, t. V, 7 luglio, 1863. — Mortillet, Carte des anciens glaciers du versant italien des Alpes, *Atti della Soc. ital. di sci. nat.*, t. III, p. 44. — Note sur les dépôts glaciaires du versant méridional des Alpes, *Archi. sci. nat.*, t. X, p. 43, 1861.
2. I ghiacciai antichi et il terreno erratico di Lombardia, *Atti Soc. ital. sc. nat.*, t. III, 1860.
3. Sulle antiche moreni del Friuli, *Att. Soc. ital. sc. nat.*, t. II, p. 348, 1860.
4. *Corso di geologia*, 1873.
5. Quelques considérations sur la classification des lacs à propos des bassins du revers méridional des Alpes, *Atti della Soc. Elvèti di sc. nat.* Lugano, p. 123, 1863.
6. Essai sur les terrains superficiels de la vallée du Pô, *Bull. Soc. géol.*, 2ᵉ série, t. VII, p. 554, 1850.
7. *Ueber pliocen und Eisperiode*, etc., 1876.
8. Notice sur le phénomène erratique au nord du lac de Constance, *Arch. des sc. nat. de Genève*, juillet 1867, t. XXIX, p. 210.
9. Ueber Gletschererscheinungen in der bayerischen Hochebene, *A. d. Sitzungsber d. math. ph. kl. der Akad. d. Wiss.*, 1874.
10. *Die Gletscher der Vorzeit in den Karpaten und den Mittelgebirgen Deutschlands*. Breslau, 1882.
11. *Die Vergletscherung der deutschen Alpen*. Leipzig, 1882, etc.
12. Bemerkungen über den alten Gletscher des Traunthales, *Jahrb. d. k. k. geol. Reichsanstalt*, XVIII, 1868, p. 303, 310.
13. *Die alten Gletscher der Enns und Steyr*. Wien, 1885, etc.
14. *Die Bayerischen Seen und die alten Moränen*, 1873.
15. *Ueber die Spuren der vorgeschichtlichen. Eiszeit in Salzkammergute*. Wiener Zeitung, 17 mai 1846.
16. *Ann. des sc. nat.*, t. XIV, p. 516, 1828.
17. Mémoire sur le phénomène diluvien du nord de l'Europe, *Compt. rend. Acad. des sc.*, 10 août 1840.

Beaumont [1] expliquèrent les phénomènes erratiques du nord par l'action des lames diluviennes.

Mais de Charpentier [2], Daubrée [3], Agassiz [4], Desor [5], Ch. Martins [6] et Bravais combattirent l'hypothèse des courants diluviens et des glaces flottantes de Durocher et comparèrent le phénomène erratique du nord à celui des Alpes. C'était le moment de la grande lutte des diluvianistes et des glaciairistes, de sorte que les uns voulaient tout expliquer par des lames diluviennes et des ice-berg, des radeaux de glace, les autres par une extension énorme des glaciers des Alpes scandinaves. Ce dernier système a prévalu, et maintenant on accepte l'existence d'une immense *Mer de glace* qui aurait envahi le nord de l'Allemagne, la Hollande, même l'Écosse et l'Angleterre.

Parmi les géologues étrangers qui se sont occupés de ces intéressantes questions, nous signalerons au moins les noms de M. Sefstrœm [7], Bœhtling [8], de Verneuil [9], Nathorst [10], Gérard de Geer [11], Credner [12], Kjerulf [13], Peschel [14], Helmholtz [15]. Ajoutons que A. d'Archiac, en écrivant l'*Histoire des progrès de la géologie* [16], a résumé avec son talent habituel les discussions qui ont été soulevées par les premières études de ce qu'on appelait alors le *diluvium scandinave*.

Iles Britanniques. — Les beaux travaux de Playfair, de Forbes, de Buckland, de Prestwich, de Hopkins, de Darwin, d'Agassiz, de Murchison [17], et de tant d'autres savants géologues furent digne-

1. Observations pour servir à l'histoire des phénomènes erratiques de la Scandinavie, *Comptes rendus*, t. XXI, p. 1158, 1845. — Rapport sur un mémoire de M. Durocher, *Comptes rendus*, t. XIV, p. 78, 1842.

2. Sur l'application du système de Venetz aux phénomènes erratiques du Nord, *Bibl. univ. de Genève*, juin 1842, vol. XXXIX, p. 327.

3. Voyage en Scandinavie, etc., *Comptes rendus*, vol. XVI, p. 328, 1843.

4. *Bibl. univers. de Genève*, septembre 1842, vol. XXI, p. 1331, 1845.

5. Note sur le phénomène erratique du Nord comparé à celui des Alpes, *Bull. Soc. géol.*, 2e série, t. IV, p. 182, 1846.

6. Réponse de M. Charles Martins aux objections de M. Durocher, etc., *Bull. Soc. géol.*, 2e série, t. III, p. 102, 1845.

7. *Comptes rendus de l'Acad. de Saint-Pétersbourg*, vol. II, 1837.

8. *Comptes rendus de l'Acad. de Saint-Pétersbourg*, vol. II, 18 décembre 1840.

9. *Bull. Soc. géol.*, 2e série, t. III, p. 382, 1846.

10. *Feuille méridionale de la carte géologique générale de la Suède.*

11. Ueber die Zweite Ausbreitung des Skandinavischen Landeises, *Deutsch. geol. Gesellschaft*, Band XXXVII, 1885, etc.

12. *Traité de géologie.*

13. *Nombreux mémoires*; cf. Penck, *Die Vergletcherung*, 373.

14. *Nombreux mémoires*; cf. Penck, *Die Vergletcherung*, 373.

15. Conférence sur la glace et les glaciers; cf. Tyndall, les Glaciers, p. 190, *Bibl. scient. internationale*, 1873.

16. T. II, 1re partie, p. 21.

17. Consulter d'Archiac, *Histoire des progrès*, etc., t. II, 1re partie, p. 111, 1848.

ment continués par Lyell [1], Tyndall [2], J. Lubbock [3], Faraday, J. et W. Thomson, Evans [4], A. Geikie [5], J. Geikie [6], Ramsay, Clifton-Ward, etc., dont les travaux sont si nombreux et si connus dans le monde scientifique. Nous ne pouvons que citer un petit nombre de ces auteurs et mentionner ci-dessous les traductions en français qui ont été faites de quelques-uns de leurs ouvrages.

Amérique du Nord. — Bien plus loin de nous, dans l'Amérique du Nord, les phénomènes glaciaires anciens ont acquis une importance considérable et le terrain erratique étalé sur des surfaces immenses a de bonne heure appelé l'attention des géologues.

Hitchcock [7] fut secondé par Mather, Emmons, Hubbart et une foule d'autres savants. Il se mit à la tête de ces pionniers de la science; tous leurs efforts furent couronnés de succès et de nombreux travaux furent publiés. Parmi les noms de ces nombreux chercheurs, nous trouvons ceux de deux géologues bien connus en Europe, et bien dignes de se réunir à cette savante pléiade : Lyell [8] et Desor [9].

Nous ne pouvons mieux terminer cette trop courte note qu'en citant les remarquables ouvrages exécutés ces dernières années par Dana [10], N. S. Shaler et M. C. Davis [11], J. Marcou [12], G.-F. Wright [13], E.-C. Chamberlain [14], Russel [15], etc.

Asie. — Enfin, à travers toute l'Asie, de nombreux glaciairistes, parmi lesquels nous rappellerons seulement MM. Maurice Wagner, Hocher, E. Favre, E. Chantre, H. Hund, etc., ont exploré les

1. *Principes de géologie*, trad. par Me Tullia Meulen, 1843. — *Manuel de géologie*, trad. par M. Hugard, 5e édit., 2 vol., 1856. — *L'Ancienneté de l'homme*, trad. par M. Chaper, 1864.
2. Les Glaciers, *Bibl. scient. internationale*.
3. *L'Homme préhistorique*, trad. par M. Barbier, 1876. — *Les Origines de la civilisation*, trad. par M. Barbier, 1877.
4. *Les Ages de la pierre*, trad. par M. Barbier, 1878.
5. *La Géologie*, trad. par M. Gravez, 1880.
6. *The Great Ice Age*, dont la traduction n'est pas encore publiée par M. Prénat et par nous.
7. Consulter d'Archiac, *Histoire des progrès de la géologie*, 1re partie, t. II, p. 360 et suiv.
8. *Travels in North America*, t. II, p. 58.
9. *Bull. Soc. géol.*, 2e série, t. V, p. 89, 1847.
10. *Manual of geology*, 1877.
11. *Glaciers*, in-4o, Boston, 1881.
12. Note sur la géologie de la Californie, *Bull. Soc. géol. de France*, t. XI, p. 407, 1883.
13. *The glacial Boundary in Ohio, Indiana and Kentucky*, 8o, Cleveland, Ohio, 1884.
14. Preliminary paper of Terminal Moraine of the second glacial epoch, in *Third annual Report United-States, geological Surwey*, p. 295. Washington, 1883.
15. Existing glaciers of the United-States, in *Fifth annual Report U.-S. geological Surwey*, p. 303, 1885.

monts Ourals, le Caucase, le mont Ararat et d'autres massifs montagneux, où ils ont recherché les traces du phénomène glaciaire ancien, avec le même zèle que Falconer et les frères Schlagintweit avaient mis à étudier les flancs de l'Himalaya!

Succès définitif de la théorie glaciaire; une de ses causes; conclusion. — De toutes parts les théories diluviennes et les autres systèmes plus ou moins étranges qu'on avait essayé de leur substituer en dehors de la théorie glaciaire, étaient oubliés ou repoussés, et les idées de Playfair, de Venetz et de J. de Charpentier l'avaient emporté de la manière la plus complète; mais, du moins à notre point de vue personnel, ce triomphe fut voilé par quelques exagérations. Ainsi plusieurs disciples de ces maîtres n'hésitèrent pas à couvrir l'Europe d'une vaste calotte de glace, sans tenir compte de la localisation des dépôts erratiques, et admirent en même temps le règne d'une température excessivement rigoureuse; d'autres, non contents de croire à une seule période glaciaire avec des phases de recul et d'avancement pour les anciens glaciers, proclamèrent la multiplicité et la périodicité des périodes glaciaires sans se préoccuper de ce que ces faits seraient incompatibles avec le refroidissement régulier du climat de la terre et avec le développement continu, sans intermittence ni balancement, des végétaux et des animaux. Pour quelques partisans de la pluralité des périodes glaciaires, il y eut donc non seulement des glaciers pliocènes, des glaciers miocènes, des glaciers éocènes, mais encore des glaciers crétacés, des glaciers jurassiques, des glaciers carbonifériens, etc. Ainsi, autant on avait éprouvé de répugnance ou simplement d'hésitation à recourir à l'action des anciens glaciers pour expliquer la formation de certains terrains de transport, autant on se laissa entraîner plus tard à vouloir tout expliquer par l'action de la glace, sans recourir à celle des masses d'eau en mouvement. D'ailleurs, ces oscillations sont bien la marche ordinaire de l'esprit humain, qui aime à se laisser séduire par le charme des doctrines nouvelles et la nouveauté des horizons à explorer. Mais nous reviendrons plus loin sur ces intéressantes questions que nous ne faisons qu'effleurer ici.

En définitive, il faut bien le reconnaître, les deux théories nouvelles ont au fond une liaison intime : toutes deux recourent à un même agent, à l'eau; mais à l'eau se présentant sous deux états différents, l'eau à l'état liquide, et l'eau à l'état solide ou la glace. Puisqu'il s'agissait d'un transport, d'un charriage, quel autre agent emprunter à la nature? En effet l'eau et la glace sont dans le monde inanimé les seuls corps doués d'un mouvement continu et capables de transporter au loin des masses volumineuses et d'un poids considérable; ce sont les *seuls chemins qui marchent*, pour parler comme Pascal. Voilà donc le trait d'union de ces deux théories opposées; mais il faut mettre en lumière leur différence essentielle, fondamentale; il faut signaler ce qui a assuré le triomphe de la théorie glaciaire. C'est parce qu'elle *a substitué la durée de l'action à la vitesse et à l'exagération de la masse de l'agent;* c'est parce qu'elle a admis une sage économie des forces de la nature, que la théorie glaciaire l'a emporté sur la théorie qu'on lui a opposée le plus longtemps.

En effet en remplaçant les lames d'eau, les masses diluviennes et les torrents boueux par les glaciers, on écartait une difficulté insurmontable, une impossibilité contre laquelle tous les diluvianistes étaient venus se heurter. On n'avait plus à se préoccuper d'indiquer les sources de ces incalculables masses liquides dont on invoquait toujours la puissance et qui devaient se renouveler sans cesse pour se maintenir à un niveau très élevé, tout en se répandant sur les espaces libres devant elles. Tout cet échafaudage laborieux de barrages, de lacs imaginaires, placés près des sommets des chaînes et dans les parties les plus élevées des hautes vallées, s'évanouissait pour laisser apparaître d'énormes et d'anciens glaciers. On sortait du domaine des hypothèses, des suppositions chimériques pour entrer dans celui de la réalité des faits. Ces glaciers, on connaissait leur mode de fonctionnement; on savait les sources de leur alimentation; on avait tracé l'itinéraire des particules de vapeur qui s'échappent des océans équatoriaux pour se transformer chacune en un grain de la poussière des névés. Il était reconnu que la neige de chaque hiver suffit en moyenne pour réparer les pertes de l'ablation estivale, grâce à la lenteur de la progression des glaciers. On n'avait pas à imaginer la puissance de leur transport, de leurs érosions, et de leurs effets dynamiques; on en était témoin chaque jour. Tous les problèmes trouvaient ainsi leur solution; il ne fallait que du temps, mais ce facteur, personne ne le restreint, ne le refuse en géologie, car la période la plus longue n'est rien en face de la durée infinie!

Les résistances devenaient de plus en plus difficiles, et l'école de J. de Charpentier resta seule chargée de l'interprétation de toute une série des plus étranges et des plus grands phénomènes de la nature. Comme l'a dit M. Alph. Favre [1] : « Tout était ramené à une simple question de météorologie et de physique, puisque, pour tout expliquer, il suffisait d'admettre un léger abaissement de la température moyenne, une modification simple dans les climats avec une plus grande abondance de neige et d'humidité et des oscillations du sol. »

L'extension des anciens glaciers une fois admise, il faut essayer d'abord d'en étudier les résultats et d'en rechercher les causes avec le plus d'attention possible; c'est ce que nous allons tenter de faire dans les chapitres suivants, après avoir décrit le terrain erratique lui-même et ses principaux accidents.

1. *Recherches géologiques*, t. I, p. 190.

CHAPITRE III

CLASSIFICATION DES TERRAINS ET DES ALLUVIONS

Classification générale des terrains. — Terrains ignés anciens ou plutoniques. — Terrains ignés modernes ou volcaniques. — Terrains métamorphiques. — Terrains de formation aqueuse : terrains sédimentaires ou stratifiés. — Terrains de transport ou alluvions. — Classification des éléments des alluvions. — Dispositions topographiques des alluvions, nappes et terrasses. — Cônes de déjection. — Alluvions marines; action des vagues de la mer. — Équilibre stable et substratum des alluvions. — Terrains clastiques ou détritiques. — Définition. — Agents de destruction, leur mode d'action. — Puissance des démolitions, leurs dénominations diverses. — Terrains glaciaires. — Période glaciaire ou pluviaire, ou pluvio-glaciaire.

Classification générale des terrains. — Au début de cette étude sur la période glaciaire, notre première pensée doit être de décrire le plus exactement possible ce *terrain erratique* ou *glaciaire ancien*, dont les géologues, pendant une bonne partie de ce siècle, se sont tant préoccupés, pour en expliquer l'origine et le mode de transport.

Cette analyse fournira la meilleure base à nos déductions, puisque c'est par la connaissance détaillée de tous les caractères de cette étrange formation, et par sa comparaison avec d'autres terrains analogues modernes qu'on a fini par arriver à la vérité et qu'on a pu rétablir toute une série de phénomènes aussi curieux qu'imprévus.

Maintenant, après tant d'efforts de la science, qu'appelle-t-on *terrain erratique* ou *terrain glaciaire ancien?* Sous le rapport des caractères physiques, quelle place lui donne-t-on au milieu des autres formations géologiques et comment peut-on l'en distinguer? La première chose à faire est de chercher à connaître les caractères essentiels des autres terrains, pour arriver ensuite à mieux établir leurs différences de composition physique et d'allure avec celles du terrain erratique. Nous allonc donc essayer de l'entreprendre le plus brièvement possible.

Tous les terrains qui composent la croûte terrestre peuvent, d'après leurs caractères extérieurs, se grouper en sept classes :

1° les terrains ignés anciens ou modernes; 2° les terrains métamorphiques; 3° les terrains de formation aqueuse sédimentaires ou stratifiés; 4° les terrains de transport ou alluvions; 5° les terrains détritiques ou clastiques; 6° le terrain glaciaire moderne; enfin 7° le terrain erratique ou glaciaire ancien, objet de cette étude.

Terrains ignés anciens ou plutoniques. — Les roches de la première classe sont composées de silicates, et leur nature cristalline les rapproche de certains produits artificiels obtenus dans les hauts fourneaux. La chaleur et les affinités chimiques ont présidé à leur formation et leur ont mérité le nom qu'elles portent. Ces roches constituent de grandes masses homogènes, divisées irrégulièrement par des fentes de retrait. Les granites et les porphyres en sont les types principaux.

D'autres fois elles remplissent les fissures de roches plus anciennes pour y former des *filons* ou des *dykes* de toutes épaisseurs. En se détachant sur le ciel, les contours de ces roches cristallines offrent des lignes arrondies, imposantes, peu régulières; ce qui parfois leur a mérité le nom de *ballons*.

Les roches ignées forment pour ainsi dire la charpente osseuse de la terre, et, sur cette puissante ossature, les autres terrains sont venus se déposer, comme les muscles et les chairs viennent s'appliquer sur les os du squelette, pour en dissimuler les saillies et les dépressions par de larges méplats.

Terrains ignés modernes ou volcaniques. — Les *roches volcaniques* sont des roches éruptives modernes, vomies par des volcans à appareils cratériformes plus ou moins bien conservés. Ce sont des scories, des laves, des cendres composées de silicates. Quelquefois les laves et surtout les basaltes sont divisés par des fentes de retrait, d'après une sorte de symétrie géométrique. Ces roches constituent des *dykes* ou *filons*, des *coulées*, des *nappes*, ou encore des *dômes*, des *puys*, etc.

Terrains métamorphiques. — Les roches métamorphiques sont des roches de nature complexe, des roches modifiées chimiquement ou même par des effets mécaniques après leur formation. Elles servent de traits d'union entre les roches ignées et les roches sédimentaires. Il reste à résoudre bien des problèmes rattachés à leur mode de formation !

Les gneiss, les micaschistes et les autres roches schisteuses anciennes qui ont été plus ou moins profondément métamorphisées présentent au-dessus de l'horizon des silhouettes déchiquetées en *aiguilles*, en *pics*, en *dents de scies*.

Terrains de formation aqueuse; terrains sédimentaires ou stratifiés. — Les roches de la troisième classe doivent leur origine à des précipitations chimiques ou à des dépôts de matières légères enlevées à des roches préexistantes et tenues en suspension dans les eaux. Les premières sont calcaires et les autres souvent argileuses. A ces phénomènes chimiques et physiques, les forces vitales ont joint leur action en développant les plantes et les animaux dont les débris, souvent fort nombreux, sont venus accroître la masse sédimentaire en proportion considérable. Dans ces roches, formées au sein des eaux paisibles ou peu agitées, tout a été déposé avec un ordre parfait, et *jamais les lois de la pesanteur n'ont été violées.*

Ce n'est qu'après avoir été déposées pour ainsi dire horizontalement en strates ou lits et s'être à moitié consolidées, que ces roches ont été soulevées, fracturées, étirées, refoulées, sur elles-mêmes ; elles constituent ainsi de longues chaînes de montagnes, comme le Jura et la Côte-d'Or, et leurs profils allongés se développent suivant d'immenses lignes droites uniformes, disposées sous diverses inclinaisons et brisées souvent par des *cluses* transversales ou par des fractures appelées *failles.*

Terrains de transport ou alluvions. — L'eau également a eu la plus grande influence sur la formation de presque toutes les roches du quatrième groupe, mais, au lieu d'être tranquille, elle était toujours en mouvement. C'est elle qui a emporté, loin des roches plus anciennes, les débris qui s'en détachaient et les a entraînés dans ses courants, pour en composer d'autres terrains hétérogènes, qui tantôt se sont ultérieurement durcis : *grès* et *poudingues*, tantôt sont restés meubles, *sables* et *graviers.* En définitive, les éléments de ces terrains ont subi toujours des déplacements et c'est à juste titre qu'on a donné à leur ensemble le nom de *terrains de transport.* On nomme aussi *alluvions* ces mêmes terrains pour rappeler qu'ils ne sont que la conséquence du lavage des formations anciennes par des eaux courantes. De plus, par une fausse interprétation des textes bibliques, on a attribué leur origine à l'action du déluge mosaïque et on leur a donné le nom de *diluvium* ou *terrains diluviens* [1]. Chaque pays étudié eut son diluvium particulier ; les plus connus furent le *diluvium alpin*, le *diluvium scandinave*, le *diluvium d'Ecosse*, etc.

N'oublions pas de dire qu'on réserve le nom d'*alluvions glaciaires* aux alluvions qui ont été transportées par des eaux provenant de la fonte des glaciers. On divise ces alluvions en deux classes : les *alluvions glaciaires modernes*, en voie de formation, et les *alluvions glaciaires anciennes* ou simplement *alluvions anciennes*, qui sont subordonnées au fonctionnement des anciens glaciers quaternaires et se rattachent au terrain erratique.

Les eaux courantes, en entraînant ces fragments de roches de toutes grosseurs, les roulent les uns sur les autres, les ternissent, les usent de telle façon que, assez promptement, ils ont perdu leurs angles, leurs arêtes, leurs aspérités, pour prendre des formes

1. *Ante*, p. 18.

arrondies qui leur impriment un caractère particulier et bien connu. On leur donne alors le nom de *cailloux roulés*. D'après M. Daubrée, ce résultat est obtenu pour les roches les plus dures à la suite d'un parcours de 25 kilomètres environ [1]. Lorsque dans une rivière la vitesse du courant est faible, les galets qu'elle entraîne gardent plus ou moins vaguement la forme qu'ils avaient au moment où ils ont été détachés de la roche. Ainsi les cailloux de calcaire stratifié sont souvent plats avec des contours arrondis ou bien lenticulaires. Les silex n'ont point de formes particulières, mais les morceaux de basalte et de granite ont une tendance à s'arrondir. Si les cailloux proviennent d'une partie torrentielle de la rivière, ils s'arrondissent aussi bien que les galets roulés sur la grève par les flots de la mer [2].

Classification des éléments des alluvions. — Pendant leur parcours, les eaux ont classé tous ces débris de roches d'après leur volume et leur pesanteur spécifique; les plus gros dépassent rarement le volume d'une tête d'enfant et prennent le nom de *galets* et de *cailloux roulés;* les moyens, celui de *sable* et de *gravier*, et les plus ténus, appelés *sédiments vaseux* ou *argileux*, sont transportés plus loin que les autres éléments. Mais, en dehors de cette classification très régulière, il n'y a aucun arrangement d'après le lieu de provenance. Sous ce rapport, *tout est confus, pêle-mêle*. On peut tout au plus reconnaître que tel ou tel caillou provient de telle ou telle vallée, sans pouvoir dire si la roche mère affleure sur le flanc droit ou gauche de cette vallée. En un mot dans leur arrangement on ne retrouve rien qui rappelle la disposition symétrique des moraines sur le dos des glaciers.

Dispositions topographiques des alluvions; nappes et terrasses. — A toutes les époques géologiques les cours d'eau ont charrié et déposé des alluvions, mais ces nappes ensevelies sous des terrains plus modernes ont souvent été emportées pendant les oscillations terrestres et n'offrent que de rares affleurements. Aussi les géologues se préoccupent surtout des alluvions superficielles, tertiaires, quaternaires et modernes. Les alluvions modernes s'étalent toujours dans le fond des vallées et s'élèvent souvent à une plus grande hauteur, car, à mesure que l'ancien cours d'eau qui les a charriées a diminué de volume et les a entamées profondément, elles n'apparaissent plus que comme des terrasses régulières, parallèles, comme on en voit dans les vallées de la Saône, de la Seine et de tant d'autres cours d'eau.

Cônes de déjection. — Dans les pays montagneux, les torrents en débouchant dans les grandes vallées perdent leur puissance de transport, abandonnent leurs alluvions et les accumulent sous

1. *Géologie expérimentale*, p. 250.
2. De Lapparent, *Traité de géologie*, p. 209.

forme de *cônes de déjection très accentués*. Dans les vallées de la Suisse on en voit de magnifiques exemples.

Lorsque de puissants cours d'eau, tels le Rhône, l'Isère, la Durance abordaient une large vallée, comme celle qui met Lyon en communication avec la Méditerranée, à l'époque où un climat plus humide enflait prodigieusement leurs eaux, ils avaient encore une impétuosité vraiment torrentielle. Mais leurs eaux en s'étalant dans les plaines perdaient bien vite une grande partie de leur vitesse et devenaient incapables de transporter plus loin la même masse d'alluvions. Elles en abandonnaient donc une forte

Fig. 1. — Cônes de déjection à Giswil, en amont du lac de Sarnen, d'après Hogard. (Recherches sur les formations erratiques, PL. XVII, f. 2.)

portion derrière elles et en élevaient aussi des cônes de déjection ayant, contrairement à ceux dont nous venons de parler, des profils *très surbaissés*.

Ces cônes de déjections, composés parfois, en partie, d'alluvions anciennes ou glaciaires, furent plus tard fortement ravinés par les mêmes fleuves qui les avaient constitués, soit parce que le sol subissait lentement un exhaussement général, soit parce que les eaux courantes devenues plus claires avaient acquis une grande puissance érosive. Mais ces masses alluviales furent aussi énergiquement entamées par les torrents sous-glaciaires, lorsque les circonstances le permirent.

Le plateau des Dombes, près de Lyon, ceux de Bonnevaux et de Chambaran en Bas-Dauphiné et la Crau d'Arles, déposés par le Rhône, l'Isère et la Durance, offrent de beaux exemples pour l'étude des phénomènes géologiques dont nous venons de parler.

Après le dernier creusement des vallées, les alluvions ont recommencé à en tapisser le fond, mais le phénomène avait perdu de son intensité.

Alluvions marines; action des vagues de la mer. — Sur les bords de la mer, les vagues par l'action incessante de leur agitation roulent les fragments de roches dures les uns contre les autres, les rongent, les arrondissent mieux que ne le ferait un fleuve. Les gros galets, généralement plus arrondis que ceux des rivières, restent sur la plage ou se déplacent lentement, tandis que les graviers, les sables et les sédiments vaseux sont entraînés plus ou moins loin suivant leur volume et leur densité. Parfois même des courants marins les transportent à de grandes distances pour en former des bancs de grès ou d'argile qui, au point de vue de leurs dispositions générales et de leur stratification, pourraient se rattacher sous quelques rapports aux roches sédimentaires.

Equilibre stable et substratum des alluvions. — Une dernière remarque avant d'en finir avec les terrains de transport : les alluvions ont toujours été abandonnées par les eaux dans une position d'équilibre stable et jamais en placard sur des surfaces très déclives. En outre, les alluvions reposent généralement sur un substratum très irrégulièrement érodé par les eaux, et nous ne tarderons pas à faire ressortir l'importance de ces caractères.

Terrains clastiques ou détritiques. — Définition. — Après avoir étudié rapidement les alluvions ou terrains de transport par l'eau, il nous reste à décrire d'autres formations fragmentaires que nous appellerons *terrains clastiques* ou *détritiques*. Cette classe de terrains se relie d'une manière assez intime à la précédente, puisque les alluvions ne sont que des terrains clastiques ou détritiques remaniés.

Cette expression de terrains clastiques jouit d'une certaine élasticité qui permet d'élargir ou de restreindre sa signification. En effet tous les terrains de transport, les grès, les roches argileuses et beaucoup de calcaires, en un mot toutes les roches qui n'ont pas une origine ignée ou chimique, sont constituées par des débris plus ou moins gros, plus ou moins fins de roches préexistantes. Quant à nous, après ce que nous venons d'écrire, nous ne pouvons adopter cette manière de voir et, en nous en tenant à la définition rigoureuse du mot, nous n'appliquerons la dénomination de terrain clastique qu'aux roches dont les éléments présentent des traces évidentes de fractures.

Agents de destruction; leur mode d'action. — Ce sont les agents atmosphériques : la gelée, la pluie, le froid, la chaleur et même les vents et la foudre qui démantèlent les roches, les brisent, les réduisent en fragments de diverses grosseurs.

L'humidité et l'eau s'insinuent dans les moindres fissures, dans les fentes, dans les crevasses, se transforment en glace et, en se dilatant, écartent les plans de fracture. Lorsque la chaleur du printemps vient fondre cette glace qui servait pour ainsi dire de ciment entre tous ces débris, il se produit chaque année des éboulements de gros blocs et de menus fragments anguleux, qui roulent au pied des montagnes et qui en revêtent les pentes de talus très inclinés, comme on en voit de beaux exemples dans tout le Jura.

La pluie seule, sans le froid, en corrodant les parties tendres des roches et des couches stratifiées, est un des agents géologiques les plus importants pour les réduire en fragments plus ou moins considérables. Un climat humide, en même temps qu'il favorise le développement des eaux sauvages et des eaux courantes, augmente donc beaucoup la quantité des éléments détritiques accumulés dans une région. C'est pourquoi, sans faire une étude comparée des flores fossiles des divers étages, mais simplement en considérant la quantité relative des brèches qui les accompagnent, on pourrait dire approximativement que les terrains houillers, permiens et triasiques ont été déposés pendant le règne d'un climat plus humide que celui qui a présidé aux périodes jurassiques et crétacées et qui était sec [1].

Mais quand un froid intense, prolongé pendant une longue période, combinait son action avec celle de l'eau, la fragmentation des roches s'exagérait considérablement, et il se formait de puissantes masses d'éboulis qui pouvaient passer à de véritables brèches par la cimentation de leurs éléments. Ainsi M. J. Geikie et le professeur Ramsay [2], en parcourant la magnifique brèche calcaire du fameux rocher de Gibraltar, ont cru trouver dans la formation de cet énorme dépôt détritique la preuve d'un grand abaissement de température et d'une abondante humidité dans le climat du sud de l'Espagne, à l'époque quaternaire.

Puissance des démolitions. — Dénominations diverses. — Même les roches les plus dures, les granites, les porphyres, les laves, les gneiss, les grès, les schistes, tout aussi bien que les calcaires, exposées aux intempéries atmosphériques, subissent leur action démolissante. Les cimes élevées des chaînes les plus hautes, les plus résistantes en apparence ne présentent donc que des ruines, et leurs faîtes s'abaissent régulièrement en proportion des masses qui s'en détachent après chaque saison froide. Pour les reconstituer dans leur état primitif, il faudrait leur rendre tous les débris qui chaque année, depuis des centaines de milliers de siècles, leur ont été enlevés, c'est-à-dire toutes les alluvions qui remplissent les vallées et les plaines étendues à leur pied. Si cette hypothèse pouvait se réaliser, les profils des montagnes seraient singulièrement modifiés et leurs cimes atteindraient des niveaux bien plus élevés qu'aujourd'hui !

Dans les Alpes, les Pyrénées, le Jura et les autres massifs montagneux, il est peu de vallées où l'on ne voit de ces éboulements que l'on nomme *chaos*, *casses*, *lapiaz*, *claps*, *clapes* ou *clapiers* [3]. Dans les montagnes du Jura et du Bugey, on nomme encore *groises*

1. St. Meunier, *les Causes actuelles en géologie*, p. 404.
2. J. Geikie, Quart. Journal, *Geol. Soc.*, 1878, p. 505. — J. Geikie, *Prehistoric Europe*, p. 216.
3. Élisée Reclus, *la Terre*, 1er vol., 4e édit., p. 200.

ou *grévois* [1] les éboulis des montagnes calcaires qui s'accumulent au pied des escarpements sous un angle de 45°. La cluse où passe le chemin de fer de Genève, vers les lacs des Hôpitaux, entre Tenay et Rossillon, en présente de magnifiques exemples. Les couches superficielles restent meubles, mais les autres finissent par se souder par des infiltrations calcaires entraînées par les eaux pluviales et arrivent à former des brèches solides. Depuis l'apparition des anciens glaciers, la cluse de Rossillon a été le théâtre des mêmes phénomènes, et dans ces éboulis, à 4 mètres de profondeur, on a même recueilli des ossements et une dent d'*Elephas primigenius*. Les lieux et les choses n'ont donc pas changé, car les petits lacs des Hôpitaux, étant situés près du point de partage des deux versants de cette profonde gorge, se trouvent loin de tout cours d'eau. Mais si, par suite d'un abaissement du sol, une rivière venait à circuler dans cette cluse, tous ces débris anguleux seraient vite entraînés, rapidement arrondis, transformés en galets et dispersés au loin sous forme d'alluvions.

Ce qui se passerait dans cette cluse, d'après cette hypothèse, s'est produit dans toutes les vallées parcourues par des cours d'eau. Mais non seulement les eaux entraînent les éboulis et les fragments que les agents atmosphériques détachent des montagnes voisines, mais encore elles affouillent les couches tendres de leurs rives et provoquent dans les parties concaves de leurs bords de nombreux éboulements, selon la vitesse et la force de leur courant.

Ainsi s'augmente la masse des terrains clastiques ou détritiques qui fournissent les éléments des nappes alluviales.

Terrain glaciaire. — D'un autre côté, si un glacier occupe le fond d'une vallée, il s'y passe des phénomènes analogues. Des cimes et des flancs rocheux qui dominent cette longue dépression, chaque année, s'écroulent des masses considérables de roches de toutes natures qui roulent sur les pentes et s'arrêtent sur le glacier lui-même. Là, entraînées par la lente progression de la glace, elles s'alignent en longs bourrelets parallèles et forment ce qu'on appelle des *moraines superficielles* et *latérales*. A mesure qu'il avance, le glacier emporte avec lui et sur lui ces matériaux pour en former plus loin, après les avoir laissés tomber sur le sol, ses *moraines terminales* et *profondes*.

En même temps il entraîne sous lui sa moraine profonde dont le type normal est bien la *boue* ou *argile glaciaire à cailloux striés*. Nous verrons plus loin que c'est l'action de la moraine profonde sur les roches sous-jacentes qui érode, strie et moutonne le lit d'un glacier.

Parfois même, ce frottement énergique en détache des fragments

1. Em. Benoît, *Bull. Soc. géol. de France*, 2e série, t. XXII, p. 300.

ou y creuse des bassins, lorsqu'il se rencontre des circonstances favorables.

Petit à petit les courants sous-glaciaires reprennent une partie des éléments des moraines profondes, les modifient, les classent, les roulent, les arrondissent et les emportent pour les confondre avec les alluvions des rivières voisines. Les *alluvions anciennes* ne sont donc souvent que des *moraines profondes remaniées*.

Les alluvions anciennes n'échappent pas mieux que les montagnes et les rochers à l'influence modificatrice des agents atmosphériques. Souvent dans les couches supérieures de ce terrain, les cailloux roulés ou les fragments calcaires ont été dissous et n'ont laissé à leur place qu'un peu d'argile; les roches silicatées ou

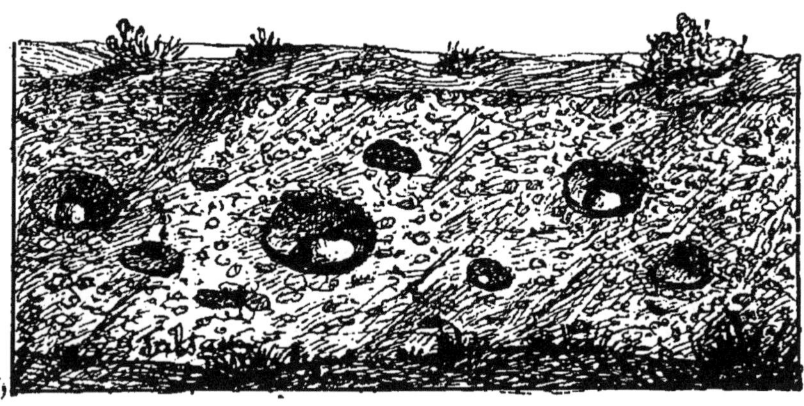

Fig. 2. — Excavations sphériques formées au milieu des alluvions par la décomposition de petits blocs erratiques calcaires.

feldspathiques se sont transformées en argile ferrugineuse, si bien qu'il ne reste que des quartzites épuisés eux-mêmes du peu de calcaire qu'ils renfermaient. L'aspect de ce terrain diffère tellement de celui des alluvions normales qu'on a été tenté d'en faire un terrain à part, un *diluvium à quartzites;* mais ce n'était qu'un simple effet de décomposition chimique.

Si les alluvions anciennes ou moraines profondes remaniées renferment des blocs calcaires, ceux-ci subissent également la décomposition chimique, mais ils résistent plus longtemps. Tantôt ils ont disparu des sphères creuses, tapissées d'argile, qui représentent leur volume ancien et qui se sont moulées sur eux; tantôt ils n'ont laissé qu'un noyau de carbonate de chaux, qui est un simple reste des blocs primitifs et qui tend toujours à disparaître.

Nous avons cherché à représenter ces divers phénomènes dans la figure ci-jointe, que nous avons dessinée d'après la disposition du talus du chemin de fer de Lyon à Bourg, à l'ouest du marais des Echets.

Ce n'est pas la place ici d'expliquer le fonctionnement des

glaciers, de décrire leurs diverses moraines; cependant ces aperçus sont nécessaires pour montrer le rôle que jouent les glaciers dans la formation et la distribution du terrain erratique; c'est un rôle à la fois passif et actif.

Si on peut regarder les glaciers comme de simples *agents de transport*, on peut les considérer en même temps comme des *causes énergiques de démolition*. Leur action est lente, mais continue, et grâce à cette continuité d'efforts ils usent toutes les roches même les plus dures et les transforment en un limon très ténu. C'est ainsi qu'ils opèrent à la longue une importante érosion de leur lit et qu'ils peuvent fournir aux alluvions de nombreux éléments.

Nous reviendrons plus loin et plus en détail sur cette intéressante question de l'érosion glaciaire.

Le terrain façonné et abandonné par les glaciers actuels s'appelle simplement *terrain glaciaire;* mais on donne le nom de *terrain glaciaire ancien* ou de *terrain erratique* au terrain produit par l'activité des glaciers au moment de leur ancienne extension.

Période glaciaire ou pluviaire, ou pluvio-glaciaire. — Généralement on donne le nom de *période glaciaire* à l'espace de temps durant lequel les phénomènes glaciaires se sont passés avec le plus d'énergie. Cette dénomination est légitime, puisque l'extension et le fonctionnement des anciens glaciers est le fait capital, le fait le plus étrange, le plus caractéristique de la fin des temps pliocènes et de l'époque quaternaire.

Mais pendant que la neige et la glace s'amassaient aux sommets des montagnes et dans les hautes vallées, il y eut simultanément d'abondantes précipitations aqueuses; dans les plaines elles engendrèrent des ruissellements énormes et des cours d'eau immenses, que venaient gonfler encore les eaux de fonte de gigantesques *mers de glace*. Aussi quelques géologues [1], n'embrassant que ce côté de la question et n'envisageant que le phénomène le plus général et non le plus singulier, voulurent substituer aux noms de *période glaciaire* ceux de *période pluviaire*. Sans doute cette préférence était rationnelle à un certain point de vue; néanmoins nous aimons mieux garder la dénomination qui est le plus généralement admise et qui surtout s'applique le mieux au but précis de nos études.

Pour être plus rigoureusement exact, il faudrait employer l'expression de *période pluvio-glaciaire*, qui représente mieux l'ensemble des conditions climatologiques de l'époque quaternaire. Mais ce degré d'exactitude n'est pas nécessaire et il est préférable de s'en rapporter à l'usage reçu.

1. De Chambrun de Rosemont, *Études géologiques sur le Var*. Paris, 1875.

CHAPITRE IV

CARACTÈRES PHYSIQUES ET PUISSANCE DU TERRAIN GLACIAIRE ANCIEN OU TERRAIN ERRATIQUE — BLOCS ERRATIQUES — LEHM OU LOESS.

Terrain erratique ou terrain glaciaire ancien; définition. — Conservation des arêtes et des angles. — Boue erratique ou glaciaire; poli, stries. — Composition et couleur du terrain erratique suivant les régions. — Rapport avec la flore. — Dispositions générales. — Dépôt sur des pentes. — Erosions : tables, tours, cheminées des fées, demoiselles ou nonnes. — Niveau supérieur et régulier du terrain erratique. — Pénétration dans les vallées latérales, remous. — Intercalation du terrain erratique et des alluvions. — Dépôt dans les plaines. — Paysage morainique. — Blocs erratiques. — Amoncellement des blocs. — Blocs perchés. — Noms des blocs erratiques. — Distribution symétrique du terrain et des blocs erratiques. — Puissance de transport des anciens glaciers. — Mesures prises pour assurer la conservation des blocs erratiques. — Limon glaciaire erratique, lehm ou loess. — Différences entre le lehm et la terre végétale. — Faune du lehm. — Terrain erratique marin. — Terrain erratique marin moderne. — Moyen pratique de reconnaître sûrement l'origine du terrain erratique.

Terrain glaciaire ancien ou terrain erratique; définition. — Pour n'avoir pas su établir une distinction nette entre les alluvions et le terrain erratique qui leur est souvent subordonné, les géologues sont arrivés avec beaucoup de peine à reconnaître l'origine et la nature de ce dernier terrain; ils avaient basé leurs théories sur des observations fausses et incomplètes, au lieu d'étudier avec patience et beaucoup de soins les caractères spéciaux de ces deux terrains. C'est pourquoi nous avons cru devoir insister sur la description physique des alluvions ou terrain diluvien; nous suivrons la même méthode pour décrire le *terrain glaciaire ancien* ou *terrain erratique* proprement dit.

Le terrain erratique peut être étudié sous trois points de vue différents : sa composition physique; ses dispositions générales; ses rapports avec les terrains voisins. Considéré en lui-même, le terrain erratique est un composé *confus* de fragments de roches de diverses natures, généralement *anguleux*, *polis*, *striés*, de toutes grosseurs et emballés sans ordre dans une boue fine et compacte.

Tous ces débris sont entassés *pêle-mêle*, les uns à côté des autres, sans aucun triage opéré d'après leur volume ou leur densité. Les lois de la pesanteur, qui partout ailleurs ont tout soumis à leur fatale et rigide influence, semblent avoir perdu leur rigueur en face de ce terrain problématique. En effet des blocs de plusieurs mètres ou de plusieurs centaines de mètres cubes sont dispersés au milieu de fragments de tous diamètres, enfermés eux-mêmes dans la même boue impalpable, ou bien ils ont été déposés comme au hasard à la surface de cet étrange terrain. Tout cet ensemble incohérent a voyagé de compagnie, et dans le même temps les débris appartenant à chaque section ont franchi les mêmes distances, les plus gros comme les plus petits.

Ce terrain constitue ce qu'on appelle l'*argile* ou la *boue erratique*,

Fig. 3. — Vue d'une tranchée du chemin de fer de Sathonay, au nord de Lyon, montrant la disposition confuse du terrain et des blocs erratiques.

ou bien l'*argile* ou la *boue à cailloux striés et à blocs erratiques*. Nous verrons qu'on peut le nommer *terrain glaciaire ancien* avec raison.

Si l'ensemble du terrain de transport, alluvions anciennes et terrain erratique proprement dit, correspond au *drift* ou à l'*ancien diluvium* de l'Écosse, de l'Angleterre, du nord de l'Amérique, notre argile à cailloux striés se rapporte plus spécialement au *till* des géologues écossais, qui lui-même prend le nom de *boulder-clay* ou d'*argile à blocaux*, lorsque les fragments rocheux deviennent très gros et très abondants [1].

Il a été facile d'expliquer la disposition confuse des éléments du

1. J. Geikie, *The Great Ice Age*, 2e édit., 1877, p. 4.

terrain erratique, dès qu'on a pu identifier ce terrain avec les moraines profondes des glaciers actuels, dans lesquelles toutes les parties constitutives sont déposées dans le plus grand désordre. Deux causes principales président à la formation des moraines profondes; la première, dont nous parlerons, est de beauconp la plus importante. En s'avançant, les glaciers bouleversent, écrasent, refoulent ou étalent leurs moraines terminales et les transforment ainsi en moraines profondes. Secondement, tout le long du parcours des glaciers, des débris provenant des moraines superficielles peuvent s'introduire dans les crevasses qui sillonnent la glace, ou bien encore d'autres fragments se détachent des cimes voisines et s'écroulent dans l'espace vide, qui souvent par un effet de l'ablation sépare, à leur partie inférieure, les glaciers des roches encaissantes. Ces débris parviennent parfois jusque vers les moraines profondes en dessous de la glace; mais encore, il faut que les glaciers n'aient que peu d'épaisseur, et cet apport offre toujours une minime importance. On comprend que ces deux modes d'origine s'opposent à toute espèce de classement et de disposition régulière des éléments des moraines profondes et n'engendrent que confusion et désordre, au point de vue spécial qui nous occupe.

Les glaciers se meuvent sur leurs moraines profondes qu'ils entraînent avec eux, en érodant fortement leur lit. La boue glaciaire qui forme la masse principale du terrain glaciaire et du terrain erratique n'est que le produit de l'usure des roches sous-jacentes, ainsi que de la trituration de tous les débris écrasés sous le poids des glaciers.

Ici nous n'avons qu'à décrire le terrain glaciaire et à indiquer sommairement les faits qui se rattachent à son mode de formation, mais bientôt nous étudierons plus en détail les effets dynamiques des anciens glaciers.

Conservation des arêtes et des angles. — Malgré un parcours de plusieurs kilomètres ou même de plusieurs centaines de kilomètres, la plupart des fragments de n'importe quel volume qui composent le terrain erratique ont en quelque sorte conservé leurs angles, leurs arêtes, leurs aspérités, sans prendre les formes arrondies des éléments des terrains d'alluvions. S'il s'y rencontre quelques cailloux roulés, quelques blocs légèrement arrondis, c'est une exception; leur présence résulte d'une action aqueuse partielle ou du remaniement d'une alluvion ancienne. Tous ces fragments erratiques ont été préservés de l'usure par la boue argileuse ou argilo-calcaire qui les enveloppe. Ils n'ont pas été roulés les uns sur les autres, comme les débris diluviens charriés par un cours d'eau, ou usés comme des billes enfermées avec de l'eau et du sable dans un tonneau tournant sur son axe. Presque toujours la boue erratique empêche l'eau, qui est un agent de cette usure, de pénétrer dans ce terrain. Mais si, pour une cause quelconque, l'eau s'insinue dans cette masse, elle en lave les parois, en détache les fragments anguleux, les entraîne dans les canaux souterrains qu'elle creuse à la base de la formation erratique; elle les classe alors suivant leur volume et leur poids spécifique, après les avoir dépouillés de cette argile préservatrice qu'elle emporte au loin. Sous cette action, les angles s'émoussent, les profils s'arrondissent, et il se forme une véritable alluvion enchevêtrée dans un terrain erratique; mais ce mélange n'est qu'accidentel et ne sert qu'à rendre plus facile la distinction entre deux terrains limitrophes, formés par deux agents différents.

Cependant les blocs enfermés dans la moraine profonde perdent souvent leurs angles et leurs arêtes et s'émoussent sous l'action combinée du poids et de la marche des glaciers; mais ils ne s'arrondissent jamais complètement; d'ailleurs le poli dont ils sont revêtus et les stries dont ils sont couverts suffiraient toujours pour les distinguer d'avec les blocs roulés par des eaux courantes.

Boue erratique ou glaciaire; poli; stries. — Cette boue, qui est une sorte de boue glaciaire et qui est le principal produit de la trituration de roches de toutes natures, renferme assez d'humidité pour former une pâte qui rappelle la poudre d'émeri et la potée d'étain des marbriers. Sous l'influence de la pression et de quelques légers mouvements qui ne peuvent manquer de se produire pendant le processus de toute cette masse, le frottement de cette pâte donne à chaque fragment capable de le recevoir un poli magnifique qu'on ne voit jamais sur les cailloux roulés par les eaux, un poli aussi beau que le poli glaciaire ou le poli artificiel du marbre. Mais cette boue argileuse n'est pas d'une homogénéité parfaite, elle renferme des grains anguleux ou des fragments de quartz ou d'autres roches dures. Alors, sous l'action des mêmes forces qui produisent le poli, les pointes de ces débris siliceux agissent comme des burins sur les morceaux de roches qui se trouvent à leur portée et les couvrent de ces stries fines qui leur donnent un caractère si particulier; ces stries se voient sur tous les fragments morainiques charriés par les glaciers, et nulle part ailleurs avec le même aspect.

Ces fragments de roches ne peuvent rester tous immobiles les uns par rapport aux autres dans cette boue épaisse; souvent ils se déplacent. Ce déplacement fait varier la direction des stries et détermine leur entrecroisement. Cette disposition graphique apparait presque sur chaque caillou strié, mais avec plus ou moins d'intensité.

Composition et couleur du terrain erratique suivant les régions. — Dans chaque région, le terrain erratique emprunte sa couleur générale aux roches qui lui ont fourni ses principaux éléments. Ainsi, en Suisse et en Savoie, dans les vallées du Haut-Rhône, de l'Arve et de l'Isère, en partie creusées dans les calcaires et les schistes noirs du lias alpin, le terrain et la boue erratiques prennent un aspect noirâtre.

Mais au delà des calcaires blonds des chaînes secondaires, cette nuance s'éclaircit, et finit par ressembler à celle des calcaires jurassiques supérieurs et crétacés inférieurs. Ce sont même les blocs et menus morceaux de ces calcaires qui dominent dans tout le terrain erratique alpin, depuis les montagnes du Bugey et de la Grande-Chartreuse, jusque sur les collines lyonnaises de la Croix-Rousse et de Fourvières. Là, au milieu d'une pâte jaunâtre et de nombreux fragments de calcaire de même nuance, se détachent les couleurs sombres des roches des Alpes, lias, brèche triasique, granite, gneiss, schistes divers, etc. Malgré un changement marqué dans la teinte générale, le terrain erratique alpin garde un facies propre, facilement reconnaissable. Dollfus-Ausset raconte dans ses *Matériaux*, etc. [1], qu'un jour, dans les environs de Lyon et près des tranchées du fort Montessuis nouvellement ouvertes dans le terrain erratique, s'étant assis avec son guide-chef qu'il avait amené des hautes régions, ce brave montagnard eut une émotion profonde en reconnaissant sur nos collines des blocs et des fragments anguleux de roches des Alpes. Son œil exercé ne s'y était pas trompé. « Bym Donner ia! s'écria-t-il, les glaciers des Alpes sont donc venus jusqu'à Lyon! »

Ce cri échappé de la poitrine d'un montagnard qui avait passé sa vie sur les moraines, en face des grands glaciers de la Suisse, n'est-il pas aussi convaincant que toutes les déductions scientifiques? Nous savons déjà qu'il y a une identité parfaite entre le terrain erratique et le terrain glaciaire.

Le terrain erratique alpin, qui a d'ailleurs été le premier étudié, peut servir de type pour toute l'Europe centrale, quoique dans certaines contrées il puisse y avoir quelques différences locales. Au milieu des chaînes exclusivement calcaires du Jura, de la Grande-Chartreuse, des environs du col de la Gemmi en Valais, par exemple, les fragments de roches de nature presque uniforme, sans parties dures, conservent leurs arêtes, mais sont peu ou mal striés, et tout le terrain diffère du terrain erratique alpin normal composé de toute la collection des roches des Alpes.

Les contrées granitiques et schisteuses des Pyrénées, du Plateau central et des Cévennes offrent un terrain erratique d'un aspect particulier et dont les fragments manquent de stries généralement. Il en est de même pour les pays volcaniques.

Dans les Vosges, les grès qui forment la charpente des chaînes de ce pays donnent au terrain erratique un caractère à part, et la boue erratique est tellement mélangée de grains siliceux qu'elle passe parfois à une véritable arène. Partout se présentent des

1. T. III, p. 376.

faits analogues; en Angleterre, en Écosse, dans les régions placées au centre des grès rouges, le terrain erratique devient rougeâtre; dans les districts où affleurent les bancs noirâtres des formations houillères, le terrain erratique en revêt la sombre livrée [1].

Rapports avec la flore. — Lorsque le terrain erratique a pris naissance au milieu de roches primitives et qu'il est venu s'étaler dans un pays calcaire, il a transporté avec lui des éléments silicatés et feldspathiques, on ne peut plus favorables au développement de certaines plantes. Il se recouvre de plantes silicicoles ou bien de plantes avides de sels alcalins. Que de fois, lorsque nous parcourions les montagnes calcaires du Bugey, la vue de magnifiques châtaigniers ou de champs de vignes, alors vigoureuses et bien vertes, nous a dénoncé de loin la présence de lambeaux de terrain erratique avec des éléments siliceux et feldspathiques!

Dispositions générales. — Si l'on considère le terrain erratique dans son ensemble et non dans sa composition intime, on reconnaît vite certains faits, certaines dispositions générales qu'il est bon de signaler.

Tout aussi bien que le terrain glaciaire proprement dit, le terrain erratique se relie souvent à des nappes d'alluvions anciennes et de cailloux roulés sur lesquelles il repose alors, et auxquelles il a fourni la plupart de leurs éléments. Dans les vallées, et dans les plaines où elles débouchent, ces deux terrains apparaissent fréquemment superposés l'un à l'autre, mais leurs limites ne sont pas les mêmes. Les torrents et les grands cours d'eau engendrés par la fonte des neiges et des glaces, ayant des allures plus rapides que les glaciers eux-mêmes, les laissent en arrière avec leurs moraines et entraînent les alluvions glaciaires bien au delà des moraines terminales. Ainsi, près de Lyon, l'erratique alpin recouvre une partie du plateau des Dombes et des plateaux du Bas-Dauphiné, tandis que les alluvions anciennes ou glaciaires ont de toutes parts largement débordé au nord comme au midi; l'ancien Rhône en a même charrié une partie jusqu'à son embouchure.

Dépôt sur des pentes. — Les alluvions déposées par des eaux courantes occupent naturellement les positions les plus stables, dans le fond des vallées; mais le terrain erratique ayant été transporté par un autre agent, par un agent solide, a pu occuper des situations bien différentes et plus accidentées. On le voit donc tout aussi souvent superposé aux alluvions que placardé sur les flancs des vallées, sur des surfaces fort déclives et à toutes les hauteurs.

Érosions : tables, tours, cheminées des fées, demoiselles ou nonnes. — Lorsque le terrain erratique ou argile glaciaire forme un puissant dépôt sur les pentes d'une montagne ou à leur pied, les eaux sauvages l'entament plus ou moins profondément, et, en

1. Geikie, *The Great Ice Age*, p. 20.

vertu de la consistance assez solide de ce terrain, lorsqu'il n'est pas détrempé, chaque ravin est encaissé entre des parois aux profils souvent escarpés et pittoresques, à la surface desquelles les blocs et les autres fragments erratiques présentent des saillies de grandeurs fort variées.

Mais souvent les eaux de pluie suffisent pour attaquer ce terrain, quand il est pénétré par l'humidité. Alors il se produit accidentellement un curieux phénomène : si un large bloc erratique est couché à la surface du sol, il garantit de l'action de la pluie le

Fig. 4. — Table des fées ; érosion du terrain erratique à Villebois (Ain).

terrain qu'il recouvre, et les eaux pluviales, ne pouvant que circuler autour de la masse d'argile glaciaire préservée, finissent par en faire des sortes de piliers isolés presque de toutes parts, qui se dressent comme ces *témoins* que les ouvriers laissent dans les chantiers de déblais. Le bloc reste au sommet de cette espèce de colonne dont il est devenu pour ainsi dire le chapiteau. S'il est aplati, il ressemble à une table sur son piédestal ; s'il est arrondi, le pilier et le bloc offrent de loin une vague ressemblance avec une femme fantastique ou bien à des pans de muraille. Aussi dans les campagnes appelle-t-on ces accidents de terrain : *tables*, *tours*, *cheminées des fées* ou bien *nonnes* ou *demoiselles*.

Au-dessus de Bouis, commune de Villebois, dans la vallée du Rhône (Ain), le terrain erratique, amoncelé en énormes placards contre la base des montagnes du Bugey, atteint parfois une quarantaine de mètres d'épaisseur. Les eaux sauvages le ravinent profondément, et les eaux pluviales y façonnent de nombreuses tours ou colonnes de débris, toutes les fois que de larges blocs erratiques soustraient une partie du terrain à leur influence érosive.

M. A. Favre en cite [1] des exemples à Cartigny et à La Paumière, dans le canton de Genève ; mais les plus remarquables se voient

1. *Description géologique du canton de Genève*, t. I, § 135, pl. V, fig. 5.

à Useigne, vallée d'Hérens (Valais) et à Saint-Gervais-les-Bains (Haute-Savoie). Nous figurons ci-contre une des cheminées des fées les plus pittoresques de cette dernière station. D'après

Fig. 5. — Cheminée des fées. Saint-Gervais-les-Bains (Haute-Garonne). D'après une photographie de M. E. Goullioud.

M. Trutat [1], il y en a d'aussi curieuses à Saint-Paul, vallée d'Oueil (Haute-Garonne).

Niveau supérieur et régulier du terrain erratique. — En Bugey, en Dauphiné, comme du reste en Écosse et en une foule d'autres pays montagneux, le terrain erratique a formé en quelque sorte un manteau répandu sur toutes les plaines et les montagnes jusqu'à une hauteur déterminée. Aujourd'hui les eaux sauvages et les torrents ont puissamment raviné ce revêtement et n'en ont laissé que des débris, qui permettent néanmoins d'en retrouver le niveau supérieur. Par de nombreuses et patientes recherches les géologues sont parvenus à rétablir en altitude les limites atteintes par

1. M. Trutat, *Rapport manuscrit à M. Daubrée*, p. 44, fig. 96.

le terrain erratique alpin depuis le Haut-Valais jusqu'à Lyon et depuis le Colombier de Culoz jusqu'à Grenoble. Au Schneestock, au-dessus des sources du Rhône, M. Favre a trouvé des fragments striés à 3630 mètres. A Martigny en Valais, le terrain erratique se maintient encore à 2082 mètres. Près de Genève il ne s'élève plus qu'à 1320 mètres pour s'abaisser jusqu'à 1200 mètres sur les pentes du Colombier de Culoz et, enfin, à 294 mètres sur les collines lyonnaises, après avoir franchi un espace de 395 kilomètres. Sur la coupe transversale de Culoz à Grenoble, le terrain erratique, comme pressé entre les chaînes secondaires et les Alpes, sur une longueur de 100 kilomètres environ, s'est fait équilibre à lui-même et s'est constamment maintenu au niveau de 1200 mètres, malgré les larges échancrures d'où s'échappent le Rhône et l'Isère à chaque extrémité de cette ligne, ainsi que les cols du Mont-du-Chat, d'Aiguebellette et des Échelles qui découpent la partie intermédiaire de la même chaîne [1].

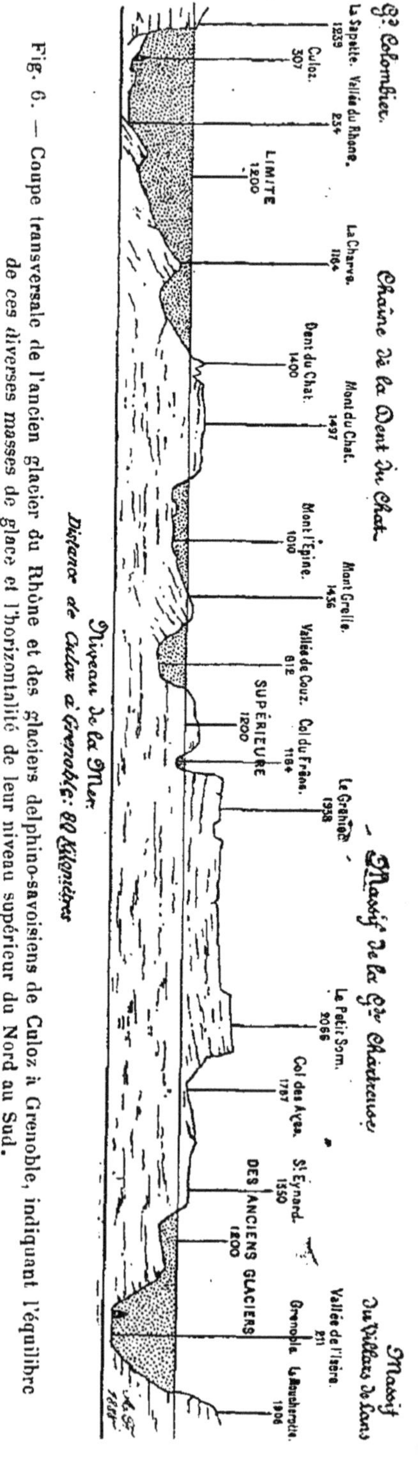

Fig. 6. — Coupe transversale de l'ancien glacier du Rhône et des glaciers delphino-savoisiens de Culoz à Grenoble, indiquant l'équilibre de ces diverses masses de glace et l'horizontalité de leur niveau supérieur du Nord au Sud.

Ces observations suffiraient pour prouver qu'il faut absolument séparer le terrain erratique des alluvions et lui attribuer un agent de transport particulier. En effet si l'on admettait que ce sont les eaux qui ont charrié ces fragments striés à de telles hauteurs et sur de grandes étendues, quel volume et quelle puissance ne faudrait-il pas leur accorder sans parler de l'impossibilité d'indiquer les sources de leur alimentation?

Pénétration dans les vallées latérales, remous. — En dessous des

1. *Monog. des anc. glac.*, etc., t. II, 303. Voir à la fin de ce volume PL. II.

dernières limites que le terrain erratique a pu atteindre en altitude, il a pénétré dans toutes les dépressions qui se présentaient sur son passage, franchissant les cols, tapissant les vallées latérales, comme celle du Val-Romey (Ain) par rapport au grand cirque de Belley, et même prenant, lorsqu'il le fallait, une marche rétrograde analogue à celle des remous d'une rivière. M. Dausse[1] a signalé de beaux exemples de ces remous en expliquant la présence du terrain erratique dans les vallées du Guiers-Mort et du Guiers-Vif, au milieu du massif de la Grande-Chartreuse.

Fig. 7. — Chambre d'emprunt du chemin de fer des Dombes, à Caluire (Rhône). Intercalation d'un lit d'alluvion au milieu du terrain glaciaire et amoncellement de blocs erratiques.

Intercalation du terrain erratique et des alluvions. — D'après ce que nous venons de dire, ce serait une erreur de croire que le terrain erratique est toujours superposé aux alluvions. D'autres combinaisons existent, telles que des intercalations réciproques ou des interversions. A Caluire, près de Lyon, dans une chambre d'emprunt du chemin de fer de Lyon à Bourg, on voit, au milieu d'un grand talus de terrain erratique boueux, un petit lit horizontal de sable et d'argile déposé par les eaux dont la disposition est des plus tranchées.

Au bois de la Bâtie, près de Genève[2], c'est le terrain erratique qui est intercalé au milieu des alluvions anciennes, tandis que, à Utznack, à Dürnten, à Wetzikon[3], ce sont des alluvions à cailloux

1. *Association franç. ponr l'avance. des sciences*, session de Lyon, 1873, p. 402.

2. A. Favre, *Description géologique du canton de Genève*, t. I, § 99; t. II, § 59. — *Bull. Soc. géol.*, 3e série, t. III, p. 726, 1875.

3. O. Heer, *le Monde primitif de la Suisse*, p. 655.

roulés et des charbons feuilletés qui sont déposés entre deux terrains erratiques glaciaires. La disposition des formations géologiques est analogue en Angleterre et en Écosse. Pour le moment, cette simple indication nous suffira, car plus loin nous serons forcé de revenir sur ces faits pour examiner les déductions qu'on en a tirées.

Dépôt dans les plaines. Paysage morainique. — Dans une plaine ou dans une large vallée, le mode d'arrangement du terrain erratique n'est pas le même que celui des alluvions; au lieu de s'amincir, à mesure qu'il s'éloigne de son point de départ et que ses éléments deviennent plus petits, et de disparaître insensiblement, ainsi que le font les alluvions, le terrain erratique garde sensiblement la même épaisseur et se termine brusquement, souvent même par un renflement ou bourrelet qui rappelle exactement les moraines terminales des glaciers. En arrière de ce dernier bourrelet, il s'en élève souvent d'autres disposés en lignes concentriques, comme des moraines de retrait.

Dans ces conditions, la nappe erratique apparaît évidemment comme une ancienne moraine profonde dans laquelle un glacier, aujourd'hui disparu, aurait déversé et écrasé ses moraines superficielles et frontales, à mesure de son avancement.

Dans la partie moyenne du bassin du Rhône on voit encore de ces bourrelets erratiques à Sathonay, à Fourvières, à Sainte-Foy près de Lyon, à la forêt de Seillon vers Bourg, à Lagnieu, à Antimont, commune de Thodure, en Bas-Dauphiné, à Massigneu-de-Rive, dans les environs de Belley. Enfin, dans le Valais à Granges, près de Sierre, il y en a de magnifiques.

Tout cet ensemble de bourrelets, de collines et de blocs erratiques donne parfois à un pays un aspect particulier que Desor [1] a proposé de désigner sous le nom de *paysage morainique*.

Blocs erratiques. — La présence de quelques blocs volumineux, aux formes étranges, accentue encore cet effet. Des blocs de toutes grosseurs semblent dispersés au hasard à la surface du terrain erratique. Quelques-uns atteignent des proportions colossales, M. Favre a cité [2] le bloc de granite rouge, appelé *exotique*, qui cube 11 000 mètres et qui gît au Luegiboden, vallée d'Abkerne; le bloc d'Arkésine, de 2060 mètres cubes, qui apparaît au milieu de beaucoup d'autres sur la colline du Steinhof, près de Soleure, etc. Tout le monde connaît les énormes blocs granitiques ou calcaires du Monthey en face de la maison de J. de Charpentier, à l'entrée du Valais [3], et la Pierre-à-Bot de 1370 m. c., près de Neuchâtel.

1. *Le Paysage morainique, son origine glaciaire,* etc. Paris, Sandoz et Fischbacher, 1875.
2. *Quatrième rapport sur l'étude et la cons. des blocs erratiques*, 1871, p. 22.
3. *Essai sur les glaciers*, § 44, p. 125. — Renevier, Notice sur les blocs erratiques de Monthey, *Bull. Soc. vaud. sc. nat.*, 1878.

En se rapprochant de Lyon, on rencontre dans les environs de Belley des blocs de schiste noir qui cubaient plus de 500 à 600 mètres, et qui sont en partie détruits aujourd'hui. Enfin près

Fig. 8. — Pierre-Brune de Rancé, à l'est de Trévoux (Ain).

des limites extrêmes du terrain erratique alpin signalons encore la *Pierre-Brune* de Rancé, à l'est de Trévoux [1], cubant encore plus de 100 mètres malgré sa destruction partielle ; la *Pierre-de-la-*

Fig. 9. — Blocs erratiques de l'ancienne moraine d'Antimont, près de Thodure (Isère).

Mule-du-Diable [2] (600 mètres cubes), à Artas, en Bas-Dauphiné, enfin les beaux blocs de Thodure dans la vallée de la Côte-Saint-André.

Amoncellements de blocs. — Il y a là un véritable amoncellement de blocs, gros fragments de poudingues et de grès anthra-

1. Falsan et Chantre, *Monographie des anciens glaciers*, t. I, p. 220.
2. Falsan et Chantre, *Monographie des anciens glaciers*, t. I, p. 251.

cifères, de gneiss, de diorite, de plusieurs dizaines de mètres cubes [1]. Ce mode de groupement n'est pas un fait isolé. Depuis longtemps, de Luc a décrit [2] les amas de blocs du Mont-de-Sion, dans la vallée du Rhône, et M. Favre ceux de Combloux dans celle de l'Arve, où se trouve aussi celui de la plaine des Rocailles [3].

Même près de Lyon on reconnaît des amas de blocs calcaires des montagnes du Bugey et de la Grande-Chartreuse; citons les blocs des chambres d'emprunt du chemin de fer de Genève, à Caluire et à l'ouest du marais des Échets [4].

Blocs perchés. — Il nous reste encore une particularité à signaler dans l'arrangement des blocs erratiques, c'est qu'ils sont souvent *perchés*, c'est-à-dire placés dans un état d'équilibre instable qui rappelle la position des blocs perchés sur les glaciers et dans lequel des eaux en mouvement n'auraient jamais pu les déposer.

Fig. 10. — Bloc des Fées sur la colline de Vollien, près de Belley (Ain).

Sur la colline de Vollien, près de Belley, au milieu d'une pente très déclive, un gros parallélipipède de grès anthracifère se dresse simplement sur une de ses petites arêtes [5]. Au pied de la montagne de la Dent-du-Chat, non loin de la Motte-Servolex, un gros bloc de brèche triasique est couché sur d'autres blocs fichés en terre [6]. Ch. Martins et E. Collomb, dans leur *Essai sur l'ancien glacier de la vallée d'Argelès* (Hautes-Pyrénées), en ont figuré plusieurs dans des situations aussi bizarres [7].

1. Falsan et Chantre, *Monographie des anciens glaciers,* t. I, p. 380, t. II, p. 297.
2. *Mémoire sur le phénomène des grandes pierres primitives alpines,* etc. Genève, 1827.
3. Carte du phénomène erratique, *Arch. des sc. phy. et nat.,* t. XII, p. 399, novembre 1884.
4. *Monographie des anciens glaciers,* etc., t. I, p. 216, 280, 281. Ante p. 74.
5. *Monographie des anciens glaciers,* etc., t. I, p. 128.
6. *Monographie des anciens glaciers,* etc., t. I, p. 113.
7. *Bull. Soc. géol.,* 2e série, t. XXV, p. 141.

Noms des blocs erratiques. — De tout temps, la vue de ces blocs aux étranges silhouettes a vivement frappé l'imagination des habitants des campagnes. Sans se préoccuper d'aucun système scientifique pour expliquer leur transport, ils leur ont donné des noms se rapportant, soit à leur couleur, leur position, leur volume, soit à de pittoresques légendes où ils les faisaient intervenir.

Fig. 11. — Bloc perché près de la Motte-Servolex (Savoie).

Au milieu des calcaires blancs du Bugey, c'est leur couleur noire qui a attiré l'attention. On les nomme donc *pierres bises* (*bis* ou *gris*, *bise* ou *grise*), on les nomme encore *pierres bleues*, *pierres à sel*, *pierres qui ne font pas la chaux*. Dans les plaines de l'Allemagne du Nord, on les désigne sous le nom de *Findlings blocke* [1], *Enfants trouvés*, pour mieux faire comprendre leur état d'isolement et leur origine étrangère. En quelque sorte, cette expression correspond à celle de *blocs erratiques* que nous employons en France.

Dans quelques régions, pour céder à un autre courant d'idées, on les appelle : *Pierre-du-Bon-Dieu; Pierre-du-Diable; Pierre-de-Samson; Galet-de-Gargantua; Pierre-du-Mariage*, etc. Sur la commune de Fillinges (Haute-Savoie), un gros bloc erratique de gneiss appelé la *Pierre-à-Chantepeu* ou *à-Chantepoulet* forme une table très inclinée, maintenue en équilibre sur une étroite base de petites pierres et, comme les blocs que nous avons dessinés plus haut, ce fragment de rocher n'a pu être déposé ainsi que par un glacier [2]. Parfois même, on les a consacrés à un culte primitif [3] ou bien on en a fait des limites de territoire. M. Ed. Piette, qui a étudié au point de vue archéologique les blocs erratiques de la

1. Credner, *Traité de géologie*, p. 622.
2. Revon, *la Savoie avant les Romains*, p. 53.
3. E. Desor, *les Pierres à écuelles*. Neuchâtel, Borel, 1879.

montagne d'Espiaup, vallée d'Oo, dans les Pyrénées[1], a constaté qu'ils étaient également entourés d'une sorte de culte auquel se rattachaient une foule de superstitions et de coutumes aussi bizarres que licencieuses; mais ces usages tendent à disparaître depuis ces dernières années.

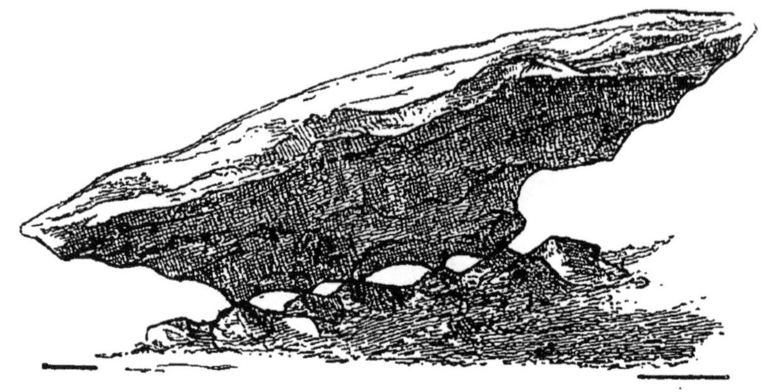

Fig. 12. — La Pierre-à-Chantepeu ou à-Chantepoulet, à Fillinges (Haute-Savoie), d'après M. Revon.

Distribution symétrique des blocs et du terrain erratiques. — Dans le terrain erratique, tout semble confondu et paraît pêle-mêle, mais, si on se place à un autre point de vue, on reconnaît sous ce désordre apparent un arrangement symétrique fort remarquable.

Il y a déjà plus de quarante ans, A. Guyot[2] a fait une étude aussi minutieuse qu'intelligente de la distribution des roches erratiques dans la Suisse et spécialement dans le bassin du Rhône. Après plusieurs années de laborieuses recherches, il a reconnu que la répartition des espèces de roches erratiques dans chaque bassin est soumise à une loi, selon laquelle les éléments erratiques sont dispersés en traînées et conservent dans les plaines une position déterminée, qui leur est assignée par la situation respective des vallées d'où ils sortent.

Les roches tombées des hauteurs qui dominent la rive droite de la vallée principale restent à droite; celles de gauche restent à gauche, ainsi de suite.

L'analogie que présente ce mode de distribution avec l'arrangement des moraines d'un glacier frappa les yeux de Guyot et lui parut si évidente qu'il crut pouvoir y trouver un précieux argument en faveur de la théorie du transport du terrain erratique par d'anciens glaciers. Sans franchir les limites du bassin erratique du Rhône, en Suisse, Guyot ne put s'empêcher d'admirer la régularité avec laquelle avaient été distribuées, jusqu'à de grandes

1. *Bull. Soc. anthrop.* de Paris, 5 avril 1877.

2. Note sur la distribution des espèces de roches dans le bassin erratique du Rhône, *Bull. de la Soc. des sciences naturelles de Neuchâtel*, 1845.

distances, ces traînées de roches dont il avait reconnu la provenance au milieu des massifs élevés qui entourent le Valais. Quel n'aurait donc pas été son étonnement s'il lui avait été donné de constater qu'à 200 kilomètres plus loin, vers Lyon et Bourg, par exemple, cette symétrie se maintient assez régulièrement; s'il avait pu voir cette traînée de gros blocs du même schiste noir qui s'échelonne depuis Culoz jusqu'à Belley, et ce convoi de granite porphyroïde qu'on suit depuis le col de la Dent-du-Chat, jusqu'à la Pierre-Brune de Rancé, à l'est de Trévoux; s'il avait retrouvé dans les vallées du Bugey et dans les anciennes alluvions lyonnaises, c'est-à-dire dans les débris de l'ancienne moraine latérale gauche du glacier du Rhône, de nombreux fragments d'euphotide, de serpentine de la vallée de Saas, avec d'autres roches caractéristiques de la rive gauche du Valais!

Puissance de transport des anciens glaciers. — Pour donner une idée des effets énergiques des anciens glaciers et pour mieux en faire comprendre la valeur, il nous reste à appeler l'attention sur le volume immense du terrain erratique qu'ils ont charrié. Ainsi le glacier du Rhône et les glaciers delphino-savoisiens ont couvert de leurs moraines profondes les plateaux des Dombes et du Bas-Dauphiné, depuis Bourg jusqu'à Lyon, Vienne et Thodure, sur une distance de 100 kilomètres et sur une épaisseur de plusieurs dizaines de mètres. Mais avant de s'épanouir ainsi en éventail, ces glaciers avaient chacun respectivement revêtu d'épais placards erratiques, jusqu'à une hauteur de plusieurs centaines de mètres, les vallées et les montagnes d'une grande partie du Dauphiné, de la Savoie, du Bugey, etc. De son côté le glacier du Rhône, le plus puissant de tous, avait tapissé de ses moraines le fond et les flancs de sa vallée jusque vers les cimes du Haut-Valais, ainsi que toute la grande vallée de la Suisse pour aller rejoindre le terrain erratique de l'Aar, de la Reuss et du Rhin au nord. Peut-on se représenter par la pensée le cube formidable de cetimmense épanouissement du terrain erratique? Et n'oublions pas de dire que les alluvions du Rhône, de l'Isère, et partiellement celles du Rhin, ont été en grande partie formées de débris rocheux enlevés aux moraines du glacier du Rhône et des glaciers delphino-savoisiens; elles ne sont en un mot que des moraines remaniées. Il faudrait donc, pour ce calcul, ajouter leur masse au cube du terrain erratique proprement dit. Si ces exemples ne pouvaient suffire, on nous permettrait de sortir des limites géographiques de cette étude pour dire quelques mots du terrain erratique du Nord dont les proportions sont encore plus colossales. L'immense mer de glace [1], qui rayonnait autour des Alpes scandinaves, a recouvert la mer du Nord et les Iles Britanniques,

1. J. Geikie, *Prehistoric Europe*, Map. of Europe, plate D, p. 564.

la mer Baltique, le nord de la Hollande, de l'Allemagne et de la Russie et a dispersé des fragments rocheux et des blocs erratiques de la presqu'île norwégienne et de la Finlande, sur le vaste secteur d'un grand cercle qui aurait son centre au nord-ouest de Stockholm et dont le rayon aurait plus de 1000 kilomètres! Quelques blocs sont énormes; la *Grande-Pierre-de-Belgard*, en Poméranie, mesure 840 mètres, et le piédestal de granite de la statue de Pierre-le-Grand à Saint-Pétersbourg ne pèse pas moins de 15 000 quintaux métriques. Souvent l'espace franchi est considérable; à Mémel, des blocs venus du lac Onéga ont parcouru plus de 1000 kilomètres [1].

Quelle pouvait être la puissance dynamique d'un pareil agent de transport?

Mesures prises pour assurer la conservation des blocs erratiques. — En même temps que les anciens glaciers se retirèrent vers les sommets des Alpes, des Vosges, des Cévennes, du Plateau central et des Pyrénées, les populations primitives, qui se trouvaient trop à l'étroit en restant massées en avant des anciennes moraines frontales, cherchèrent à agrandir progressivement le champ de leurs chasses et de leurs explorations. Elles se lancèrent à la conquête des régions nouvelles que les glaciers venaient d'abandonner.

La lutte pour l'existence devait être rude au milieu de ces contrées, où l'on rencontrait à chaque pas les traces récentes des ravages opérés par l'un des plus grands phénomènes géologiques. La vie était sans doute laborieuse autant que pénible; elle restait soumise à de cruelles incertitudes sur un sol bouleversé, couvert de débris erratiques, parfois profondément dénudé ou sillonné par les torrents sous-glaciaires. L'âme devait être accessible aux émotions les plus étranges, aux superstitions les plus bizarres! Les énormes blocs erratiques qui se dressaient çà et là, au milieu de ce chaos, semblaient y avoir été apportés par des êtres fantastiques pour servir de jalons aux guerriers et aux chasseurs, pendant leurs lointaines expéditions. Plus tard, ces mêmes peuplades les prirent pour les limites de leurs territoires ou bien les regardèrent comme des monuments commémoratifs de quelques faits extraordinaires. Alors ces imposantes masses de pierre furent entourées d'une sorte de vénération, et le respect qu'on leur accordait fit partie du culte des religions primitives et grossières.

On grava sur leurs faces des signes mystérieux dont la signification est encore bien souvent inconnue, et ces signes, ces écuelles, ces bassins, ces rigoles se trouvent sur quelques blocs erratiques dans presque toutes les contrées de l'Europe, et jusque dans l'Inde

1. Credner, *Traité de géologie*, p. 628. — De Lapparent, *Traité de géologie*, 1re édit., p. 1103.

et le centre de l'Asie [1]. En Suisse, en Allemagne, ces étranges monuments préhistoriques sont très nombreux. Plus loin nous en

Fig. 13. — La Pierre-aux-Fées, à Lucinge (Haute-Savoie).

figurerons encore, en décrivant le terrain erratique des environs de Genève (chapitre xv).

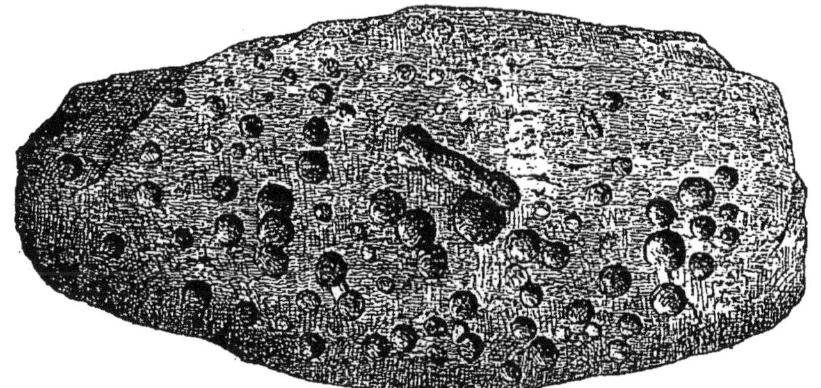

Fig. 14. — La Boule-de-Gargantua, pierre à écuelles, à Thoÿs, près de Belley (Ain).

Il y en a beaucoup en Savoie, et nous citerons pour exemple un dessin que M. Revon a publié dans la *Haute-Savoie avant les Romains* [2]. C'est un bloc de granite de 8 mètres de long sur 5 de large, situé à la Fouilleuse, entre Bonne et Lucinge. A sa partie supérieure, une rigole circulaire, profonde, limite un disque de 1 m. 20 de diamètre. Une légende veut que les fées aient apporté ce rocher du haut de la montagne. Aussi l'appelle-t-on souvent la *Pierre-aux-Fées*. On en cite quelques-uns en France, et nous repré-

1. Desor, *les Pierres à écuelles*. Neuchâtel, Borel, 1879.
2. P. 56.

sentons ci-contre un bloc erratique alpin de grès anthracifère, orné d'une soixantaine d'écuelles simples ou conjuguées [1]. Nous l'avons trouvé à Thoys, près de Belley (Ain), et Mme Falsan l'a cédé à l'État par acte notarié. Cette remarquable pierre à écuelles appelé la *Boule-de-Gargantua* est la première qui ait été signalée dans le sud-est de la France.

Fig. 15. — Bloc erratique surmonté d'une croix; vallée d'Oo (Hautes-Pyrénées), d'après M. Trutat.

Ces blocs étaient donc sacrés; personne ne pouvait les détruire, et ceux qui n'étaient pas revêtus de ce caractère religieux partageaient néanmoins cette sorte de privilège; leur conservation ne courait aucun risque.

Naguère encore, dans les campagnes retirées des Pyrénées, des Alpes, des Dombes, de l'Auvergne, etc., une partie des anciennes coutumes superstitieuses s'étaient conservées. De rares blocs erratiques étaient restés sacrés aux yeux des populations simples de quelques villages. Mystérieusement on se réunissait autour d'eux, en certains jours de l'année, pour s'y livrer à des superstitions bizarres et souvent licencieuses. Malheur au prêtre ou à toute autre personne qui aurait tenté de faire disparaître ces étranges objets de vénération pour faire cesser les abus qui se commettaient pendant ces réunions nocturnes; sa vie même aurait pu être compromise! M. Guigues, archiviste du département du Rhône, nous a cité plusieurs exemples de faits analogues qui s'étaient passés en Dombes (Ain).

Pour obtenir ce résultat plus sûrement et sans violence, le meilleur moyen était de consacrer ces blocs vénérés au culte d'une religion plus pure et de les faire surmonter d'une croix.

1. Falsan, De la présence de quelques pierres à écuelles dans la région moyenne du bassin du Rhône, *Matériaux,* etc. Toulouse, juin 1878.

En même temps on leur garantissait une longue conservation. Plus loin, en décrivant le terrain erratique des Pyrénées, nous aurons à revenir sur ce sujet, et nous citerons un mémoire de M. Éd. Piette sur les blocs erratiques et les *pierres sacrées* de la montagne d'Espiaup [1], vallée d'Oo (Haute-Garonne). Cependant en général, à mesure qu'on s'approchait des temps modernes, la vénération dont quelques blocs erratiques étaient entourés, ne pouvait en garantir qu'un tout petit nombre, et la conservation de ces curieux débris a dépendu longtemps d'autres causes. Les

Fig. 16. — La Pierre-à-Dzo, près de Monthey (Bas-Valais), d'après J. de Charpentier (Essai, pl. II).

peuplades préhistoriques, vivant dans des huttes de feuillages et de bois, ou sous des abris naturels, n'avaient aucun intérêt à exploiter les blocs erratiques et par conséquent à les détruire. La pauvreté et la faiblesse de leur outillage ne leur auraient du reste permis que difficilement de briser ces énormes fragments de roches dures. Mais il n'en fut pas toujours ainsi. Le perfectionnement des outils marcha parallèlement avec les progrès de la civilisation et la multiplicité des besoins. Les blocs erratiques furent alors exploités comme matériaux de construction, et, comme l'a dit M. A. Favre, on finit par leur faire une véritable *guerre d'extermination.* Des contrées entières furent dévastées, et souvent, par suite de ces destructions aussi inintelligentes que barbares, les paysages morainiques perdirent un de leurs caractères les plus remarquables.

Ces dévastations se commettent chaque année sur les pentes du

1. *Bull. Soc. anthrop. de Paris*, séance du 4 avril 1877.

Salève, sur le Mont-de-Sion, près de Genève, sur les flancs du Jura suisse, à Bullet et à Sainte-Croix, entre Iverdon et Pontarlier, ainsi qu'à Noiraigue dans le Val de Travers [1] et dans les vignes du Beaujolais, au nord de Lyon [2], etc., etc.

La destruction des blocs erratiques devint même si rapide que les naturalistes s'en émurent. De Saussure un des premiers [3] déplora ces actes de vandalisme et pensa s'opposer à cette dévastation. Petit à petit on se rendit mieux compte de l'intérêt qui pouvait s'attacher à la conservation de ces énormes blocs de rochers, si étrangement dispersés. En 1853, le Grand Conseil du canton du Valais, comprenant la valeur des plus volumineux blocs erratiques, céda à titre de *Don national* à Jean de Charpentier, l'illustre auteur de l'*Essai sur les glaciers*, deux gros blocs erratiques de Monthey, l'un appelé la *Pierre-à-Muguet*, l'autre la *Pierre-à-Dzo*.

En 1875, l'héritière de Jean de Charpentier transmit à la Société vaudoise des sciences naturelles ses droits sur les blocs donnés à son père [4].

L'impulsion une fois donnée, ce mouvement scientifique devait progresser, mais, il faut le reconnaître, le point de départ a été en Suisse. Le 9 septembre 1867, M. Studer présenta à la Société Helvétique des sciences naturelles, réunie à Rheinfelden, un *Appel aux Suisses pour les engager à conserver les blocs erratiques*, qu'ils devaient regarder comme de précieux et inviolables monuments de leur histoire nationale. MM. A. Favre et Soret joignirent à cet *Appel* un *Projet relatif à une carte de la distribution des blocs erratiques en Suisse*, et s'occupèrent avec le plus grand zèle de tout ce qui se rapportait à ce grand travail; ils s'efforcèrent en même temps de trouver des collaborateurs et des imitateurs. Cette œuvre importante fut menée à bonne fin, et en 1884 M. A. Favre publia sa *Carte du phénomène erratique et des anciens glaciers de la Suisse*, et plusieurs magnifiques blocs furent déclarés *inviolables* [5].

En France, en Wurtemberg, en Bavière, en Suède, en Italie, etc., les géologues suivirent cet exemple, et la *Monographie des anciens glaciers et du terrain erratique de la partie moyenne du bassin du Rhône* fut notre réponse et celle de notre collaborateur M. E. Chantre, à l'*Appel* que MM. A. Favre et Soret nous avaient fait l'honneur de nous adresser pour continuer leurs travaux dans le bassin du Rhône, au delà des frontières de la Suisse.

1. E. Benoît, Glaciers alpins dans le Jura, *Bull. Soc. géol.*, 3e série, t. V, p. 67, 68.

2. A. Falsan et E. Chantre, *Monographie géologique des anciens glaciers*, etc., t. II, p. 390, 1880.

3. *Voyage dans les Alpes*, t. VI, § 1627, p. 191, 1796.

4. E. Renevier, Notice sur les blocs erratiques de Monthey (Valais), *Bull. Soc. vaudoise des sc. nat.*, n° 78, vol. XV, 1877.

5. *Arch. des sci. phy. et nat. de Genève*, novembre 1884, t. XII, p. 395.

Pour généraliser et unifier les travaux des géologues français et pour veiller à la conservation des principaux blocs erratiques de France, M. Daubrée, directeur de l'Ecole des mines et président de l'Académie des sciences, voulut continuer l'œuvre scientifique interrompue par la mort de M. Belgrand [1]. Il déploya une grande activité et s'adressa au Ministère de l'Instruction publique et des Beaux-Arts pour faire adjoindre à la *Commission des monuments historiques* une *sous-commission*, dite *des Blocs erratiques et des Monuments mégalithiques*, chargée d'en dresser l'inventaire en France et en Algérie et d'en assurer la conservation (novembre 1879).

M. A. Favre, qui avait publié la *Carte géologique des parties de la Savoie, du Piémont et de la Suisse voisines du Mont-Blanc* (1862), prit pour collaborateur son collègue M. Soret. Ces deux savants s'occupèrent spécialement de la conservation des blocs erratiques les plus remarquables de la Haute-Savoie et firent graver un F majuscule, lettre initiale du mot France, sur 120 blocs environ de la vallée de l'Arve. Sur le rapport de ces messieurs, son Exc. le Ministre de l'Intérieur promit de faire respecter les blocs erratiques catalogués qui étaient situés dans le domaine de l'État ou sur les biens communaux [2].

M. Trutat s'occupa des Pyrénées et adressa à M. Daubrée, président de la Commission des blocs erratiques, deux *Rapports* (1884-1885) et 213 photographies.

Déjà, en 1879, M. le directeur du musée d'Histoire naturelle de Toulouse s'était associé à son ami, M. Maurice Gourdon [3], pour conserver des notions exactes sur la répartition des blocs erratiques de la vallée de l'Arboust, qui dépendaient des moraines de l'ancien glacier d'Oo (Haute-Garonne). Ils notèrent et mesurèrent les blocs les plus remarquables, afin d'en dresser une carte détaillée; ils marquèrent sur place, avec de grands numéros rouges, 333 blocs principaux et en cataloguèrent 2,616 plus petits.

M. Gourdon [4] continua seul ce travail dans la vallée du Lys, également près de Luchon, et inscrivit sur un catalogue 100 blocs remarquables et 960 moins importants, qui ne figurent pas sur sa carte.

Ce n'était pas assez de dresser des catalogues; M. Trutat voulut, comme nous, engager les propriétaires à céder leurs blocs à l'État, mais il ne le fit pas avec plus de réussite que nous. Pourtant ses efforts furent parfois couronnés de succès : ainsi M. le baron d'Agos fut tout disposé à assurer la conservation du plus important des

1. *Bull. Soc. géol. de France*, 2e série, t. XXVI, 1868, p. 375.

2. M. Studer, *Appel aux Suisses pour les engager à conserver les blocs erratiques*, p. 4.

3. Catalogue des blocs erratiques de la vallée de l'Arboust, *Bull. Soc. hist. nat. de Toulouse*, 1879.

4. Le glaciaire de la vallée du Lys, *Bull. Soc. hist. nat. de Toulouse*, 1879.

blocs de la plaine de Tibiran, du bloc appelé le *Cailhaou-d'Agos*, masse de poudingue quartzeux de 120 m. c. [1], dans le bassin de la Barousse (Hautes-Pyrénées).

Citons encore, dans la même vallée de la Barousse, près des chalets de Saint-Nérée, la *Pierre-Damnée*, le plus gros bloc erratique des Pyrénées, d'un volume de 400 m. c. environ, que les héritiers du géologue Nérée Boubée ont consenti à céder à l'État.

De notre côté, M. Chantre et nous, après avoir écrit notre *Monographie*, nous avons signalé dans le bassin moyen du Rhône

Fig. 17. — La Pierre-Damnée, 400 m. c., vallée de la Barousse (Hautes-Pyrénées). d'après une photographie de M. Trutat.

179 blocs erratiques qu'il serait intéressant de conserver [2]. Nous avons déjà dit [3] que Mme Falsan avait cédé à l'État la pierre à écuelles de Thoÿs. Ajoutons que M. Prénat a fait élever dans son parc de Volognat, à l'ouest de Nantua, une pyramide de blocs erratiques alpins.

Il ne suffit pas d'organiser des *Commissions scientifiques*, de dresser des catalogues, il faudrait que le gouvernement prît des mesures énergiques pour s'opposer à des actes de vandalisme. Pour vaincre le mauvais vouloir des propriétaires, il faudrait faire déclarer l'*utilité publique* des blocs erratiques par le Conseil d'État, afin d'avoir le droit de procéder à des expropriations [4]. Mais la chambre, sous l'empire de ses préoccupations politiques, n'a prêté qu'une

1. M. Trutat, *Rapport de 1885*, fig. 69, p. 58.
2. A. Falsan, *Esquisse géologique du terrain erratique et des anciens glaciers de la région centrale du bassin du Rhône*, 1883, p. 136.
3. Ante, p. 75.
4. A. Falsan et E. Chantre, *Monographie*, etc., t. II, 1880, p. 533.

oreille distraite aux propositions qu'on lui a présentées pour assurer la conservation de ces blocs !

Comme nous l'écrivions en 1883, les majestueux témoins du plus grand phénomène géologique que l'homme a pu contempler restent donc exposés à toutes les chances d'une destruction aussi rapide que barbare. De nouveaux efforts seront-ils plus heureux ?

En face de l'impuissance presque complète des premières tentatives faites pour sauver les blocs erratiques, il nous semble que le meilleur moyen de les empêcher de disparaître sans laisser de traces serait d'en garder au moins le souvenir, en publiant, pour les plus remarquables, des descriptions détaillées, accompagnées d'indications topographiques précises et de figures aussi nombreuses qu'exactes. Telle est la méthode que nous aurions voulu suivre en écrivant ce volume; souvent les circonstances ne nous ont pas favorisé pour réaliser ce projet. L'espace et les matériaux nous ont manqué.

Il est temps de revenir à la description géologique des formations subordonnées au terrain erratique ou glaciaire ancien.

Limon glaciaire erratique, lehm ou loess. — Dès que les eaux de fonte remanient les moraines d'un glacier, elles les lavent et se chargent des sédiments fins qu'elles tiennent en suspension, pour les déposer dans des dépressions ou les emporter au loin avec elles, en restant troubles et boueuses.

On comprend facilement que, pendant les étés et à l'époque du retrait des anciens glaciers, tous ces phénomènes devinrent très intenses, grâce à une ablation des plus énergiques. Les glaciers anciens ne furent plus que des masses ruisselantes, et de toutes parts s'écoulèrent des eaux limoneuses, chargées d'argile erratique. Entre le front des glaces et les diverses moraines de retrait, les eaux accumulées dans des espaces vagues devaient former de vastes marécages dans lesquels, en perdant leur vitesse, elles déposaient une bonne partie de leurs sédiments.

Ce limon, que nous voyons sur les plateaux des Dombes et du Dauphiné, à la base du Mont-d'Or, etc., s'appelle dans la région lyonnaise *terre à pisé* et s'emploie comme matériaux de construction ; mais les géologues, en identifiant cette terre au limon glaciaire du Rhin, lui ont aussi donné le nom de *lehm* ou de *loess*. Étant le produit du lavage des anciennes moraines, ce terrain leur emprunte leur couleur. Au pied des Alpes et de leurs schistes noirs, le limon est gris foncé ; mais, à l'ouest des chaînes secondaires, ce limon est jaunâtre, et composé presque entièrement de matières siliceuses et d'une petite quantité de calcaire. A l'air, il prend une consistance assez solide pour qu'on puisse à Lyon en élever des maisons à plusieurs étages. On pourrait donc comparer nos murs en pisé à des briques durcies au soleil !

Ce terrain, formé uniquement par la trituration des éléments constitutifs des anciennes moraines, est souvent le siège de plusieurs phénomènes chimiques. Ainsi, dans la région lyonnaise, tantôt le limon jaune se rubéfie par la suroxydation des silicates de protoxyde de fer des roches vertes des Alpes; tantôt il se remplit de concrétions calcaires aux formes bizarres, les *kinderlehm* ou *enfants du lehm* des Allemands; tantôt, sous l'influence des lavages par les eaux pluviales, il s'épuise de calcaire et devient une sorte de silice pulvérulente.

Lorsque les eaux sauvages ont lavé le lehm, elles abandonnent, au fond des sillons qu'elles ont creusés, des traînées d'une poussière noirâtre, brillante, très dense qui n'est que des paillettes de fer oxydulé magnétique, résultant de l'écrasement de certaines roches vertes des Alpes par les anciens glaciers.

Mais le lehm ne se trouve pas seulement sur les plateaux, il recouvre les rives de nos grands cours d'eau. L'ancien Rhône, la rivière d'Ain, l'Isère ont en quelque sorte drainé nos glaciers alpins en recueillant toutes les eaux de fonte, tous les courants sous-glaciaires. Ces grands cours d'eau se sont donc ainsi chargés des mêmes matières pulvérulentes et les ont déposées à leur tour le long de leurs rives.

Ce dépôt terreux présente suivant les localités une épaisseur très variée; lorsqu'il est mouillé et détrempé par la pluie, il devient assez meuble pour que les eaux sauvages puissent l'entraîner et l'abandonner ensuite au pied des pentes, où il s'accumule et acquiert parfois une puissance de plusieurs mètres. Mais dans certaines stations, comme par exemple à Lyon, sur les balmes de Saint-Clair, qui dominent la route de Genève et le Rhône, il offre sur ses sections des contournements qui rappellent ceux que Lyell a cités [1] dans le drift au nord de Cromer. Dans les fossés du fort de Vancia, au nord de Lyon, la boue à cailloux striés a subi également de la part de l'ancien glacier des refoulements qui ont froissé les couches, de manière à leur faire prendre la disposition que nous avons dessinée ci-contre.

Différences entre le lehm et la terre végétale. — Il faut se garder de confondre ce terrain meuble, lehm erratique, avec un terrain qui lui ressemble souvent beaucoup, quoiqu'il ait une origine bien différente. Ce terrain, formé sous l'influence des agents atmosphériques, par la décomposition sur place des roches sous-jacentes, calcaires, argileuses ou marneuses, s'étale sur de vastes régions accidentées. Mais les eaux sauvages le remanient, et leur ruissellement le disperse ou l'accumule sur certains points. Ce terrain constitue souvent à lui seul la terre végétale. Dans les pays soumis à la glaciation, il peut se confondre avec le lehm jusqu'à une certaine hauteur, au-dessus de laquelle il reste indé-

1. *Manuel de géologie*, t. I, p. 215.

pendant, comme on le voit dans tout le Mont-d'Or lyonnais, au-dessus du niveau des terrasses couvertes par le terrain erratique, à Saint-Didier, 369 mètres, au mont Ceindre, 464 mètres, au mont Verdun, 625 mètres.

Faune du lehm. — Le lehm renferme de nombreux débris de mammifères[1] : *Elephas primigenius*, Blum; *Elephas antiquus*, Falconer; *Elephas intermedius*, Jourdan; *Rhinoceros tichorhinus*, Cu-

Fig. 18. — Plissement d'argile à cailloux striés; fossés du fort de Vancia, au nord de Lyon.

vier; *Arctomys primigenia*, Kaup; *Cervus tarandus*, Linné, etc., dont nous aurons à reparler plus loin à propos du climat de l'époque glaciaire. Avec ces restes de vertébrés on voit encore dans le lehm une grande quantité de mollusques: *Succinea oblonga*, Draparnaud; *Helix hispida*, Linné; *Helix rotundata*, Müller; *Helix arbustorum*, Linné, qui sont les espèces les plus abondantes; elles indiquent un climat froid[2]. Mais dans le lehm il n'y a pas de fossiles marins tertiaires, remaniés, comme on en voit dans les alluvions anciennes et même dans la moraine profonde ou boue à cailloux striés[3].

Terrain erratique marin. — Jusqu'à présent nous n'avons étudié que le terrain erratique transporté et déposé par des glaciers sur des terres émergées. Mais les phénomènes glaciaires erratiques ne se sont pas toujours passés loin des mers, et nous ne devons pas oublier de mentionner que, dans certaines régions, le terrain erratique est transporté par des glaces flottantes qui laissent tomber au fond de la mer une partie des débris rocheux, qu'elles charrient avec elles ou qui les abandonnent sur les plages où elles viennent s'échouer.

C'est même par ce mode de transport que plusieurs géologues ont voulu essayer d'expliquer la dispersion du terrain erratique alpin. Nous dirons plus loin les raisons qui ont empêché d'admettre ce système.

1. Lortet et Chantre, Études paléontologiques, etc., *Archives du muséum de Lyon*, t. I, p. 77, 1874.
2. A. Locard, *Faune malacologique des terrains quaternaires des environs de Lyon*, p. 175.
3. *Monographie des anciens glaciers*, etc., t. II, p. 429.

Pendant longtemps on a également attribué le transport des blocs et du terrain erratiques du nord de l'Allemagne et de la Russie à des ice-bergs ou radeaux de glaces flottantes, détachés des glaciers scandinaves. Plusieurs savants géologues, MM. de Lapparent[1], Credner[2], etc., sont restés attachés à ce système, mais, en Angleterre, MM. Geikie, Ramsay, etc.; en Allemagne, d'autres géologues, MM. Penck, Böhm, etc., préfèrent recourir à l'action d'une immense mer de glace qui aurait comblé le lit de la mer du Nord et de la Baltique.

Terrain erratique marin moderne. — De nos jours, chaque printemps, d'énormes banquises, pouvant mesurer jusqu'à 1000 mètres d'épaisseur, se détachent des glaciers du Groënland qui plongent dans la mer et emportent avec elles des masses énormes de blocs erratiques, de graviers, de boue à cailloux striés[3]. Ces convois suivent les côtes du Labrador, contournent l'île de Terre-Neuve, se laissent entraîner le long des États-Unis, par le courant du Nord, jusque vers le Gulf-Stream. Là, changeant de direction, ils s'avancent vers le nord-est en suivant le courant du golfe. Tout le long du parcours ils laissent tomber au fond de la mer les nombreux matériaux dont ils étaient chargés et dont ils se débarrassent à mesure qu'ils se brisent ou que la chaleur les fait fondre. Si le lit de l'Atlantique venait à être soulevé, il offrirait un immense terrain glaciaire ou terrain erratique assez bien délimité, malgré son étendue. On prétend même que le banc de Terre-Neuve n'est qu'une accumulation de matériaux polaires transportés par les ice-bergs.

Moyen pratique de reconnaître sûrement l'origine du terrain erratique. — Si on a eu la patience de nous suivre dans cette minutieuse étude du terrain erratique comparé au terrain glaciaire moderne, nous espérons qu'on est arrivé à reconnaître les liens multiples qui unissent intimement ces deux terrains. Mais, s'il restait des doutes dans quelques esprits, nous dirions avec Mgr Rendu[4] que les gros blocs qui accompagnent toujours le terrain erratique ne pouvaient absolument être transportés au loin que par un agent solide, doué de mouvement, et que, puisqu'il n'y en a pas d'autres que les glaciers et les glaces flottantes, il faut bien admettre que ce sont eux qui ont donné lieu à ce phénomène; ce qui est parfaitement vrai. Mais, comme en France le sol n'a pas été submergé à l'époque quaternaire, il faut repousser l'hypothèse des glaces flottantes et ne retenir que celle des anciens glaciers. D'ailleurs, avec le même savant, nous ajouterons que, à l'appui

1. *Traité de géologie*, p. 1103.
2. *Traité de géologie*, p. 627.
3. Élisée Reclus, *la Terre*, t. II, p. 53, et PL. V, p. 80.
4. *Théorie sur les glaciers*. — Falsan et Chantre, *Monographie*, etc., t. I, p. 478; t. II, p. 160.

de cette dernière théorie, il existe une démonstration sans réplique. Pour acquérir cette preuve dans une région où il existe encore des glaciers en activité sur les hauts sommets, il suffit de suivre pas à pas le terrain erratique en remontant la pente du sol, depuis les limites extrêmes de cette formation jusqu'au haut de la vallée qui lui a servi d'origine. Prenons pour exemple les plaines lyonnaises, ainsi que les plateaux des Dombes et du Bas-Dauphiné, qui s'étendent au débouché de la grande vallée du Rhône, dans le bassin moyen de ce fleuve. D'abord on aperçoit épars des lambeaux d'un terrain particulier ne ressemblant à aucun autre. A mesure qu'on poursuit ses études, on voit que ce terrain devient en amont toujours plus abondant et prend des caractères plus nets; puis on observe que cette formation finit par recouvrir presque tout le sol de la vallée et, en poursuivant plus loin ses recherches, on arrive en un lieu où il est facile de voir que le terrain erratique se confond avec le terrain que transporte et façonne un glacier en pleine activité. Chemin faisant, on a dépassé Genève, les rives du lac; on a remonté le Valais et on a atteint le glacier du Rhône. Là on se trouve en face d'un véritable terrain erratique en voie de formation.

Le glacier transporte d'énormes blocs aux vives arêtes et les laisse tomber au milieu d'une boue à cailloux striés, semblable au terrain erratique des collines lyonnaises. Sous ses yeux on voit le glacier du Rhône polir et buriner les roches dures qu'il rencontre sur son passage et les émousser d'un côté comme celles du Bugey et du Dauphiné. Un torrent s'échappe de dessous la glace, remanie et roule une partie des fragments anguleux des moraines, les arrondit et les entraine en aval, pour former une plaine d'alluvions qui rappelle en très petit celles qui se développent à l'est de Lyon. On pourrait donc se figurer qu'on est fantastiquement transporté à des milliers de siècles en arrière, au milieu de la période glaciaire; on pourrait croire qu'on assiste à la formation du terrain erratique! Ce sont les mêmes forces qui agissent, les mêmes phénomènes qui se produisent; mais le théâtre est moins vaste, l'action moins puissante!

Il ne s'agissait pas de créer de toutes pièces des théories pour expliquer l'origine et le mode de formation du terrain erratique, mais plutôt de bien observer les faits et d'en tirer de justes déductions. Il fallait faire ce qu'ont fait Playfair, J. de Charpentier, Venetz, Rendu et s'efforcer de rétablir les liens qui paraissaient rompus entre les phénomènes anciens et ceux de l'époque moderne. Alors une conclusion bien évidente se serait offerte à l'esprit : le terrain erratique est un *terrain glaciaire ancien;* des glaciers plus développés que ceux de nos jours, mais fonctionnant de la même manière, ont été les agents de son transport jusque vers ses limites les plus extrêmes!

CHAPITRE V

ÉROSION GLACIAIRE, MORAINES PROFONDES, MORAINES SUPERFICIELLES

Érosion glaciaire; considérations générales. — Peu d'influence des glaciers sur le creusement des vallées qui leur servent de lits. — Cirques, oules, kare, coomb, botner. — Lacs. — Objections contre l'érosion glaciaire. — Réponses à ces objections; usure du fond. — Usure des éléments de la moraine profonde, limon. — Origine des moraines profondes. — Distinction du terrain erratique ou moraine profonde d'avec les alluvions. — Fossiles miocènes et pliocènes remaniés dans les alluvions et le terrain erratique des environs de Lyon. — Influence des moraines superficielles sur la formation des moraines profondes. — Saillies de rochers épargnées par les glaciers. — Progression des moraines profondes et des blocs en contresens de la pente du sol. — Limites du refoulement de la moraine profonde. — Persistance des moraines superficielles. — Progression des moraines superficielles jusqu'à Lyon.

Considérations générales. — Il est impossible de supposer que l'agent qui a eu assez de force pour transporter le terrain erratique et ses énormes blocs à des distances considérables, n'ait pas exercé, par son poids immense et sa force irrésistible de progression, une action énergique sur les terrains et les roches qui se trouvaient sur son passage. Pour être contraint d'admettre ce fait, il suffit de parcourir attentivement les régions où se trouvent encore des portions de terrain erratique, c'est-à-dire les pays qui ont été soumis à la *glaciation*. En effet on ne tarde pas à reconnaître que tout y présente ces caractères particuliers qui constituent ce que nous avons appelé précédemment, avec Desor, le *paysage morainique*.

Mais, laissons de côté les bourrelets des moraines et les blocs erratiques qui, malgré leur importance, ne sont que de simples accidents, et occupons-nous seulement de la physionomie qu'offrent les roches dures en place et le sol même. Lorsque des surfaces de roches dures, offrant des plans uniformes, occupent de vastes étendues, elles sont polies et couvertes de stries, de sulcatures ou de sillons, toujours parallèles les uns aux autres, toutes les fois du moins que les agents atmosphériques n'ont pas profondément modifié l'aspect primitif de ces roches. Si les roches sont accidentées, elles sont arrondies du côté d'amont. Elles sont également polies, couvertes de stries, et elles ont tellement perdu leurs saillies, leurs aspérités d'un côté, qu'elles ressemblent à des amas de corps durs frottés et profondément usés.

Dès qu'on jette les yeux sur les collines et les montagnes qui vous entourent, on leur reconnaît vite, jusqu'à une certaine hauteur, régulièrement déterminée, des contours arrondis contrastant vigoureusement avec les profils accentués des cimes voisines, s'il y en a de plus élevées dans les environs, et l'on comprend facilement que ces silhouettes émoussées ont dû être produites par une puissante ablation de matières rocheuses.

En dernier lieu, on retrouve souvent dans ces mêmes régions un autre trait caractéristique qui apparaît bien plus rarement ailleurs : nous voulons parler d'une abondance de lacs de toutes grandeurs, de marais, d'étangs, dont la présence semblerait subordonnée à celle du terrain erratique et à l'action des anciens glaciers quaternaires.

Ces différentes catégories de phénomènes d'une nature particulière sont, pour la plupart, les résultats de l'*érosion glaciaire*, de l'action mécanique désagrégeante des anciens glaciers sur les roches et les terrains soumis à leur pression. Cherchons donc à indiquer, si c'est possible, les limites de cette action, et à retrouver les moyens que la nature a mis en jeu pour produire des effets aussi variés et aussi considérables.

Peu d'influence des glaciers sur le creusement des vallées qui leur servent de lits. — Lorsque de patientes et actives recherches eurent dévoilé la grandeur des phénomènes glaciaires anciens, quelques disciples de de Charpentier et de Venetz ne purent résister à un certain enthousiasme qui les entraîna parfois dans de singulières exagérations. Tyndall [1] se plaça à leur tête et alla jusqu'à attribuer à l'action érosive des glaciers quaternaires le creusement des vallées des Alpes et de bien d'autres massifs montagneux. Mais son savant compatriote Ramsay [2] combattit cette hardie hypothèse dès son apparition, et Tyndall lui-même semble l'avoir abandonnée depuis 1872. Du reste, le professeur Penck et le Dr Böhm [3], quoique grands partisans de l'érosion glaciaire, ont fait justice de cette exagération et, pour les plus ardents défenseurs de cette théorie, les vallées ne furent plus l'œuvre exclusive des glaciers, mais seulement « des chemins qui leur avaient été préparés d'avance ».

1. The excavation of the valleys of the Alp. *Phil. Mag.*, IVe série, t. XXIV, p. 377.

2. On the glacial origin of certain lakes in Switzerland, *Quaterly Journal of the geological Society*, t. XVIII, août 1862, p. 185.

3. Dr Böhm, *Die alten Gletscher der Enns und Steyr*, 1885, p. 178.

Les vallées des Alpes, dit le professeur A. Penck [1], nous semblent être, dans leur état actuel, le résultat de l'érosion de l'eau et de la glace; néanmoins nous reconnaissons dans leur formation l'influence de mouvements orographiques antérieurs. Mais, si nous voulions comparer la puissance de l'érosion aqueuse avec celle de la glace, nous devrions attribuer à l'eau le creusement des vallées et à la glace au contraire leur élargissement, avec l'affouillement d'excavations locales en forme de bassins ou de lacs. L'action de l'eau nous paraît donc plus importante que celle de la glace, et il est facile d'en trouver la raison. Dès que les Alpes ont été soulevées, l'eau n'a pas cessé de les dégrader et de les dénuder, tandis que ce ne fut qu'après que les vallées eurent pris leurs traits principaux que les grandes masses de glace vinrent à leur manière achever ce premier travail; mais ce n'étaient là que des phases passagères dans l'histoire des vallées, et l'érosion glaciaire eut en conséquence moins d'importance que celle opérée par l'eau.

Cirques, oules, kare, coomb, botner. — De même que, dans la formation des vallées, la force d'érosion des anciens glaciers s'est bornée à approfondir et à élargir les profils tracés avant son action, ainsi dans le haut des vallées elle s'est contentée d'arrondir et de façonner ces excavations particulières connues sous les noms de *cirque*, d'*oule* [2], de *kare*, de *botner*, de *coomb*. Des sortes de kare et de cirque découpaient déjà avant la période glaciaire les arêtes qui dominaient les grandes vallées, mais c'est la glace qui en a adouci les contours et leur a donné la forme d'entonnoir qu'ils ont actuellement.

Souvent même les glaciers ont simplement entraîné les puissantes masses de débris que les eaux avaient accumulées dans le fond des vallées, antérieurement à leur période d'extension, et ils ont accompli ce travail mieux que l'eau n'aurait pu le faire. Le peu de durée de leur action en a seule limité l'énergie.

Lacs. — Mais le creusement des lacs est le résultat le plus important de l'érosion glaciaire ancienne. On en retrouve donc dans toutes les régions qui ont été jadis soumises à la glaciation, et on pourrait en quelque sorte les appeler « les fossiles caractéristiques et orographiques des anciens glaciers [3] ».

Toutefois, d'autres facteurs ont pu opérer le creusement des lacs, et on ne peut prouver l'origine glaciaire de ces excavations que dans certaines circonstances particulières [4].

1. *Die Vergletscherung der Deutschen Alpen*, 1882, p. 425. — Dr Böhm, *Die alten Gletscher der Enns und Steyr*, 1885, p. 177. — *Separat-Abdruck aus dem Jahrbuck der k. k. geol. Reichsanstalt*, 1885, 35 Band, III He., p. 429.

2. C'est-à-dire *chaudières*, expression employée dans les Pyrénées pour désigner ce qu'on appelle aussi un *cirque*. — Élisée Reclus, *la Terre*, t. I, p. 165.

3. Dr Böhm, *Die alten Gletscher*, etc., p. 179, 180.

4. Dr Böhm, *Die alten Gletscher*, etc., p. 179, 180.

Nous aurons plus loin à revenir sur cette question des lacs, et déjà nous nous proposons de faire quelques réserves à cet égard, ainsi que sur un petit nombre d'autres points que nous indiquerons bientôt. Mais ces divergences d'idées assez rares ne sauraient nous empêcher d'adopter au point de vue général la théorie de l'érosion glaciaire.

Pour nous, l'érosion glaciaire, telle que nous l'avons définie, est un fait évident; on peut bien en discuter l'ampleur, l'intensité, mais le fait en lui-même, il faut l'admettre avec ou sans explication complète.

Objections contre l'érosion glaciaire; réponses à ces objections. Usure du fond. — Les adversaires de cette théorie refusèrent d'abord aux anciens glaciers la faculté de se mouvoir dans leurs parties profondes et à de grandes profondeurs, ainsi que celle de s'étendre au loin sur de vastes surfaces presque horizontales. Le géologue anglais Oldham [1], un des représentants de cette école, basa ses raisonnements sur le mode de cohésion de la glace et sur des expériences de laboratoires de physique. Mais, que peuvent ces déductions théoriques contre l'enseignement de l'expérience, disent le professeur A. Penck et le Dr Böhm [2]? Nous le pensons également pour les effets en étendue, après avoir étudié les immenses surfaces calcaires polies du Bas-Dauphiné et après avoir retrouvé près de Lyon et de Bourg les roches du Valais et des Alpes de la Savoie, à 300 ou 400 kilomètres de leurs points de départ et au delà d'une vaste plaine presque horizontale! Mais nous faisons des réserves, s'il s'agit du mouvement des particules inférieures d'un glacier encaissées dans un bassin profond, fermé de toutes parts, car, dans ces conditions spéciales, cette mobilité uniforme et générale de tous les grains de la glace, depuis la surface jusqu'à des centaines de mètres en dessous d'elle, serait peu en rapport avec ce que Tyndall [3] et bien d'autres savants nous ont appris sur les allures des grands courants de glace, qu'ils ont pu comparer à celles bien connues des fleuves.

Puis on objecta encore qu'une substance aussi peu résistante que la glace ne pouvait entamer des roches dures; mais depuis longtemps M. Daubrée [4] a prouvé qu'un morceau de calcaire lithographique bien pur, doué d'une vitesse de 40 centimètres par seconde et pressé seulement à raison de 35 kilogrammes par millimètre carré, peut nettement strier le granite. En outre, dit le Dr Böhm, l'expérience journalière ne nous apprend-elle pas qu'une action prolongée peut amener des résultats que tout d'abord on

1. On the module of cohesion of Ice, andits bearing on the theory of glacial erosion of Lake Basins, *Phil. Mag.*, 5e série, vol. VII, 1879, p. 240.
2. *Die Vergletscherung*, etc., p. 378. — *Die alten Gletscher*, etc., p. 118.
3. *Les Glaciers*, p. 65.
4. *Études synthétiques de géologie expérimentale*, 1879, p. 285.

n'était pas en droit d'attendre? Ne sait-on pas que le tranchant du rasoir le mieux trempé finit par s'émousser dans la main du barbier [1]? Ovide [2] n'a-t-il pas écrit que la goutte d'eau entame le rocher et que le frottement du doigt use l'anneau qui l'enserre? Mais cette usure a une limite.

La glace mise en mouvement sous un poids énorme peut donc à elle seule éroder les roches les plus résistantes, mais, dans la nature, ces conditions se présentent rarement. D'ordinaire, des fragments anguleux de quartz et d'autres débris sont enchâssés dans la partie inférieure des glaciers ou forment un lit intermédiaire entre eux et le sous-sol, ce qui facilite singulièrement leur action érosive en leur donnant le moyen d'agir comme une lime. Mais les géologues du camp opposé, envisageant le peu de résistance de la glace, ne manquèrent pas de comparer cette prétendue lime à une lame de bois recouverte de mastic dans lequel on aurait implanté des morceaux d'acier, et ils ajoutèrent que, au premier essai, les morceaux d'acier se détacheraient et rendraient ainsi cet étrange outil incapable de tout effet utile!

Cette comparaison n'était pas exacte et, par ce fait, l'objection perdait toute sa valeur. Tandis que les morceaux d'acier dont on vient de parler peuvent se détacher facilement du mastic et perdre ainsi toute possibilité d'action, les fragments de quartz enchâssés à la partie inférieure de la glace et frottant sur le sol ne peuvent se dérober sous la glace qui les presse et les pousse en avant; il leur est possible de changer de places respectives, mais ils servent toujours de burins ou de limes [3].

D'ailleurs, M. Daubrée [4] a essayé une expérience analogue; il a placé divers cailloux à la base d'un bloc d'eau congelée, puis il a mis cette masse en mouvement avec une certaine pression, sur une table en granite, et, bien que la glace puisse souvent être bulleuse et un peu compressible, elle a forcé les galets à tracer, sans s'écraser, des stries sur la table de granite qui les portait.

Usure des éléments de la moraine profonde. Limon. — Cette couche intermédiaire qui n'est pour ainsi dire qu'une moraine profonde s'avance sous la pression du glacier; elle use, polit, strie, couvre de sillons les roches sous-jacentes et même leur fait subir une puissante érosion, lorsque les conditions de dureté, de position se présentent favorablement pour faciliter ce travail; mais, en même temps, cette masse de débris, cette moraine profonde, subit une forte usure; ses éléments se polissent, se strient et, de cette

1. *Die alten Gletscher*, etc., p. 121.
2. *Gutta cavat lapidem, consumitur annulus usu.* — De Pont., liv. IV, chap. x, vers 5.
3. Dr Böhm, *Die alten Gletscher*, etc., p. 123. — M. A. Penck, *Die Vergletscherung*, etc., p. 380.
4. *Études synthétiques*, etc., p. 286.

action réciproque des parties mouvantes sur la roche du fond, il résulte un limon fin, abondant, une boue produite par la trituration de toutes les roches écrasées par les glaciers en avançant dans leur lit; c'est ce limon ou cette boue qui trouble et colore les eaux de fonte qui s'échappent du front des glaciers. Cette masse de limon est considérable; elle représente en quelque sorte le résultat de l'érosion, en y joignant les autres débris entraînés par les eaux, et pour le seul glacier de l'Aar M. le Dr Penck [1] a calculé, d'après un grand nombre de jaugeages de Dollfus-Ausset [2], que le cours d'eau qui sort de ce glacier entraîne chaque année 638 mètres cubes de matériaux solides de chacun des 15 kilomètres carrés de la surface du terrain recouvert par la glace, ce qui abaisserait le sol d'environ 6 dixièmes de millimètre par an ou d'un mètre tous les 1666 ans. Les mêmes savants ont calculé que l'eau mettrait 4125 ans pour faire la même érosion [3]!

Origine des moraines profondes. — Les moraines profondes sont tout à la fois le produit de l'érosion glaciaire et l'agent principal par lequel les glaciers opèrent cette même érosion et l'ont opérée autrefois, au moment de leur extension. Au point de vue de la question qui nous intéresse, on ne peut donc se dissimuler l'importance de ce terrain; aussi les géologues glaciairistes en Angleterre, en Allemagne, en Autriche, en France, en Italie, en Suisse, etc., se sont-ils livrés à de savantes et vives discussions à cet égard. Nous ne saurions prendre part à ces débats, et le simple exposé de ces diverses théories nous entraînerait en dehors des limites de cette rapide esquisse. Pour plus de détails, nous renverrons le lecteur aux savants mémoires de MM. Geikie [4], Ramsay [5], A. Penck [6], A. Favre [7], Dr Böhm [8], Viollet-le-Duc [9], de Lapparent [10], Stoppani [11], de Mortillet [12], Lory [13], Heim [14], Daubrée [15],

1. *Die Vergletscherung*, etc., p. 202.
2. *Matériaux pour l'étude des glaciers*, t. Ier, 1re partie, p. 276.
3. Cf. Dr Böhm, *Die alten Gletscher*, etc., p. 167.
4. *The Great Ice Age*, second edition. London, 1877, etc.
5. The old Glaciers of North Wales in Ball, *Peaks, Passes and Glaciers*, 1859, etc. — On the Glacial Origin of certain Lakes in Switzerland, *Quart. Journ. geol. Soc.* London, XVIII, 1862.
6. *Die Vergletscherung der Deutschen Alpen*. Leipzig, 1882, etc.
7. *Recherches géologiques dans les parties de la Savoie, du Piémont et de la Suisse qui entourent le Mont-Blanc*, 3 vol. Paris, 1867. — *Description géologique du canton de Genève*. Genève, 1880, etc.
8. *Die alten Gletscher der Enns und Steyr*. Wien, 1885, etc.
9. *Le Massif du Mont-Blanc*. Paris, 1876.
10. *Traité de géologie*, 1883.
11. *Corso di geologia*.
12. Le Préhistorique, *Bibl. des sc. contemp.* Reinwald. Paris, 1883, etc.
13. *Description géologique du Dauphiné*, 1860.
14. *Handbuch der Gletscherkunde*. Stuttgart, 1885, etc.
15. *Études synthétiques de géologie expérimentale*. Paris, 1879, etc.

Credner [1], de Nadaillac [2], Ch. Martins [3], et d'autres géologues qu'il serait trop long de citer.

Nous nous bornerons à exposer succinctement les convictions que nous ont inspirées nos études personnelles sur le terrain erratique et la lecture de ces ouvrages.

Les moraines profondes des glaciers quaternaires empruntaient leurs éléments à quatre sources principales : 1° aux matériaux meubles de toutes sortes qui encombraient les pentes et les fonds des vallées au début de la période glaciaire; 2° aux produits des démolitions des roches en place fortement attaquables par les anciens glaciers, alors qu'ils envahissaient pour la première fois ces mêmes vallées; 3° aux débris de roches que ces glaciers pouvaient encore détacher directement de leurs lits, après en avoir usé les aspérités pendant leur fonctionnement normal; 4° enfin aux moraines superficielles charriées sur le dos des glaciers, et provenant d'éboulements opérés sous l'influence des agents atmosphériques, aux dépens des cimes élevées qui dominaient la glace.

Nous appliquons le nom de moraine profonde au terrain erratique proprement dit, à la boue à cailloux striés, et non à l'ensemble du terrain erratique et des alluvions anciennes ou préglaciaires sur lesquelles s'étale ordinairement le terrain erratique à cailloux striés. Mais en établissant cette distinction, au point de vue général, nous reconnaissons que, dans certains cas particuliers, sous l'influence de dispositions orographiques spéciales, combinées avec l'action de l'eau de fonte et de la glace, ces deux terrains peuvent se mélanger, se confondre accidentellement, pour reprendre ensuite leur indépendance, lorsque les glaciers peuvent largement s'épanouir dans de vastes plaines ou sur de larges plateaux.

Distinction du terrain erratique ou moraine profonde d'avec les alluvions. — « Les glaciers, dit Ch. Martins [4], n'ont pas formé les terrains de transport et purement diluviens; seulement ils leur ont fourni les cailloux et le sable accumulés préalablement dans leurs moraines et l'eau résultat de leur fusion. Ces terrains doivent être soigneusement distingués des dépôts glaciaires dont les matériaux ont été apportés *directement* par le glacier. Sans doute celui-ci est toujours en fusion pendant l'été, l'eau ruisselle à la surface, circule à l'intérieur et sourd au-dessous de lui; il donne naissance à un torrent qui devient quelquefois un fleuve;

1. *Traité de géologie*, trad. par Monniez. Paris, 1878.
2. *Les premiers hommes et les temps préhistoriques*. Paris, 1881, etc. — L'époque glaciaire, *Revue des questions scientifiques*, 20 avril 1886. Bruxelles.
3. *Ouvrages cités*, p. 29, 37, 43 et 102.
4. Recherches récentes sur les glaciers actuels et la période glaciaire, *Revue des Deux Mondes*, 15 avril 1875. Tiré à part, p. 16.

mais les effets dynamiques de l'eau sont faibles relativement à la puissance de transport et d'érosion de la glace solide. Si l'on ne restreignait pas la définition de la moraine comme je propose de le faire, la *Crau* d'Arles serait une moraine, car ses cailloux ont été empruntés aux dépôts glaciaires qui remplissent la vallée de la Durance, et ces cailloux ont en outre été charriés par les eaux provenant de la fonte des glaciers alpins. Ce serait donc un étrange abus de mots d'appeler *moraines* les dépôts diluviens qu'on rencontre dans les vallées et les plaines de tous pays. » Nous nous associons complètement à la manière de voir de Ch. Martins, et nous pensons que cette méthode de classification doit servir de base à tout travail sur l'extension des anciens glaciers et la formation du terrain erratique.

Si, à l'exemple de Ch. Martins, nous refusons d'assimiler aux moraines profondes certaines alluvions qui accompagnent toujours le terrain erratique, nous leur maintenons le nom d'*alluvions glaciaires anciennes* ou même simplement d'*alluvions anciennes*, pour montrer leur dépendance vis-à-vis des anciens glaciers, puisqu'elles ne sont que leurs moraines profondes remaniées par les eaux de fonte.

Fossiles miocènes et pliocènes remaniés dans les alluvions glaciaires et le terrain erratique des environs de Lyon. — Souvent les anciens glaciers pendant leur marche, et les courants sous-glaciaires qui s'en échappaient, ont fortement érodé des terrains fossilifères. Ces débris organiques étaient ensuite emportés au loin et confondus en désordre avec les sables et les graviers de l'alluvion glaciaire ou ancienne. C'est ainsi que, dans les sables et les graviers de l'alluvion ancienne des environs de Lyon, qui forme le substratum des terrains erratiques proprement dits, dans la partie méridionale du plateau des Dombes ou sur la terrasse de Collonges, on trouve facilement de nombreux fossiles : *Nassa Michaudi* (Thiol), *Dendrophyllia Colonjoni* (Thiol), etc., dépendant de la faune miocène fossile supérieure de Tersannes, Hauterives, Chimilin, du Bas-Dauphiné, mélangés à des fossiles pliocènes : *Paludina Dresseli* (Tournouër), *Valvata Vanciana* (Tourn.), *Valvata depressa*, *Cypris*, *Pisidium*, etc., des marnes pliocènes du plateau des Dombes [1].

Ce mélange de deux faunes d'âge différent indique clairement, en dehors de toutes considérations stratigraphiques, que ces fos-

1. Tournouër, Note sur quelques fossiles d'eau douce recueillis dans le forage d'un puits au fort de Vancia, près de Lyon, *Bull. Soc. géol.*, 3e série, t. III, p. 741, 1875. — Falsan, Considérations stratigraphiques sur la présence de fossiles miocènes et pliocènes au milieu des alluvions glaciaires et du terrain erratique des environs de Lyon, *Bull. Soc. géol.*, 3e série, t. III, p. 727, 1875. — Falsan et Locard, *Formations tertiaires et quaternaires des environs de Miribel*, 1878.

siles sont remaniés, soit qu'on les recueille dans l'alluvion ancienne ou glaciaire, soit qu'on les observe dans le terrain erratique normal, à Vancia, au Mas-Rilliez, ou ailleurs.

Les choses ont pu se passer ainsi dans la Haute-Italie, où les fossiles pliocènes sont assez abondamment dispersés dans les alluvions glaciaires et dans les buttes morainiques décrites par Desor [1], Stoppani [2], K. Mayer? Nous sommes resté en dehors des discussions, et nous n'oserions dire si les glaciers alpins se sont vraiment avancés dans une mer pliocène, mais ce que nous pouvons en quelque sorte affirmer, c'est que les mers miocènes et pliocènes avaient fui loin du bassin du Rhône, lorsque les glaciers delphino-savoisiens sont venus jusqu'à Lyon.

Influence des moraines superficielles sur la formation des moraines profondes. — Lorsque les anciens glaciers envahirent les vallées que des plissements de terrains et des érosions aqueuses avaient préparées pour leur *servir de chemins*, le premier résultat de leur progression fut de les déblayer de tous les débris ou terrains meubles qui se trouvaient sur leur passage, pour les incorporer à leurs moraines profondes. La masse de ces débris s'augmentait considérablement par le produit des démolitions que les glaciers opéraient en se heurtant pendant leur progression à toutes les saillies, à tous les angles qui semblaient leur faire obstacle [3]. Mais à ces débris anciens et à ces masses de débris arrachés aux flancs des montagnes, ainsi qu'au fond des vallées par les glaciers, pendant leur première marche en avant, venait s'ajouter l'apport des moraines superficielles qui s'enrichissaient des fragments des aiguilles et des crêtes voisines, brisées petit à petit sous l'influence désagrégeante de l'eau, du froid, du vent, du soleil, etc.

Ces moraines superficielles arrivaient à l'extrémité des glaciers, se transformaient à chaque temps d'arrêt en moraines frontales, et chaque mouvement de progression des glaces renversait ces bourrelets morainiques et les confondait avec la moraine profonde.

L'extension des anciens glaciers n'a rien eu qui pût rappeler la violence d'un cataclysme ou d'une avalanche; tout s'est passé lentement, et la masse de glace s'est accrue progressivement, d'une manière proportionnelle à l'abondance des précipitations neigeuses, de telle sorte que le comblement des vallées par les glaces, si toutefois il s'est fait partout d'une manière complète, s'est opéré graduellement. Les hautes cimes des montagnes qui dépassaient les glaciers purent donc rester, longtemps ou toujours même, à découvert et fournir des éléments aux moraines superficielles, et par conséquent aux moraines profondes.

1 *Le Paysage morainique, son origine glaciaire,* etc., p. 28, 1875.

2. *Il mare glaciale a piedi delle Alpi,* 1874.

3. Consulter Dr Böhm, *Die alten Gletscher,* etc., p. 134, 148, et Heim, *Handbuch der Gletscherkunde,* p. 379.

Sans doute, au moment de la plus grande intensité des phénomènes glaciaires, le tribut apporté aux moraines profondes par les moraines superficielles a été considérablement diminué, sinon complètement supprimé dans certaines régions. D'ailleurs, comme le suppose le Dr. Böhm [1], il est difficile d'admettre que, lorsque les anciens glaciers avaient plusieurs centaines de mètres de puissance verticale, des crevasses aient pu rester béantes depuis la surface jusqu'en dessous des parties les plus profondes de la glace, et que des portions notables de moraines superficielles aient pu s'engloutir dans ces vides pour aller grossir la masse des moraines profondes.

Néanmoins, pendant les débuts de la période glaciaire, comme à son déclin, on doit tenir compte des éboulements des cimes élevées et de l'action des moraines superficielles, pour indiquer les origines de la moraine profonde.

Il resterait à savoir si le massif alpin, à un moment donné, a été enseveli complètement, comme aujourd'hui les régions polaires, sous une calotte uniforme de névé et de glace. Du moins pour les Alpes occidentales, nous gardons dans notre esprit une forte pensée de doute à cet égard, et nous dirons bientôt pourquoi nous croyons que des cimes rocheuses ont dû toujours s'élever au-dessus des glaciers du Rhône et des glaciers delphino-savoisiens, pour alimenter à leurs surfaces des moraines superficielles plus ou moins abondantes. Mais cette pensée ne saurait nous empêcher d'admettre, à un certain point de vue et pour un grand nombre de contrées, la comparaison que le professeur Penck, le Dr Böhm [2], MM. Geikie, Ramsay et bien d'autres géologues glaciairistes établissent entre les anciens glaciers quaternaires de l'Europe centrale et les glaciers des régions polaires. Ces derniers, quoiqu'ils ne soient dominés souvent par aucune cime de rochers, entraînent à la mer d'énormes moraines profondes chargées de blocs et de nombreux galets. Il faut donc supposer qu'ils arrachent de leurs lits tous ces matériaux par les efforts de leur progression. Si les Alpes ont été presque ensevelies sous les neiges pendant une grande partie de la période glaciaire, on peut à la rigueur conclure que les glaciers quaternaires du centre de l'Europe, tout aussi bien que ceux du nord, ont emprunté aux roches sous-jacentes quelques-uns des éléments de leurs moraines profondes.

Nos anciens glaciers, après avoir déblayé les vallées qu'ils envahissaient et en avoir, par un premier et considérable effort, émoussé les angles, supprimé les saillies, virent diminuer considérablement leur action démolissante, puisqu'elle ne trouvait que rarement l'occasion de s'exercer au moment de leur plus grand

1. *Die alten Gletscher*, p. 132.
2. *Die alten Gletscher*, etc., p. 134.

développement; néanmoins ils entraînèrent toujours avec eux des moraines profondes, sans doute atténuées et moins considérables.

D'où provenaient donc ces moraines profondes? Peut-être dans quelques régions particulières et pendant la plus intense glaciation, elles ne s'alimentaient que par l'érosion du lit des glaciers, puisque toute communication avec l'extérieur était en quelque sorte supprimée pendant un certain temps, depuis le point de départ des glaciers jusque près de leur extrémité inférieure. En effet les glaciers, en vertu de leur poids énorme et de leur mouvement de progression, continuèrent à exercer sur leur fond une action énergique en usant sans relâche toutes les roches, même les plus dures et les plus émoussées. Mais cette usure s'exerça de préférence sur les roches tendres, et il put ainsi se former sous la glace des excavations, des bassins assez profonds. Il est facile de supposer encore que dans une vallée, où, par suite de simples frottements, de grandes masses de roches tendres auraient été enlevées, d'autres roches plus dures pouvaient être mises en saillie. Ces roches dures, si elles étaient découpées par des failles, des délits, des fissures, pouvaient à la longue céder à la pression du glacier en mouvement et subir une puissante démolition. Ces phénomènes se passaient en dessous des régions les plus basses de la glace, et ces débris, ces fragments de rochers allaient grossir la masse des moraines profondes. Dans ces effets de la puissance dynamique de nos anciens glaciers, il n'y a rien que de très rationnel, et à cet égard, dans certaines limites, nous nous empressons de partager les idées de MM. Geikie, A. Penck, Böhm, ces savants défenseurs de la théorie de l'érosion glaciaire.

Saillies de rochers épargnées par les glaciers. — Mais de ce qu'on admet la possibilité de ces démolitions de rochers par la pression des parties profondes des anciens glaciers, doit-on en conclure que la glace a agi comme le fer d'un rabot pour tout niveler uniformément et ne laisser sur le fond que des surfaces planes? Les plus ardents défenseurs de l'érosion glaciaire ne vont même pas jusque-là [1].

On ne peut oublier que la glace est toujours douée d'une certaine plasticité qui lui permet de tourner certains obstacles, quand ces obstacles lui offrent trop de résistance. En même temps qu'elle use, qu'elle érode le fond sur lequel elle progresse, elle épargne, ou plutôt ménage les parties assez dures pour résister partiellement à sa pression. Tout revient donc à une question de plus ou de moins dans la résistance, soit de la part de la glace, soit de la part des rochers inférieurs.

Le fait est que les glaciers ont érodé les vallées qui leur servaient de lit, et que souvent, au milieu de ces vallées, des monti-

1. Dr Böhm, *Die alten Gletscher*, etc., p. 162.

cules ou simplement des saillies de roches ont pu résister en partie aux efforts de nos anciens glaciers, soit par la grandeur de leur masse, soit par leur dureté. Pour le premier cas, nous citerons la double colline qui supporte le vieux château de Sion, et qui s'élève au milieu de la vallée du Rhône, en Valais; le Vuache et le Mont-de-Sion qui barrent la vallée du même fleuve, en aval de Genève; puis les molards de Vion, de Châtillon, de Lavours, du Jan près de Culoz (Ain), que l'ancien glacier du Rhône, doué en cet endroit d'une épaisseur de 1000 mètres environ, a arrondis, façonnés, mais qu'il n'a pu supprimer; pour le second cas, nous citerons les poudingues de Valorsine, qui par leur dureté ont résisté à la pression d'une branche de glacier venant du massif du Mont-Blanc et qui forment aujourd'hui, dans la vallée de Salvan (Valais), une longue suite de roches moutonnées.

De même que les anciens glaciers ont pu rencontrer sur leur passage des obstacles qu'ils n'ont pas pu faire disparaitre pendant la durée de leur progression, ainsi, nous le croyons du moins, ils n'ont pas été doués d'une puissance indéfinie pour affouiller les terrains étendus devant eux, et y creuser des lacs de plusieurs centaines de mètres de profondeur! Là encore, il y a une question de quantité à étudier et, dans un des chapitres suivants, nous chercherons à retrouver, si c'est possible, quelques limites dans la production du phénomène du creusement des lacs.

Progression des moraines profondes et des blocs en contresens de la pente du sol. — C'est probablement à la regélation, et par suite à la dilatation de l'eau qui circule autour de chaque grain de glace, qu'on peut attribuer la progression des glaciers. Le mouvement qui se produit à la surface de la glace doit donc, pour les mêmes causes et en vertu de l'homogénéité de cette substance, se communiquer partiellement jusque dans les portions les plus inférieures. Il s'étend même à la moraine profonde que le glacier entraine en partie avec lui ou du moins à laquelle il donne une impulsion qui ne se soutient pas pendant tout son trajet. Souvent ce mouvement du glacier et de sa moraine profonde, n'étant pas le résultat de l'action de la pesanteur, mais bien de la dilatation, reste indépendant de la disposition du sol et peut se produire parfois à contresens de la pente. Le glacier refoule alors le terrain erratique et le force à remonter des plans inclinés. M. Geikie cite des fragments de roche dont l'affleurement occupait le fond d'une vallée et qui ont été transportés ainsi par d'anciens glaciers au sommet de collines voisines. De son côté, M. Böhm [1] nous apprend que des cailloux de moraines profondes, faisant partie du terrain erratique des Alpes Centrales, se trouvent dans maintes

1. *Die alten Gletscher*, etc., p. 120.

vallées des Alpes du Kalk du Nord après avoir été entraînés sous la glace, par-dessus des cols ouverts dans la chaîne qui séparait les deux régions. Nous-même, nous avons vu souvent dans les environs de Belley, à Chanaz, à Ceyzérieux, à Parves, autour du lac d'Armailles, à Conzieu, à Cordon, etc., etc., des stries glaciaires dirigées à l'inverse de l'inclinaison du terrain; ces stries, ces sillons gravés sur des calcaires compacts n'avaient pu être faits que par le refoulement d'une partie de la moraine profonde sous la pression du glacier du Rhône. Le terrain erratique avec ses blocs, ses cailloux striés, emballés dans la boue glaciaire, avait donc remonté, sur ces points et à contresens de la pente, des surfaces très inclinées sur lesquelles il avait buriné les traces de son passage de la manière la plus évidente.

De tout cela on peut conclure que les glaciers peuvent être doublement considérés comme des agents de transport; ils peuvent bien entraîner ou pousser devant eux leurs moraines profondes, mais il ne faut pas oublier aussi qu'une de leurs principales fonctions est de charrier à leur surface les moraines superficielles qui, comme le fait justement observer le professeur Heim [1], fournissent aux moraines profondes leurs principaux éléments, dans les conditions ordinaires actuelles.

Limites du refoulement de la moraine profonde. — Autour de l'éperon que forme la montagne de Lachat, au sud du Molard-de-Don [2], à l'ouest de Belley et au-dessus du plateau d'Inimont, la partie latérale droite de l'ancien glacier du Rhône a progressé circulairement, comme les chars romains tournaient autour de la *spina* d'un cirque. On voit donc une traînée de blocs erratiques alpins qui est venue s'échouer comme une moraine latérale superficielle le long des flancs inclinés de cette dorsale. Il y a même un de ces blocs qui cube 45 mètres et qui a été abandonné sur une portion très déclive de la montagne, à 800 mètres environ au-dessus du fond du bassin de Belley.

Ce bloc de quartzite a conservé toute la fraîcheur de ses arêtes et ne présente aucune saillie usée. Il est situé approximativement à un millier de mètres au-dessus du niveau de la mer, et nous avons constaté qu'il était le bloc erratique le plus élevé de toute la région, et que, par conséquent, il avait été transporté à la place qu'il occupe par le glacier du Rhône au moment de la plus grande extension des glaciers.

Que peut-on essayer de conclure en face de ce bloc si étrangement situé? Faut-il supposer qu'il a été refoulé par le glacier du Rhône avec sa moraine profonde à une telle altitude, à contresens d'une pente longue de plus d'un kilomètre, très inclinée,

1. *Handbuch der Gletscherkunde*, p. 373.
2. Voir la carte des environs de Belley.

coupée par de nombreux accidents dans le bas, et presque abrupte dans le haut?

Nous ne pourrions accepter cette supposition qui ne se concilie-

Fig. 19. — Bloc de quartzite sur la montagne de Lachat, à 800 mètres d'altitude, près de Belley (Ain).

rait pas avec la forme anguleuse de ce bloc volumineux, forme qui aurait disparu pendant un trajet de 100 kilomètres sous la pression de plusieurs centaines de mètres de glace. En outre, si les choses s'étaient passées ainsi, l'ancien glacier du Rhône aurait

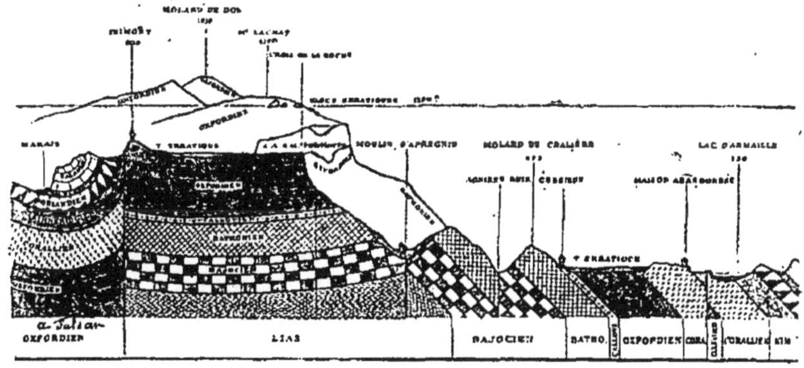

Fig. 20. — Coupe du versant est des montagnes d'Inimont et de Lachat, indiquant la disposition du terrain et des blocs erratiques.

accumulé au pied et tout le long de la chaîne du Molard-de-Don et du Tantainet des masses énormes de terrain erratique dont il devrait rester encore de nombreux amas; et, au contraire, sur les flancs de cette chaîne et à sa base, les débris erratiques sont peu abondants. Cette observation est importante. Il semble préférable d'admettre qu'après avoir comblé la dépression dont Belley occupe un des points principaux, le grand glacier du Rhône a fini par s'épancher sur le plateau d'Inimont qu'il a recouvert d'une couche encore assez épaisse de glace sur laquelle il charriait ses moraines superficielles. Les blocs dont nous venons de parler ont simplement fait partie de sa moraine latérale droite, et sont venus s'échouer sur les flancs de cette dorsale, au lieu d'aller s'enfouir un peu plus loin dans la moraine profonde qui se formait sur le plateau d'Inimont, comme partout ailleurs, par l'écrasement des moraines frontales et leur mélange avec le produit de l'érosion glaciaire agissant sur les roches calcaires locales. A chaque pas, en parcourant les environs d'Inimont, nous avons rencontré des lambeaux de cette moraine profonde, de ce mélange de roches des Alpes avec les débris des assises du jurassique supérieur. En même temps nous apercevions des stries et des sillons rectilignes sur toutes les roches dures de la station.

En acceptant ce système, tout s'explique d'une manière rationnelle et conformément à la réalité des faits qu'on peut étudier de nos jours. C'est précisément cet état de choses que nous avons voulu représenter, notre ami M. Chantre et nous, sur notre carte des anciens glaciers de la partie moyenne du bassin du Rhône [1], puisque pour faire ce tracé nous avons choisi le moment du plus grand développement glaciaire. Inutile de dire que cette disposition de l'ancien glacier du Rhône n'a été que passagère, et que pour figurer la marche des moraines superficielles, lorsque la glace n'atteignait pas encore ou n'atteignait plus le plateau d'Inimont pour pouvoir s'y épancher, nous aurions dû profondément modifier la direction de nos lignes colorées en rouge. Souvent, pour ne pas avoir compris cette disposition graphique, on nous a fait des reproches d'inexactitude. Mais en vérité il nous était impossible de représenter par des lignes tous les changements d'allures des anciens glaciers, et nous avons préféré les figurer pendant leur plus grand développement.

Mais puisque l'occasion s'en présente, nous irons plus loin, et nous ferons observer que, pendant sa plus grande extension, la glace du glacier du Rhône en vertu de la mobilité de ses grains et de la force expansive de leur masse par suite de la regélation et de toutes autres causes, devait suivre deux directions différentes : la masse principale, la masse inférieure, devait se diriger au sud, vers la vallée du Rhône, à travers les larges ouvertures de La Balme, de Cordon, de Glandieu, tandis que de simples épanchements latéraux se déversaient par-dessus les cols de la chaîne du Tantainet et le plateau d'Inimont. Ainsi du flanc gauche du glacier d'Aletsch se détachent latéralement des masses de glace qui forment des espèces de banquises sur le petit lac de Mœrgelen, en se dirigeant à l'est, tandis que la direction générale du glacier est du nord-nord-est au sud-sud-ouest.

Persistance des moraines superficielles. — La présence de ce

1. *Monographie des anciens glaciers*, etc. Feuille de Belley.

lambeau de moraine superficielle latérale droite des glaciers du Rhône sur les flancs de la montagne de Lachat nous a donc amené à tirer une conclusion, importante même. Lorsque les glaciers du versant occidental des Alpes atteignaient leur plus grand développement, des cimes rocheuses de couleur sombre, bien plus élevées que celles que nous voyons aujourd'hui, dominaient les surfaces neigeuses des anciens glaciers du Rhône et de la Savoie.

En cela nous sommes d'accord avec M. de Lapparent, qui suppose [1] que, dans les Alpes, quelle qu'ait été l'étendue des champs de glaces, il n'y a pas eu de calotte continue, mais seulement de grands glaciers distincts les uns des autres et localisés.

Soumises à de nombreux éboulements, à de fréquentes démolitions, les crêtes qui dépassaient les niveaux des névés couvraient la glace de débris de toutes grosseurs qui allaient s'aligner en longues traînées analogues à celles que transportent encore les grands glaciers de la Suisse. La surface du grand glacier du Rhône et des autres glaciers du même versant n'a donc pas cessé d'être sillonnée par de nombreuses moraines superficielles. Il devait par conséquent y avoir une différence essentielle entre nos anciens glaciers quaternaires et les glaciers modernes des régions polaires, puisque, d'après les récits des voyageurs, les glaciers du Nord s'étendent à perte de vue à l'horizon et forment des nappes immenses de glace dont aucune saillie rocheuse ne vient interrompre la blancheur; mais quelques contrées offrent pourtant des exceptions.

On ne peut donc pas comparer d'une manière absolue ces deux groupes de glaciers l'un avec l'autre, comme on a essayé de le faire à propos du mode de formation de leurs moraines profondes, soit en Angleterre, soit en Allemagne.

Progression des moraines superficielles jusqu'à Lyon. — Mais poursuivons encore le même ordre d'idées. Personne ne contestera que les blocs erratiques, alpins ou autres, qui sont éparpillés près de Lyon ou à Lyon même, sur le plateau des Dombes et de la Croix-Rousse, sur les collines de Loyasse, de Fourvières, de Sainte-Foy, n'y aient été apportés par les glaciers du Rhône ou de la Savoie, lorsqu'ils avaient acquis leur plus grande extension, puisque, à l'ouest et au delà des moraines frontales qui les renferment, on ne trouve plus de traces du terrain erratique. Eh bien, faut-il croire que ces blocs dont quelques-uns ont dû faire plus de 300 kilomètres aient pu parcourir cet immense trajet sous un poids énorme sans être complètement arrondis ou même sans être écrasés, si c'étaient les anciens glaciers qui les avaient entraînés dans leurs moraines profondes? Même en admettant la possibilité de ce transport dans ces conditions, il faudrait encore

1. *Traité de géologie*, p. 1098.

expliquer comment ces blocs auraient pu remonter les balmes qui dominent à Lyon le cours du Rhône et de la Saône.

On pourrait peut-être essayer de dire que ces larges échancrures n'ont été creusées qu'après l'arrivée de ces blocs. Mais, dans cette hypothèse, où ferait-on couler le Rhône et la Saône, pendant que les glaciers s'avançaient depuis les Alpes jusqu'à Lyon, et n'oublions pas de dire que les flancs de ces vallées, à Lyon même, étant couverts de placards de terrain erratique, ces dépressions ont été naturellement creusées avant le dépôt de ce terrain.

Nous ne pouvons répéter ici ce que nous avons déjà dit à propos des blocs du plateau d'Inimont; nous nous contenterons d'avouer que la présence des blocs erratiques alpins sur les collines lyon-

Fig. 21. — Bloc de la Mule-du-Diable, 624 mètres cubes, à Artas (Isère).

naises nous prouve une fois de plus que les plus hautes cimes des Alpes quaternaires n'ont jamais cessé d'alimenter de leurs débris le glacier du Rhône qui les charriait jusqu'à ses moraines les plus extrêmes.

Le bloc de schiste chloriteux appelé bloc de la Mule-du-Diable, qui cube 624 mètres et qui gît à Artas, au hameau du Révolet et tant [1] d'autres gros blocs souvent d'une nature peu résistante qui sont épars dans la plaine du Bas-Dauphiné, loin des Alpes et des chaînes secondaires, faut-il croire qu'ils ont été transportés jusque-là sous la glace dans la moraine profonde? Nous ne le pensons pas, et nous ne saurions pas davantage admettre cette hypothèse à propos de cette traînée de gros blocs qui sont échelonnés depuis le bloc du Leva-Naz de Culoz jusqu'à la grosse Pierre-Bise de Montarfier, près de Belley, à Saint-Martin-de-Bavel, aux Ecruaz, vers le gare de Belley [2], etc. Ces

1. Falsan et Chantre, *Monographie*, etc., t. I, p. 251.
2. Falsan et Chantre, *Monographie*, etc., t. I, p. 137.

blocs de phyllade noire, très tendres et très friables, dont quelques-uns cubaient plusieurs centaines de mètres, ont conservé les contours les plus anguleux, mais ils auraient certainement été écrasés en poussière, s'ils n'avaient pas fait partie des éléments des moraines superficielles, lorsque le glacier du Rhône

Fig. 22. — Le Leva-Naz, près de Culoz, bloc de phyllade noire.

les a abandonnés au moment de sa fonte. D'ailleurs, comment pourrait-on expliquer la position du bloc des Fées de Volien (Cuzieu), près de Belley, gros fragment parallélipipédique de grès

Fig. 23. — La grosse Pierre-Bise de Montarfier, 245 mètres cubes, près de Belley (Ain).

anthracifère, qui repose sur une de ses petites arêtes dans un état d'équilibre presque instable, sur une pente fort déclive, presque au sommet d'une montagne, si on ne recourait pas à l'intervention d'une moraine superficielle qui l'aurait déposé au moment où le glacier abaissait sa surface [1] ?

Quoique nous puissions trouver une infinité d'autres faits à l'appui de notre théorie, ceux que nous venons de citer doivent

1. Falsan et Chantre, *Monographie*, etc., t. I, p. 128; *ante*, p. 77.

suffire pour montrer sur quelle base nous établissons notre raisonnement. Sans rien préjuger pour d'autres contrées que nous n'avons pas étudiées et où les phénomènes glaciaires ont dû se passer avec quelques différences, nous dirons simplement, d'après ce que nous avons observé, que, pour les glaciers du Rhône et du versant ouest des Alpes, il faut restreindre le rôle et l'importance des moraines profondes et continuer à attribuer aux moraines superficielles, qui n'ont jamais cessé de fonctionner, une part considérable dans la formation des moraines frontales et par suite dans celle des moraines profondes elles-mêmes.

Fig. 24. — Bloc de phyllade noire aux Ecruaz, près de Belley (Ain).

En cherchant à poser des limites entre l'œuvre de ces deux agents, nous sommes bien loin de vouloir nier la grandeur de l'érosion glaciaire, c'est-à-dire l'importance de l'action des glaciers sur leur lit, ainsi que leur influence sur l'alimentation des moraines profondes; nous voulons seulement essayer d'indiquer dans quelle mesure ces divers phénomènes se sont produits relativement au grand glacier qui nous sert de type. Mais la nature est tellement variée dans ses moyens qu'on ne peut songer à vouloir partout et toujours tout expliquer de la même manière. Peu de problèmes sont assez semblables pour qu'on puisse les résoudre par les mêmes procédés.

Il vaut donc mieux laisser à chaque explication assez de flexibilité pour lui permettre de s'attacher à chaque détail et d'embrasser ainsi dans chaque région plus étroitement la vérité.

CHAPITRE VI

ÉROSIONS GLACIAIRE ET AQUEUSE ; ACCIDENTS OROGRAPHIQUES ; STRIES, ROCHES MOUTONNÉES, LAPIAZ, FJORDS ET CALANQUES

Action des anciens glaciers sur le sous-sol ; surfaces polies, sillons, cannelures, stries. — Conservation des stries et du poli à la surface des roches. — Cannelures et dimensions des stries. — Indication par les stries du sens de la progression des anciens glaciers. — Stries sur des roches accidentées ; roches moutonnées. — Stries sur les flancs des vallées. — Niveau supérieur des stries et des surfaces polies. — Effets du passage des anciens glaciers sur les montagnes. — Entre-croisement des stries. — Relais. — Importance de l'étude des stries. — Caractères différentiels des stries. — Action des eaux sur les roches. — Marmites de Géants. — Karrenfelder, Lapiaz. — Anciens fjords du sud-est de la France. — Gorges d'Ollioulles et calanques de la Provence.

Action des anciens glaciers sur le sous-sol ; surfaces polies, sillons, cannelures, stries. — Un des résultats les plus apparents et les plus caractéristiques de l'érosion glaciaire est le facies qu'elle a imprimé aux roches dures en les émoussant, en les aplanissant, en les couvrant de stries et de cannelures.

Lorsque les anciens glaciers se sont avancés sur des roches dures couvertes de parties tendres ou meubles, ces dernières ont été d'abord enlevées, et les roches dures, après avoir été complètement décapées, ont été à leur tour attaquées, polies, usées, couvertes de longues stries, de cannelures rectilignes, de sillons parallèles les uns aux autres et toujours dirigés dans le sens moyen de la vallée dont elles occupent le fond. Les accidents du sol n'ont exercé aucune influence sur leur direction au point de vue général. Peu importe l'inclinaison des surfaces, les lignes se prolongent toujours d'une manière régulière, tendant vers le même point, sans jamais s'écarter du but pour contourner un obstacle. Dans certains districts, on reconnaît ces sillons sur des espaces de plusieurs centaines de mètres de longueur, et bien souvent ils disparaissent sous la terre végétale pour reparaître plus loin.

Conservation des stries et du poli à la surface des roches. — La conservation de ces stries, de ces cannelures à la surface de la roche dépend de leur profondeur, car, lorsqu'elles sont peu accentuées, elles s'effacent promptement sous l'action des agents atmosphériques, à moins qu'elles n'aient été préservées de leur influence par une couche de terrain erratique presque toujours assez argiléux pour être imperméable.

Pour voir ces surfaces polies et striées anciennes dans toute leur beauté, il faut donc les observer, lorsqu'elles viennent d'être dégagées de l'argile erratique qui les recouvrait. Dans ces conditions, leur poli est admirable, et près des glaciers des Alpes en activité on ne peut rien voir de plus beau, de plus net.

Cannelures et dimensions des stries. — Les sillons n'ont pas tous la même profondeur; on en voit qui mesurent 20 à 30 centimètres de profondeur sur 40 à 50 centimètres de largeur. Ce sont alors de profondes sulcatures à la coupe si arrondie, si régulière qu'Agassiz les appelait de *grands coups de gouge*. Toutes ces dépressions longitudinales sont couvertes de longues stries, de cannelures rectilignes parallèles, tout aussi bien que les parties plates du rocher. On comprend, en face de ces grandioses accidents, la puissance mécanique dont était animé l'outil qui a buriné et raboté ces roches et qui a gardé, malgré les inflexions du sol, l'inflexible direction de sa marche!

Indication par les stries du sens de la progression des anciens glaciers. — Les stries sont toujours rectilignes, mais leur largeur et leur profondeur ne sont pas toujours les mêmes. Leur diamètre souvent s'agrandit progressivement, et elles-mêmes vont en s'approfondissant. En effet, le fragment de roche dure qui a servi de burin a commencé par tracer un léger trait; puis en obéissant à la pression il l'a toujours creusé davantage jusqu'à ce que la résistance qu'il a rencontrée soit devenue plus forte que les efforts exercés sur lui. Alors s'il n'a pas été broyé ou fortement émoussé, il est revenu à la surface de la roche par un brusque mouvement pour recommencer un peu plus loin et toujours dans le même sens une série d'actions analogues [1]. Edouard Collomb a donné le nom de *saccadées* [2] à ces stries dont la profondeur semble avoir été creusée par une action intermittente.

Ces accidents de rayures sont tellement réguliers et constants que leur observation suffit pour permettre de déterminer le sens de la progression des anciens glaciers qui ont transporté le terrain erratique. En effet, cette progression n'a pu se faire que dans le sens de l'approfondissement des sillons ou des cannelures.

Lorsque, en se retirant, les glaciers actuels laissent à découvert les roches dures sur lesquelles ils ont progressé, on retrouve là tout un système de stries, de cannelures analogues à celles que

1. Falsan, *Instructions pour l'étude du terrain erratique*. — *Mémoires de l'Académie de Lyon* (1869). — *Monographie des anciens glaciers*, t. II, p. 115, 1880.

2. Sur le terrain erratique des Vosges. *Bull. Soc. géol.*, 2e série, t. III, 1846, p. 191.

nous venons de décrire. L'identité des effets prouve l'identité de la cause, et depuis longtemps il est admis que ce sont les mêmes moyens qui ont opéré le burinage et le rabotage des roches dures immédiatement en dessous du terrain erratique et du terrain glaciaire moderne.

Dans le bassin moyen du Rhône il y a de magnifiques exemples de plateaux calcaires polis, rayés, sillonnés et recouverts de terrain erratique. Au nord de Belley, à Ardosset et à la Grange-des-

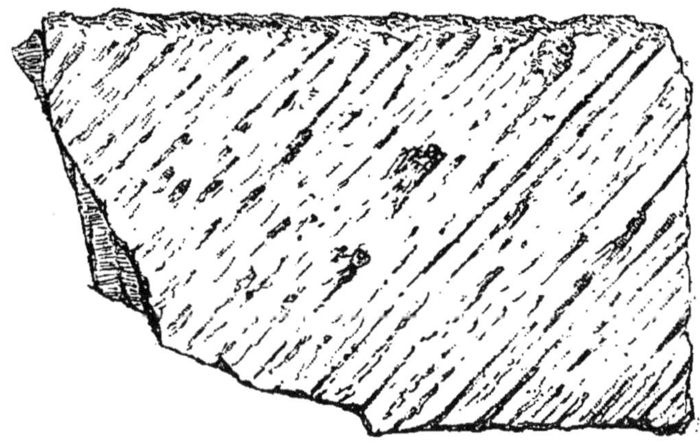

Fig. 25. — Dalle de calcaire bathonien, couverte de stries saccadées. (Muséum de Lyon.)

Roches, commune de Ceysérieu, de vastes surfaces calcaires sont ainsi rabotées et burinées. Celles qui s'étalent sur le plateau du Bas-Dauphiné, à l'est de la grotte de La Balme, à Amblagnieu, Parmilieu, Vercieu sont encore plus belles et occupent un espace de plusieurs kilomètres carrés. On en voit également à Fontanil, non loin de Grenoble et aussi près de Chambéry, etc., etc.

Ces stries, ces sillons si bien tracés ne sont-ils pas les véritables ornières de ce char mystérieux que l'illustre de Saussure [1] avait cherchées vainement pour s'expliquer le mode de transport du terrain erratique, lorsqu'il conservait des doutes sur la valeur des théories diluviennes?

Stries sur des roches accidentées; roches moutonnées. — Au lieu d'offrir des surfaces planes, presque horizontales, si les roches dures sur lesquelles le terrain erratique est déposé, sont fortement accidentées et présentent des saillies, des protubérances, des gradins, les phénomènes apparaissent un peu différents, les sillons restent rectilignes, parallèles, mais la pression de l'ancien glacier s'est exercée spécialement sur les surfaces opposées à sa marche, à son choc (*Stoss-seite*, côté frappé) [2] et sur les saillies, de telle

1. *Voyage dans les Alpes*, § 219.
2. D'après Bœtlingk, *in* d'Archiac, *Hist. de la géol.*, t. II, p. 25.

sorte que, du côté de l'amont, toutes les protubérances rocheuses ont été arrondies, tous les angles ont été émoussés, tandis que, du côté de l'aval, du côté abrité (*Lee-seite*, côté sous le vent), toutes les aspérités de la roche ont été conservées, les cassures sont restées vives et franches, sans trace d'usure, mais seulement recouvertes de placards erratiques.

Les eaux, même en pénétrant avec violence dans une vallée, ne sauraient produire de semblables effets qu'on ne peut attribuer qu'à l'action d'un glacier, si on en a vu fonctionner.

Dans la vallée de Salvan, en Valais, non loin de Martigny, les grès et les poudingues anthracifères, malgré leur dureté, ont été ainsi façonnés, à l'époque glaciaire. En Bugey, les calcaires accidentés des environs de Belley ont eu souvent leurs surfaces ainsi modifiées. On en voit des exemples vers le Lit-au-Roi, route de Culoz, et dans une quantité d'autres stations.

Ces roches arrondies d'un seul côté et qui donnent un caractère bien particulier à une vallée anciennement le théâtre de phénomènes erratiques, ressemblent vaguement de loin aux croupes d'un troupeau de moutons; c'est ce qui a engagé de Saussure à leur donner le nom de *roches moutonnées*, expression que l'usage a consacrée.

Hugi, prenant un autre terme de comparaison, les appela *Bauchgestalten* (*ventre*, *panse*) [1]; les Anglais les regardent comme des espèces de *chignons* (*crag*); en Scandinavie, on les compare tantôt à des *sacs de laine* [2], tantôt à des *morceaux de lard entamés* (*Skoaret flesk*) [3], parce qu'en effet elles n'ont l'air d'être entamées que sur leur face préservée.

Le côté frappé, souvent, malgré la forte déclivité de ses pentes, est couvert de stries qui ne sont que la prolongation des stries d'amont. Elles ont gardé les mêmes caractères; leur direction n'a pas même été déviée. L'obstacle une fois franchi, il y a eu chute de la glace et du terrain erratique, mais, comme la pression dans le sens horizontal, résultant de la marche du glacier, ne se faisait pas sentir sur la paroi d'aval du rocher, celle-ci, c'est-à-dire le côté sous le vent (*Lee-seite*), a gardé ses aspérités, ses profils anguleux, ainsi qu'on le voit sur la figure ci-jointe.

Après une interruption momentanée, les stries ont recommencé à être burinées, toujours dans le même sens, sur les surfaces rocheuses qui s'étendaient au delà de la saillie moutonnée.

Stries sur les flancs des vallées. — De chaque côté des vallées, les parois rocheuses encaissantes sont également arrondies, polies

1. *In* Napoléon Leras, *Essai sur le phénomène erratique*, thèse, p. 8. Strasbourg, 1844.
2. Sefstroem, *Comptes rendus de l'Académie de Saint-Pétersbourg*, vol. V, p. 341, 1837. — *In* d'Archiac, *Histoire des progrès de la géologie*, t. II, p. 23.
3. St. Meunier, *les Causes actuelles en géologie*, p. 141.

et couvertes de stries allongées, quand leur nature l'a permis. « En un point donné, ces stries sont toujours parallèles entre elles et dirigées suivant le sens que le mouvement de la glace affectait en ce point. En général elles sont descendantes ; mais il peut aussi arriver qu'elles soient horizontales et même qu'elles aillent en montant, car lorsque la glace était obligée de gravir un obstacle, les matériaux qu'elle enchâssait et à l'aide desquels elle striait son lit, participaient à ce mouvement d'ascension [1]. »

Stoss-seite. Fig. 26. Lee-seite.
Rocher moutonné et poli à l'amont, près des huttes de l'Aar-Boden, d'après Hogard.

Niveau supérieur des stries et des surfaces polies. — Sur les rives des glaciers des stries gravées sur les rochers indiquent la plus grande hauteur atteinte par la glace. Au-dessus de la Mer de glace, ces polis apparaissent à près de 3000 mètres [2] ; en Norvège, ils atteignent encore de 1200 à 1800 mètres [3] et, plus au nord, on les rencontre presque au bord de la mer. M. A. Favre [4] cite des polis au Schneestock dans le Haut-Valais, au-dessus du glacier du Rhône à 3550 mètres; c'est au moment de sa plus grande extension, pendant la période glaciaire, que le glacier du Rhône s'est élevé à une pareille hauteur. En observant ces polis sur plusieurs points, le long du Valais, à l'Eggishorn, à l'Arpille, à Morcles, etc., etc., et jusqu'au Jura, les géologues suisses sont arrivés à calculer l'épaisseur des glaces quaternaires et à tracer leur pente et leur niveau supérieur [5], et nous avons continué ce profil jusqu'à Lyon.

Effets du passage des anciens glaciers sur les montagnes. — Laissons de côté les effets produits par l'avancement des anciens

1. De Lapparent, *Traité de géologie*, p. 275.
2. De Lapparent, *Traité de géologie*, p. 274.
3. St. Meunier, *les Causes actuelles*, etc., p. 142.
4. Notice sur la conservation des blocs erratiques, *Arch. de la Bibl. univer.*, novembre 1876, t. LVII.
5. *Ante*, p. 66; voir le PL. II, à la fin du volume.

glaciers sur des roches accidentées occupant des surfaces peu étendues, et cherchons à voir comment les choses se sont passées sur un plus vaste théâtre.

Dans la vallée de l'Isère, les glaciers quaternaires se sont élevés à 1200 mètres contre les flancs du massif de la Grande-Chartreuse, et le terrain erratique a pu y pénétrer par le col du Frêne, 1135 mètres. Les sommités les plus élevées, Chamechaude, 2087 mètres, la Dent-de-Crolles, 2066 mètres, le Granier, 1938 mètres, le Grand-Som, 2033 mètres, le Casque-de-Néron, 1305 mètres, sont restées au-dessus du niveau supérieur des glaces et n'ont pu en subir l'action démolissante. Elles ont donc conservé leurs profils accentués et pittoresques; mais, en-dessous de 1200 mètres, tout a été arrondi, écrasé, moutonné.

Il en a été de même dans le cirque de Belley; la Dent-du-Chat

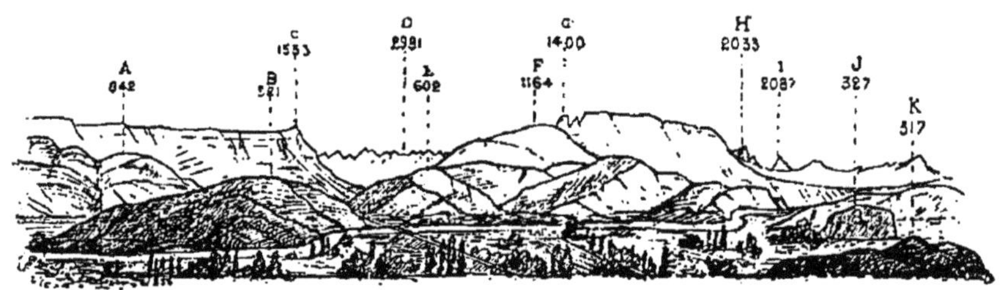

Fig. 27. — Panorama des montagnes du Bugey, de la Savoie et du Dauphiné, vu de Culoz (Ain), indiquant les profils arrondis par les anciens glaciers et les cimes ardues restées au-dessus du niveau supérieur des glaces. A, la Chambotte, suite du Gros-Foug; B, Molard-de-Vions; C, Dent-de-Nivolet; D, chaine de Belledone; E, montagnes de Chanaz; F, la Charve; G, Dent-du-Chat; H, Grand-Som; I, Chamechaude; J, Molard-de-Lavours; K, Molard-du-Jan, à Culoz.

(1400^{m}), la Dent-de-Nivolet (1553^{m}), la Pierre-Chandère (1230^{m}), à l'ouest du Colombier, etc., ont gardé leurs silhouettes hardies, tandis que la chaine du Gros-Foug (1050^{m}), la montagne de la Charve (1164^{m}), la montagne de Parves (688^{m}) et d'autres plus basses ont eu leurs contours assez modifiés pour ressembler à des *masses de laine* du côté exposé aux puissants efforts du glacier. Dans tout ce pays, cette différence de formes apparaît à première vue; c'est elle qui donne son accent, son caractère à tout le paysage; et sur la figure ci-contre nous avons cherché à reproduire et à faire comprendre cette disposition orographique.

Entre-croisement des stries. — Dans les régions accidentées et montagneuses, au moment de leur période d'accroissement ou de retrait, il devait y avoir une sorte de balancement entre les divers glaciers qui remplissaient chaque vallée. Tantôt l'un, tantôt l'autre devait l'emporter sur son voisin, envahir son périmètre, refouler sa marche, changer sa direction et laisser sur les calcaires des entre-croisements de sillons et de stries pour preuves de leurs luttes. Ainsi M. A. Favre [1] a cité des empiètements du glacier du Rhône sur celui de l'Aar ou celui de la Reuss, des entre-croisements représentés aujourd'hui par la direction de leurs stries.

Mais pendant son déclin, un glacier ne pouvant plus franchir certains obstacles, les a contournés en changeant sa direction et en traçant les modifications de ses allures sur les rochers qu'il recouvrait de terrain erratique. Des faits analogues se sont passés pour le glacier du Rhône, dans le cirque de Belley. Ce glacier a laissé près de Cordon et ailleurs des entre-croisements de stries, de sillons, pour témoigner de ses changements de direction.

Relais. — Au moment du paroxysme glaciaire, il s'est produit un autre phénomène très curieux auquel M. E. Benoît [2] a donné le nom de *relais*. Voici comment la chose se passait : un exemple nous l'apprendra. Une branche du glacier du Rhône s'était insinuée dans la cluse de Rossillon-Saint-Rambert et s'avançait de l'est à l'ouest. Lorsqu'elle fut assez tuméfiée, elle put lancer latéralement un rameau et une partie de ses moraines par-dessus le col d'Évoges. Ce rameau aborda alors, par derrière, le sommet du glacier de la vallée de l'Oignin ou de la Combe-du-Val et lui confia ses matériaux alpins, c'est-à-dire ses moraines superficielles. Il y eut donc là un *relais*, pour ainsi dire, car le petit glacier local jurassien *relaya*, entraîna ces fragments erratiques jusqu'à Thoirette pour se joindre au glacier de l'Ain et revenir au sud vers Bolozon. C'est en suivant ce trajet sinueux qu'un fragment d'euphotide de la vallée de Saas est parvenu jusqu'au viaduc de Cize, où nous l'avons précisément recueilli avec M. Prénat. Depuis les contreforts du Cervin sur la rive gauche du Valais, il avait fait un parcours fort sinueux de 300 kilomètres environ, en compagnie de toute une collection de roches des Alpes avec lesquelles il avait franchi le lac de Genève.

Importance de l'étude des stries. — L'étude attentive des stries a la plus haute importance ; non seulement elle peut indiquer la puissance de l'érosion glaciaire dans un lieu, mais encore il suffit de voir comment elles ont été creusées [3], d'observer leurs entre-croisements, leurs divers systèmes de direction et de réunir par la pensée tous ces fragments de traits gravés sur les rochers, pour embrasser d'un seul coup d'œil la marche des anciens glaciers et du terrain erratique.

Telle est la base sur laquelle nous nous sommes appuyés, M. Chantre et moi, pour figurer sur notre carte [4], au moyen de

1. Carte du phénomène erratique, p. 18, *Arch. des sci. phys. et nat.*, t. XII, p. 410, novembre 1884.
2. *Bull. de la Soc. géol.*, 2e série, t. XX, p. 351.
3. *Ante*, p. 107.
4. *Monographie des anciens glaciers*, les six feuilles de la carte.

lignes de différentes couleurs, le glacier du Rhône et les glaciers delphino-savoisiens étalant leurs moraines terminales jusque vers Bourg, Lyon et Thodure en Bas-Dauphiné, ainsi que les glaciers importants du Bugey et du Dauphiné et des montagnes du Lyonnais et du Beaujolais. Puisqu'on a souvent comparé les glaciers à des fleuves, à des courants d'eau, pourquoi n'aurait-on pas employé les mêmes moyens graphiques pour représenter sur le papier, les allures et la marche des uns comme des autres? C'est précisément l'étude des cartes des grands courants marins, tracées par le commandant Maury des États-Unis ou d'après son procédé, qui nous a engagés à appliquer la même méthode pour dresser la carte du développement des glaciers quaternaires dans le bassin moyen du Rhône.

Caractères différentiels des stries. — Pour que les stries aient toute la valeur que nous leur accordons, il faut qu'elles aient été creusées sur de vastes parois de rochers ou sur tout un ensemble de blocs erratiques, car, s'il en était autrement, elles pourraient avoir été produites par d'autres causes. Ainsi, il ne faut pas prendre pour des stries glaciaires, celles qui apparaissent sur les surfaces polies appelées par les mineurs *miroirs* ou *cuirasses* (*Spiegel*) et qui résultent du frottement réciproque de deux parois de roches pendant la formation des fentes, des failles ou le glissement des épontes des filons.

Les stries des miroirs, au lieu d'avoir été creusées comme les stries glaciaires, ont été produites par écrasement, et cette différence suffit pour les faire distinguer facilement les unes des autres.

Les glissements de terrains le long des pentes d'une montagne, le passage du soc des charrues sur des blocs isolés ou des pointements de rochers et bien d'autres causes naturelles ou accidentelles peuvent produire des stries, mais il est toujours possible d'en déterminer la véritable origine, surtout si, au lieu d'étudier un simple détail, on se rend compte des conditions générales dans lesquelles le fait s'est passé. Il semble donc téméraire de conclure à l'existence de périodes glaciaires, aux anciennes époques géologiques, parce que l'on a observé quelques stries confuses sur des surfaces restreintes ou des blocs isolés! Une conclusion aussi importante a besoin d'une base plus sérieuse, plus large!

Action des eaux sur les roches. — Tout d'abord, on a été tenté d'attribuer à l'action de l'eau, le creusement des stries et des sillons que recouvre le terrain erratique; mais une observation plus attentive a promptement dissipé cette erreur. En coulant sur des roches dures, même en entraînant avec elle des graviers et des cailloux, jamais l'eau ne creuse des stries et des cannelures rectilignes et parallèles; il lui manque la rigidité de la glace pour diriger les burins en ligne droite. Si elle entame la roche, elle le fait d'une manière irrégulière et tortueuse, suivant la dureté du grain de la pierre, et selon le degré de son homogénéité.

Les bancs calcaires de la Perte-du-Rhône, près de Bellegarde, qui sont à découvert pendant les basses eaux et qui sont le reste du temps exposés aux efforts d'un fleuve rapide et fortement encaissé, nous ont fourni un excellent terme de comparaison et nous n'avons rien vu dans le lit du fleuve qui pût nous rappeler le lit d'un glacier [1].

Marmites de Géants. — En outre des sillons tortueux dont nous venons de parler, souvent les bancs de rochers que nous avons pu explorer nous ont laissé voir de nombreux *Pot-Holes* ou *Marmites-de-Géants.* Ces cavités ont été ordinairement creusées verticalement par la giration de galets siliceux et n'offrent rien de spécial, mais près de Bellegarde, au milieu des parois de rochers qui s'élèvent verticalement en face du fort de l'Ecluse, on voit plusieurs pot-holes creusés horizontalement et qui n'ont pu l'être ainsi que par l'action d'un courant d'eau circulant entre ces surfaces rocheuses et la masse de glace qui, pendant la période glaciaire, remplissait tout le défilé du Rhône. Des pot-holes analogues creusés horizontalement apparaissent au milieu d'un grand nombre de parois verticales de calcaires du Bugey [2]. Ils rappellent les Marmites de Géants de Saint-Mihiel que M. Hogard a signalées en décrivant le terrain erratique de la vallée de la Meuse [3].

Karrenfelder, Lapiaz ou Lapiez. — Non seulement l'eau ne creuse pas des stries rectilignes sur des roches calcaires dures, mais encore elle les efface promptement, dès que les roches striées ne sont plus préservées par une couche de terrain erratique. Alors les eaux sauvages chargées d'acide carbonique corrodent les parties les plus tendres des calcaires et y creusent ainsi de profondes excavations allongées, tortueuses, irrégulières; dans la Suisse allemande, on les nomme *Karren*, et dans la Suisse romande ou en Savoie, *Lapiaz* ou *Lapiez* [4]. Les hautes cimes, les hauts plateaux calcaires des environs de la Grande-Chartreuse, du Dauphiné, de la Provence, sont sillonnés de ces dépressions qui rendent la marche pénible et dangereuse.

D'après M. Heim [5], les environs de la Karrenalp, près de Glaris,

1. Falsan et Chantre, *Monographie,* etc., t. II, p. 117.

2. Falsan, Note sur une carte du terrain erratique, etc. *Archives des sciences de la bibliothèque universelle,* juin 1870. — Falsan et Chantre, *Monographie des anciens glaciers,* t. II, p. 116, 1880.

3. *Recherches sur les formations erratiques,* p. 91.

4. Elisée Reclus, t. I, fig. 45 *a,* 45 *b,* 46, p. 198. (*La Terre.*)

5. Ueber die Karrenfelder, *Jahr. Schw. Alpenclub,* 1878, XIII, 421, *in* Ern. Favre, *Revue géologique suisse,* IX, p. 420, 1878. — Ueber die Verwitterung im Gebirge, *Oeffentl Vorträge,* IV, 1878. — *In* Ern. Favre, *id.,* X, 1879.

présentent les plus beaux exemples de lapiaz de la chaîne des Alpes, et ces désagrégation et dissolution du calcaire, qui donnent naissance aux lapiaz, ne sont en grande partie que des phénomènes chimiques.

Mais les terrains cristallins, surtout les granites, n'échappent pas à ces actions désagrégeantes et forment sur place des chaos de blocs ou *mers* de rochers, comme on en voit si souvent dans les Alpes, sur le Plateau central, ou dans le Vivarais.

Encore une fois l'action de l'eau se montre différente de celle de la glace, et si ces lapiaz étaient recouverts par des glaciers, les calcaires ou autres roches seraient usés, polis et ne présenteraient plus que des surfaces planes, chargées de longues stries parallèles.

Anciens fjords du sud-est de la France. — Après avoir mentionné ces karren, ces lapiaz, c'est-à-dire ces sillons tortueux que les eaux sauvages ou les eaux sous-glaciaires creusent si irrégulièrement dans les calcaires, nous dirons quelques mots de certaines calanques de la Provence qui présentent de légers rapports avec les fjords de la Norvège; mais auparavant quelques observations sont nécessaires, et nous aurons à y revenir et à les développer plus loin à propos du creusement des lacs.

Tout le monde sait que les fjords sont d'étranges et profondes échancrures, creusées dans les montagnes du littoral des contrées du Nord, échancrures qui laissent pénétrer les eaux de la mer dans l'intérieur du continent à de grandes distances, parfois même à plusieurs dizaines de kilomètres. Le fond de ces dépressions descend souvent bien au-dessous du niveau de la mer, et même il offre parfois des cuvettes ou bassins dont les grandes profondeurs sont plus fortes que celles de la mer voisine. Ces canaux sont généralement encaissés entre deux parois élevées, qui, dans certains points, les dominent de plusieurs centaines de mètres, malgré le peu d'espace qui les sépare l'une de l'autre.

On a beaucoup discuté sur l'origine de ces fjords : pendant le règne des théories diluviennes, on attribua leur formation à de violents courants d'eau; puis, sous l'influence d'idées nouvelles, beaucoup de géologues avec MM. Ramsay, Geikie, Penck, à l'imitation de Dana [1], le savant professeur américain, pour trouver la solution de ce problème, eurent recours à l'action des anciens glaciers dont on avait retrouvé des traces dans toute la région et dans les pays voisins.

Que les glaciers aient creusé à eux seuls les fjords ou bien qu'ils n'aient fait que modifier des vallées et des gorges déjà existantes, on n'est pas encore fixé sur ce point; néanmoins les fjords peuvent toujours être cités comme de magnifiques exemples d'érosion glaciaire, car il est facile de voir que les rochers qui les entourent

1. *United-States exploring Expedition*, 1836-1842, vol. X, Geology, 1849.

ont été rongés, modifiés par les anciens glaciers à un degré plus ou moins intense. Mais quelques géologues et, avec eux, MM. Élisée Reclus [1], de Hochstetter, G.-H. Credner, de Lapparent, sans nier les effets de l'érosion glaciaire, pensent que le rôle des glaciers a été principalement de préserver les rochers qui encaissent les fjords, contre les dégradations des vagues de la mer et les atteintes des agents atmosphériques. L'action de ces agents et des vagues finit tôt ou tard par régulariser et par rendre plus uniformes les contours de chaque rivage et en fait disparaitre un grand nombre de découpures sous les éboulis et les alluvions.

Ainsi, près des régions polaires, aussi bien dans le nord de l'Europe et de l'Amérique, qu'au sud de la Patagonie, pendant les temps quaternaires, un manteau de glace a pu conserver aux côtes rocheuses leurs silhouettes hardies et pittoresques, tout en protégeant la profondeur des fjords contre l'envahissement de tout le matériel des cordons littoraux et des produits de l'érosion aqueuse. Mais dans les régions qui ont toujours gardé un climat plus doux, les eaux sauvages et courantes et les agents de l'atmosphère ont pu exercer sans relâche leur action destructive qui tend à déchiqueter tous les rochers et ensuite à tout niveler.

Si la Norvège se soulevait aujourd'hui suffisamment au-dessus du niveau marin, on verrait ce pays sillonné de belles et étroites vallées dont les rochers élevés abriteraient de leur ombre des lacs aux effets grandioses et pittoresques. Il y aurait donc identité complète, quant aux formes topographiques, entre les fjords norvégiens et certaines parties des lacs de la Suisse, telle que la branche de Fluelen dans le lac des Quatre-Cantons ou le fond des lacs de Côme et de Garde [2]. M. E. Reclus compare également à des fjords tous les lacs du nord de l'Italie [3].

Mais si nous jetions un coup d'œil général sur l'ensemble du bassin du Rhône, avec l'aide d'une bonne carte, nous verrions facilement que dans plusieurs régions il existe des dispositions orographiques analogues, atteignant des proportions bien plus considérables. Supposons que tout le bassin s'abaisse d'un nombre de mètres convenable : la mer pénétrera dans le bassin du Rhône et dans celui de la Saône et, dans ces conditions, la plupart des vallées secondaires se transformeront en des fjords. Citons pour exemples : les vallées de la Durance et du Verdon. Les étroits défilés ou *clus*, d'un aspect effrayant, par lesquels s'échappent, au travers de rochers de grès et de calcaires, les eaux qui descendent du versant occidental des Alpes Maritimes, ressembleront alors singulièrement à des fjords, comme dispositions générales, s'ils

1. *La Terre*, t. II, p. 165.
2. De Lapparent, *Traité de géologie*, p. 304.
3. Élisée Reclus, *la Terre*, t. II, p. 168.

servent de canaux à des bras de mer, et il ne leur manquera que d'avoir été soumis à l'érosion glaciaire.

Ces analogies deviendraient encore plus grandes, si la mer venait à pénétrer dans les clus en aval de Castellane et dans cette étroite entaille d'un demi-kilomètre de profondeur au fond de laquelle mugit le Verdon [1].

La vue des profondes et étroites crevasses dans lesquelles se précipitent et s'écoulent, au sud de Mende, le Tarn, le Tarnon et la Jonte, sur une longueur de 160 kilomètres, pourrait inspirer les mêmes réflexions. Le seul défilé du Tarn, creusé entre le causse de Sauveterre et celui de Méjean ou Méjan, n'a pas moins de 50 kilomètres d'étendue. Cependant les immenses parois souvent verticales qui supportent ces deux causses et qui s'élèvent à pic, parfois à une hauteur de 400 à 500 mètres, ne sont séparées l'une de l'autre que par une distance de 1200 à 2500 mètres [2].

Si ces accidents orographiques s'étaient produits au bord de la mer, n'aurions-nous pas en France des fjords aussi grandioses que ceux des régions du Nord sans que nous puissions en attribuer le creusement à l'action des glaciers?

Sans doute l'érosion aqueuse a contribué pour une large part à l'établissement de ces étranges défilés; mais, pour nous du moins, elle n'a fait qu'élargir et modifier des fissures et des crevasses produites anciennement par des mouvements du sol. Ce qui confirme notre manière de voir, c'est que, bien souvent dans les Alpes, de minces cours d'eau s'échappent des vallées supérieures à travers de profondes et étroites crevasses, qu'ils auraient été incapables de creuser dans les roches les plus dures, telles que les poudingues, les schistes cristallins, les granites de Valorsine, de Salvan, de Barberine. Et le Rhône lui-même, qui n'a pas pu niveler, entre les départements de l'Ain et de l'Isère, les rochers du *Saut* qui forment un *rapide* au milieu de son cours, ni entamer les bancs calcaires sous lesquels il s'engouffrait à la *Perte-du-Rhône* et qu'on a été obligé de faire sauter à coups de mine, comment aurait-il pu à lui seul avoir eu la puissance nécessaire pour creuser le vaste défilé de Pierre-Châtel et la fissure du Fort-l'Écluse (Ain)? C'est en profitant d'accidents orographiques antérieurs qu'il a pu franchir ces énormes chaînes calcaires. Mais plus loin nous aurons encore à revenir succinctement sur ces faits.

Nous trouverons un autre exemple aussi remarquable et plus grandiose même dans la vallée de l'Isère, à partir de Saint-Marcellin. En effet depuis Voreppe jusqu'à Grenoble, remplacez, par la pensée,

1. Élisée Reclus, *Nouvelle géographie universelle*, t. II, *la France*, p. 184.
2. Ad. Joanne, *Géographie de la Lozère*, p. 14. — A. Lequeutre, Cévennes et Vivarais, *An. C. A. F.*, 6e année.

la rivière par un bras de mer et vous aurez une portion de fjord encaissée entre de hautes parois de rochers de plusieurs centaines de mètres de hauteur. Au delà de Grenoble, cette ressemblance se retrouvera dans tout le Grésivaudan, où l'Isère coule d'un côté à la base des immenses parois verticales qui servent de contreforts au massif de la Chartreuse et de l'autre au pied des montagnes que couronnent les glaciers de la chaîne de Belledone et des Rousses. A Grenoble, ce fjord se ramifiera dans la vallée étroite de la Romanche, dans les gorges profondes et resserrées où bondit le Drac et dans les vallées de leurs tributaires.

A l'entrée nord du Grésivaudan, vers Montmeillan, l'Isère se détourne et pénètre dans les montagnes de la Tarentaise, comme son affluent l'Arc s'insinue dans celles de la Maurienne. Si ces dépressions étaient donc envahies par la mer, ce serait une grandiose ramification de canaux, de lacs, d'îles qui rappelleraient les sites de la Norvège.

En effet sur le prolongement septentrional du Grésivaudan, une vallée étroite, profondément enfermée entre de hautes montagnes, permet à la vallée de l'Isère de s'anastomoser avec celle du Rhône, comme les fjords de la Norvège le font si souvent entre eux; et une partie de cette étroite vallée est même occupée par un lac profond, le lac du Bourget, ce qui contribuerait à rendre la ressemblance plus frappante.

Près de là, n'oublions pas de le dire, le gracieux lac d'Annecy peut encore se rattacher par certains aspects aux fjords et aux lacs des contrées du Nord.

En remontant la vallée du Rhône, depuis Lagnieu jusqu'au fond du Valais, en suivant les défilés de Vertrieux, de Pierre-Châtel, de Bellegarde, du Fort-l'Écluse, puis en côtoyant le lac de Genève et en poursuivant jusqu'au delà de Bex, de Martigny et de Sion, ainsi qu'en visitant les vallées du Fier, de l'Arve, de la Dranse, etc., on pourrait également se croire dans la région des lacs et des fjords, si la contrée était envahie par la mer. Cette hypothèse n'est pas une simple affaire d'imagination : elle s'est en grande partie réalisée au moment du dépôt des mollasses miocènes dont on voit partout affleurer les couches, car la mer en pénétrant jusqu'en Suisse avait envahi toutes ces longues dépressions transformées en canaux, en golfes, en baies, en fjords en un mot. Et certes nos glaciers, analogues à ceux du Nord, glaciers tout aussi vastes et qui ont laissé partout des traces de leur passage, auraient pu encore ajouter à la ressemblance des deux pays. Seulement dans le bassin du Rhône la mer s'était retirée avant l'envahissement des glaciers et un nouvel abaissement du sol ne lui a pas permis d'y pénétrer encore une fois, tandis qu'en Norvège le sol s'est abaissé après l'arrivée des mers de glace, et cet affaissement persiste encore.

Tout aussi bien qu'en Norvège les glaciers ont progressé et ont charrié leurs moraines dans les vallées de l'Isère, du Drac, de la Romanche, du Rhône, du Fier, de l'Arve, de la Dranse, etc.; partout ils ont soumis les roches à de puissantes érosions; mais les traces de leur passage y sont plus effacées.

En résumé ne serait-on pas tenté de conclure qu'en Norvège, comme au pied des Alpes occidentales, les glaciers n'ont fait que terminer le travail opéré par d'autres agents, que de mettre la dernière main au creusement des vallées ébauchées par les efforts mécaniques qui ont accentué le relief du sol, puis par les érosions aqueuses. D'ailleurs, les plus zélés partisans de l'érosion glaciaire interprètent ainsi la formation des vallées des Alpes.

D'après le professeur A. Penck et le Dr Böhm, les glaciers n'ont fait que suivre les *chemins* qui leur avaient été préparés d'avance [1], mais en façonnant, en usant et en sculptant, en excavant même profondément les rochers ouverts pour leur livrer passage.

Entre la plupart des géologues, il n'y a plus de divergence que sur le degré d'intensité de cette érosion. Généralement ce n'est plus qu'une question de quantité!

Cette action de l'érosion glaciaire n'est donc pas absolument nécessaire pour la formation de tous les fjords, et souvent elle n'a fait que compléter le travail primitif qui a donné aux montagnes leurs principaux caractères. Des sortes de fjords ont donc pu s'établir en dehors de l'action des glaciers : ce sont alors de simples vallées qui débouchent dans la mer.

M. E. Reclus [2] réunit aux fjords norvégiens les découpures irrégulières qui échancrent vivement certaines parties du littoral de la pointe de la Bretagne, telles que la rade de Brest et ses dépendances, ainsi que les baies profondes des environs de Morlaix. En outre, il regarde comme un groupe d'anciens fjords, le golfe desséché de Carentan en Normandie [3] qui projetait jadis, au loin et en tous sens, ses baies remplacées aujourd'hui par des cultures et des marais.

Gorges d'Ollioulles et calanques de la Provence. — Dans le sud-est de la France on retrouve aussi certains accidents de terrain qui rappellent les formes orographiques des régions polaires. En effet, si les environs de Toulon s'abaissaient de quelques dizaines de mètres, la mer, en pénétrant dans les célèbres et pittoresques gorges d'Ollioulles, les transformerait en un fjord magnifique!

Quand nous parcourions, il y a quelques années, le littoral de la Méditerranée, la vue de plusieurs calanques ou petites baies

1. Dr Böhm, *Die alten Gletscher*, p. 178.
2. *La Terre*, t. II, p. 162.
3. *La Terre*, t. II, p. 170-172.

étroites, creusées dans les rochers calcaires des environs de Cassis, port à l'est de Marseille, nous fit, comme malgré nous, penser aux fjords de la Norvège. M. l'ingénieur Ch. Lenthéric a ressenti également cette impression[1] qui, sous le beau ciel de la Provence, laisse entrevoir les bords de la Baltique, de la mer du Nord et de toutes les mers polaires.

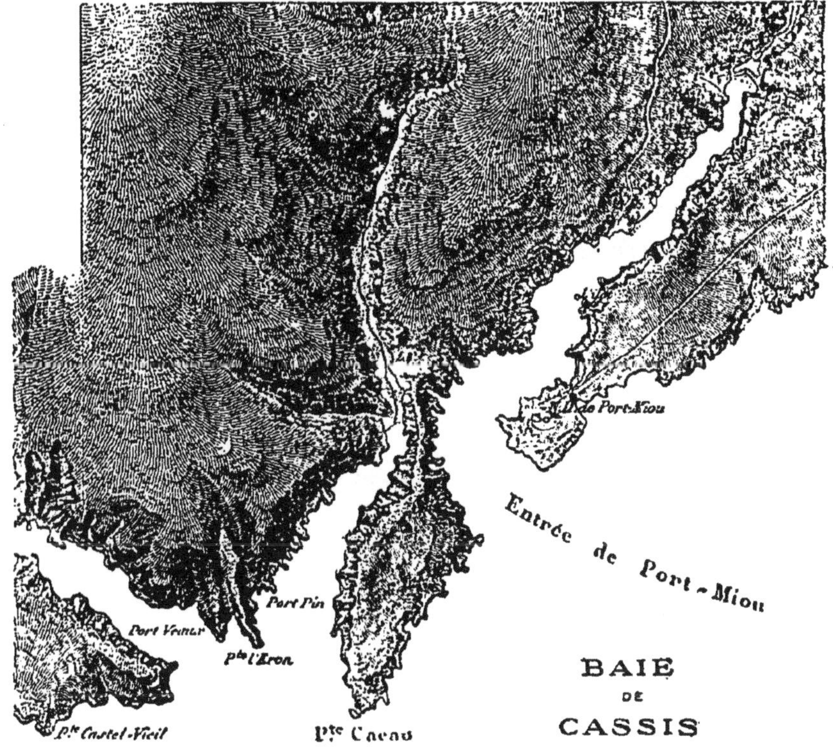

Fig. 28. — Calanques de Cassis (Bouches-du-Rhône). Extrait de la carte du Dépôt de la Marine.

L'une de ces calanques, celle de Port-Miou, pénètre à près de deux kilomètres dans la montagne et n'est que le prolongement d'une vallée parcourue par un mince cours d'eau. Les rochers qui la bordent ont des profils arrondis, émoussés. Mais il n'en est pas de même pour celle de Port-Veaux qui occupe le fond d'une vallée étroite, encaissée fortement entre des rochers élevés, découpés à pic, sous mille formes les plus bizarres, et qui va se perdre en se ramifiant dans les gorges entr'ouvertes sur les flancs déchiquetés du mont de la Gardiole.

Ce pays n'ayant jamais été soumis à la glaciation, il est donc impossible de trouver les traces d'un glacier au milieu de ces aiguilles, de ces pyramides, de ces colonnes, de ces voûtes en

1. *La Provence maritime*, etc., p. 61-65.

surplomb, et cependant le fjord existe : les grandes lignes sont tracées, le tableau est ressemblant; il n'y manque que le vernis, c'est-à-dire le polissage que donne toujours la progression d'un glacier!

Anciens fjords de la Ligurie. — Si le long des côtes de la Ligurie, depuis Nice jusqu'au cap Martin [1], on supprimait par la pensée les dépôts pliocènes pour les remplacer par la mer, on obtiendrait un littoral très différent de celui de nos jours. A côté des caps et des presqu'îles qui en font le charme aujourd'hui, tels que le Montboron, le cap Ferrat, la pointe de Monaco, le cap Martin, il y aurait de plus des baies profondes pénétrant comme autant de fjords dans l'intérieur des terres. Dans ces conditions, la côte ligure ressemblerait à celle de la Norvège actuelle. Mais les fjords ont été comblés par les dépôts pliocènes, et l'aspect du littoral méditerranéen a perdu son principal caractère dans cette région.

Faut-il admettre que ces fjords anciens aient été creusés par les glaciers? Nous ne le pensons pas, ou du moins la chose est loin d'être prouvée!

1. Desors, Sur les terrains glaciaires, diluviens et pliocènes des environs de Nice, *Bull. de la Soc. niçoise des sc. nat. et hist.*, 1879.

Fig. 29. — Calanque de Port-Veaux, à Cassis (Bouches-du-Rhône), d'après une photographie de M. E. Grangier.

CHAPITRE VII

CONSIDÉRATIONS GÉNÉRALES SUR LE CREUSEMENT DES LACS. — ESSAI D'UN PARALLÈLE ENTRE LE TERRAIN ERRATIQUE BAVAROIS ET CELUI DU BASSIN DU RHÔNE.

Généralités. — Origines diverses des lacs. — Influence des courants marins mis en jeu par les mouvements oscillatoires du sol. — Amas de blocs et conglomérats anciens charriés par les courants marins et présentant quelques rapports avec des moraines glaciaires. — Transport par des courants marins de fragments de roches des Alpes soulevés ensuite jusqu'au sommet du Mont-d'Or lyonnais. — Brèches formées par des courants marins anciens. — Difficultés de trouver un parallélisme entre les Alpes bavaroises et le versant occidental du massif alpin en Suisse et en France. — Essai d'un parallèle entre le terrain erratique bavarois et celui du bassin du Rhône. — Abondance des lacs dans les pays anciennement soumis à la glaciation. — Leurs rapports avec l'érosion glaciaire. — Influence de la glace sur le creusement des lacs. — Théories diverses.

Généralités. — La question du creusement des lacs est une des plus intéressantes et des plus controversées de la géologie actuelle; mais on peut dire que, s'il s'agit des lacs creusés ou conservés par la glace, elle a fait peu de progrès depuis une vingtaine d'années, malgré la multiplicité des recherches et l'intensité des efforts d'un grand nombre de géologues. Dans des camps opposés, des adversaires se groupent pour défendre chacune des deux théories rivales, mais, au lieu de chercher à se maintenir dans une résistance systématique, ne conviendrait-il pas mieux d'avoir moins de rigidité dans l'interprétation des faits! Pourquoi vouloir trouver une solution unique, lorsque la nature a employé plusieurs procédés pour arriver à son but?

En dehors de ce point de vue restreint des lacs glaciaires, si l'on voulait établir pour tous les lacs une bonne genèse, il faudrait les diviser en plusieurs classes et faire pour chacun d'eux une étude particulière qui tiendrait compte des conditions locales de leur formation.

Ainsi, au lieu d'une synthèse unique, on obtiendrait de bonnes monographies qui seraient autant que possible l'expression de la vérité. On verrait alors que telle ou telle catégorie de lacs n'appartient pas exclusivement à telle ou telle contrée et que souvent plusieurs facteurs ont contribué au creusement de certains lacs. Ainsi dans les Alpes l'action de la glace ne s'est pas toujours manifestée de la même manière, et dans les pays volcaniques on ne doit pas chercher dans les phénomènes éruptifs seuls l'origine de tous les lacs.

Pour l'établissement d'un lac, une seule chose est nécessaire : une dépression plus ou moins accentuée sur un sol sensiblement imperméable. Mais des causes variées ont pu produire cette dépression, et souvent les géologues ne sont pas d'accord pour en déterminer l'origine; la solution de ces problèmes se fera encore attendre longtemps. En écrivant ces chapitres, notre but devrait être de trouver des réponses justes à toutes les questions posées si souvent, mais nous ne pouvons nous flatter de cet espoir; nous manquons de trop d'éléments pour arriver à la vérité. Nous serions satisfait si nous pouvions seulement exposer l'état de la question, en indiquant toutefois quelles sont nos préférences pour telle ou telle théorie.

Origines diverses des lacs. — Jetons d'abord un coup d'œil rapide sur l'ensemble des lacs pour essayer de saisir quelle est la cause la plus générale de leur formation. Laissons de côté les lacs dont les eaux sont réunies dans d'anciens cratères, comme le lac Pavin en Auvergne [1], ou les lacs occasionnés par un barrage à la suite d'un épanchement de lave, ainsi que ce phénomène s'est produit pour le lac d'Aydat [2] dans la même région, ou encore les lacs formés à la suite de simples éboulements de montagne; tel le lac temporaire de la plaine de l'Oisans, à la suite d'un écroulement d'une partie de la Voudène (1181) [3]; puis les lacs des combes et des cluses, tels ceux du Jura français et du Jura suisse, sans parler d'une infinité d'autres dont l'origine est des plus évidentes, des plus simples. Mais pour céder aux exigences de notre sujet, étudions plus attentivement ceux qui semblent résulter des plissements ou des effondrements de la croûte terrestre. Ce sont d'ailleurs les plus importants. Nous étudierons aussi les effets de l'érosion glaciaire.

Si les ondulations sont peu accentuées et s'étendent sur de vastes surfaces, les eaux se concentrent dans des dépressions aux bords indécis, et leurs amas sont souvent assez grands pour mériter le nom de mers, comme la mer Caspienne et la mer d'Aral. Ces immenses bassins ne sont en définitive que des formes orographiques des contrées où ils sont situés, et les agents souterrains ont présidé *seuls* à leur formation. Souvent, les mêmes causes ont

1. H. Lecoq, *les Époques géologiques de l'Auvergne*, t. IV, p. 410.
2. H. Lecoq, *op. cit.*, t. IV, p. 474.
3. Él. Reclus, *la Terre*, t. I, p. 523.

produit des effets plus restreints, mais plus accentués : c'est ce qu'on voit pour les lacs fermés de Titicaca sur le plateau bolivien, de Tchad dans l'intérieur de l'Afrique, les lacs de Van et d'Ourmiah dans l'Asie Mineure, le lac Baïkal en Sibérie [1], enfin la mer Morte en Syrie [2] etc., etc. Leur origine ne peut être attribuée qu'à des plissements ou à des effondrements du sol. Aucune érosion ni aqueuse, ni glaciaire, ne leur a donné naissance, car si l'érosion avait agi seule, le transport de ses produits représentant exactement le cube de ces dépressions n'aurait pu se faire nulle part, puisque ces lacs manquent de dégorgeoirs. On ne rencontre d'ailleurs aucune trace de leurs déblais, et les contrées où sont situés la plupart de ces lacs fermés, ont parfois été en dehors de l'action des anciens glaciers.

Dans toutes les contrées de la terre, il a dû exister une infinité de lacs engendrés par les mouvements du sol, mais beaucoup d'entre eux ont été comblés par des alluvions et ont fini par disparaître ou ont été remplacés par des marais ou des tourbières. Ces exemples que nous pourrions multiplier suffisent pour prouver la simplicité de ce mode de formation, qui se rattache essentiellement à tout ce que nous savons de l'action des forces mécaniques résidant au sein de l'écorce terrestre.

N'oublions pas de faire observer que la région par excellence des grands lacs se trouve précisément aujourd'hui dans les régions équatoriales de l'Afrique, en dehors de l'action des glaciers anciens ou modernes.

Il serait étrange que tous les lacs des Alpes et des autres contrées soumises à la glaciation ancienne aient pu seuls échapper à cette loi en quelque sorte générale, et dussent exclusivement leur origine à un autre mode de formation! Cependant beaucoup de savants auteurs, imitant en cela Tyndall qui attribuait au travail des glaciers quaternaires l'ouverture des grandes vallées alpines, ne voient dans le creusement des grands lacs que la mise en jeu de l'énergie glaciaire. Mais, avec bien d'autres géologues, nous aimons mieux croire que, dans ces mêmes contrées, un certain nombre de lacs, produits par des mouvements du sol, existaient déjà avant l'extension des anciens glaciers. L'action de la glace ne serait intervenue qu'en second lieu, d'une manière que nous essayerons bientôt de déterminer, soit pour en modifier la forme, en usant les aspérites de leurs parois, soit pour en conserver la profondeur après leur creusement primitif ou même pour en creuser de moins importants.

Influence des courants marins mis en jeu par les mouvements oscillatoires du sol. — Mais avant de parler plus en détail du creu-

1. De Lapparent, *Traité de géologie*, p. 305.
2. Él. Reclus, *la Terre*, t. I, p. 557.

sement des lacs dans les pays jadis occupés par les glaciers quaternaires, faisons quelques observations relatives aux mouvements orographiques qui les ont engendrés pour une large part. Souvent quand il s'est agi du soulèvement d'une grande chaîne de montagnes ou d'un puissant massif montagneux, les Alpes, par exemple, le phénomène s'est compliqué, et, dans ces conditions, il faut tenir compte d'un agent aussi puissant que la glace, quoiqu'il opère avec des procédés différents. Ce facteur dont on ne doit pas négliger d'étudier le concours, c'est l'eau de la mer, mise en mouvement, sinon par des soulèvements brusques et considérables, au moins par des secousses et des oscillations du sol.

Certes, nous sommes grandement partisan de la théorie glaciaire et de l'influence des forces dynamiques des anciens glaciers. Nous avons même consacré à cette étude une partie de notre existence et de nos forces, mais, lorsqu'il faut interpréter les phénomèmes géologiques, nous croyons qu'il n'y a pas de raison pour nous priver de recourir à une force puissante qui a agi certainement à toutes les époques et dont peut-être on a trop négligé les effets en ces derniers temps. Après avoir voulu tout expliquer par l'action de l'eau, on voudrait à présent trouver dans l'activité de la glace une réponse à toutes les questions. Il faut être moins absolu.

Les tremblements de terre, malgré tous les ravages qu'ils peuvent occasionner, ne sont que de simples trépidations, presque insignifiantes, si on les compare aux mouvements intenses qui ont dû soulever, même progressivement ou par degré, les principaux massifs montagneux du globe.

Si les secousses de tremblements de terre se font sentir près des rivages de la mer, comme celles qui détruisirent la ville de Yeddo au Japon en 1854[1] et celles qui bouleversèrent l'île de Kracatoa, dans le détroit de la Sonde, le 26 août 1883, leurs effets sont terribles! Ainsi, pendant ce dernier cataclysme, des vagues de translation traversèrent en douze heures le Pacifique et firent le tour du monde en peu de temps, car le 28 on constata une onde énorme dans le port de Brest[2]. En 1855, à la Nouvelle-Zélande, un cap se souleva de quelques mètres, tandis que d'autres régions s'affaissèrent et qu'il s'entr'ouvrit une crevasse de 65 kilomètres de longueur[3]. Alors de véritables tremblements de mer, plus funestes que les autres, se font sentir, et d'énormes ras de marée bouleversent et ravinent le sol. Au lieu de ces trépidations, si c'était toute une contrée ou un massif de montagnes qui se soulevait, même lentement et par secousses oscillatoires, avec quelle

1. El. Reclus, *la Terre*, t. II, p. 19.
2. A. Boscowitz, *les Volcans*, p. 299.
3. Von Hochstetter, *New-Seeland*, in E. Reclus, *la Terre*, t. I, p. 727.

énergie se produiraient ces effets d'érosion au milieu de terrains brisés, crevassés de mille manières, lorsque l'action de la force soulevante viendrait s'ajouter à celle de la pesanteur de l'eau et de sa vitesse! Des amas puissants de déblais de toutes natures et de toutes grosseurs devraient être entraînés plus ou moins loin suivant l'énergie des secousses et la violence des courants. De plus dans ces mouvements de flexions, de plissements du sol, sous l'influence de pressions latérales, des portions de roches peuvent glisser les unes contre les autres et laisser sur les surfaces de contact des polis et des stries de friction qu'il importe de ne pas confondre avec les vestiges du travail de la glace. A chaque époque géologique, il s'est passé des phénomènes analogues ; nous en retrouverons partout des traces en étudiant la forme des montagnes et la puissance des dénudations anciennes, ainsi que leurs déblais.

Pour s'en convaincre complètement, on n'aurait qu'à jeter les yeux sur les savantes coupes que M. Marcel Bertrand vient de publier [1], pour expliquer par des plissements extrêmes, des étirements et des renversements de couches et des dénudations énormes la formation de l'îlot triasique du Beausset (Var). Les beaux travaux de M. le professeur Heim [2] sur les Alpes de Glaris, et de M. Renevier [3] sur la Dent-de-Morcles et le Grand-Moveran (canton de Vaud) conduisent aux mêmes conclusions.

Amas de blocs et conglomérats anciens charriés par des courants marins et présentant quelques rapports avec des moraines glaciaires. — Pour nous, en effet, il y a une infinité de phénomènes géologiques qu'on ne saurait expliquer sans avoir recours à l'action de grandes masses d'eau, ou même de la mer, mises en mouvement par des oscillations du sol. Cette explication nous paraît rationnelle, puisqu'elle est conforme aux données de la science et de l'expérience.

Sans doute, c'est pour n'avoir pas tenu compte de cet enseignement que plusieurs glaciairistes, se laissant entraîner par leurs tendances de prédilection, ont cru devoir faire appel à l'influence d'anciens glaciers qui auraient fonctionné dès les époques les plus reculées. Plusieurs fois nous avons été témoin d'interprétations semblables, faites par des géologues qui croyaient trouver dans des amoncellements de blocs au milieu d'anciens terrains, des preuves d'une ancienne extension des glaciers. Nous pensons même que s'est propagée ainsi la croyance à la périodicité des phénomènes glaciaires depuis les époques géologiques les plus lointaines. Mais il ne suffit pas d'être en face de quelques gros

1. *Bull. Soc. géol.*, 3ᵉ série, t. XV, p. 667, 1887.
2. *Mechanismus der Gebirgsbildung*, 1880.
3. Notice sur la carte géologique de la partie sud des Alpes vaudoises. *Bibl. univers., Arch. des sc. phys. et nat.*, mai 1877, t. LXI, 1877, etc.

blocs amoncelés ou isolés ou de quelques conglomérats grossiers situés au milieu de couches anciennes pour être sûr de retrouver les traces de l'activité d'anciens glaciers, même à supposer que l'on trouvât sur quelques fragments de rochers des stries plus ou moins confuses. Un ensemble de conditions toutes spéciales, telles que bourrelets morainiques, vastes surfaces polies et striées, nombreuses stries caractéristiques et très nettes sur beaucoup de blocs, conservation des angles et des arêtes sur la plupart des fragments, etc., peut seul donner cette certitude. Aussi, loin d'adopter les théories pleines de hardiesse de MM. Geikie, Croll, Ramsay, Godewin-Austeen, nous préférons attendre d'autres observations plus concluantes, plus générales, et répéter avec le Dr Penck [1] que : lorsqu'il s'agit de découvrir des traces de formations glaciaires dans des terrains anciens, il faut être très attentif et garder une grande réserve.

Transport par des courants marins de fragments de roches des Alpes soulevés ensuite jusqu'au sommet du Mont-d'Or lyonnais. — Nous avons déjà cherché à expliquer par l'action de ces courants marins, pendant le soulèvement du Mont-d'Or lyonnais, la présence de quartzites et autres roches alpines qui gisent dans les crevasses du mont Narcel et du mont Verdun (625 mètres) au nord-ouest de Lyon, et qui ont été transportés à cette hauteur pendant ces grands mouvements orogéniques. Nous avons préféré recourir à cette interprétation des faits au lieu d'accepter l'hypothèse toute gratuite de Fournet et de M. Lory [2], qui, pour donner une raison de la situation étrange de ces roches silicatées au milieu du jurassique moyen du Mont-d'Or, n'avaient pas hésité à dire que des nappes diluviennes de cailloux roulés s'étaient élevées jusqu'à cette hauteur en comblant l'immense espace qui sépare les Alpes de la chaîne lyonnaise ou du Plateau central, sans s'inquiéter de savoir si cette masse d'alluvions était proportionnée aux érosions que les Alpes avaient subies pendant les temps quaternaires. Mais nous n'étions pas mieux disposé à regarder ces galets comme les preuves d'une ancienne extension glaciaire, puisque près du Verdun nous n'avons jamais observé de vestiges d'un terrain erratique normal quelconque.

Brèches formées par des courants marins anciens. — C'est à ces transports de déblais pendant les soulèvements des grandes montagnes que nous attribuons l'origine d'un certain nombre de ces brèches, de ces conglomérats à éléments grossiers et volumineux qui apparaissent souvent à la séparation des principales formations géologiques, tels le conglomérat houiller du bassin du Gier et de la Loire, le poudingue anthracifère et la brèche triasi-

1. *Die Vergletscherung*, p. 455.
2. *Description géologique du Dauphiné*, p. 626.

que des Alpes dont les fragments abondent dans le terrain erratique des environs de Lyon, et bien d'autres brèches ou conglomérats intercalés dans les autres terrains sédimentaires. N'oublions pas la brèche qui s'est formée à l'aurore des temps tertiaires dans le bassin du Rhône, et qui affleure le long de la grande faille du Mont-d'Or [1] et en Provence. Enfin, nous serions tenté de donner en partie une origine analogue à la nagelfluh qui caractérise le miocène des Alpes et dont l'origine reste toujours problématique.

Difficultés de trouver un parallélisme entre les Alpes bavaroises et le versant occidental du massif alpin en Suisse et en France. — Dans les Alpes du sud de la Bavière et en Autriche, ces formations entourent le grand massif montagneux d'une série de collines aux profils arrondis [2] et ont dû se trouver plusieurs fois en contact avec les alluvions anciennes et les terrains de transport glaciaires. Ce contact compliqué par la présence du flysch a dû singulièrement ajouter de difficultés à l'étude des terrains quaternaires.

Dans le bassin moyen du Rhône, la mollasse a été soulevée à de grandes hauteurs, à 1255 mètres au Crêt-de-Chalam, chaîne du Jura au nord du département de l'Ain [3], et à 1500 mètres dans le Vercors au sud de Grenoble (Isère) [4]; naturellement les montagnes qui lui servaient de supports ont partagé les mêmes mouvements, et des fractures énormes ont dû se produire. Pourtant ces amas de déblais, ces brèches ou ces nagelfluhs, qui devaient être le résultat de ces brisements, ne se voient nulle part. Sans doute, tout a été entraîné dans de profondes vallées, dans des effondrements où ils sont ensevelis sous des terrains plus modernes. Cette différence dans la disposition des terrains des deux côtés des Alpes rend très difficile l'établissement d'un parallélisme entre les formations géologiques tertiaires et quaternaires des Alpes allemandes et de celles du massif occidental alpin. Pourtant cette étude comparative serait utile pour montrer les rapports qui existaient entre les phénomènes glaciaires sur deux des principaux versants des Alpes. Nous allons essayer de l'esquisser.

Essai d'un parallèle entre le terrain erratique bavarois et celui du bassin du Rhône. — M. le professeur Penck classe ainsi le ter-

1. Par suite d'une erreur, M. le professeur Penck a reproché à M. Chantre et à nous d'avoir considéré, comme une formation glaciaire, l'argile à silex du nord-ouest de Lyon (*Die Vergletscherung*, etc., p. 455). Nous en avons été d'autant plus surpris que nous avons toujours soutenu que cette argile à silex était de l'âge des brèches éocènes du Mont-d'Or et de la vallée de la Saône. (*Note sur l'argile à silex des environs de Mâcon et de Chalon*. Dejussieu, éd. Chalon, 1878, *Monographie des anciens glaciers*, t. II, p. 10.)

2. De Lapparent, *Traité de géologie*, p. 1045.

3. E. Benoît, Esquisse de la carte géologique, etc., *Bull. Soc. géol.*, 2e série, t. XV, p. 326, 1858.

4. Lory, *Description géologique du Dauphiné*, p. 412.

rain erratique du sud de la Bavière [1], et M. le Dr Böhm a adopté cette classification :

Formation glaciaire récente.		Alluvions glaciaires supérieures. Terrains glaciaires de la zone intérieure avec moraines frontales déposées en deçà des moraines les plus extérieures qui se trouvent à la limite nord du terrain bavarois.	3e époque glaciaire.
			Interglaciaire.
	Formation glaciaire moyenne.	Moraines de la zone extérieure qui constituent à l'extrémité nord du terrain glaciaire bavarois un vrai paysage morainique. Argile glaciaire. Dépôts souvent altérés, recouverts par du lœss ou fortement entamés par des érosions.	2e époque glaciaire.
		Alluvions intermédiaires, brèches. Lignites de l'Algau, près Sonthofen. Deltas interglaciaires de Brannembourg.	Époque interglaciaire.
Formation glaciaire ancienne		Boue glaciaire avec blocs de nagelfluh. Alluvion ancienne, cimentée, ayant l'aspect d'une nagelfluh diluvienne. La surface de cette roche dure est polie et striée, et souvent décomposée. Moraine profonde d'Innsbruck et d'Algau.	1re époque glaciaire.

Pour bien étudier avec précision ces divers terrains et leurs dispositions relatives, pour comprendre clairements leurs rapports et leurs différences, avec les terrains erratiques glaciaires qui ont fait le sujet de nos études dans la partie moyenne du bassin du Rhône, il faudrait faire ce que MM. les professeurs Heim, Penck [2], et le Dr Böhm ont fait dernièrement. Mais nous ne pouvons parcourir les Alpes allemandes pour arriver à une connaissance exacte du travail des anciens glaciers au milieu de ces intéressantes vallées; les circonstances ne nous le permettent pas! Nous laissons donc avec regret ce soin à d'autres observateurs plus favorisés et plus compétents que nous, et nous espérons en même temps que, grâce à leurs études, la solution de tous ces problèmes se trouvera bientôt.

Cependant nous ne pouvons reproduire le tableau précédent sans chercher succinctement à relier les terrains qu'il représente avec ceux qui nous avoisinent. Essayons de tracer les premiers traits de cette esquisse synthétique :

1° Ainsi, en commençant par les terrains les plus inférieurs, il nous semble que la *nagelfluh diluvienne*, le *glacialschotter* des Alpes bavaroises, la *moraine profonde*, *Unterer-Moränen*, de M. le professeur A. Penck, doit correspondre au point de vue général à

1. Penck, *Die Vergletscherung*, etc., tableau I. — Böhm, Die Höttinger Breccie und ihre Beziehungen zu den Glacial-Ablagerungen. *Jahr. d. k. k. Reichsanst*, 1884, XXXIV, 147, *in* E. Favre, *Rev. géol. Suisse*, 1884, p. 322.

2. *In* E. Favre, *Revue géologique suisse*, XVII, 1887, p. 174.

notre *alluvion ancienne*. Mais il faut reconnaître que cette nagelfluh, cette moraine profonde de la vallée de l'Inn, qui aurait été charriée sous la glace par le glacier de l'Inn, doit avoir des caractères particuliers et une puissance qui la différencient fortement d'avec le terrain erratique du bassin du Rhône, que nous appelons également *moraine profonde*, et même d'avec notre *alluvion ancienne*.

La cimentation des éléments de la nagelfluh ne serait qu'un accident local, et nous nous empressons de dire que, dans nos alluvions anciennes, il y a sur plusieurs points des poudingues à pâte calcaire, assez durs pour qu'ils eussent pu être polis et striés à leurs surfaces s'ils avaient été recouverts par un glacier en mouvement, condition dont nous n'avons trouvé de traces nulle part.

Cette nagelfluh diluvienne, ces alluvions anciennes plus ou moins cimentées, réunies à la boue glaciaire qui les recouvre auraient été déposées pendant la première époque glaciaire. Au-dessus de ces alluvions cimentées de la vallée de l'Inn, de cette nagelfluh diluvienne s'étend une nappe de *boue glaciaire* qui peut sans doute se rapporter à la partie inférieure de notre terrain erratique ou *boue glaciaire à cailloux striés*. C'est à cette boue glaciaire que nous réservons le nom de *moraine profonde*, tandis que M. Penck appelle moraine profonde tous les terrains précédents. Il pense que c'est le glacier lui-même qui a charrié pendant sa progression tous les éléments de la nagelfluh ou de l'alluvion ancienne.

Pour nous, comme pour M. Ch. Martins [1], les éléments de l'alluvion ancienne ont été enlevés par les torrents sous-glaciaires aux véritables moraines profondes types, et entraînés sous forme de cailloux roulés, de sable, de gravier, bien en avant des glaciers, parce que les eaux torrentueuses échappées de la glace marchaient plus vite que les glaciers. Nos alluvions anciennes sont donc du *terrain glaciaire remanié*.

Cette alluvion a formé près de nous des plateaux, des plaines en avant des glaciers, et les glaciers, à mesure qu'ils progressaient, les recouvraient de leurs moraines frontales et de leurs moraines profondes.

2° Au-dessus de cette boue glaciaire apparaissent en Bavière des lignites, des brèches et des deltas fluviatiles qu'on regarde, avec MM. Penck, Böhm, Gumbel [2], Blaas [3] et plusieurs autres géologues, comme les membres d'une formation interglaciaire. A la rigueur on pourrait prendre pour équivalents de ces terrains les forma-

1. Recherches récentes sur les glaciers actuels et la période glaciaire, *Revue des Deux Mondes*, 15 avril 1875. Tirage à part, p. 16.
2. *In* E. Favre, *Revue géol. suisse*, XIII, p. 320, 1882.
3. *In* E. Favre, *Revue géol. suisse*, XV, p. 323, 1884.

tions si controversées de la Dranse, du Bois de la Bâtie et les lignites des environs de Chambéry, mais ce n'est pas le lieu de répéter toutes ces discussions qui, jusqu'à présent, n'ont amené aucun résultat décisif et qui se prolongent encore. Il faudrait d'abord s'entendre sur les mots : phase glaciaire et oscillation de glacier; mais ce n'est peut-être qu'une simple question de quantité, et les oscillations glaciaires auraient eu simplement plus de durée et plus d'amplitude dans les Alpes allemandes que dans le bassin du Rhône?

3° Le quatrième groupe de terrains est une argile glaciaire qui forme une vaste nappe étendue dans la plaine bavaroise et qui se termine au nord, à la limite du terrain erratique, par des bourrelets morainiques, en donnant aux paysages un aspect caractéristique. Cette argile glaciaire et ces moraines de la zone extérieure ont été fortement entamées par des érosions et ont subi des décompositions; leurs lambeaux seraient les traces de la plus grande extension glaciaire et correspondraient à la deuxième époque.

Nous les réunirons encore à notre boue glaciaire à cailloux striés dont nous venons de parler et qui recouvre tout le pays soumis autrefois à la glaciation et qui se termine par les moraines les plus extérieures, les moraines de Bourg, d'Ars, de Sathonay, de Fourvières, près de Lyon, de Vienne et d'Antimont, près de Thodure. Dans le bassin du Rhône, cette boue glaciaire représente bien l'état typique des moraines profondes, mais, pour nous du moins, elle ne saurait correspondre à aucune période spéciale, sinon à celle de la plus grande extension des glaciers, parce qu'on ne peut établir aucune division dans son ensemble, et qu'elle constitue un tout uniforme.

4° Bien en retraite des moraines extrêmes de l'erratique bavarois, il y a d'autres bourrelets concentriques de moraines terminales que M. Penck considère comme les produits de la dernière extension du glacier de l'Inn, et comme se rattachant à la troisième époque glaciaire.

Là, notre hésitation augmenterait. Effectivement dans la vallée du Rhône nous avons bien observé des moraines concentriques situées dans des positions analogues, fortement en arrière des moraines les plus extérieures. Ces bourrelets que nous avons vus principalement aux environs de Lagnieu et dans le Bas-Dauphiné, puis à Massignieux, près de Belley, enfin à Sierre dans le Valais, représentent-ils des époques glaciaires différentes comme celle de la zone intérieure de la vallée de l'Inn d'après le Dr Penck? Nous ne le pensons pas, et nous nous contentons de voir dans leur formation des preuves de chaque temps d'arrêt dans la marche rétrograde de l'ancien glacier du Rhône.

Quoi qu'il en soit, ces terrains glaciaires des Alpes bavaroises, inférieur, moyen et supérieur, qu'on rapporte à trois époques différentes, doivent correspondre à notre unique boue glaciaire à cailloux striés, puisque, entre Genève et Chambéry d'un côté et Lyon et Bourg de l'autre, on n'a trouvé jusqu'à ce jour qu'un seul terrain glaciaire, profondément raviné, souvent recouvert de lœss et saupoudré de blocs erratiques. Ces blocs sont anguleux et parfois énormes ; ils ont été abandonnés par les moraines superficielles pendant la période de retrait des glaciers du Rhône et des Alpes occidentales.

Tout imparfait et tout incomplet qu'il doit être, ce résumé comparatif pourra peut-être servir de premier jalon pour arriver à une étude générale des phénomènes de la glaciation dans tout le massif alpin.

Abondance des lacs dans les pays anciennement soumis à la glaciation. Leurs rapports avec l'érosion glaciaire. — Les massifs montagneux fortement mouvementés renferment en général plus de lacs que les pays de plaine. Mais dans le domaine des anciens glaciers, dans les Alpes, les Pyrénées, la Scandinavie, la Finlande, par exemple, les lacs sont tellement multipliés que beaucoup de géologues n'ont pu s'empêcher de croire que leur nombre dépendait de l'activité des glaciers quaternaires. M. le professeur Penck [1] et le Dr Böhm [2], quoique ce dernier soit plus réservé dans sa doctrine, disent l'un et l'autre que les lacs tout aussi bien que les kares ou les cirques sont en quelque sorte « les fossiles caractéristiques et orographiques des anciens glaciers ». Leur témoignage devrait donc avoir autant de valeur pour prouver la liaison qui existe entre l'extension des glaciers et le creusement des lacs alpins que celui des débris organiques enfouis dans les couches terrestres, pour démontrer l'existence passée de telle flore ou de telle faune.

Cette multiplicité des lacs dans l'ancien domaine des glaciers est un fait évident qu'on ne saurait nier. De cette disposition hydrographique, nous ne pensons pas qu'on soit en droit de conclure que *tous* ces lacs soient l'œuvre de l'érosion glaciaire *seule* ; mais nous admettons que la présence de la glace a pu avoir sur eux tous une influence qu'il s'agit de déterminer. Si la glace ne les a pas tous creusés, elle les a tous façonnés.

D'ailleurs cette question du creusement des lacs, même dans le bassin du Rhône, offre assez d'intérêt pour que nous essayons d'en écrire une étude quelque peu détaillée. On nous permettra donc de passer rapidement en revue les principales théories proposées pour expliquer ce phénomène.

Influence de la glace sur le creusement des lacs. Théories diverses. — La glace a pu agir de deux manières pour la formation et le creusement des lacs : indirectement ou directement.

1. *Die Vergletscherung*, etc., p. 424.
2. *Die alten Gletscher*, etc., p. 179.

Dans le premier cas, les bassins lacustres ne sont que des conséquences des derniers grands mouvements *orogéniques*. Ils étaient déjà creusés avant l'extension des anciens glaciers, mais l'action des glaciers s'est bornée à les combler de glace et à leur conserver une intégrité suffisante pour permettre à l'eau de prendre la place de la glace, une fois que celle-ci a été fondue. Cette *théorie de la persistance ou de la conservation* des lacs, créée par Desor et Escher, est la plus communément acceptée. Elle a été défendue par A. Favre, Studer, Heim, Ch. Martins et d'autres naturalistes suisses, français, italiens, anglais, suédois. C'est la théorie à laquelle nous nous sommes rattachés, M. Chantre et moi, en étudiant le terrain erratique du bassin du Rhône. Playfair, qui a été le premier initiateur à la science des anciens glaciers, avait entrevu les difficultés qui se rattachent à la *conservation des lacs alpins*[1], mais il n'avait formulé aucun système pour essayer de les résoudre et, pendant de longues années, personne ne se préoccupa de ce problème.

Si la glace est intervenue directement, elle a pu le faire de plusieurs manières :

1° Elle aurait agi directement sur les roches en place par sa puissance érosive pour creuser, sur certains points limités, des excavations capables de contenir des lacs de toutes dimensions, depuis les plus petits jusqu'aux plus vastes et aux plus profonds.

Cette *théorie du creusement des lacs par l'érosion glaciaire* fut mise en avant par Ramsay, et, parmi ses principaux partisans, nous citerons MM. A. et J. Geikie, A. Penck, Dana, etc. Nous l'adoptons dans certaines limites.

2° Mais on a supposé aussi que cette action directe de la glace, au lieu de s'exercer sur des roches en place, avait simplement déblayé des bassins lacustres préexistants des débris et des alluvions qui les avaient emcombrés avant l'arrivée des glaciers. C'est la *théorie de l'affouillement glaciaire* de MM. G. de Mortillet et Gastaldi.

3° Enfin, les glaciers ont formé des lacs en barrant avec leurs moraines frontales des vallées, où les eaux furent ainsi forcées de s'accumuler. Les Vosges, les Pyrénées offrent de beaux spécimens de *lacs morainiques*.

Mais parfois la part d'influence qui revient à tel ou tel agent dans la formation d'un lac ne peut se déterminer d'une manière aussi nette, et l'on est obligé de recourir à des combinaisons de diverses théories dans lesquelles les mouvements orographiques, les érosions glaciaires, les affouillements et les barrages de moraine interviennent à leur tour. C'est ainsi qu'on essaye d'ex-

1. Explication de Playfair, etc., trad. par Basset, 1815, p. 282, *in* A. Favre, *Recherches géologiques*, t. I, p. 198.

pliquer la formation de certains lacs des Pyrénées et de la Lombardie, situés en partie dans des vallées ou dans des bassins plus ou moins érodés ou affouillés, limités en aval par des moraines abandonnées par les anciens glaciers.

Malheureusement, les discussions sur le mode de creusement des lacs sont loin d'être closes; aucune théorie ne l'a emporté sur ses rivales d'une façon définitive. Dans toutes, il reste encore des lacunes et des obscurités que le travail opiniâtre des géologues pourra seul combler et dissiper après des efforts soutenus.

CHAPITRE VIII

PERSISTANCE OU CONSERVATION PAR LA GLACE DES LACS OROGRAPHIQUES ET DES FJORDS

Théorie de Desor : persistance des lacs, leur conservation par la glace; lac de Genève. — Transport des alluvions anciennes, alternance des terrains erratiques et des alluvions; oscillations des glaciers anciens. — Lacs de Genève et du Bourget; lacs orographiques. — Résumé. — Conservation des fjords par la glace.

Théorie de Desor : persistance des lacs ou leur conservation par la glace; lac de Genève. — Ce fut naturellement au pied des Alpes, dans la patrie de J. de Charpentier et de Venetz, que se posa pour la première fois la question du creusement des lacs et celle de leur persistance jusqu'après la période glaciaire. On se demanda comment l'alluvion ancienne qui est étalée dans les environs de Genève, tout aussi bien qu'en aval des autres grands lacs, et qui affleure partout en dessous du terrain erratique glaciaire normal, a pu franchir ces lacs sans les combler, fait d'autant plus extraordinaire que les éléments de cette alluvion proviennent en majeure partie, soit du Valais pour le lac de Genève, soit des vallées supérieures à l'extrémité desquelles les autres lacs sont ouverts. Desor[1], n'étant pas satisfait des réponses qui furent présentées par Ramsay et de Mortillet et que nous étudierons bientôt, essaya avec M. Escher de la Linth d'en donner une plus précise et plus acceptable; puis il publia de nombreux écrits pour défendre et développer sa théorie. Dans un mémoire sur les lacs de la Suisse, il fit observer que, s'il a existé un débit d'eau

1. De la physionomie des lacs suisses, *Revue suisse*, 1860. — Quelques considérations sur la classification des lacs à propos des bassins du revers méridional des Alpes, *Atti della Societa Elvetica sci. nat.*, riunita a Lugano, 11, 12, 13 settembre 1860, p. 123. — Ueber die Entstehung der Alpenseen, *Verhandl. de'schweiz. naturf., Gesellsch.*, 1863, *in* Samaden, p. 43. — Aperçu du phénomène erratique des Alpes, *Jahrbuch des Schweizer Alpenclub*, 1re année, 1864. — *Der Gebirgsbau der Alpen*. Wiesbaden, 1865. — *Le paysage morainique, son origine glaciaire*, etc., p. 74. Paris, 1875.

à toutes les époques, ce débit avait dû être proportionnellement plus faible à la fin du pliocène, pendant le développement primitif des anciens glaciers et que, dans ces conditions, les pluies étaient rares sur les montagnes et la fonte des glaces peu abondante; en même temps, une partie de l'eau était employée à la transformation de la neige en glace. Effectivement, lorsque se développait l'embryon glaciaire, il devait y avoir peu de précipitations aqueuses sur les cimes élevées, presque toute l'humidité atmosphérique se transformait en neige, tandis que les plaines basses étaient inondées par des pluies abondantes.

L'érosion aqueuse devait donc alors être très faible dans les vallées de la Suisse, contrairement à l'opinion des géologues qui n'ont pas adopté la théorie que nous préférons. Par suite la masse des débris entraînés dans les parties les plus déclives devait être peu considérable.

Au surplus, Desor s'empressa d'ajouter que les alluvions anciennes et tous les produits de l'érosion aqueuse s'étaient tout d'abord accumulés à l'entrée des grands lacs de la Suisse et de l'Italie pour en combler petit à petit un espace plus ou moins grand. A cette zone de comblement appartiennent une partie du delta du Rhône en aval de Bex, puis la plaine étendue au nord du lac Majeur et celle qu'on voit dans la vallée du Rhin, à l'embouchure de ce fleuve dans le lac de Constance, etc.

Pendant cette période de comblement d'une partie des grands lacs, période qui a pu durer longtemps, les glaciers alimentés par la somme de toutes les neiges qui tombaient abondamment sur toutes les régions des Alpes, devaient s'avancer dans les lacs avec une vitesse de progression bien plus grande que celle du développement des cônes de remblais. Grâce à cette circonstance, les glaciers purent facilement se déverser dans la partie fort vaste des bassins lacustres qui était restée libre, et ils la comblèrent de glace.

En passant, faisons une rapide remarque : depuis la fonte des glaciers quaternaires, époque dont une longue série de siècles nous sépare, les précipitations aqueuses sur les hautes montagnes ont été bien plus abondantes que lorsque toute l'humidité atmosphérique se transformait en neige; pourtant les eaux courantes et sauvages ont exercé sur le sol des vallées leur action érosive dans des limites très faibles, si bien que, depuis la fin de la période glaciaire, le Rhône n'a produit, à la suite du cône de remblais primitif, qu'un delta peu important par rapport au cube total de la vaste dépression du lac de Genève. D'après M. Forel [1], il faudrait encore plus de 300 000 ans pour que ce grand fleuve pût achever ce travail de remblais.

1. E. Reclus, *la Terre*, t. I, p. 296.

Pour le lac de Genève, les glaciers de la Dranse, de l'Arve, ainsi que toutes les glaces des pentes du Jura et des montagnes savoisiennes ont dû combiner leurs effets avec ceux du grand glacier du Rhône qui débouchait par le Valais, et ces masses énormes de glace eurent vite rempli le bassin du lac d'un culot de glace compacte. Une fois la dépression du lac comblée, le glacier du Rhône combiné avec tous les glaciers voisins s'est avancé par-dessus ce remblais de glace. Mais nous avouons que sur ce point il doit y avoir une lacune et quelques incertitudes dans la théorie que nous avons cru devoir adopter. On ne peut se rendre compte d'une manière précise de la manière dont ce passage a pu s'effectuer. La glace supérieure a-t-elle simplement glissé sur la masse inférieure comme sur une roche solide, qu'elle aurait recouverte de sa moraine profonde et qu'elle aurait même pu éroder, ou bien toutes les molécules ont-elles joué les unes sur les autres en vertu de leur mobilité? La nature a-t-elle employé un autre moyen? Nous ne pouvons fixer de limites à son action. Mais ce doute ne pourrait nous détacher de la théorie de Desor, car il reste bien d'autres points obscurs dans les théories rivales, qui ont cependant des défenseurs aussi ardents qu'habiles.

Quoi qu'il en soit, un fait est positif, c'est que le glacier du Rhône a franchi le lac de Genève, charriant sur son dos ses moraines superficielles et déposant ses moraines profondes au moins sur ses bords et les contrées voisines.

Transport de l'alluvion ancienne; alternance de terrains erratiques et d'alluvions; oscillations des glaciers anciens. — Ainsi que l'ont dit MM. A. Favre[1] et Ch. Martins[2] les torrents sous-glaciaires qui s'échappaient de dessous les glaciers du Rhône et de l'Arve, lorsqu'ils progressaient vers Genève, charriaient en avant de ces glaciers des quantités assez considérables de cailloux roulés, qu'ils avaient empruntés aux éléments des moraines profondes et qu'ils étendaient dans les plaines. Les lacs une fois comblés, tout le cortège erratique a pu passer par-dessus la glace qui les occupait et qui dans certaine mesure lui a peut-être servi de véhicule. Quand plus tard les glaces disparurent, les lacs se sont trouvés plus ou moins intacts[3]. Mais, il n'est pas permis de supposer que protégée comme elle l'était au fond de ces réservoirs pour la plupart très profonds, la glace n'ait pas fondu plus lentement que sur les coteaux environnants. Des torrents considérables entraînant des matériaux nombreux ont pu passer par-dessus ces culots de glace et déposer leur fret, sous forme de graviers ou de galets plus

1. Sur l'origine des lacs alpins, etc., *Bibl. univ.*, t. XXII, 1865.

2. Recherches récentes sur les glaciers actuels et la période glaciaire, *Revue des Deux Mondes*, 15 avril 1875. Tirage à part, p. 16.

3. Desor, le Phénomène erratique des Alpes, p. 34, *Jahrbuch. der Schweizer Alpenclub*, 1864.

ou moins stratifiés, le long des rives et jusqu'à l'extrémité des lacs, formant ainsi une ceinture d'alluvions qui est la même à la naissance et à l'extrémité des lacs, ainsi que le long de leurs bords.

Dès que se furent effectués, jusqu'à Genève et au delà, les premiers convois de cette alluvion qu'on appelle souvent ancienne pour la distinguer d'autres plus modernes, les glaciers du Rhône et de l'Arve se sont avancés eux-mêmes par-dessus ces masses de cailloutis, qu'ils ont recouvertes de leurs véritables moraines profondes ou argile à cailloux striés.

Supposons que, pour obéir aux influences atmosphériques, les deux glaciers en question soient non seulement restés stationnaires près de Genève, mais qu'ils aient même subi, à un moment donné, un mouvement de recul, ou une oscillation analogue à celles des glaciers modernes. Pendant que les glaciers reculaient, les torrents sous-glaciaires ont pu répandre une nouvelle nappe d'alluvion au-dessus des lambeaux de la moraine profonde qui venait d'être déposée et qu'ils ont ravinée ensuite par places.

Alors les glaciers se sont mis de nouveau en marche, et, à leur tour, ils ont déposé sur tout l'espace libre au-devant d'eux et ont recouvert d'alluvion pour la deuxième fois, une nouvelle couche supérieure d'argile à cailloux striés. La coupe du bois de la Bâtie dressée au sud de Genève, au milieu des alluvions et des terrains glaciaires, donne une disposition de terrains identique à celle que nous venons de décrire : 1° dans le bas, alluvion ancienne; 2° couche d'argile glaciaire à cailloux striés; 3° retour de l'alluvion ancienne; 4° puis, dans le haut, une nouvelle couche de terrain glaciaire. Ainsi MM. A. et E. Favre [1], Lory et d'autres géologues avec nous, ont essayé d'expliquer d'une manière facile cet enchevêtrement de terrains, en disant qu'il n'y avait là que les traces d'anciennes oscillations locales des glaciers quaternaires. Mais on ne s'est pas contenté d'une explication si simple et, pendant que nous ne trouvions, dans cette disposition stratigraphique des terrains de transport genevois, qu'une preuve d'un mouvement de recul et d'avancement des anciens glaciers du Rhône et de l'Arve, on a cru y voir des arguments sérieux en faveur de l'existence des deux périodes glaciaires; nous n'avons pas à donner en ce moment plus de détails sur une question qui nous occupera ultérieurement.

Lacs de Genève et du Bourget; lacs orographiques. — En formulant leur théorie, Desor et A. Escher avaient supposé que les grands lacs n'étaient que le résultat des mouvements du sol ou de ses plissements, et que les anciens glaciers, en rencontrant sur

1. *Description géologique du canton de Genève*, t. I, § 99; t. II, § 59, pl. V, fig. 1 et 2.

leur passage ces immenses dépressions, n'avaient eu qu'à les combler de glace pour en assurer la persistance. Recherchons quelles raisons ils pouvaient avoir pour leur donner ainsi une origine pré-glaciaire et orographique.

Si on étudie les coupes des terrains où sont ouverts la plupart des grands lacs du versant occidental des Alpes, tels que les lacs de Genève, du Bourget et d'Annecy, pour ne parler que de ceux du bassin du Rhône, cette origine nous paraît évidente. Il en serait sans doute de même, si nous prenions pour sujets d'études les autres grands lacs de la Suisse et de la Lombardie.

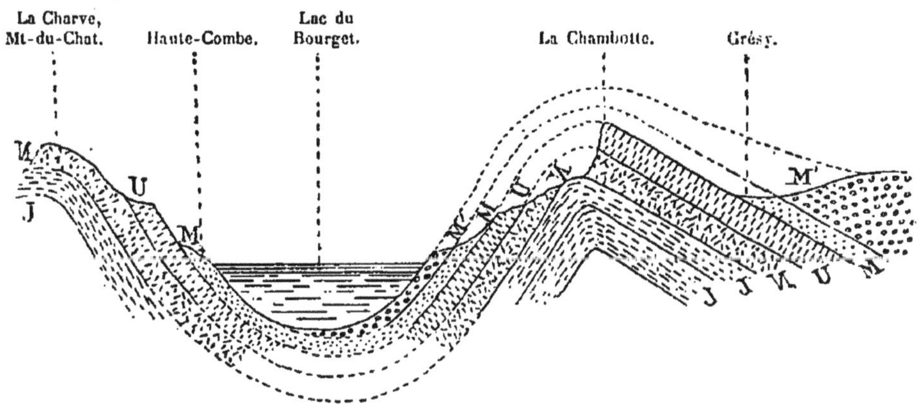

Fig. 30. — Coupe géologique du lac du Bourget d'après M. L. Pillet.
J. Terrains jurassiques. — N. Néocomien. — M. Mollasse. — M'. Mollasse lacustre.

Le lac de Genève est enfermé du côté d'amont entre les montagnes qui dominent la partie inférieure du Valais; puis il est contenu dans un pli transversal de la mollasse serrée entre les Alpes de la Savoie et le Jura, pli dans lequel vient déboucher la grande vallée du Rhône [1]. Le lac se compose donc de deux parties distinctes : l'une occupe le fond d'une grande vallée des Alpes, dont la formation est antérieure à l'extension des glaciers; cette partie est ouverte dans des roches dures comme les calcaires de la Meillerie, et c'est précisément au milieu d'elles que le lac atteint sa plus grande profondeur : 334 mètres. L'autre, la plus grande, est de beaucoup la moins profonde, car elle n'a que quelques dizaines de mètres, repose, comme le dit M. A. Favre [2], dans une *auge* formée par un pli des roches peu résistantes et tendres de la mollasse, et même par un renversement des couches. Nous dirons plus loin que cette disposition suffirait pour écarter toute idée d'attribuer le creusement de ce lac à l'érosion glaciaire.

Quant au lac du Bourget, c'est entièrement un lac de vallée [3].

1. A. Favre, *Description géologique du canton de Genève*, t. II, p. 138.

2. Sur l'origine des lacs alpins, *Bibl. univ.* (*Arch. des sc. phys. et nat.*), t. XXII, p. 273, avril 1865. Tiré à part, p. 10. Description géologique, p. 213 et suivantes.

3. E. Reclus, *la Terre*, t. II, p. 533.

Pour s'en convaincre on n'a qu'à jeter les yeux sur les coupes géologiques tracées par M. Pillet [1] : le bassin qui sert de réceptacle aux eaux de ce lac n'est qu'un pli des calcaires crétacés et des grès miocènes qui constituent les chaînes voisines.

Qu'on admette jusqu'à un certain point ou qu'on repousse complètement l'intervention de l'érosion glaciaire, il n'en est pas moins vrai que ce sont des pressions latérales qui ont donné à toutes ces régions leurs formes orographiques spéciales et qui leur ont permis de renfermer, par conséquent, ces beaux lacs de Genève et du Bourget. Supprimons par la pensée l'extension des glaciers, faisons disparaître l'eau de ces deux lacs ; ces vallées n'en auraient pas moins été creusées et le facies topographique de toute la contrée n'en serait modifié que dans ses légers détails, il ne perdrait aucune de ses silhouettes, aucun de ses contours caractéristiques, et les coupes géologiques en resteraient les mêmes.

Au delà de Genève, le glacier du Rhône a continué sa marche soit vers Culoz et le cirque de Belley, soit vers la grande vallée qui fait communiquer celle du Rhône avec celle de l'Isère, c'est-à-dire la vallée de Chambéry. C'est alors qu'il rencontra la dépression du lac du Bourget dont la persistance peut s'expliquer de la même manière que celle du lac de Genève.

A son origine, le lac du Bourget dut être beaucoup plus vaste que de nos jours ; il occupait, en outre du bassin actuel, tout l'espace où sont situés les marais de la Chautagne au nord et ceux du Bourget au sud, ainsi que le delta du Sierroz.

C'est là, dans ces dépressions aujourd'hui comblées, qu'ont dû s'enfouir les alluvions anciennes entraînées en avant des glaciers pendant leur progression. Puis les glaciers arrivèrent à leur tour, tant par la vallée du Rhône que par celle du Sierroz et les cols de Chambéry. Leurs masses comblèrent ce bassin lacustre qui était pour ainsi dire resté complètement vide, malgré la formation de quelques cônes de remblais à l'embouchure des cours d'eau.

Les phénomènes se passèrent donc pour le comblement temporaire du lac du Bourget par la glace de la même manière que pour le lac de Genève, et il dut en être de même pour le lac d'Annecy, comme pour les grands lacs de la Suisse et de la haute Italie, car la théorie de Desor peut avec autant de facilité s'appliquer à la formation et à la conservation de tous les lacs, quelle que soit leur profondeur.

Au moment de l'extension des anciens glaciers, il a dû exister un grand nombre d'autres lacs qui ont disparu ou qui ont laissé à leur place des marais. Ils ont été comblés par les alluvions anté-glaciaires et post-glaciaires, car, pour assurer la persistance des anciens lacs, il fallait nécessairement que leur capacité

1. *Description géologique des environs d'Aix*, carte géologique avec coupes.

dépassât de beaucoup le cube des remblais ou des alluvions charriés par les eaux, sans quoi leurs cuvettes étaient remblayées jusqu'au niveau du sol voisin et rien ne trahissait au fond des vallées leur ancienne présence.

Résumé. — Mais avant de poursuivre cette rapide esquisse, nous résumerons ainsi ce que nous venons de dire relativement à la théorie de Desor, de A. Escher et de M. A. Favre sur la persistance des lacs, théorie d'ailleurs que nous préférons à toutes les autres, au point de vue général.

1° Il est très rationnel d'admettre qu'il y a eu en Suisse tout aussi bien que dans les autres contrées du globe des lacs dont l'origine n'a été que la conséquence de mouvements orographiques du sol.

2° Pendant que se produisaient ces mouvements orographiques, il a pu se former des fractures et, par suite, des débris qui ont tout d'abord été entraînés par les eaux dans les parties les plus déclives des nouvelles vallées où ils sont restés enfouis; mais aussi, au lieu de fractures, il a pu n'y avoir que des plissements de terrains, et les eaux n'ont eu à transporter que peu de fragments. Après le dernier soulèvement des Alpes, la physionomie de ce groupe montagneux devait déjà présenter dans son ensemble ses principaux traits; seulement ils étaient plus fortement accentués en hauteur et moins émoussés qu'à présent.

3° Dès les premiers développements des glaciers, l'humidité de l'atmosphère se transformait presque toute en neige, et les pluies étaient très rares aux sommets des hautes montagnes. En conséquence, l'érosion aqueuse privée des éléments de sa puissance devait entraîner peu de débris dans les lacs.

4° Les glaciers avaient dans leur progression une vitesse plus grande que celle de la formation des cônes de remblais dans les lacs pré-glaciaires. Ils ont donc pu remplir d'un culot de glace ces bassins lacustres avant leur comblement par les alluvions.

5° Les glaciers ont franchi les lacs en progressant au-dessus de ces masses de glace sur lesquelles ils ont glissé peut-être comme sur un terrain quelconque, ou en vertu de la mobilité de leurs molécules les unes sur les autres.

6° En avant des glaciers, les torrents sous-glaciaires entraînaient l'alluvion ancienne formée aux dépens des moraines profondes et l'étalaient en vastes nappes sur les parties latérales des pays voisins des lacs, et en aval de ces mêmes lacs.

7° Les oscillations des glaciers ont pu sur certains points produire des intercalations de terrain erratique à cailloux striés, au milieu d'alluvions à cailloux roulés.

8° A la fonte des glaciers quaternaires, les érosions aqueuses devinrent plus actives et leurs produits plus abondants; mais ces alluvions en grande partie furent entraînées par-dessus les culots de glace qui remplissaient les lacs et qui durent fondre lentement, protégés qu'ils étaient par la dépression où ils étaient enfermés et par une forte couche d'alluvion.

9° Les culots de glace finirent par fondre et les lacs apparurent dans un état voisin de celui où nous les voyons maintenant.

Aussi, nous concluons avec Desor, A. Escher, Studer, A. et E. Favre, Rutimayer, Heim et d'autres savants suisses, ainsi qu'Omboni, Stoppani en Italie; Ball, Lyell, Murchison, Falconer, etc., en Angleterre; C. Martins, E. Reclus, C. Grad, Viollet-le-Duc, de Lapparent, Chantre, etc., en France; de Hochstetter, Credner, Mojsisovics, etc., en Allemagne; enfin, plusieurs géologues de la Suède et de la Norvège, que l'érosion glaciaire était insuffisante pour creuser les grands lacs du massif alpin jusqu'à une profondeur de plusieurs centaines de mètres (lac de Genève, 334 mètres; lac de Garde, 195 mètres; lac Majeur, 375 mètres; lac de Côme, 406 mètres [1]). Mais nous devons ajouter avec un certain nombre de ces naturalistes que les anciens glaciers, en vertu de la puissance érosive qui résultait de l'action combinée de leur poids et de leur force de progression, étaient capables non seulement de déblayer certains lacs peu profonds des matériaux qui les encombraient, et de modifier les contours des lacs orographiques, mais encore de creuser dans les rochers, placés sur leur route, des bassins lacustres de peu de profondeur.

Conservation des fjords par la glace. — De la persistance des lacs pré-glaciaires à la conservation des fjords par la glace le passage est d'autant plus naturel qu'il existe des rapports assez intimes entre les fjords des régions septentrionales et certaines grandes vallées des Alpes. On nous permettra donc de revenir sur cette question des fjords qui se mêle si intimement à celle de la conservation ou du creusement des lacs et dont nous avons déjà dit quelques mots [2].

De même qu'à l'extrémité inférieure des grandes vallées de la Suisse il y a souvent un vaste lac, ainsi en Suède et en Norvège il se trouve, à l'issue des fjords, de vastes et profonds bassins qui descendent souvent au-dessous du niveau de la mer voisine. De telle sorte que, entre ces dépressions et l'embouchure des fjords dans la mer, le sol se relève et forme une espèce de seuil sous les eaux. Dans la haute Italie, près de certains lacs, on retrouve, au point de vue général, des dispositions topographiques analogues, puisque ces lacs ont leurs parties les plus profondes en dessous du niveau de la mer la plus rapprochée. Ainsi le fond du lac d'Iseo descend à 101 mètres en dessous du niveau de l'Adriatique, le lac de Garde à 130 mètres, le lac Majeur à 176 et celui de Côme à 204 mètres [3]!

1. E. Reclus, *la Terre*, t. I, p. 529.
2. *Ante*, p. 114.
3. E. Reclus, *la Terre*, t. I, p. 530.

Si cette disposition ne se retrouve pas exactement la même pour les lacs de la Suisse, c'est qu'ils sont ouverts dans un sol qui a été soulevé avec tout le massif alpin et qui constitue une protubérance au milieu de l'Europe centrale. Mais le lac de Genève, en conséquence de ses 334 mètres de profondeur, atteint presque le niveau de la mer à une quarantaine de mètres près. Il n'y a là du reste rien pour rompre les liaisons qui rattachent les vallées des Alpes aux fjords, pour les empêcher de rentrer dans le même ordre de phénomènes. Il n'en est pas moins vrai que, si la Suède, la Norvège, la Finlande venaient à se soulever convenablement, on verrait apparaître de grandes vallées terminées souvent comme celles des Alpes par un beau lac.

Il existe donc à ce point de vue et à d'autres une très grande analogie entre les vallées de la Suisse et les fjords des contrées septentrionales. Or, avec les meilleures raisons, on a taxé Tyndall d'exagération lorsqu'il a cru pouvoir attribuer la formation des vallées des Alpes à l'action érosive de la glace. Dans ces conditions, est-on autorisé à rapporter à l'action de la glace l'ouverture des fjords? La glace aurait-elle pu agir comme une lame de scie sur une pierre tendre? Nous ne pouvons le croire. Nous supposerions plutôt que la puissance érosive de la glace pourrait plus facilement ouvrir de larges vallées dans un massif montagneux que creuser ces cluses, ces canons étroits, profonds et sinueux qu'on appelle des fjords.

D'ailleurs, Viollet-le-Duc l'a clairement démontré [1], non seulement un glacier ne saurait ouvrir une cluse étroite dans une masse rocheuse, mais encore il ne pourrait s'introduire dans une gorge resserrée et profonde comme celle de Trient, de Bérard, de la Via-Mala, de la Tête-Noire, etc. Au-dessus des gorges de Trient, les poudingues de Salvan sont tous moutonnés malgré leur extrême dureté et l'on est sûr qu'ils ont servi de lits à un courant glaciaire, mais aussi tout prouve que le glacier n'a pu pénétrer dans la fêlure inférieure pour l'élargir et la creuser davantage.

D'après les observations du même savant sur l'action latérale d'un courant de glace dans une dépression longitudinale, les fjords, s'ils avaient été creusés par le passage d'une branche de glacier, présenteraient des sections largement évasées dans le haut. Mais ce n'est pas là leur disposition : les parois de ces profondes échancrures sont presque toujours très escarpées, souvent verticales ou même surplombantes, au lieu de présenter des surfaces synclinales [2]. C'est pourquoi il nous semble que ces entailles sont plutôt des fractures orogéniques que l'œuvre de la grande puissance érosive des anciens glaciers.

1. *Le massif du Mont-Blanc*, p. 57, 161.
2. E. Reclus, *la Terre*, t. II, p. 159, 160.

Mais si la glace n'a pas ouvert les tranchées et en quelque sorte fendu le sol à une grande profondeur, nous nous empressons de reconnaître que, lorsque l'écartement des parois ou d'autres circonstances l'ont permis, sa puissance érosive a dû modifier, approfondir, façonner de mille manières le travail primitif de la nature, et lui imprimer un caractère tout particulier, bien facile à reconnaître. Tous les pays du Nord semblent ainsi avoir subi un immense rabotage. C'est précisément ce facies qui constitue une différence essentielle entre les vallées des Alpes et les fjords, au milieu de leurs affinités. Dans tout le Nord, en Scandinavie, par exemple, les phénomènes glaciaires s'étant prolongés beaucoup plus que dans l'Europe centrale, les traces du travail des anciens glaciers ont gardé en quelque sorte leur vivacité et leur fraicheur. Si bien que tout le pays ressemble aux espaces que les glaciers actuels laissent à découvert pendant une phase de recul, tandis que, dans les Alpes, les agents atmosphériques, secondés par l'action du temps, ont déjà fait disparaître presque partout les empreintes laissées sur le sol par la période glaciaire.

Tous ces faits étaient faciles à constater, mais, lorsqu'il a fallu s'en rendre compte pour expliquer la formation des fjords et le creusement des bassins qui accidentent leur thalweg, souvent à des profondeurs considérables, les difficultés apparurent, et les théories s'opposèrent les unes aux autres.

Kjérulf, Peschel, de Hochstetter, Credner [1], El. Reclus [2], Stanislas Meunier [3], de Lapparent [4], appliquèrent à la formation des fjords et de leurs grands bassins la théorie de Desor, en la modifiant plus ou moins. Pour ces géologues, ainsi que nous l'avons déjà dit précédemment, le rôle principal joué par la glace fut de conserver toutes ces dépressions qui n'étaient en grande partie que des formes orographiques anciennes, résultant le plus souvent du travail des forces souterraines. Son influence préservatrice avait pu les soustraire, soit à l'action des agents atmosphériques et aux ravages du temps, soit aux efforts des vagues qui ont toujours une tendance à niveler les reliefs du sol et à en combler les dépressions avec divers déblais ou alluvions.

Mais depuis longtemps déjà le savant géologue Dana [5] avait regardé les anciens glaciers comme les agents excavateurs de la plupart des fjords et des lacs. Cette doctrine fut embrassée par beaucoup de géologues, parmi lesquels nous citerons seulement

1. *In* A. Penck, *Die Vergletscherung*, etc., p. 373, 374.
2. *La Terre*, t. II, p. 165.
3 *Les causes actuelles en géologie*, p. 139.
4. *Traité de géologie*, p. 306.
5. *U. S. exploring expedition*, 1836-1842, vol. X. Geology, 1849.

MM. Helland [1], Archibald et James Geikie [2], et nous verrons plus loin que le professeur Penck y a donné son adhésion. Tous ces glaciairistes cherchèrent en même temps à mettre en évidence les rapports qui existaient entre l'action des anciens glaciers de l'Europe centrale, de l'Ecosse, de la Norvège et celle des glaciers actuels des régions polaires.

Pour expliquer la formation des fjords, il y a donc parmi les géologues les mêmes divergences d'opinions que lorsqu'il s'agit de dire comment les lacs ont été creusés, et ces discussions ne paraissent pas devoir être closes de sitôt.

Quant à nous, nous reconnaissons parfaitement les effets de l'érosion glaciaire; mais, lorsqu'il s'agit d'en mesurer l'intensité dans une circonstance particulière, notre embarras devient extrême. Quoi qu'il en soit, si notre attention se porte sur ces excavations de plusieurs centaines de mètres de profondeur et de plusieurs kilomètres de longueur, nous ne pouvons accepter pour les phénomènes de la Scandinavie et des régions polaires une théorie qui nous paraît insuffisante pour expliquer le creusement des grands lacs de la Suisse et des Alpes. Nous préférons encore la théorie de Desor à celle de Ramsay et de Dana, que nous allons essayer d'exposer brièvement.

1. Die glacial Bildung der Fjorde und Alpenseen in Norwegen, *Poggendorffs Annalen*, CXLVI, 1873.

2. *The Great Ice Age;* chap. XXIII, XXIV, Rock-basins of Scotland.... 1877.

CHAPITRE IX

CREUSEMENT DES LACS PAR L'ÉROSION GLACIAIRE

Théorie de Ramsay et de Dana : creusement des bassins lacustres et des fjords par l'érosion glaciaire. — Opinions de Tyndall. — Lacs de la Bavière : Stark, Zittel, Dr Penck. — Observations. — Différences entre les glaciers actuels de l'Europe centrale et ceux de la période glaciaire. — Rapports entre les glaciers quaternaires et ceux des régions du Nord. — Influence de la glaciation sur la formation des lacs. — Insuffisance de l'érosion glaciaire aussi grande pour le creusement des lacs que pour celui des vallées. — Lacs de la Lombardie et leurs amphithéâtres morainiques. — Lacs produits par l'érosion glaciaire : lacs étagés, petits lacs des hautes régions, Hochseen; bassins rocheux; Felsbecken; Rock-basins; marais et tourbières. — Bugey, Alpes dauphinoises, Alpes allemandes, Ecosse, Scandinavie, Pyrénées.

Théorie de Ramsay et de Dana : creusement des bassins lacustres et des fjords par l'érosion glaciaire. — Ramsay, l'illustre directeur du Geological Survey d'Angleterre, qui avait une connaissance approfondie des phénomènes glaciaires en Angleterre et en Écosse, publia en 1859, à son retour d'un voyage en Suisse, un mémoire dans lequel il attribua à l'*action érosive de la glace* le creusement des lacs des Alpes et des Iles Britanniques [1]. Ainsi que nous l'avons dit, Dana [2], le savant professeur américain, avait déjà, une dizaine d'années auparavant, regardé les fjords des régions septentrionales comme les résultats de l'érosion glaciaire.

Peu après Ramsay, de Mortillet [3] mit en avant, pour la première fois, sa théorie de l'*affouillement glaciaire* (1860); en même temps, Desor fit connaître sa théorie de la *conservation* des lacs par la glace [4]. En Italie, plusieurs géologues participèrent à la discussion, et Omboni [5] prit fait et cause pour Desor. Mais les

1. *The Old Glaciers of North Wales*, in Ball. Peaks, Passes and Glaciers, 1859.
2. *United-States exploring Expedition*, 1836-1842, vol. X. Geology, 1849.
3. Note géologique sur Palazzolo et le lac d'Iseo, *Bull. Soc. géol.*, 2e série, t. XVI, p. 888. — Carte des anciens glaciers du versant italien des Alpes, *Atti della Societa italiana scien. nat.*, t. III, p. 44.
4. *Ante*, p. 135.
5. I ghiacciai antichi et il terrano erratico di Lombardia, *Atti della Societa italiana sci. nat.*, vol. III, 1860.

débats ne devaient pas ainsi rester confinés au pied des Alpes. Ramsay les transporta en quelque sorte en Angleterre, en communiquant à la Société géologique de Londres un remarquable mémoire sur l'*Origine glaciaire de certains lacs de la Suisse*[1]. Il avait cru remarquer que les lacs alpins étaient tous dans le domaine des anciens glaciers, mais qu'ils n'étaient situés dans aucune faille ouverte, ni dans aucun pli synclinal, et que de plus ils ne pouvaient être le produit d'une érosion aqueuse. Il ne lui restait donc, pour expliquer leur creusement, que la force érosive des anciens glaciers. La glace, en vertu de son poids et de la puissance de sa progression, avait suivi les vallées en les modifiant fortement et avait pu y creuser, lorsque les circonstances s'y étaient prêtées, des lacs dont quelques-uns atteignaient une grande profondeur. Ramsay pensa même qu'il existait une certaine proportion entre les dimensions des lacs et celles des vallées où ils étaient situés. La théorie de l'érosion glaciaire était donc fondée de toutes pièces.

A mesure que la glace excavait les bassins lacustres, elle s'y introduisait en y prenant la place de la roche érodée, et elle l'occupait en se renouvelant jusqu'au moment de la fonte générale. La différence essentielle entre la théorie de Desor et celle de Ramsay est donc que, d'après la première, la glace ne fait que conserver des excavations lacustres d'origine pré-glaciaire, tandis que, d'après la seconde, la glace creuse elle-même les bassins à toutes profondeurs et les conserve aussi en leur garantissant leur intégrité.

Opinions de Tyndall. — Mais Ramsay n'avait-il pas exagéré le pouvoir excavateur des anciens glaciers en y rattachant l'origine des lacs les plus profonds?

C'est toujours là que se trouve la difficulté; après vingt-cinq ans d'études, de recherches, de discussions, la réponse est incertaine et le problème n'est pas résolu!

Tyndall [2], ce grand physicien, ne fut pas effrayé des conséquences de la théorie de son compatriote Ramsay; il s'y attacha pleinement et l'exagéra encore jusqu'aux dernières limites, en disant que l'ouverture des vallées et le creusement des lacs n'étaient que l'œuvre des glaciers quaternaires!

Mais les principaux partisans de l'érosion glaciaire, les deux frères A. et J. Geikie, le Dr Croll, le professeur A. Penck, le Dr Böhm, Dana, etc., ne purent le suivre dans cette voie et restèrent fidèles aux idées du fondateur de la théorie. Ils ne purent jamais con-

1. On the glacial origin of certain lakes in Switzerland, *Quaterly Journal of the Geological Soc.*, t. XVIII, août 1862, p. 185.

2. The excavation of the valleys of the Alps, *Phil. Mag.*, 4e série, t. XXIV, p. 377, novembre 1862.

sentir à regarder les glaciers comme les agents excavateurs des grandes vallées des Alpes.

Lacs de la Bavière; Stark, Zittel, Dr Penck. — Puisque nous avons déjà essayé d'établir certaines liaisons et certains points de repère entre les terrains erratiques du versant nord des Alpes avec ceux de la partie occidentale de ce même groupe de montagnes [1], nous entrerons dans quelques détails relatifs aux vestiges des anciens phénomènes glaciaires et au creusement des lacs de la Bavière méridionale.

Déjà (1873) Stark [2], en publiant une note sur les lacs et les anciennes moraines de la Bavière, ainsi qu'une carte des moraines terminales du glacier quaternaire de l'Inn, avait en quelque sorte permis aux géologues de jeter un coup d'œil sur le sud-est de la Bavière pendant la période glaciaire.

L'année suivante, au retour d'un voyage en Scanie pendant lequel Desor lui fit observer un magnifique terrain erratique, M. Zittel [3] constata dans la Bavière méridionale les traces évidentes de phénomènes glaciaires anciens fort développés. Il s'empressa de faire connaître les allures du glacier de l'Isar, ses moraines et leurs terrains subordonnés, ainsi que les nombreux lacs du même bassin. Mais ce n'était là qu'une esquisse. Enfin un de ses disciples, M. A. Penck [4], aujourd'hui professeur à l'université de Vienne, profita de son séjour en Bavière pour continuer et développer les travaux de Stark et de Zittel sur le terrain glaciaire des Alpes bavaroises, et porta spécialement toute son attention sur le mode d'origine des lacs du Wurm et de l'Ammer, tous deux placés, avec d'autres plus petits, au sud-ouest de Munich. Ces divers lacs sont ouverts au milieu de la moraine profonde de la zone intérieure, c'est-à-dire de la moraine la plus récente, car d'après M. A. Penck il y en a, en dessous de celle-ci, une autre plus ancienne qui s'est étendue plus au nord dans la plaine bavaroise.

D'autres masses de débris souvent consolidés, datant d'une première extension des glaciers, passent à une nagelfluh diluviale et forment la base de ces diverses moraines; c'est dans ce *glacialschotter* inférieur et dans l'ensemble des moraines qui le surmonte, qu'ont été érodés de la façon la plus évidente les lacs de la région de l'Isar [5].

Les terrains erratiques placés au pied des Alpes bavaroises ont été fortement ravinés, mais ne présentent aucune trace de boule-

1. *Ante*, p. 129.
2. *Die Bayerischen Seen und die alten Moränen*, etc., 1873.
3. Ueber Gletschererscheinungen in der bayerischen Hochebene, *Ann. Acad. de Munich*, 1874, p. 252.
4. *Die Vergletscherung der deutschen Alpen*, etc., 1882.
5. *Op. cit.*, p. 407. Voir le tableau synoptique, *ante*, p. 129.

versement. Les lacs qui les découpent ne paraissent donc pas être le résultat de mouvements orographiques ou de plissements du sol, mais l'œuvre manifeste de l'érosion glaciaire pendant la dernière des trois périodes admises par M. le professeur Penck. « On peut, dit-il [1], démontrer que les lacs de la Bavière sont de vrais lacs d'érosion et qu'ils n'ont pas été érodés avant la dernière période glaciaire. Par leur position dans l'espace, comme par leur origine dans le temps, ils concordent pour leur formation avec le développement des glaciers et, par conséquent, on ne peut douter qu'ils n'aient été formés par eux. »

Tous ces terrains de transport sont tellement développés au pied des Alpes bavaroises que M. le Dr Penck qui les considère comme moraines profondes, charriées en dessous des anciens glaciers, peut trouver dans la constatation de la masse de leurs éléments la meilleure preuve de la puissance érosive de ces mêmes glaciers. Il lui paraît donc très rationnel d'attribuer à l'érosion glaciaire la formation des lacs bavarois.

M. Penck fut tellement convaincu de la valeur de ses observations qu'il ne put s'empêcher de reconnaître la même origine à tous les lacs qui sont situés dans le massif alpin, même quand il s'agit de grands lacs qui peuvent, comme le lac de Genève et ceux de la Lombardie, mesurer de 2 à 300 mètres de profondeur ou plus.

Mais ce n'était pas assez pour lui; il chercha à établir sa théorie de la formation du terrain erratique et des lacs de la Bavière méridionale sur des bases encore plus solides, en comparant les phénomènes glaciaires des Alpes bavaroises avec ceux des régions du Nord dont nous avons déjà parlé et sur lesquels nous n'avons pas à revenir. Puis le Dr Penck formula ainsi les points principaux de la théorie de l'érosion glaciaire : « Les lacs et les vallées des Alpes nous paraissent étroitement liés [2]. Dans les vallées nous reconnaissons l'œuvre de l'érosion. Mais toutes les tentatives pour considérer les lacs comme des vallées modifiées et barrées ne peuvent nous satisfaire. Il ne reste donc plus qu'une issue : les considérer comme l'œuvre de l'érosion glaciaire. Or nous avons appris à connaître un matériel qui est en état de creuser les lacs, et nous nous sommes souvenu que les lacs alpins étaient tous situés dans la région des anciens glaciers, qu'ils ont été creusés précisément pendant le développement de ces mêmes glaciers et qu'ils se trouvent aux endroits où la force érodante des glaciers était le plus considérable. Comment pourrait-on donc douter après cela que les lacs ne fussent un résultat de l'extension des glaciers et qu'ils ne fussent les témoins orographiques de l'époque glaciaire?

1. *Op. cit.*, p. 354.
2. *Op. cit.*, p. 424, 425.

« Trois fois au moins, pendant l'époque quaternaire, de puissants fleuves de glace ont descendu les vallées des Alpes, et trois fois ils ont pu éroder et former des bassins lacustres ou affouiller de nouveau ceux qui avaient été comblés pendant les temps interglaciaires. »

Tel est le résumé que M. Penck a fait lui-même très rapidement de la doctrine des partisans du creusement des lacs par les glaciers.

Observations. — Nous nous bornerons à quelques réflexions. D'ailleurs nous sommes loin d'être l'adversaire systématique de l'érosion glaciaire : nous ne pouvons méconnaître ses effets; nous les avons étudiés trop laborieusement dans la partie moyenne du bassin du Rhône, et, avec MM. Ramsay, Geikie, Penck et Böhm, etc., nous sommes même tout disposé à admettre, ainsi que nous le dirons plus loin, qu'il y a en Bugey, dans les Pyrénées et dans les Alpes des lacs de dimensions restreintes dont l'origine se rattache uniquement au travail de l'érosion. Mais en général dans quelles limites l'érosion a-t-elle pu s'exercer? Son action pouvait-elle être indéfinie en quelque sorte par suite d'une grande durée? ou bien était-elle forcément bornée? C'est pour nous ce qu'il faudrait préciser. Il ne reste donc plus là qu'une question de quantité aussi bien vis-à-vis de la doctrine de Ramsay que de celle de Mortillet. Nous disons donc avec M. A. Favre [1] qu'il faut poser une limite à certains effets. Cette limite existe dans toutes les questions de géologie, et il est indispensable de l'établir. En voyant sur les bords de la mer une dune de 20 ou 30 mètres se former au moyen de grains de sable poussés par le vent, serait-on en droit de conclure que dans quelques centaines de mille ans cette dune pourrait atteindre la hauteur des Alpes ou celle de l'Himalaya? Non, évidemment. De ce que les lacs de la Bavière sont des lacs d'érosion, faut-il conclure que les lacs du groupe alpin le soient *tous*, sans tenir compte de leur profondeur relative? Nous ne le croyons pas davantage.

En effet nous avons peine à comprendre comment un glacier dont Tyndall [2] et bien d'autres savants, à la suite de célèbres expériences, ont pu comparer la marche à celle d'un fleuve, sous le rapport de la mobilité de leurs molécules et des différences de leur vitesse selon la hauteur de leurs diverses sections, peut conserver assez de solidarité avec ses particules les plus inférieures pour pouvoir éroder fortement des roches sous-jacentes situées à plusieurs centaines de mètres en dessous de sa surface.

Par des mesures exactes, on s'est assuré que le mouvement d'un glacier ordinaire est toujours ralenti par son frottement

1. Sur l'origine des lacs alpins et des vallées, Lettre adressée à sir R. J. Murchison, *Bibl. univ.*, t. XXII, p. 273, avril 1865. — *Recherches géologiques*, t. I, p. 203.

2. Les glaciers et les transformations de l'eau, *Bibl. scient. intern.*, p. 55.

contre la surface de son lit et contre les autres parois encaissantes. Par conséquent, les plus grandes vitesses s'observent régulièrement dans les parties supérieures et selon une ligne qui se rapproche plus ou moins de la ligne médiane. Dans ces conditions, comment la glace en passant au-dessus d'un bassin profond ne se dégorgerait-elle pas simplement par les sections supérieures, au lieu de se mouvoir uniformément depuis le bas jusqu'en haut, en gardant sa puissance érosive jusque dans ses masses les plus inférieures enfermées dans une cuvette profonde et sans issue?

Différences entre les glaciers actuels de l'Europe centrale et ceux de la période glaciaire. — Rien de ce qu'on observe dans les glaciers modernes ne pourrait servir d'appui à l'explication donnée par les défenseurs de l'érosion glaciaire. Mais ils ont prévu l'objection et ils se sont empressés de répondre qu'il était imprudent de comparer les anciens glaciers aux glaciers actuels des Alpes, car il y a de telles différences entre le développement des uns et des autres qu'il doit y en avoir d'aussi considérables dans les résultats de leur fonctionnement. En effet, on ne peut étudier les glaciers modernes qu'à leur extrémité inférieure, c'est-à-dire précisément à l'endroit où ils ont le moins de poids et d'énergie érosive sur les roches qui forment leur lit, tandis que les glaciers anciens, ayant plusieurs centaines de mètres d'épaisseur, devaient attaquer le sous-sol avec une puissance dynamique assez forte pour y creuser de profonds bassins lacustres.

Il n'y aurait donc pas de comparaison juste à établir entre l'action des uns et des autres.

On constata en même temps que les partisans de la théorie de la *conservation des lacs* par la glace s'étaient trouvés ou se trouvaient encore pour la plupart parmi les géologues qui possédaient le mieux la science de la glace et des glaciers actuels, tels : MM. Desor, Escher, Studer, A. et E. Favre, Heim, Viollet-le-Duc, Ball, Ch. Martins, Ch. Grad, Omboni, de Mojsisovics, Peschel, de Hochstetter, etc.

A nos yeux ce ne serait pas leur faire un reproche, car en géologie comme dans toutes les autres sciences, la vraie méthode est d'aller du connu à l'inconnu, et l'étude des glaciers actuels devait naturellement précéder celle des glaciers anciens. Du reste on ne pouvait accuser ces géologues d'avoir négligé les glaciers anciens puisque avec Lyell, Murchison, Stoppani, Rutimayer et d'autres disciples de J. de Charpentier et de Venetz, ils avaient été les *pionniers*, les fondateurs de la science du terrain erratique, et qu'ils avaient le plus contribué à son développement. C'était donc en parfaite connaissance de cause qu'ils avaient choisi la théorie qui leur semblait mériter leur préférence.

Rapports entre les glaciers quaternaires et ceux des régions du Nord. — Mais si les défenseurs des idées de Ramsay s'étonnaient qu'on cherchât dans les Alpes des termes de comparaison exacts pour faire connaître les allures des anciens glaciers et démontrer quelle puissance pouvait acquérir parfois l'érosion glaciaire, ils étaient convaincus qu'on pouvait les rencontrer en Scandinavie. Pour eux, la force qui avait pu fouiller à plusieurs centaines de mètres de profondeur des fjords étroits et longs de quelques dizaines de kilomètres avait été bien capable de creuser les grands lacs alpins. Mais ce n'était pas assez; on alla chercher des exemples plus au nord dans les contrées polaires, où existent encore des glaciers aussi vastes que nos glaciers quaternaires.

Nous nous empressons de reconnaître l'excellence de cette idée, car il y avait là, pour les glaciairistes, à trouver d'importants sujets d'étude sans sortir de la méthode scientifique. Malheureusement, pour les glaciers de l'extrême nord, la mine d'observations est à peine ouverte et des difficultés matérielles de toutes sortes en retardent l'exploitation ; il reste encore bien des mystères à éclaircir, des doutes à dissiper, des problèmes à résoudre! En Scandinavie, la question des fjords est loin d'être résolue et, qu'il s'agisse des fjords ou des grands lacs alpins, nous avons vu que l'accord est aussi difficile à établir entre l'école de Ramsay et celle de Desor. Sans doute l'avenir répondra clairement à toutes les questions posées, et une connaissance plus exacte, plus approfondie des glaciers du Nord fera faire dans un sens ou dans un autre de rapides et sûrs progrès à la science. Pour le moment nous attendons les résultats avec impartialité et nous trouvons qu'il est encore prématuré de vouloir expliquer tous les phénomènes glaciaires anciens de l'Europe centrale par ceux de la Scandinavie et du Groënland. Au milieu des différences climatériques et autres qui ont toujours séparé ces deux groupes de régions, il reste encore trop de difficultés pour équilibrer un parallélisme exact. Ne citons qu'un exemple : les glaciers du Groënland n'ont point de moraines superficielles, et ils entrainent à de grandes distances, *en dessous d'eux*, dans leurs moraines profondes tous les fragments de roches plus ou moins volumineux que leur force érosive a arrachés du sol. Les choses ont dû se passer bien différemment dans notre bassin, comme nous l'avons dit dans un précédent chapitre [1]. Voilà une différence essentielle entre notre terrain erratique et celui du Groënland. Il doit y en avoir bien d'autres sans doute ! Il faut donc une grande prudence pour essayer d'établir de semblables assimilations.

Influence de la glaciation sur la formation des lacs. — Un des arguments les plus souvent répétés par les adversaires du système de Desor consiste à dire que les lacs alpins, étant tous situés dans le domaine des anciens glaciers, doivent être par con-

1. *Ante*, p. 100.

séquent l'œuvre de l'érosion glaciaire. Cependant M. le Dr Böhm met plus de réserve [1]. Tout en reconnaissant que les lacs, les kares, les botners, les cirques sont les produits les plus importants de l'érosion glaciaire et qu'ils sont en général les preuves physiques de l'existence des anciens glaciers, il consent à ce que tous les lacs peuvent bien ne pas avoir la même origine, et à ce que, en dehors de l'érosion glaciaire, il y a d'autres facteurs qui ont pu opérer la formation des lacs. On ne peut donc prouver l'origine glaciaire des lacs que dans tel ou tel cas particulier, comme M. Penck l'a fait pour les lacs de la Bavière supérieure.

Nous faisons le meilleur accueil à ces réserves du Dr Böhm et dans ces conditions l'argument de nos contradicteurs perd à nos yeux une partie de ce qui nous semblait exagéré.

Insuffisance de l'érosion glaciaire aussi grande pour le creusement des lacs que pour celui des vallées. — Il y a déjà longtemps que Ball [2] ne pouvait comprendre pourquoi le glacier du Rhône, qui avait été impuissant à élargir le défilé de Saint-Maurice, avait pu, quelques milliers de mètres plus loin, creuser un lac dont la profondeur maximum est de 334 mètres [3] et dont le fond se relève ensuite depuis ce point jusqu'à Genève, et n'oublions pas de dire que les roches de la côte savoisienne vers la Meillerie sont aussi résistantes que celles de Saint-Maurice : pourtant c'est le long ou près de cette côte que les sondages ont accusé les plus grandes profondeurs!

Pour atténuer ce que la théorie de l'érosion glaciaire pouvait présenter d'anormal, ses défenseurs ont dit que les grands lacs étaient toujours situés dans les endroits où la force érosive des glaciers devait acquérir son maximum. Il peut en être souvent ainsi, mais ce ne serait pas le cas pour le lac de Genève.

Ce serait donc après que sa poussée a été partiellement amortie contre les parois rocheuses du brusque coude de Martigny et contre l'étranglement de Saint-Maurice que le glacier du Rhône aurait acquis sa plus grande puissance excavatrice? Peut-on le croire? Enfin au Bouveret, en s'infléchissant subitement vers le sud-ouest, le glacier a dû perdre encore de sa puissance érosive, et c'est précisément au pied des montagnes de la Savoie, le long de la rive convexe, c'est-à-dire de la rive contre laquelle toujours les courants affouillent le moins fortement, et en dehors de la ligne médiane de l'ancien glacier du Rhône [4], que l'érosion glaciaire aurait attaqué les roches à la plus grande profondeur, entre

1. *Die alten Gletscher der Enns und Steyr*, p. 179, 180.
2. On the formation of alpine Valleys and alpine Lakes, *Philosophical Magazine and Journal of science*, 1863, vol. XXV, p. 81.
3. A. Favre, *Description géologique du canton de Genève*, t. II, p. 138.
4. A. Favre, Origine des lacs alpins, p. 4, *Bibliothèque universelle*, t. XXI, p. 273, avril 1865.

la Meillerie et Evian. Sur la rive opposée, c'est-à-dire la rive concave, contre laquelle la poussée du glacier devait surtout agir, le lac est bien moins profond, quoique les roches soient plus tendres, puisque ce sont des mollasses du canton de Vaud.

En outre, comment se fait-il que la branche méridionale du glacier du Rhône, qui comblait tout l'espace entre les Alpes de la Savoie et le Jura et qui s'écoulait vers le sud-ouest, a épargné les mollasses peu résistantes du canton de Vaud, pour affouiller profondément les calcaires durs de la Meillerie et de la côte savoisienne?

Mais nous irons plus loin, et nous demanderons pour quelle raison la branche nord du glacier du Rhône qui allait rejoindre le glacier du Rhin, après s'être enflée des glaces de l'Aar, de la Reuss, de la Linth, n'a pas eu cependant assez de puissance pour attaquer et creuser à de grandes profondeurs le sol de la plaine de la Suisse qui lui servait de lit? Le creusement des lacs de Neufchâtel (144^m) et de Morat (52^m) ne saurait établir une parité avec celui du lac de Genève (334^m).

Pourquoi cette inégalité dans l'action de la glace? Pourquoi a-t-elle affouillé très profondément sur un point, tandis que, tout près de là, elle n'a fait qu'user superficiellement le sol?

Nous sommes loin de contester la puissance d'action d'un immense glacier, car nous sommes tout disposé à admettre avec nos amis le Dr Lortet et E. Chantre [1] qu'en évaluant à 165 mètres seulement l'épaisseur moyenne de la couche de glace qui recouvre les 20 000 myriamètres carrés du Groënland, on arrive pour le volume de cette masse d'eau congelée au total presque fabuleux de 330 trillions de mètres cubes. On reste stupéfait en présence de l'énorme puissance dynamique que peut développer une semblable masse de glace toujours en mouvement. Tout doit être broyé, détruit!

Mais, nous le répétons, ce que nous ne pouvons comprendre, c'est l'application de cette puissance sur certains points déterminés et nettement limités, si on veut recourir à elle pour rendre compte du creusement intégral des lacs les plus profonds et des fjords les plus étroits et les plus longs. Des différences dans la dureté et la composition des roches, à supposer qu'elles existassent, ne pourraient suffire pour expliquer des résultats aussi considérables.

Quant à nous, nous trouvons plus simple de croire que la glace n'a eu qu'à se mouler sur d'anciens accidents orographiques qu'elle a modifiés plus ou moins profondément, car, on ne peut le nier, la puissance des forces orogéniques et souterraines de la terre l'emporte infiniment sur celle des plus grands glaciers!

1. Études paléontologiques sur le bassin du Rhône, Archives du *Muséum de Lyon*, t. I.

D'ailleurs, si le glacier du Rhône avait été véritablement l'agent excavateur du lac de Genève, il aurait entamé les terrains et les roches sur lesquels il s'avançait et aurait mis les *tranches* ou les sections des couches à découvert, au lieu de se mouler sur les inflexions de la mollasse qui sert de fond aux eaux du lac, ainsi que nous l'ont appris de nombreux sondages.

Lacs de la Lombardie et leurs amphithéâtres morainiques. — Ce que nous avons dit pour les lacs de Genève et du Bourget, nous aurions pu le répéter pour les autres grands lacs alpins en le modifiant suivant les lieux et les circonstances. Mais nous nous serions trop écarté de notre sujet. Cependant, en terminant ces observations, nous ne pouvons nous dispenser de faire encore une remarque.

En Lombardie, les grands lacs de Côme, d'Iseo, de Garde, le lac Majeur dépassent les premiers contreforts des Alpes et s'avancent dans les plaines. Au delà, plus au sud, se dressent de puissants amphithéâtres morainiques démantelés, ravinés par les cours d'eau et les inondations. C'est tout un ensemble de vallons, de collines, de lacs et d'étangs qui donne à la région un charme particulier et qui lui imprime cet aspect caractéristique que Desor [1] a désigné sous le nom de paysage morainique.

Certes, près de ces beaux lacs, il serait difficile en jetant les yeux autour de soi de ne pas reconnaître partout l'action des anciens glaciers ; mais de cette disposition des terrains est-on en droit de conclure que c'est à l'érosion glaciaire qu'il faut attribuer leur creusement, malgré leur profondeur et leurs formes si irrégulières? Nous n'en saisissons pas la raison. Que ces lacs aient été creusés avant la période glaciaire ou par l'action directe des glaciers, il faut toujours qu'ils aient été remplis par d'énormes culots de glace sur lesquels les glaciers se sont avancés pour aller déposer plus loin leurs immenses moraines frontales. Ce sont là deux ordres de phénomènes distincts, et on ne pourrait conclure de l'existence des uns à la possibilité des autres.

On le voit : si on a recours à l'érosion glaciaire pour expliquer l'origine et la formation du lac de Genève, les difficultés se succèdent les unes aux autres; mais tout se simplifie dès qu'on regarde ce bassin lacustre comme le résultat des plissements du sol modifiés plus tard par les glaciers.

Mais nous ne pouvons poursuivre plus longuement cette étude, car ce serait sortir de nos limites; ne voulant pas nous mêler aux débats, mais désirant seulement faire pressentir nos préférences en résumant l'état de la question, nous craignons déjà de nous être laissé entraîner trop loin. D'ailleurs ce que nous venons d'écrire suffit pour faire saisir le genre des discussions qui se sont élevées entre les deux principales écoles. Nous laisserons donc de côté

1. *Le paysage morainique, son origine glaciaire,* etc., 1875, p. 4.

une foule de points intéressants, et pour une étude plus complète nous renvoyons aux ouvrages classiques de A. Favre[1], de Heim[2], de Penck[3], de J. Geikie[4], du Dr Böhm[5], etc., que nous avons cités à chaque instant.

Lacs produits par l'érosion glaciaire; lacs étagés, petits lacs des hautes régions, Hochseen; bassins rocheux, Felsbecken, Rock-basins; marais et tourbières : Bugey; Alpes dauphinoises; Alpes allemandes; Écosse; Scandinavie; Pyrénées. — Nous admettons parfaitement que l'on peut avec certitude rapporter à l'action érosive de la glace seule, le creusement d'un grand nombre de lacs de dimensions moyennes ou petites; mais, pour arriver à un résultat détaillé et précis, il faudrait, en quelque sorte, faire la monographie de chaque lac, comme le dit le Dr Böhm[6], et, comme nous l'écrivions dans un chapitre précédent[7], au lieu de traiter la question au point de vue général. Ainsi Desor[8] était disposé à croire que les lacs de Neuchâtel, de Bienne, de Morat, qui sont alignés suivant la direction suivie par la branche nord du glacier du Rhône, étaient en partie des lacs d'érosion; mais une étude spéciale pour chacun de ces lacs pourrait seule nous apprendre si telle est leur origine ou bien si la glace n'a fait que modifier leurs formes! Pour d'autres groupes de lacs on a plus de certitude.

L'ancien glacier du Rhône en s'avançant en dehors des Alpes dans des chaînes secondaires a pu trouver un sol plus ou moins résistant, plus ou moins mouvementé ou ondulé, et l'érosion glaciaire intervenant, les parties tendres des roches ont été attaquées, creusées, usées dans le sens de la progression des glaces. Quand toute la glace a été fondue, chaque dépression nouvelle est restée occupée par un petit lac. Ainsi nous donnons volontiers une semblable origine à la plupart des vingt-cinq petits lacs qui apparaissent à toutes les hauteurs dans les environs de Belley, où le glacier du Rhône a laissé partout de nombreuses traces de son passage. Ces petits lacs sont presque toujours plus étendus dans le sens de l'avancement de l'ancien glacier; en outre, ils sont tous entourés de rochers calcaires moutonnés, polis et couverts de stries, ce qui témoigne clairement de l'action érosive de la glace pour leur formation. Nous n'en citerons que quelques-uns en commençant par celui qui atteint la cote la moins forte : le lac de Pluvis, 225

1. *Sur l'origine des lacs alpins*, etc., *op. cit.*, 1865. — *Recherches géologiques*, etc., t. I, chap. x, p. 178, 185, 1867. — *Description géologique du canton de Genève*, t. II, p. 141, 1880.
2. *Handbuch der Gletscherkunde*. Abschnitt VII, 1885.
3. *Die Vergletscherung*. Leipzig, 1882, etc.
4. *The Great Ice Age*, chap. XXIII-XXIV. London, 1877, etc.
5. *Die alten Gletscher*, etc. Wien, 1885, etc.
6. *Op. cit.*, p. 180.
7. *Ante*, p. 135.
8. Dollfus-Ausset, t. II, p. 247.

mètres, le lac de Barre, 243 mètres, les lacs de Pugieu, 284 mètres, le lac Barterand, 300 mètres, le lac d'Armaille, 332 mètres, le lac de Chavoley, 347 mètres, les trois lacs de Conzieux, 351 mètres, le lac de Crotel, 528 mètres, enfin le lac d'Embléon, 705 mètres.

Dans tout le cirque de Belley, comme sur tout le plateau des Dombes, une couche de boue argileuse dépendant de la moraine profonde des anciens glaciers a rendu pour ainsi dire imperméables ces pays fendillés ou sablonneux. C'est ce qui a favorisé la formation des petits lacs du Bugey et l'établissement de ces nombreux étangs qui ont rendu si insalubre la partie méridionale de la Bresse. Leur isolement et leur éloignement de tout cours d'eau expliquent facilement la persistance, jusqu'à nos jours, des petits bassins lacustres des environs de Belley, malgré leurs dimensions exiguës.

Nous laissons de côté plusieurs autres petits lacs moins intéressants et de nombreuses tourbières ou marais qui ne sont sans doute que d'anciens petits bassins encombrés par un colmatage ou quelques alluvions.

Mais nous n'avons jamais pensé que le plus grand nombre de ces petits lacs, de ces marais, de ces tourbières étaient les restes d'un grand lac, ainsi que nous l'a fait dire M. A. Penck [1]. Les différences d'altitude, qui existent entre les niveaux de ces divers bassins, ne permettent même pas de s'arrêter à cette hypothèse.

Dans les grands massifs montagneux, ces groupements de petits lacs érodés sont encore plus remarquables qu'en Bugey. Ainsi dans les Alpes et dans les Pyrénées, les anciens glaciers en descendant des sommets les plus élevés ont glissé sur des roches qui offraient plus ou moins de résistance à leur action érosive, et de ce travail il est résulté une multitude d'excavations creusées dans les parties les plus tendres des roches vives.

Naturellement, tout autour du Mont-Blanc, près duquel les phénomènes glaciaires se sont toujours accomplis avec une grandiose intensité, Viollet-le-Duc [2], qui a fait une étude toute particulière de ce géant des Alpes, a signalé, à une altitude qui dépasse 2000 mètres, un grand nombre de petits lacs ou de petits réservoirs qui ne sont que les produits de l'érosion glaciaire; les plus remarquables sont les lacs du Brévent, les lacs Cornus, les lacs Blancs, etc., etc. Plusieurs de ces lacs sont étagés les uns au-dessus des autres, tels que les lacs Cornus; quelques autres, les lacs Jovet par exemple, sont creusés au fond de combes ou de cirques comme on en voit tant dans les Pyrénées.

Il faut sans doute attribuer également à la puissance érosive

1. *Die Vergletscherung*, etc., p. 396.
2. *Le massif du Mont-Blanc*, etc., p. 158, 160, 1876.

des anciens glaciers le creusement de la plupart des nombreux petits lacs qui sont éparpillés dans les hautes régions des chaînes cristallines des Alpes dauphinoises.

Les plus connus de ces petits bassins lacustres sont situés au milieu des schistes, des serpentines, des granites de la chaîne de Belledone; tels sont les onze lacs des Sept-Laux, bien connus des touristes, 2277 mètres, puis le lac Blanc, 2168 mètres, les lacs du Crouzet, 1968 mètres, de la Sitre, de Merlat, 1994 mètres, les lacs du Grand et du Petit Domenon, 2253 mètres, au pied du pic de Belledone, 2981 mètres, le lac Robert, 2170 mètres, creusé au milieu d'un affleurement isolé de serpentine, le lac de David, de Longet, 2000 mètres, sans parler de plusieurs autres moins importants.

Tous ces petits lacs étalés dans une zone d'une altitude assez régulière, approximativement entre 2000 mètres et 2300 mètres, rappellent énormément les *lacs élevés*, les *Hochseen* des Alpes orientales que les glaciairistes allemands et M. le Dr Böhm [1] ont étudiés avec beaucoup de soin. On a compté environ 5000 lacs dans la chaîne des Alpes, et la moitié en est bien connue. Ces lacs peuvent se diviser en deux classes principales : 1° les *lacs de vallées* étalant leurs nappes azurées dans les plaines et le fond des bassins; ces lacs forment en quelque sorte une ceinture autour du grand massif alpin et tracent ainsi la périphérie du domaine des anciens glaciers pendant leur plus grande extension; nous n'avons pas ici à nous occuper de ces bassins; 2° les *lacs de montagnes*, tous situés dans des régions élevées et occupant, comme nous venons de le voir pour la chaîne de Belledone, des zones régulières, variant un peu d'après l'altitude de chaque massif particulier où ils se trouvent, mais restant toujours à un niveau parallèle à la limite inférieure des neiges. Cette disposition suffirait pour démontrer que l'établissement de ces lacs est le résultat de l'action des anciens glaciers et qu'il y a une liaison intime entre ces deux ordres de phénomènes, mais il en existe d'autres preuves encore plus convaincantes. Cependant, ainsi que le reconnaît M. Böhm, un certain nombre de ces lacs sont produits par des barrages accidentels occasionnés par des éboulements, des tremblements de terre, etc., mais ils sont assez rares.

La plupart des lacs de montagnes sont des bassins ouverts dans des roches polies et striées, ou de simples excavations situées entre des roches moutonnées. On peut donc rapporter sans conteste leur origine à la puissance érosive des anciens glaciers, et déjà nous avons reconnu des caractères analogues dans presque

1. *Die alten Gletscher*, capitel VII, Kare und Seen. — Die Hochseen der Ostalpen... separet-abdruck Mittheilungen *der Kais. Konigl. Geogra. Gesell. in Wien.* Jahrg., 1886.

tous les petits lacs des environs de Belley ou des Alpes dauphinoises, en plein pays soumis autrefois à la glaciation.

Que peut-on conclure de cette disposition générale, de ce groupement par zones, sinon que cette multiplicité de petits lacs dans un aréa assez bien limité en altitude, indique une des dernières étapes des anciens glaciers pendant leur mouvement de recul. C'est lorsqu'ils étaient stationnaires dans ces hautes régions, qu'ils ont façonné toutes ces roches, qu'ils les ont érodées et excavées. Dans les régions inférieures qu'ils avaient abandonnées, les traces de l'érosion glaciaire s'étaient assez vite effacées; beaucoup de petits lacs s'étaient comblés, et les stries aussi bien que les polis avaient disparu sous l'influence des agents atmosphériques.

Ce travail de comblement, de démolition se fait même si rapidement que M. le Dr Böhm [1] a constaté la disparition de plus de 100 petits lacs de montagnes qui figurent sur la belle carte du Tyrol, gravée en 1774 et remarquable par son exactitude.

En résumé, les anciens glaciers se sont maintenus plus longtemps et plus tardivement, et leurs traces se sont mieux conservées dans les zones élevées des petits lacs rocheux que dans les régions inférieures. Il en est de même en Écosse, comme l'a démontré M. J. Geikie, dans la presqu'île scandinave et dans bien d'autres contrées septentrionales qui subissaient encore l'influence de la glaciation, lorsque nos plaines et les contreforts de nos montagnes étaient déjà débarrassés depuis longtemps de tout l'appareil glaciaire. Voilà pourquoi le comblement des lacs et leur colmatage sont plus avancés dans les pays d'un climat tempéré que dans les régions froides, soit par leur altitude, soit en raison de leur latitude.

Dans les Pyrénées on trouve tout aussi bien que dans les Alpes une foule de petits lacs groupés dans des zones d'une hauteur moyenne déterminée, entre 1500 et 2600 mètres, et toujours parallèles à la limite inférieure des anciennes neiges permanentes. Ces nappes d'eau manquent dans les massifs qui n'atteignent pas ces altitudes, tels que les montagnes des Basses-Pyrénées.

Généralement ces bassins lacustres sont creusés dans des roches qui portent l'empreinte du travail des glaciers quaternaires, et qui appartiennent plutôt aux formations cristallines anciennes qu'aux calcaires de transition; une disposition analogue se voit en Scandinavie [2]. Ils ne sont eux-mêmes que les produits de l'érosion glaciaire. Quelques autres lacs ont une origine différente; ce sont des éboulements ou de simples accidents orographiques qui ont barré l'écoulement des eaux qu'ils contiennent, mais ces bassins ne sont que de rares exceptions.

1. *Die Hochseen der Ostalpen*, p. 16.
2. A. Penck, *la Période glaciaire dans les Pyrénées*, etc., p. 174.

Souvent ces *lacs de montagnes* sont étagés les uns au-dessus des autres et situés entre des arêtes qui laissent entre elles des vallées ou bassins resserrés de distance en distance par des étranglements successifs. Les nappes d'eau se déversent les unes dans les autres en tombant de cascade en cascade. Citons les lacs d'Oo, de la Tet, de la vallée de Campan, d'Estom-Soubiran [1], de Gaube, d'Estaubé, d'Heas, etc., etc. [2].

Il existe une relation intime entre la présence des cirques et celle des petits lacs qui en occupent souvent le fond ou les abords. M. Geikie a signalé cet arrangement en Écosse et en Scandinavie, et les partisans de l'érosion glaciaire soutiennent que les cirques, tout comme les lacs, ont été creusés par le passage des anciens glaciers. Mais à cet égard il existe toujours les mêmes divergences entre nos idées et celles de cette école. Nous admettons bien que *les cirques des Pyrénées sont des lits d'anciens glaciers et en représentent les points d'origine dont la forme élargie est caractéristique*, mais nous ne pouvons croire que les cirques soient l'*œuvre entière des glaciers* [3]. Pour nous, nous pensons que ce sont les cirques primitifs dominant presque de toutes parts la naissance des grandes vallées qui ont engendré les glaciers, en permettant à la neige et aux névés de s'amonceler dans leurs vastes amphithéâtres. C'est seulement dans ces conditions que le travail de la glace a dû intervenir pour façonner ces *oules*, ces sections d'immenses entonnoirs, leur enlever leurs aspérités, les arrondir et leur imprimer enfin cet aspect particulier qui a engagé J. de Charpentier à leur donner le nom de *cirques* [4].

Dans les Alpes, ces cirques sont encore ensevelis sous des masses de neiges, de névés et de glaces, mais si ces amoncellements d'eau congelée venaient à fondre, on retrouverait à l'origine de chaque grande vallée les formes orographiques qui caractérisent, dans les Pyrénées, les environs de Gavarnie; tous les rochers offriraient l'aspect que laisse toujours après lui le passage des glaciers, ces contours arrondis et moutonnés, ces surfaces polies et striées qu'on ne peut rapporter à l'action d'aucun autre agent de la nature.

Mais avant d'en finir avec les lacs des Pyrénées nous ne pouvons nous dispenser de rappeler un fait singulier, c'est-à-dire l'absence de tout grand lac à l'issue des vallées principales, comme on en admire si souvent en Suisse et dans la Haute-Italie.

Charles Martins [5] a cherché à expliquer cette disposition hydro-

1. E. Reclus, *la Terre*, t. 1, p. 534.
2. Viollet-le-Duc, *le Massif du Mont-Blanc*, p. 160.
3. *La période glaciaire dans les Pyrénées*, p. 172, 173.
4. *Essai sur la constitution géognostique des Pyrénées*, 1823, p. 24.
5. Sur les causes de l'absence des grands lacs au pied des Pyrénées, *Bull. Soc. Ramond*, 1871, p. 48.

graphique par une insuffisance du développement des anciens glaciers qui n'avaient pu s'étendre jusque dans les plaines subpyrénéennes.

M. A. Penck [1] et les géologues de son école pensent au contraire que, à l'ouverture des principales vallées des Pyrénées, il y avait autrefois des lacs comme il en existe encore dans les Alpes, mais que ces bassins, étant de moyenne dimension, ont été assez comblés par les alluvions pour ne laisser à leur place que des marais ou de faibles dépressions. Pour ces mêmes géologues, l'action érosive de la glace a *seule* été mise en jeu pour creuser ces bassins lacustres. Il leur est donc très naturel de dire que les petites dimensions de ces lacs n'étaient qu'une conséquence du peu de développement des glaciers des Pyrénées. De petits glaciers ne pouvaient donner naissance qu'à des lacs peu étendus.

Mais nous ferons observer, pour rester fidèle à notre théorie, que la grandeur des lacs est plutôt proportionnelle à la grandeur des vallées qu'à celle des glaciers qui les remplissent, et que, dans des vallées aussi peu développées que celles des Pyrénées, on ne saurait trouver des accidents orographiques, des lacs pré-glaciaires aussi considérables que dans les immenses vallées des Alpes.

Nous ne repoussons certes pas l'influence de l'érosion glaciaire, mais nous croyons toujours qu'elle ne s'est pas exercée sans limites et que souvent la glace, dans les Pyrénées comme dans les Alpes, n'a eu qu'à agrandir d'anciennes excavations.

Probablement des faits analogues se sont passés dans le centre de la France et sans doute l'érosion glaciaire a pu à elle seule creuser des bassins de peu d'étendue. D'ailleurs c'est aussi à l'énergie des forces volcaniques qu'on doit attribuer la formation de beaucoup de petits lacs dans les montagnes du Plateau central.

1. *La période glaciaire dans les Pyrénées*, p. 168.

CHAPITRE X

AFFOUILLEMENT ET RÉEXCAVATION DES LACS, LACS MORAINIQUES

Affouillement des lacs. — Théorie de MM. de Mortillet et Gastaldi; objections. — Affouillement de la vallée de l'Isère. — Érosions sous-glaciaires. — Bourrelets d'alluvions sous-glaciaires : œsars ou kames. — Lacs morainiques. — Lacs temporaires. — Barrage des vallées par les cônes de déjection ou par les anciens glaciers.

Affouillement des lacs. Théorie de MM. de Mortillet et Gastaldi. — On pourrait aussi supposer que les bassins lacustres existaient avant l'apparition des glaciers quaternaires, mais qu'ils avaient été comblés par des alluvions de toutes sortes avant leur contact avec ces mêmes glaciers. Plus tard, après le remplissage de ces dépressions, les glaciers en s'avançant par-dessus ces masses de cailloutis et de graviers les auraient entraînées petit à petit avec leurs moraines profondes; ou bien encore, le front des glaciers aurait pénétré dans les alluvions comme le soc d'une immense charrue et les aurait poussées devant lui de manière à déblayer complètement chaque bassin lacustre des matériaux qui l'encombraient. A mesure que les glaciers s'étaient développés, leur poids était devenu plus considérable, et leur action sur les éléments meubles de leur lit s'était exercée avec plus en plus d'énergie. Elle aurait même été assez forte pour affouiller des bassins profonds de plusieurs centaines de mètres. S'il y avait eu deux ou trois périodes glaciaires ou plutôt deux ou trois avancements de glaciers, ce travail de réexcavation se serait produit chaque fois [1]. A la suite de chaque déblaiement, la glace aurait rempli ces bassins lacustres et y serait restée jusqu'à la fin des phénomènes quaternaires qui nous occupent.

Telle est en peu de mots la troisième théorie que nous avons à examiner : c'est la *théorie de l'affouillement des lacs*, présentée au début de la discussion par M. G. de Mortillet et M. Gastaldi; c'est une théorie mixte qui cherche à concilier le principe de la pré-

1. Dr Penck, *Die Vergletscherung*, etc., p. 424, 425.

existence des lacs avec la puissance érosive des anciens glaciers, telle que la comprend l'école de Ramsay.

La même année (1859) où le savant géologue anglais, dans un mémoire sur les lacs du pays de Galles, attribua la formation des lacs à l'érosion glaciaire [1], M. G. de Mortillet essaya d'expliquer cet intéressant phénomène par une action spéciale des glaciers qu'il appela l'*affouillement glaciaire*. Pour la première fois, il émit devant la Société géologique de France [2] sa nouvelle théorie et en fit l'application au lac d'Iseo. Il la développa encore en publiant sa *Carte des anciens glaciers du versant italien des Alpes* [3]. Avec son ami Gastaldi, il exposa dans ce mémoire ses idées et celles de ses adversaires pour les discuter et se défendre contre leurs attaques [4].

La question semblait sommeiller depuis une vingtaine d'années lorsque, en 1883, M. de Mortillet affirma de nouveau ses convictions [5]. Tout le monde, dit-il, sait que les glaciers exercent sur leur fond une action des plus violentes, qu'ils usent et moutonnent les roches les plus dures, et que leurs lits sont après leur retraite « entièrement mamelonnés et complètement libres de tout linceul alluvionnal ». Tous les glaciers anciens, comme ceux de nos jours, ont donc pu enlever tous les terrains meubles qui se trouvaient sur leur passage; ils ont même eu assez de force pour les refouler et les relever contre leurs moraines frontales jusqu'à des niveaux bien supérieurs à celui du fond des vallées. Ce savant fait remarquer que les lacs se trouvent au point de maximum de puissance et par conséquent d'action des anciens glaciers. Une pression verticale, équivalant au poids d'une couche de glace de 300 à 800 mètres d'épaisseur combinée avec une force de poussée encore plus grande dans le sens de la vallée presque horizontale, a donné une résultante qui dut agir obliquement. C'est l'action de cette résultante qui a usé les roches dures et qui a pu affouiller profondément les lacs comblés par des dépôts meubles d'alluvions. La glace qui a creusé les lacs du Cumberland et de la Bavière supérieure, ainsi que l'ont démontré M. Clifton Ward [6] et le professeur Penck, aurait bien pu affouiller les grands lacs de la Suisse et de la Lombardie.

Objections. — La théorie de l'affouillement telle que nous venons de l'exposer d'après le dernier ouvrage de M. de Mortillet et celle de l'érosion glaciaire présentent assez de rapports entre elles

1. *Op. cit. ante*, p. 146.
2. *Bull. Soc. géol.*, 2e série, t. XVI, p. 888.
3. *Atti de la Societa italiana sci. nat.*, vol. III, p. 44.
4. Gastaldi et de Mortillet, Sur la théorie de l'affouillement glaciaire, *Atti della Soc. ita. sci. nat.*, 26 luglio 1863.
5. *Le Préhistorique*, p. 300.
6. The Origin of some of the Lake-basins of Cumberland, *Quart. Journ. Geol. Soc. London*, 1874, XXX, etc.

pour que les mêmes raisonnements puissent servir pour démontrer leur exagération ou leur insuffisance. Mais la répétition de ce que nous venons d'écrire dans les pages précédentes serait fastidieuse; la place nous manque pour analyser chaque argument de M. de Mortillet et pour essayer d'y répondre.

Cependant nous ne pouvons nous empêcher de reproduire quelques-uns des raisonnements de M. A Favre et d'y ajouter quelques observations personnelles. N'est-ce pas téméraire de vouloir conclure du moutonnement et de l'usure des roches à la possibilité de l'affouillement des lacs les plus profonds? D'ailleurs, il est encore douteux que les glaciers modernes, même ceux du Nord, produisent des phénomènes analogues à l'affouillement des grands lacs. M. de Mortillet rappelle un fait cité par M. de Billy; il dit que le glacier de Gorner [1] en s'avançant dans la vallée de Zermatt soulevait le sol comme un gigantesque soc de charrue. Il nous semble qu'un soc de charrue écorche plutôt la terre qu'il ne la creuse indéfiniment. Mais, de Charpentier lui-même [2] a déjà fait remarquer, il y a longtemps, et contrairement à ce fait, que le glacier du Tour s'était avancé dans un terrain meuble sans creuser le sol. Bien des fois ces mouvements de glaciers se sont produits dans de semblables conditions. Il est inutile de citer d'autres exemples, puisqu'on repousse la comparaison des glaciers anciens avec les glaciers actuels des Alpes. Nous voulons bien pour le moment nous conformer à cette manière de voir. Alors, il ne faudrait pas que M. de Mortillet cherchât lui-même des preuves à l'appui de son système dans les faits qui se passent de nos jours sous l'influence des glaciers alpins.

Disons encore avec M. A. Favre [3] que deux cas ont pu se présenter : si le glacier progressait sur la roche solide sans laisser entre elle et lui aucun amas de cailloux, il devait pousser en avant une masse énorme de débris représentant le cube de la cavité du lac, et on ne peut admettre que le glacier du Rhône encore en voie de développement, lorsqu'il commençait à déboucher à l'extrémité inférieure du Valais, fût doué d'une puissance assez grande pour produire un effet aussi gigantesque, aussi prodigieux. Au contraire, si le glacier glissait sur les cailloux roulés de l'alluvion qui comblait le lac, l'affouillement paraît difficile jusqu'à de grandes profondeurs en vertu de la constitution physique de la glace. En outre la grande mobilité des cailloux roulés aurait neutralisé, en glissant les uns sur les autres, la force érosive de la glace. On sait d'ailleurs que des fardeaux énormes s'avançant sur des rou-

1. *Bull. Soc. géol. de France,* 3 décembre 1866, p. 103. — *In* de Mortillet, *le Préhistorique,* p. 303.
2. *In* A. Favre, *Recherches géologiques,* t. I, p. 201.
3. *Origine des lacs alpins,* etc., p. 7.

leaux ne produisent dans le sol aucune excavation. Du reste, dans l'une ou l'autre de ces suppositions, on ne peut comprendre comment le refoulement de l'alluvion ancienne et des moraines profondes aurait pu se faire jusqu'à Genève sans qu'il y eût en aval mélange d'argile glaciaire et de cailloux roulés. Or dans les environs de Genève un des caractères de l'alluvion ancienne consiste en ce qu'elle n'offre aucun mélange d'argile glaciaire.

Deux fois les glaciers combinés du Rhône et de l'Arve se sont avancés dans les environs de Genève, et deux fois ils ont déposé leur moraine profonde au-dessus de l'alluvion ancienne; on ne peut en douter. Alors comment aurait-il pu se faire que le glacier du Rhône, qui a eu assez de puissance érosive pour affouiller le lac de Genève, ait perdu cette faculté brusquement, et d'une manière assez complète pour pouvoir continuer sa marche au sud de Genève, sans déranger l'ordre symétrique des couches d'alluvions et de boue glaciaire qui affleurent sur les falaises qui dominent le cours de l'Arve? Nous ne pouvons le comprendre, surtout lorsque nous pensons que le Léman a environ 70 kilomètres de longueur sur une dizaine de largeur et mesure parfois plus de 300 mètres de profondeur. M. de Mortillet a oublié de nous expliquer clairement d'où peut provenir cette différence capitale de l'action érosive du glacier sur tel point ou sur tel autre, malgré le peu d'espace qui les sépare.

M. de Mortillet, comme le font les partisans de l'érosion glaciaire, suppose que les grands lacs alpins se trouvent toujours au point du maximum de la puissance et de l'action des anciens glaciers. Mais cette supposition est douteuse pour le lac de Genève et nous paraît peu exacte pour celui du Bourget; de préférence nous parlons de ces deux lacs, puisque nous les avons déjà souvent pris pour exemples, et qu'ils sont tous deux situés dans le bassin du Rhône.

Nous l'avons déjà dit dans le chapitre précédent, la forme et la profondeur du lac de Genève ne correspondent pas au sens de la plus grande poussée qu'aurait dû avoir le glacier du Rhône au débouché du Valais. Elles dépendent donc d'une autre cause.

Quant au lac du Bourget, il était enseveli sous une couche de 1000 mètres environ de glace, dont le niveau supérieur s'élevait à une hauteur uniforme de 1200 mètres depuis Bellegarde jusqu'à Grenoble. Rien ne semble donc expliquer le choix de ce lieu pour que l'affouillement glaciaire s'exerçât plutôt au pied de la Dent-du-Chat que sur tout autre point. Sommes-nous donc obligé de croire que le pouvoir excavateur des anciens glaciers ait été aussi considérable que les partisans de l'affouillement veulent bien le dire? Nous ne le pensons pas, et nous estimons que la théorie de Desor plus ou moins modifiée est plus satisfaisante que ses deux rivales.

Nous ne repoussons cependant pas systématiquement toute idée d'affouillement; avec M. Heim [1] nous reconnaissons comme très probable que, dans des circonstances particulières, certains bassins lacustres, comblés par des alluvions, ont pu être en partie réexcavés pendant la progression des anciens glaciers; mais nous voulons nous tenir en garde contre les exagérations si naturelles à tout créateur de système.

Affouillement de la vallée de l'Isère. Erosions sous-glaciaires. — Ainsi, de ce que nous n'acceptons pas de voir dans la glace l'agent excavateur du lac de Genève, ce n'est pas une raison pour nous de ne pas partager l'opinion de M. Lory [2] sur l'affouillement de la vallée de l'Isère suivant le cours actuel de cette rivière. Là, les conditions étaient bien différentes que pour le lac de Genève. Le glacier dauphinois, au lieu d'avoir à affouiller, comme celui du Rhône, un bassin fermé de toutes parts et très profond, n'avait qu'à creuser dans les roches peu résistantes de la mollasse et dans les alluvions épaisses de la vallée de Tullins, un chenal qui s'ouvrait dans un vaste dégorgeoir. L'érosion glaciaire a pu combiner son action avec celle de l'érosion aqueuse pour entraîner au loin, selon la pente naturelle et régulière du sol, les terrains meubles soumis à leur influence. Dans ce creusement de la vallée de l'Isère par la glace et par l'eau, tout s'est passé d'une manière rationnelle, très facile à comprendre. C'est ainsi qu'a été creusée la vallée de l'Ain en aval de Jujurieux, et que le plateau des Dombes a été séparé du Bugey; c'est encore ainsi que la plaine du Bas-Dauphiné, à l'est de Lyon, a été fortement affouillée, érodée par le Rhône sous-glaciaire, qui combinait sa puissance érosive avec celle du grand glacier qui recouvrait toute la contrée [3].

Bourrelets d'alluvions sous-glaciaires, œsars ou kames. — Pendant que les glaciers alpins s'étendaient comme un immense linceul au-dessus des plateaux des Dombes et du Bas-Dauphiné, le Rhône, la rivière d'Ain et l'Isère, au lieu de couler à ciel ouvert et de charrier des matériaux qui exhaussaient leurs lits, devinrent d'énormes fleuves sous-glaciaires, chargés de limon, et ravinèrent profondément, en dessous de la glace, leurs anciens cônes de déjection pour s'y creuser de nouveaux lits. Par suite de divers accidents, ces lits durent se ramifier en plusieurs branches et, entre ces divers cours d'eau, il resta probablement de longs bourrelets d'alluvions qui devaient offrir quelques ressemblances avec les œsars de la Suède [4] et les kames ou eskers de l'Ecosse [5]. Plus

1. *In* Er. Favre, *Revue géol. suisse,* t. XVII, 1886, p 101.
2. *Description géologique du Dauphiné,* p. 686.
3. Falsan et Chantre, *Monographie des anciens glaciers,* t. II, p. 322.
4. Falsan et Chantre, *Monographie des anciens glaciers,* t. II, p. 322. — St. Meunier, *les Causes actuelles en géologie,* p. 25, 137. — J. Geikie, *The Great Ice Age,* p. 408, 415, 2e édition.
5. J. Geikie, *op. cit.,* p. 211, 235.— De Lapparent, *Traité de géol.,* p. 1102, 1883.

tard, ces longs bourrelets furent démantelés et enlevés en partie par les divagations des fleuves qui affouillaient leur pied, et il n'en resta plus que quelques buttes de gravier et d'alluvion qui apparaissent encore dans les plaines dauphinoises, à l'est de Lyon.

Lacs morainiques. — La glace a pu intervenir directement d'une troisième manière pour l'établissement des lacs. Un glacier envahit une vallée et y reste longtemps stationnaire. Une moraine frontale s'accumule en avant de la glace et finit par former un énorme

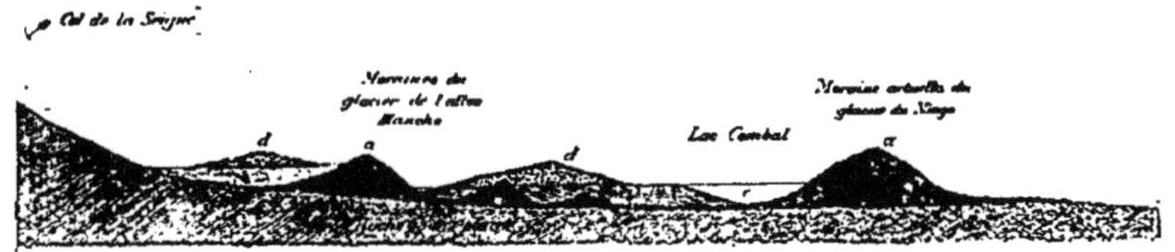

Fig. 31. — Allée-Blanche et lac Combal retenu par une moraine, d'après M. A. Favre.

bourrelet transversal. Si le glacier vient à se retirer ou à disparaître complètement, les eaux s'amassent en arrière de cette digue, et un lac occupe le fond de la vallée. Cette origine si simple ne soulève aucune difficulté et ne provoque aucune divergence d'opinions.

M. Leblanc, en 1842, a fait le premier [1] apercevoir les rapports qui existent entre les lacs et les moraines. Bientôt les lacs morainiques des Vosges devinrent célèbres, car ils sont aussi nombreux que remarquables; ceux de Longemer, de Gerardmer, de Retournemer en sont les plus beaux exemples. Si les eaux courantes ont fortement entamé les anciennes moraines frontales, il ne reste en amont que des marais et des bassins tourbeux, ainsi qu'on en voit près des moraines de Tholy entre le Beillard et le lac de Gerardmer ou dans la vallée de la Bresse [2]. La moraine profonde plus ou moins argileuse s'étale au fond de toutes ces dépressions et rend imperméables tous ces terrains fissurés ou spongieux. Chaque bassin ou cuvette peut donc conserver les eaux d'un petit lac, d'un marais ou d'une tourbière. Nous avons déjà dit que ce phénomène se voyait fréquemment dans les environs de Belley; il en est de même dans le Jura neuchâtelois où abondent les étangs, les marais, les tourbières [3], et sur le plateau des Dombes au nord de Lyon.

Dans les Alpes, les lacs morainiques sont nombreux et, d'après

1. Relation entre les grandes hauteurs, les roches polies, les galets glaciaires, les lacs, les moraines, le diluvium dans les grandes montagnes, etc., *Bull. Soc. géol.*, 1re série, t. XIV, 1842, 1843.

2. Hogard, Coup d'œil sur le terrain erratique des Vosges, p. 52, 1848, *Bull. Soc. géol. de France*. Réunion extraordinaire à Épinal, du 10 au 23 septembre 1847, p. 65.

3. Ch. Martins, Observations sur l'origine glaciaire des tourbières du Jura neuchâtelois, *Mém. Acad. des sci. de Montpellier*, t. VIII, p. 1.

M. Favre [1], nous choisirons le lac Combal à demi comblé par les alluvions modernes et qui est retenu dans une partie de l'Allée-Blanche, au pied du Mont-Blanc, par une moraine actuelle du glacier de Miage. Près du lac Combal, d'autres lacs analogues ont été déjà comblés par des alluvions, ainsi qu'on le voit dans la figure ci-dessus.

Dans les Pyrénées, de nombreux petits lacs font le charme des régions élevées, mais ils ne sont pas cependant plus nombreux que dans les Alpes, où ils ont été tardivement étudiés par le Dr Böhm [2] et par Viollet-le-Duc. Il faut dire que beaucoup de ces petits lacs sont simplement barrés par des moraines, comme ceux des Vosges, mais ce qui les caractérise, c'est qu'ils sont toujours en corrélation avec la présence de quelque cirque. Parmi ces lacs formés par un endiguement de moraine, nous citerons pour exemple le lac d'Oncet sur la pente méridionale du pic du Midi-de-Bigorre et le lac d'Aoubé [3].

Dans le massif du Mont-Blanc les lacs Jovet, qui occupent le lit d'un ancien glacier qui descendait des aiguilles de Bellaval et de Tré-la-Tête, sont également entourés de cirques et endigués par d'anciennes moraines frontales [4].

Lacs temporaires. Barrage des vallées par les cônes de déjection ou par les anciens glaciers. — Pendant la période glaciaire, des alluvions ou des masses considérables de glace ont pu obstruer des vallées dont le fond était occupé par un puissant cours d'eau. Il se formait alors en amont des lacs temporaires; puis les eaux finissaient par ronger l'obstacle qui s'opposait à leur passage et reprenaient leur cours habituel.

Les choses se sont passées ainsi de nos jours dans la vallée de Bagnes [5]; on n'a pas perdu le souvenir du barrage de cette vallée par le glacier de Giétroz et de la débâcle épouvantable qui s'en suivit.

Près de nous, pendant les temps préhistoriques, la vallée de la Saône fut obstruée deux fois : une première fois par les alluvions du cône de déjection du Rhône et une seconde fois par le grand glacier rhodano-savoisien. A l'ouest de Lyon et de la vallée de la Saône, on retrouve les cailloux alpins de l'alluvion ancienne étalés sur les terrasses de roches micacées qui s'étendent le long de la chaîne d'Izeron [6]. Il y eut donc une époque où le chenal de Pierre-

1. *Quatrième rapport sur l'étude et la conservation des blocs erratiques*, 1871. Soc. helvét. des sc. nat. réunie à Frauenfeld, le 21 août 1871.

2. *Die alten Gletscher der Enns und Steyr* (tirage à part, p. 95), 1885. — *Die Hochseen der Ostalpen*. Wien, 1886.

3 A. Penck, la Période glaciaire dans les Pyrénées, trad. par L. Brœmer, *Soc. hist. nat.*, Toulouse, XIX, p. 171, 1885.

4. Viollet-le-Duc, *le Massif du Mont-Blanc*, p. 160, 1876.

5. Reclus, *la Terre*, t. I, p. 248.

6. Leymerie, *Carte manuscrite*, coll. Falsan. — Falsan et Chantre, *Monogra-*

Scize fut obstrué ainsi que toute une partie de la vallée du Rhône et de la Saône, en amont et en aval de Lyon, par le cône de déjection ou le delta du Rhône quaternaire. La Saône, ne pouvant plus s'écouler au pied de la colline de Fourvières, reflua vers le nord et dut former un vaste lac dans la vallée restée ouverte au pied des montagnes du Beaujolais.

Plus tard, après que la Saône se fut creusé au travers de ces nappes de gravier un passage pour reprendre sa route vers le sud, le glacier alpin déborda par-dessus le plateau de la Croix-Rousse, barra de nouveau le goulet de Pierre-Scize et poussa ses moraines frontales jusque sur les collines de la rive droite de la Saône. Les eaux de cette rivière s'amassèrent en amont, et il y eut un nouveau lac entre le plateau des Dombes et la chaîne beaujolaise. Ce barrage de glace ne put être que temporaire, et la Saône reprit son cours habituel.

D'autres barrages analogues ont pu exister en Bugey ou vers Vienne, ou dans la vallée de Grenoble [1].

phie des anciens glaciers, t. II, p. 325, 334, 353. — Fontannes, Alluvions anciennes des environs de Lyon. *Bull. Soc. géol.* 3e série, t. XIII, p. 63, 1884-1885. — Atale Riche, *Étude géologique sur le plateau lyonnais*, 1887.

1. Lory, *Description géologique du Dauphiné*, p. 648, 686.

CHAPITRE XI

PROGRESSION DES ANCIENS GLACIERS — THÉORIES DIVERSES

Considérations préliminaires. — Théories diverses. — Dilatation : Scheuchzer. — Glissement : Altmann, Gruner, de Saussure. — Dilatation (suite) : Jean de Charpentier. — Regélation : Faraday, Tyndall. — Ecoulement : Rendu. — Plasticité : Bordier. — Viscosité : J. Forbes. — Regélation et glissement : Tyndall. — Infiltration, regel et dilatation : MM. Grad, Dupré et Forel. — Théorie complexe par la dilatation et le glissement : M. le professeur Heim. — Chaleur solaire : M. Moseley. — Théorie mixte, adoptée par l'auteur. — Vitesse comparée des glaciers modernes et anciens. — Grandeur comparée des glaciers anciens et modernes. — Stations, recul et moraines des glaciers modernes et quaternaires. — Intermittences dans le retrait des glaciers. — Conséquence. — Une seule moraine profonde entre la Suisse et Lyon. — Influence de la progression des anciens glaciers sur la formation du terrain erratique : conclusion et expériences.

Considérations préliminaires. — Si les anciens glaciers n'avaient pas gravé sur les roches les traces profondes de leur passage ; s'ils n'avaient pas transporté des blocs volumineux et tout le terrain erratique ; s'ils n'avaient pas couvert de stries les fragments de roches qui sont les principaux éléments de leurs diverses moraines ; en un mot s'ils n'avaient pas produit des effets dynamiques, rien ne nous aurait révélé leur existence passée. Déjà en décrivant le terrain erratique dans les premiers chapitres de ce mémoire nous avons étudié la plupart de ces effets : les cannelures, le moutonnement des roches, les érosions glaciaires, le transport des blocs et du terrain erratiques, les arrangements des diverses moraines, etc.... ; mais il nous reste à rechercher comment ces mêmes effets ont été produits et à savoir si la progression de ces masses de glace n'en est pas la véritable cause.

Le manque d'espace nous interdit de décrire la structure intime des glaciers et tous les phénomènes qui s'y rattachent au point de vue statique et physique. Nous nous bornerons donc pour cette étude spéciale à renvoyer le lecteur aux ouvrages de : J. de Charpentier [1], Agassiz [2], Tyndall [3], Viollet-le-Duc [4], A. Heim [5], Lapparent [6], William Hübert [7], E. Rambert [8] et de tous les auteurs qui ont traité ce sujet avec autant de soin que de talent. Mais, pour rester fidèle à notre programme, ce que nous envisagerons surtout ce sera le mouvement, ce sera la marche en avant des glaciers pour étudier le mode de leur progression, examiner les lois qui la régissent, et suivre l'évolution des diverses théories créées à la poursuite de ces vérités scientifiques, car, ainsi que nous venons de l'écrire, la connaissance des lois de la marche des glaciers peut seule éclairer le problème de la formation mécanique du terrain erratique.

Théories diverses. Dilatation : Scheuchzer. — Pendant longtemps, et jusqu'aux premières années du siècle dernier, on a considéré les glaciers comme des masses inertes, sans mouvements. Seuls quelques montagnards, vivant au milieu des glaces des hautes vallées de la Suisse, savaient que cette immobilité n'était qu'apparente. Sans analyser scientifiquement ce phénomène, ils en avaient reconnu les effets et la grandeur, et, bien souvent, ils en avaient redouté les terribles conséquences pour leurs demeures, leurs forêts et leurs prairies [9].

Dès que les naturalistes suisses eurent compris que les glaciers pouvaient fournir un vaste sujet d'observations à leur activité scientifique, ils commencèrent à les étudier avec soin. Ils constatèrent bientôt la progression de ces masses de glaces et cherchèrent les causes de ce curieux phénomène resté jusqu'alors ignoré!

J. Kasp. Scheuchzer, de Zurich [10], après avoir attentivement parcouru les glaciers alpins, pensa que, puisque leurs fissures étaient toujours imbibées d'eau et que cette eau était en contact avec de la glace, cette eau devait se solidifier et par conséquent se dilater. Il crut donc (1708) pouvoir attribuer la progression des glaciers à cette dilatation, à cette force expansive, largement capable de mettre en mouvement des masses aussi puissantes. Il fut donc l'auteur de la *théorie de la dilatation.*

Glissement : Altmann, Gruner, de Saussure. — Cette théorie semble avoir eu peu de partisans et resta bien des années dans

1. *Essai sur les glaciers,* 1841.
2. *Études sur les glaciers,* 1 vol. in-8°. Neuchâtel, 1840. — *Nouvelles études et expériences sur les glaciers actuels.* Paris, V. Masson, 1847.
3. Les Glaciers, *Bibl. scient. intern. The glaciers of the Alps.* London, 1860.
4. *Le Massif du Mont-Blanc.* Paris, 1876.
5. *Handbuch der Gletscherkunde.* Stuttgard, 1885.
6. *Traité de géologie.*
7. *Les Glaciers.* Paris, Challamel, 1867.
8. Le Voyage du glacier, *Revue des Deux Mondes,* t. LXXII, 15 novembre 1867.
9. De Charpentier, *Essai,* p. 30. — En 1840, le glacier de Gorner avait détruit une douzaine de granges.
10. *Itinera alpina,* etc., p. 287, *in* J. de Charpentier, *Essai,* p. 37.

l'oubli. Altmann, de Zofingen (1753) [1], et Gruner (1760) [2] n'eurent donc pas de peine à en faire accepter une autre, qui avait pour principe le *glissement des glaciers sur leurs lits*, sur le fond des vallées qui présentent toujours une pente assez forte. Ces idées de pentes et de glissement devaient facilement s'associer, et cette explication basée sur l'expérience journalière était plus facile à saisir que celle qui s'appuyait sur la congélation et la dilatation de l'eau dans les parties profondes des glaciers, qui n'avaient été que rarement ou même jamais explorées.

Quelques dizaines d'années plus tard (1803), l'illustre de Saussure [3] adopta ce système de progression par glissement, et même, la théorie de Gruner et d'Altmann s'appela : *théorie de de Saussure*. Le savant genevois, pendant ses excursions scientifiques, avait vite compris la double origine des glaciers : la chute des neiges abondantes et les avalanches. Ces neiges se tassent d'abord par la pression; puis, lorsque la chaleur du soleil en fait fondre une partie, « ces neiges abreuvées des eaux des pluies et des neiges fondues se gêlent pendant l'hiver et forment ces glaces poreuses dont les glaciers sont composés ».

La progression devait donc se faire l'hiver; ce qui fut promptement contesté. Mais cette progression, de Saussure l'attribuait-il à la dilatation de ces eaux? Non; il supposait que la chaleur intérieure de la terre, en dessous d'une certaine altitude, suffisait pour fondre une partie des glaces en contact avec les roches, et que le fond ainsi lubréfié laissait *glisser* la masse entière du glacier, *sollicitée par la pesanteur qui l'entraînait dans les vallées basses*, où la chaleur des étés était assez forte pour la fondre. Ce glissement, cette fonte par la chaleur intérieure de la terre, le rayonnement du soleil, l'évaporation, etc., suffisaient, d'après de Saussure, pour maintenir un juste équilibre entre les deux extrémités des glaciers et les empêcher eux-mêmes de croître indéfiniment. C'étaient les idées alors le plus accréditées.

Dilatation, suite : Jean de Charpentier. — Malgré l'autorité du nom de de Saussure qui lui servait en quelque sorte d'appui, cette théorie du glissement fut bientôt combattue. Toussaint de Charpentier, frère de J. de Charpentier (1819), et Jean de Charpentier lui-même (1841) revinrent à la théorie de Scheuchzer, à la théorie de la dilatation [4]. Entre les deux théories en présence, le judicieux auteur de l'*Essai sur les glaciers* n'eut pas de peine à choisir celle qui se rapprochait le plus de la vérité; encore une fois, son esprit pratique et clairvoyant lui servit de guide. Certes cette théorie

1. *Versuch einer historischen and physikalischen Beschreibung der Helvetischen Eisberge*. Zurich, 1753.
2. *Die Eisgebirge der Swizerlandes*. Berne, 1760, 3 vol.
3. *Voyages dans les Alpes*, 8 vol., 1803, § 528, 536.
4. *Essai*, etc.. p. 37.

n'était pas complète; elle avait besoin d'être développée d'après les belles expériences de Tyndall, de Faraday, de M. Charles Grad, du Dr Croll, de Heim et de bien d'autres physiciens et géologues; mais c'était alors la meilleure.

Des fenêtres de sa maison de Bex, de Charpentier [1] voyait le glacier de Tza, sur les flancs de la Dent-du-Midi, rester presque en suspens sur une pente de 50°; dans la vallée de Bagnes et dans le haut Valais, il avait observé les glaciers de la Tzezettaz, du Weisshorn, du Munsterthal, comme en arrêt au milieu de pentes très rapides, terminées par des précipices à pic. Si bien qu'il ne pouvait accepter la théorie du glissement d'après laquelle ces glaciers, au moindre accident, auraient été entraînés avec un mouvement d'*accélération*, tandis que par la lente dilatation de l'eau congelée dans les fissures capillaires il pouvait tout expliquer, se rendre compte de tout. Pour mieux faire comprendre sa pensée, il compara même la dilatation du glacier à celle d'une barre de fer qu'on ferait fortement chauffer et dont une des extrémités serait immobilisée contre un point fixe. Naturellement tout le mouvement produit par la dilatation ne se ferait sentir que du côté libre, et cette barre exercerait un frottement sur son support pendant que la chaleur agirait [2]. Avec la barre de fer, le phénomène serait momentané, tandis que, avec le glacier, il se renouvellerait constamment; mais la comparaison ne manque pourtant pas d'une certaine justesse.

La dilatation des glaciers devait agir principalement dans la direction où elle trouvait le moins de résistance, c'est-à-dire dans le sens de la pente du lit du glacier et de l'épaisseur de la glace.

Cette dilatation de la glace se faisant en deux sens donne un grand intérêt à la théorie de J. de Charpentier, car c'est elle qui en partie permet d'expliquer comment des corps tombés dans des crevasses profondes peuvent apparaître de nouveau à la surface de la glace, après avoir parcouru un certain espace. Les montagnards avaient d'abord cru que ce rejet venait d'une disposition naturelle des glaciers dont ils faisaient en quelque sorte des êtres vivants. Toussaint de Charpentier et Kaemts [3] furent les premiers qui essayèrent de donner une explication scientifique de ce phénomène; mais ils l'attribuèrent faussement et exclusivement à la fonte superficielle des glaciers, à ce qu'Agassiz appela plus tard : l'*ablation*. Cette ablation superficielle ne suffisait pas; il fallait encore faire intervenir la dilatation interne de la glace, l'accroissement des glaciers par l'absorption et la congélation de l'eau

1. *Essai*, p. 32.
2. *Essai*, p. 38.
3. Ch. Martins, Remarques et expér. sur les glaciers sans névés de la chaîne du Faulhorn, p. 7, *Ann. des sc. géol.*, 1842.

dans les fissures capillaires, c'est-à-dire par *intussusception*, pour nous servir de l'heureuse expression d'Élie de Beaumont [1]. Les expériences de Ch. Martins sur le Faulhorn au Blau-Gletscher ne laissent aucun doute à cet égard. Comme l'indique Viollet-le-Duc [2] : « Si la masse du glacier est très considérable par rapport au volume d'eau qu'il attire à lui, il la regèle, s'en nourrit et augmente d'autant. » Inutile de répéter en détail, d'après de Charpentier [3], que le corps tombé dans une crevasse, sollicité par deux forces, l'une ascensionnelle, l'autre latérale, dans le sens de la pente, prend le sens de la pente et va sortir plus loin à la surface du glacier. Nous n'insistons même sur ce fait que parce qu'il sert à démontrer une fois de plus la dilatation des glaciers, phénomène de la plus haute importance au point de vue où nous nous sommes placé. D'ailleurs, comme il l'a dit lui-même dans son *Essai*, de Charpentier [4] ne faisait que répéter l'explication si simple et si claire que Venetz avait donnée du rejet des corps étrangers tombés et ensevelis dans les crevasses des glaciers.

La première objection qui fut faite à la théorie de la dilatation de J. de Charpentier, niait la possibilité de la congélation nocturne de l'eau absorbée par les fissures capillaires de la glace, car l'épaisseur des glaciers était trop considérable pour que les variations atmosphériques pussent se faire sentir à l'intérieur de ces masses gigantesques.

Il crut répondre victorieusement en disant que la température des glaciers ne pouvait être supérieure à 0° et que l'eau qui circulait dans les fissures devant avoir le même degré de chaleur, le refroidissement nocturne pouvait pénétrer dans l'intérieur du glacier par son réseau de fissures et de crevasses, de manière à provoquer une prompte congélation de l'eau qui, en se dilatant, produisait de nouvelles fissures [5].

Mais, là, il y avait vraiment une erreur; malgré les crevasses, les fentes, les fissures qui le divisent indéfiniment et le mettent en communication avec l'air extérieur, le glacier n'est pas un *magasin de froid;* des mesures nombreuses et exactes l'ont prouvé : sa température, peu en dessous de sa surface, se maintient à celle de la glace fondante, à 0°, et, si l'eau qui circule dans sa masse peut se congeler, cette congélation provient d'une autre cause.

De Charpentier avait donc bien observé les faits, mais il s'était trompé en essayant d'en déterminer le principe.

1. Rem. relat. à l'infl. du froid extér. sur la format. des glaciers, *Ann. des sc. géol.*, t. I, p. 553, juillet 1842. — *In* Ch. Martins, Rem. et expériences sur les glaciers sans névés de la chaîne du Faulhorn, p. 24, *Ann. des sc. géol.*, par Rivière, 1842.

2. *Le Massif du Mont-Blanc,* p. 32.

3. *Essai,* p. 68.

4. *Essai,* p. 70.

5. *Essai,* p. 104.

Regélation : Faraday, Tyndall. — Ce problème des causes de la congélation de l'eau des glaciers était plus difficile qu'on ne le soupçonnait. De savants physiciens, Faraday, W. et J.-T. Thomson, Tyndall, Helmholtz, Jamin [1], etc., s'en sont occupés et lui ont donné le nom de *regel* ou de *regélation*, qui a prévalu [2]. Ce phénomène se relie intimement à celui de la plasticité de la glace et de la progression des glaciers. Peut-être toutes les ombres qui en voilaient les véritables causes ne sont-elles pas encore toutes dissipées. Nous reviendrons bientôt sur cette question.

Sans pouvoir l'analyser, J. de Charpentier avait entrevu ce phénomène de la regélation et de la plasticité de la glace, et bien d'autres naturalistes ne purent s'en rendre compte mieux qu'il ne l'avait fait lui-même.

Écoulement : Rendu. — Le chanoine Rendu, qui devint plus tard évêque d'Annecy, en vivant au milieu des glaciers de la Savoie, subit le charme qu'ils devaient inspirer à tant d'esprits d'élite et consacra tous ses loisirs à leur étude. Il se familiarisa ainsi avec tous les phénomènes de leur fonctionnement; il observa leur progression et en rechercha les lois; il étudia leur mode d'écoulement, leurs bassins d'alimentation ou bassins réservoirs, et, seul, sans instruments de précision, mais à force de clairvoyance et de ténacité, il tira des conclusions que Forbes, Agassiz, Tyndall, avec des moyens d'une rigoureuse exactitude, ne firent que confirmer plus tard.

Du haut des roches voisines, en observant le glacier du mont Dolent, qui a la forme d'une gerbe [3], Rendu comprit qu'un glacier pouvait se diviser en deux parties principales, le *bassin réservoir*, champs de neige et névés, et le *bassin d'écoulement* ou glacier proprement dit, et que ces deux parties solidaires l'une de l'autre devaient se mouler sur leur lit. Épanoui dans le bassin réservoir, resserré au milieu de sa pente par un étranglement de rochers, le glacier se dilate de nouveau à l'extrémité inférieure du bassin d'écoulement, tantôt se gonflant, s'épaississant lorsqu'il est serré entre deux obstacles, tantôt s'amincissant lorsqu'il peut s'étaler librement. Les particules de la glace peuvent donc glisser les unes sur les autres comme celles de l'eau et prendre en masse les allures d'un fleuve. « Il y a entre le glacier des Bois et un fleuve une ressemblance tellement complète, dit Mgr Rendu, qu'il est impossible de trouver dans celui-ci une circonstance qui ne soit pas dans l'autre. Dans les cours d'eau, la vitesse n'est pas uniforme dans toute la largeur, ni dans toute la profondeur, le frottement sur le

1. *Traité de physique*, vol. II, p. 105.
2. Tyndall, *les Glaciers*, p. 160.
3. Théorie des glaciers de la Savoie, *Ann. de l'Académie*, t. X, 1841, *in* Tyndall, *les Glaciers*, p. 155.

fond, celui des bords, l'action des obstacles font varier cette vitesse, qui n'est entière que vers le milieu de la surface [1]. »

Tout se passe de même dans le glacier. Que de fois Rendu l'avait observé! Il se crut donc en droit de comparer exactement le mouvement d'un glacier à celui d'un fleuve et il créa ainsi la *théorie par écoulement.*

Doué d'une grande pénétration scientifique, comme le dit Tyndall, Mgr Rendu ne put cependant saisir la liaison qui pouvait exister entre deux faits en apparence contradictoires : la plasticité et la fragilité de la glace. « Il y a une foule de faits qui sembleraient faire croire que la substance des glaciers jouit d'une espèce de ductilité qui lui permet de se modeler sur la localité qu'elle occupe, de s'amincir, de se rétrécir et de s'étendre comme le ferait une pâte molle. Cependant, quand on agit sur un morceau de glace et qu'on le frappe, on lui trouve une rigidité qui est en opposition directe avec les apparences dont nous venons de parler [2]. »

Sa comparaison entre les glaciers et les fleuves n'était donc pas juste. En effet, un sérac ne ressemble pas à une cascade et cette différence suffirait à prouver ce manque d'analogie.

Encore une fois les faits avaient été observés avec soin, avec exactitude, mais leur cause n'avait pu être saisie.

Plasticité : Bordier. — En 1773, Bordier, de Genève [3], peut-être pour la première fois, exprima l'idée de la plasticité de la glace, qu'il compara à « de la cire molle, flexible et ductile jusqu'à un certain point ». Il lui attribua une sorte de fluidité qui lui permettait de descendre des hautes régions, pour remplacer ce que les glaciers perdaient dans les plaines.

Bordier eut ainsi l'intuition d'un grand phénomène scientifique; c'était beaucoup! mais il ne sut l'approfondir, et il en garda une conception confuse.

Viscosité : J. Forbes. — La science en était là quand l'habile naturaliste Jacques Forbes [4] entreprit de mesurer exactement la progression du glacier de l'Interaar (1841) et celle de la mer de Glace (1842). Il connaissait les travaux de Rendu et voulait les contrôler avec une précision géométrique, mais il ignorait ceux de Bordier. Quoi qu'il en soit, ses études personnelles l'amenèrent à comparer à son tour un glacier à un *fluide imparfait*, à un *corps visqueux* poussé en avant par la pression de ses parties sur un plan incliné. Ce court résumé de ses nombreuses théories constitua une nouvelle théorie que Forbes appela : *théorie de la viscosité.*

Malheureusement cette théorie n'est pas plus acceptable que les

1. *Théorie des glaciers de la Savoie,* p. 96, *in* Hüber, *les Glaciers,* p. 97.
2. *Les Glaciers*, p. 154.
3. *Voyage pittoresque aux glaciers de la Savoie, in* Tyndall, *les Glaciers,* p. 153, 154.
4. *Travels through the Alpes.* Édimbourg, 1843.

premières, car elle repose sur une fausse apparence, sur une comparaison inexacte. La fragilité de la glace ne permet pas de l'assimiler aux corps visqueux. Il est vrai qu'à la température de 0° elle est légèrement flexible, comme l'ont prouvé les expériences de Bianconi et le fait d'une plaque de glace recourbée à angle droit sans se rompre, cité par M. de Lapparent[1], mais elle se brise sous l'action d'un effort prolongé, tandis que la cire, le goudron, la mélasse ne se brisent pas en morceaux. Pourtant elle a la propriété de couler comme les substances visqueuses et possède quelques propriétés des corps plastiques, ou plutôt, docile à la pression, la glace se modèle aux formes des moules dans lesquels elle est refoulée ; mais, rebelle à la traction, elle résiste et se brise au lieu de céder à son effort. D'autres naturalistes avaient signalé, avant Forbes, cette propriété de la glace ; mais en insistant sur cette espèce particulière de plasticité, sans s'en rendre compte, le savant écossais prépara les découvertes de Faraday et de Tyndall.

Regélation et glissement : Tyndall. — Après ses belles mensurations des mouvements des glaciers, mieux que personne, Agassiz s'était convaincu du déplacement incessant de la glace et de sa facilité à se mouler, comme de la *cire*, sur chaque accident des vallées qui l'enserrent. Pourtant il hésita à se ranger de l'avis de Forbes : ce que la vue des séracs et des crevasses lui avait appris, ce qu'il savait de la fragilité de la glace, servait de base à ses hésitations. Il n'osa les surmonter et se tint éloigné d'une théorie qui laissait intacts bien des problèmes à résoudre. Effectivement, après tant de recherches et d'efforts, il s'agissait encore de découvrir la véritable cause du mouvement des glaciers, et à ce problème venait de s'ajouter d'une manière nette et précise une nouvelle question aussi importante que la première : celle de concilier la fragilité de la glace avec son apparente plasticité.

En créant sa *théorie du glissement et de la regélation*, Tyndall crut fournir les deux solutions désirées, mais la marche de la science est toujours moins rapide. Ces belles expériences si connues aujourd'hui, sur les formes variées qu'on peut faire prendre à la glace en la comprimant dans divers moules, au moyen d'une presse hydraulique, expliquaient bien comment la glace pouvait être à la fois fragile et plastique, mais il restait à démontrer quel rapport pouvait exister entre la regélation et la progression des glaciers.

Tyndall éluda la difficulté et revint simplement aux idées de Gruner, d'Altmann et de de Saussure relativement au glissement des glaciers sous la pression des masses supérieures.

Sans doute son esprit, préoccupé par l'étude des phénomènes

1. *Traité de géologie*, p. 260.

de la regélation et par la poursuite de ses expériences célèbres, négligea un peu la marche des glaciers considérée en elle-même.

Satisfait de trouver dans la pesanteur la cause de pression qui lui était nécessaire pour opérer le regel et pour souder ensemble tous les fragments d'une cascade de glace en bas d'un sérac, il lui attribua en même temps la puissance de faire progresser le glacier lui-même.

La théorie de la regélation est trop connue pour que nous ayons autre chose à faire que de la résumer le plus brièvement possible.

Faraday avait reconnu scientifiquement que, lorsque la température ambiante est à 0°, si deux morceaux de glace se touchent, ils se soudent au point de contact. Les frères Thomson et Tyndall étudièrent avec soin cet étrange phénomène, et Tyndall exposa ainsi ce qui fut observé. Dans ces conditions, la plus légère pression suffit pour abaisser le point de congélation de l'eau : sous l'influence de cette pression, une partie de la glace se transforme en eau. Cette eau est plus froide que ne l'était la glace avant d'être comprimée ; et si la pression cesse, non seulement la liquéfaction s'arrête, mais encore l'eau se regèle. Le froid produit par la liquéfaction de la glace, sous l'action de la pression, suffit pour regeler l'eau, dès que la pression a cessé [1].

Voilà les lois de la regélation ; mais, sans les connaître, et depuis les temps les plus reculés, lorsque le froid de l'hiver se radoucit et que la température est celle de la glace fondante, les enfants, d'une manière inconsciente, ont été les précurseurs de ces grands physiciens et, en serrant dans leurs petites mains des boules de neige, en élevant de grossières statues avec de la neige prête à fondre, ils ont inauguré la série des plus belles expériences de Tyndall.

Mais revenons à la marche des glaciers.

Pour le savant physicien anglais, peut-être la force de dilatation produite par la regélation de l'eau autour de chaque grain de glace était trop fractionnée pour produire un immense effet général, et cette réserve l'empêcha de faire une magnifique application des faits et des lois qu'il venait de découvrir.

« La théorie de Tyndall, écrit M. Rambert [2] dans une page que nous sommes heureux de reproduire, tant elle expose avec élégance et clarté nos propres idées, est une de ces belles généralisations qui ne sont possibles que lorsque les questions sont ramenées aux termes véritables. Au fond elle est supérieure à toutes les autres, parce qu'elle est plus claire. Est-ce à dire qu'il n'y ait rien à chercher au delà ? Je n'oserais l'affirmer. Lorsque Tyndall fabriquait ses sphères, ses lentilles, ses anneaux, il tra-

1. Tyndall, *les Glaciers*, p. 165.
2. Le Glacier, *Revue des Deux Mondes*, t. LXXII, 15 novembre 1867, p. 408.

vaillait au moyen de deux instruments, le moule et la presse hydraulique. Nous voyons bien où sont les moules; dans les laboratoires de la nature, ce sont les pentes des Alpes, surtout les dépressions et les vallées; mais où est la presse hydraulique? La presse hydraulique, dit M. Aug. de la Rive [1], est dans les masses de neige accumulées sur les sommets et qui exercent une pression sur la glace qui descend dans les vallées. La réponse de M. de la Rive est bien celle de Tyndall. Elle est répétée couramment aujourd'hui par un grand nombre de naturalistes. A mes yeux, c'est là qu'est le point obscur de la théorie. On y retrouve la distinction tranchée, établie par quelques auteurs entre la zone des neiges supérieures et celle des glaces dans les basses régions. Les glaces des vallées feraient l'office du bloc sur lequel expérimentait Tyndall; aux neiges supérieures appartiendrait le rôle de la presse hydraulique. L'idée de cette répartition des rôles aurait trouvé moins de crédit, si l'on n'avait jusqu'à présent étudié de préférence les grands glaciers qui s'y prêtent plus facilement; mais il y a de petits glaciers qui, dans les années favorables, ne sont chargés d'aucun amas de neige et qui n'en continuent pas moins à cheminer. Il y a des glaciers de plateaux qui se déroulent sur des esplanades dont la pente est parfois très douce et qui ne sont dominés par aucune cime, sauf peut-être par quelque pic abrupt qui retient peu de neige en hiver et n'en garde pas trace en été. Et les grands glaciers n'offrent-ils pas aussi, eux-mêmes, les transitions les plus minutieusement ménagées entre les neiges des sommets et les glaces des vallées? N'ont-ils pas d'ailleurs une masse hors de toute proportion avec celle des neiges que l'on peut envisager comme pesant sur eux? Et si cela est vrai de nos grands glaciers, à combien plus forte raison ne pourra-t-on pas le dire des glaciers d'autrefois! Où placera-t-on sur les pics des Alpes des masses suffisantes pour représenter la presse hydraulique qui faisait mouvoir l'ancien glacier du Rhône? »

M. Rambert ne pouvait choisir un meilleur exemple. Ce grand glacier, après s'être heurté et divisé en deux immenses branches contre les flancs du Jura, après avoir franchi le barrage transversal du Mont-de-Sion et du Vuache, en progressant sur un sol très peu incliné, ne pouvait plus sentir l'impulsion des glaces et des névés du Haut-Valais. Cependant au delà de cette limite il fallut à ce glacier encore assez de force expansive pour franchir le défilé de Culoz, ainsi que les dépressions et les cols de la chaîne de la Dent-du-Chat, pour remplir le cirque de Belley, déborder par-dessus les contreforts du Molard-de-Don, s'insinuer dans la

1. *Actes de la Société helvétique des sci. nat.* Genève, 1865. — Discours d'ouverture, p. 17.

cluse de Rossillon-Saint-Rambert et aller déposer, au delà de la vallée de l'Oignin, dans la vallée de l'Ain, près du viaduc de Cize, des fragments d'euphotide verte détachés des hauteurs qui dominent la vallée de Saas, après un parcours de plus de 200 kilom. !

Après s'être épanoui en éventail sur les plateaux et les plaines du Bas-Dauphiné et des Dombes, n'eut-il pas besoin d'une force de dilatation plus puissante pour transporter les débris alpins de ses moraines frontales jusque vers Lyon et Bourg? Cette force vive devait résider dans chaque partie de cet immense glacier, comme elle semble résider dans ce petit glacier du Faulhorn étudié par Ch. Martins [1], ce Glacier-Bleu (Blau-Glestcher) qui se forme, se dilate sans névés, sous la seule influence de la regélation de l'eau qui circule dans ses fissures.

Infiltration, regel et dilatation : MM. Grad, Dupré et Forel. — A la suite d'une expérience mal faite sur la Mer de Glace, Tyndall contesta l'existence de ces fissures; la gelée avait obstrué les fissures du bloc sur lequel il avait opéré. Mais, plus tard, MM. Ch. Grad [2] et Dupré, en répandant sur un bloc de glace du sulfate d'indigo ou du violet d'aniline, surent mettre ces fissures en la plus parfaite évidence. Le liquide coloré traversa facilement la glace glaciaire et lui donna pendant son passage une apparence marbrée qui résultait de l'enchevêtrement du réseau capillaire. Cette infiltration se produisit sur tous les glaciers étudiés par M. Grad, pourvu qu'il opérât dans des conditions favorables, c'est-à-dire sur des blocs pris dans l'intérieur des glaciers ou bien dont les fissures n'avaient pas été obstruées par la gelée de la nuit à la surface du glacier.

Les neiges qui tombent sur les sommets ou dans les cirques élevés, se changent en grains ou en cristaux qui, en s'éloignant de leur point de départ et en se rapprochant de la partie inférieure des glaciers, tendent à acquérir de plus en plus la structure compacte de la glace d'eau. En répétant ses expériences dans des stations variées, M. Ch. Grad put suivre le cours de ces transformations, et il arriva à constater sûrement qu'une relation intime se manifeste entre le mouvement des glaciers et les modifications des grains de la glace. Alors cette conclusion devint évidente pour lui : « Le mouvement des glaciers provient donc de la dilatation causée par le regel de l'eau qui circule à travers les fissures capillaires, en modifiant la structure du courant de glace [3]; » et il ajoute : « Les mouvements des glaciers s'expli-

1. Remarques et expériences sur les glaciers sans névé de la chaîne du Faulhorn, *Annales des sciences géologiques*, publiées par Rivière, 1842. Tirage à part, p. 23 et suivantes.

2. Théorie du mouvement des glaciers, *Association française pour l'avancement des sciences*, 3e session. Lille, 1874, p. 283.

3. *Ouvrage cité*, 283.

quent maintenant par la dilatation résultant de la congélation de l'eau à l'intérieur des fissures capillaires, combinée avec la pression exercée par la masse du glacier sur elle-même. La pression du glacier détermine d'abord dans les régions supérieures la formation de fissures capillaires et provoque une certaine liquéfaction suivie de regel. L'infiltration, à travers les fissures capillaires, de l'eau produite par la fusion à la surface du glacier augmente ensuite l'effet primitif de la pression par l'accroissement de la proportion d'eau assimilée par le glacier sous l'influence du regel. D'une part, l'action simple de la pression explique le mouvement des glaces pendant l'hiver; d'un autre côté, l'influence de l'infiltration montre pourquoi la fusion de la surface du glacier accélère sa marche au printemps et en été. Dans tous les cas, le mouvement résulte de la congélation de l'eau à l'intérieur de la masse, que cette eau provienne de la glace liquéfiée sous l'influence unique de la pression, ou qu'elle soit fournie à la fois par cette pression et par l'infiltration du produit de la fusion superficielle. Toutes choses égales, un glacier s'assimile à l'intérieur, par la congélation, une quantité d'eau d'autant plus grande que son épaisseur est plus considérable et les fissures capillaires plus nombreuses [1]. »

MM. Ch. Grad et Dupré proposaient ainsi une nouvelle théorie qui différait de celle de Tyndall en ce qu'ils faisaient, comme Jean de Charpentier, intervenir la dilatation au lieu du glissement.

M. Forel a adopté en quelque sorte cette théorie et lui a donné le nom de *théorie thermique*.

Mais tout dernièrement de nouvelles expériences semblent avoir montré à M. Forel que les fentes capillaires de la glace ne se prolongeraient pas en dessous de 2 ou 3 mètres de la surface et ne pourraient laisser infiltrer l'eau jusque vers les grains les plus profonds. Il craint donc d'être obligé de modifier essentiellement sa théorie ; ses publications ultérieures nous l'apprendront [2].

En Angleterre, le Dr Croll a formulé une théorie de la progression des glaciers qui présente la plus grande analogie avec celle de M. Ch. Grad. C'est également la regélation qui serait le véritable agent de ce phénomène : « De là, une pression exercée contre les parois déjà glacées; de là une expansion forcée et une dilatation consécutive de toute la masse; de là enfin, comme dernière conséquence, une poussée continue qui doit aboutir en avant et faire marcher le glacier dans la seule direction qu'il lui soit possible de prendre, celle de la moindre résistance au mouvement qui l'oblige d'avancer. » C'est ainsi que le marquis de Saporta [3], après avoir

1. *Op. cit.*, p. 286.
2. A. Heim, *Handbuch der Gletscherkunde*, p. 337.
3. Les Temps quaternaires, *Revue des Deux Mondes*, 15 septembre 1881.

adopté cette théorie, en rappelle rapidement les conclusions, telles que M. Geikie les a exposées dans son ouvrage : *the Great Ice Age* (le Grand Age de la glace) [1]. A nos yeux, l'approbation de ces deux savants fait bien ressortir toute la valeur de cette théorie, vers laquelle depuis longtemps nous nous sommes senti attiré et qui paraît mieux que les autres répondre à toutes les objections.

Théorie complexe par dilatation et glissement : M. le professeur Heim. — Pour MM. C. Grad, Dupré et Forel, l'origine de la force de progression des glaciers se trouve dans la croissance des grains de la glace, par suite de la cristallisation de l'eau qui s'infiltre dans les glaciers. M. le professeur Heim [2] semble disposé à admettre, dans certaines limites, que le développement de chaque grain de glace peut produire le résultat indiqué par M. Forel; mais ce savant auteur pense plutôt que la marche des glaciers est surtout un résultat de la pesanteur et présente les plus grands rapports avec le mouvement des masses fluides épaisses. Elle provient par conséquent :

a) De la fusion partielle des grains de glace produite par la pression qui engendre en même temps la structure en feuillets bleus;

b) De la plasticité de la glace sans rupture, dans le voisinage du point de fusion;

c) Des fissures et des petits déplacements des particules de glace qui alternent constamment sous l'influence d'une regélation partielle : ces effets se produisent toujours en avant, à travers toute la masse, et sont en rapport avec la croissance des grains solides de la glace;

d) Du glissement sur le sol.

Après avoir donné cette formule de sa théorie, M. Heim ne peut cependant chasser les doutes de son esprit et se hâte d'ajouter : « Les recherches ultérieures pourront seules décider de la question. Aujourd'hui la théorie du mouvement des glaciers n'est pas complète et c'est ainsi que je me suis hasardé à clore rapidement ce difficile chapitre. Puisse l'avenir corriger nos erreurs et dissiper nos doutes. De longues années ne suffiraient pas à un chercheur qui voudrait mettre la dernière main à la théorie des glaciers. »

Chaleur solaire : M. Moseley. — « Un géomètre anglais, M. Moseley, a cherché à faire intervenir comme facteurs de la progression des glaciers les changements de température des molécules de glace dont la chaleur, transformée en mouvement, serait la cause principale de cette progression. Il s'appuie sur ce fait, que ces masses marchent plus vite en été qu'en hiver, et se fonde sur des

1. Ch. IV, p. 31.
2. *Handbuch der Gletscherkunde.* Stuttgart, 1885, p. 336.

expériences personnelles exécutées dans le laboratoire. Les conclusions de ces calculs ont été réfutées par MM. Croll et Ball; ils pensent que le rôle de la chaleur, incontestable, mais inconnu, n'est qu'un adjuvant secondaire de la pesanteur. Le mode d'action de la température réclame donc l'attention des physiciens sédentaires et de ceux qui transportent leurs instruments sur les glaciers eux-mêmes, pour en étudier directement les phénomènes [1]. »

Le fait est qu'il faut trouver une cause à la dilatation des glaciers, dilatation nécessaire pour expliquer leur progression dans de vastes plaines; l'action de la chaleur solaire a dû s'ajouter à celle de la regélation et a contribué, sans doute, à la production de ce phénomène dans une mesure que nous ne connaissons pas.

Théorie mixte adoptée par l'auteur. — Il faut donc en revenir à la force expansive de la dilatation de l'eau congelée, si l'on veut expliquer la marche des glaciers. D'ailleurs cette force vive existe dans les glaciers; tous les observateurs en ont constaté la présence. Pourquoi ne serait-elle pas utilisée? Comment ne produirait-elle pas un effet mécanique?

Souvent on a comparé les glaciers à des fleuves, mais cette comparaison manque de justesse à bien des points de vue. Un glacier est vraiment un fluide, mais un fluide imparfait, dont les particules glissent difficilement les unes sur les autres. Toutefois, sous l'influence de la regélation de l'eau introduite dans les fissures capillaires et de sa dilatation qui agit d'une manière indépendante autour de chaque grain de glace, les particules des glaciers acquièrent une sorte de mobilité spéciale et même d'activité individuelle dont le caractère a été difficilement reconnu; c'est là que réside le point de départ des rapports et des différences qui existent entre la glace des glaciers et l'eau des fleuves.

Il est vrai que les glaciers semblent s'écouler dans leur lit en suivant les mêmes lois qui président à l'écoulement des fleuves. Pourtant la glace des glaciers n'a pas cette mobilité qui fait que l'eau n'obéit qu'à l'action de la pesanteur et à celle de la pression hydrostatique; mais elle a en elle une force qui lui fait remonter des pentes même rapides pour franchir des obstacles, qui lui permet encore de se gonfler de bas en haut pour réparer les pertes occasionnées par l'ablation, et enfin de s'étaler largement dans de vastes plaines, sans tenir compte des accidents orographiques et sans dépasser des limites extrêmes, nettes et franches qu'un fleuve ne saurait garder.

Mais la marche des glaciers est un phénomène complexe; on aurait tort de chercher à lui assigner une cause unique. Dans

1. *In* Ch. Martins, Recherches récentes sur les glaciers actuels et sur la période glaciaire, *Revue des Deux Mondes*, 15 avril 1875. Tirage à part, p. 6.

certains points, lorsqu'elle repose sur un plan très incliné, la masse de glace peut *glisser* comme un corps solide placé dans les mêmes conditions et elle forme des *séracs* [1]. D'autre part, nous répéterons, avec Credner [2] et Tyndall [3], qu'un glacier *coule* en vertu d'une certaine mobilité de ses parties, mais, puisque ses parties glissent avec peine les unes sur les autres, se meuvent difficilement, il coule plutôt comme du *sable* que comme de l'eau, ou mieux encore il le fait d'une manière qui lui est spéciale. Toute la masse d'un glacier n'est donc pas solidaire et elle ne se meut pas uniformément. Ainsi probablement, lorsque les glaciers quaternaires alpins eurent franchi les grands lacs de la Suisse, de la Savoie et de l'Italie, les culots de glace qui comblaient ces profondes dépressions devaient au fond demeurer immobiles et, au-dessus de ces masses inertes, le reste de la glace, doué d'une certaine mobilité, d'une certaine indépendance, cheminait avec une intensité variable, car, ainsi que Tyndall l'a dit[4], après avoir mesuré le mouvement de la Mer de Glace : « les couches supérieures de glace glissent sur les inférieures. »

Au milieu des cirques et des défilés du Bugey, le glacier du Rhône eut à vaincre bien des obstacles, mais grâce à la mobilité et à la force expansive de ses particules, il put les surmonter et s'insinuer partout où un passage lui était ouvert. Mais au delà de cette région accidentée, lorsque les glaciers delphino-savoisiens, unis à ceux du Rhône, se furent répandus sur les plaines ouvertes devant eux et qu'ils furent livrés à eux-mêmes, sans rencontrer aucun obstacle, les glaces ne se comportèrent pas comme un liquide fluant, comme de l'eau, mais bien comme un liquide épais [5] ou visqueux. Elles s'épanouirent en demi-cercle, affectant la forme régulière que prend sur le sol le goudron qui s'écoule d'un tonneau défoncé, ou les grains de sable qui tombent d'un tombereau.

Ce n'est là cependant qu'une simple comparaison qui ne saurait nous rattacher à la théorie de Forbes, car ce n'était pas en vertu de leur viscosité, mais seulement par l'effet de la dilatation de leurs innombrables grains que ces masses de glace prenaient cette forme.

Pour produire des effets si grandioses : cette progression au milieu de tant d'arrêts, puis cet épanouissement gigantesque dans un pays presque horizontal, la pression des glaces des hautes régions pouvait-elle suffire? Nous ne pouvons le croire.

1. Tyndall, *les Glaciers*, p. 102. Viollet-le-Duc, *le Massif du Mont-Blanc*, fig. 21-22, p. 48.
2. *Traité de géologie*, p. 228.
3. *Les Glaciers*, passim et 69.
4. *Les Glaciers*, p. 69.
5. A. Heim, *Handbuch*, etc., p. 336.

Voilà pourquoi nous recourons aux théories de MM. Grad, Forel et du Dr Croll, et en partie à celle de M. Heim pour attribuer à la dilatation la plus grande influence sur la progression des glaciers. Sans doute la chaleur solaire intervint aussi dans une faible mesure.

Il resterait à déterminer la part qui revient à chacune des forces qui agissent pour produire ce phénomène. Cette tâche est au-dessus de notre pouvoir! Quelle est l'action de la pesanteur? Quelle est celle de la dilatation, de la chaleur et du regel? Nul ne le sait encore! L'avenir répondra sans doute; aussi nous sommes disposé à garder toutes les réserves formulées par le professeur Heim.

Vitesse comparée des glaciers modernes et anciens. — La résultante appréciable de toutes ces dilatations est ce qu'on appelle l'*avancement* des glaciers. Cet avancement varie suivant les saisons. Par suite de la congélation de l'eau de fonte qui peut circuler dans les fissures de la glace, dès que les chaleurs printanières et estivales se font sentir à la surface des glaciers, l'avancement est bien plus rapide en été qu'en hiver. Pour la Mer de Glace, le maximum en été serait de $1^{m},58$ et jamais en hiver il n'aurait dépassé $0^{m},46$ par 24 heures.

Il est donc évident que, si un froid moyen ne tue pas un glacier comme le ferait une température rigoureuse intense, du moins il en ralentit la marche et le plonge dans une sorte d'engourdissement. L'hiver, dans les régions supérieures, les glaciers sont immobilisés; les alternances de dégels et de gels n'existent pas à ces hauteurs; il n'y a pas de regélation; partant pas de dilatation; partant pas de mouvement [1].

Les moyennes des avancements annuels dépendent de la chaleur et de l'humidité de l'année, de la fréquence et de l'abondance des précipitations neigeuses. Mais nous n'avons pas à revenir sur ces oscillations annuelles des glaciers qui sortent un peu de notre cadre, pour se rattacher plutôt à l'étude des glaciers en activité. Il nous suffira de citer quelques chiffres, pour comparer la vitesse des glaciers alpins à celle des grands glaciers des régions polaires, afin de nous faire une idée très approximative du temps qu'il fallait aux débris des montagnes du Haut-Valais pour arriver jusqu'aux moraines frontales de Lyon et de Bourg, lors du plus grand épanouissement des glaciers quaternaires.

En 1832, on retrouva sur la Mer de Glace, près des Moulins, les débris de l'échelle que de Saussure avait abandonnée, quarante-quatre ans auparavant, au pied de l'Aiguille-Noire. En cet espace de temps, ils avaient parcouru 4650 mètres, ce qui, d'après les mesures de Tschudi, de Forbes, de Mieulet [2], donnerait un avan-

1. Viollet-le-Duc, *le Massif du Mont-Blanc*, p. 116.
2. Wil. Hüber, *les Glaciers*, p. 132.

cement moyen par année d'environ une centaine de mètres. Helmholtz a calculé que la glace du Col-du-Géant mettrait 120 années pour venir à l'extrémité du glacier des Bois [1] avec une vitesse annuelle moyenne de 108m environ. Sur le glacier de l'Aar, les vestiges de la cabane de Hugi faisaient par an un trajet de 115 mètres, tandis que le parcours annuel des débris de l'Hôtel des Neufchâtelois n'était que 75 mètres [2].

D'après ces moyennes annuelles d'une centaine de mètres, un bloc erratique détaché du Schneestoch au fond du Valais et cheminant sur le dos du glacier du Rhône aurait mis environ 4000 ans pour arriver jusqu'à Lyon ou à Bourg, et franchir un espace de 400 kilomètres approximativement.

Les immenses glaciers polaires actuels du Groënland, d'après M. Helland [3], sont animés d'une vitesse beaucoup plus grande que celle des glaciers des Alpes. Cette vitesse serait même de 19 mètres par jour pour de vastes glaciers qui s'avancent sur des pentes très faibles ne mesurant qu'un demi-degré d'inclinaison (8 pour mille). Dans ces conditions, le même bloc n'aurait mis environ que 60 ans pour faire le même parcours du Haut-Valais à la Saône.

Mais le Groënland n'est pas un pays aussi plat, aussi monotone qu'on l'avait cru d'abord. Le voyage de Nordenskjold, en 1883, comme celui de R. C. Peary et de Ch. Maaigaard, en 1886, ont appris que la *Terre-verte* est un pays souvent fort élevé au-dessus du niveau de la mer. A 160 kilomètres dans l'intérieur, à partir de l'île de Disco, ces deux derniers voyageurs ont constaté que le sol atteignait l'altitude de 2300 mètres. Cette disposition topographique explique en partie la rapidité avec laquelle les immenses glaciers de l'intérieur s'avancent dans la direction de la côte. D'après Steenstrup et Care Ryder, cette vitesse est en certains cas de 99 pieds, environ 33 mètres par jour de vingt-quatre heures en été et de 30 à 35 pieds par journée d'hiver! [4]

Nous dirons cependant avec Viollet-le-Duc que les glaciers descendent dans les vallées qui les encaissent ou sur les plateaux qui les reçoivent, non point seulement en raison de la pente, mais encore en raison de leur masse ou plutôt de leur épaisseur [5].

Grandeur comparée des glaciers anciens et modernes. — Si nous sommes tenté d'attribuer à l'ancien glacier du Rhône la même vitesse que celle des glaciers des régions boréales, c'est

1. *Revue des cours scientifiques*, juin 1866, p. 439, *in* Id.
2. Zurcher et Margollé, *les Glaciers*, p. 51.
3. *Geological Society of London*, 21 juin 1876, *Abstracts of the procedings*, nº 332. — *In* A. Favre, Notice sur la conservation des blocs erratiques, *Archives des sciences de la Bibliothèque universelle*, novembre 1876, t. LVII, p. 204.
4. *Le Tour du Monde*, 23 juin 1888. *Globus.*
5. *Le Massif du Mont-Blanc*, p. 52.

parce qu'il ne leur cédait en rien pour les dimensions. Ce grand glacier quaternaire, depuis son point d'origine, le Schneestock, jusqu'à Lyon ne mesurait pas moins de 400 kilomètres environ de longueur. Quand il était réuni aux glaciers delphino-savoisiens et qu'ils étaient tous répandus sur les plateaux des Dombes et du Bas-Dauphiné, leur diamètre mesurait 100 kilomètres depuis Bourg jusqu'à Thodure et même 120 jusqu'à Vinay, dans la vallée de l'Isère!

Le glacier de Humboldt, que Kane a découvert à l'extrémité du détroit de Smith, nous servira de terme de comparaison.

Hayes [1] et MM. E. Reclus [2] et de Lapparent [3] le regardent comme le plus grand glacier connu des contrées polaires boréales.

En diamètre il mesure 111 kilomètres; son front de glace présente 100 mètres de hauteur au-dessus de la ligne de flottaison, et ce mur de cristal descend à 700 mètres au fond de la mer dans laquelle il s'avance! Mais n'oublions pas de dire que le glacier du Rhône, s'il mesurait le même diamètre, avait parfois 1500 mètres d'épaisseur dans le Valais et qu'il conservait encore une puissance d'un millier de mètres à Culoz et dans tout le Grésivaudan jusqu'à Grenoble.

Nous étions donc fondé à comparer la vitesse de l'ancien glacier du Rhône avec celle d'un glacier polaire, celui de Jakobshaven, qui est sans doute plus petit et dont la pente est plus faible que celui de Humboldt, mais dont la vitesse quotidienne, en juillet, a été évaluée à 19 mètres par M. Helland.

Stations, recul et moraines des glaciers modernes et quaternaires. — Les forces qui exercent leur activité dans l'intérieur des glaciers n'agissent pas toujours avec la même intensité; mais jamais elles ne restent dans un repos absolu. Nous l'avons déjà dit, les glaciers progressent toujours en avant, en même temps qu'ils peuvent lutter contre les causes qui tendent à les faire disparaître et dont les effets multipliés peuvent se résumer en ce qu'on appelle l'ablation.

Si l'accroissement en longueur et en épaisseur l'emporte sur l'ablation, on dit que le glacier avance.

Si le développement de la glace n'est pas assez énergique pour combattre les influences destructives de l'atmosphère, le glacier semble reculer, mais c'est une fausse apparence, car, pas plus que l'eau d'un fleuve, la glace ne peut remonter vers sa source. En fait, il ne s'agit que de l'agrandissement de l'espace qui sépare le front de la glace des dernières et des plus récentes moraines terminales.

Lorsque les effets de l'accroissement se compensent avec ceux

1. *La Terre de la Désolation*, etc., traduit par L. Reclus, 1874, p. 129.
2. *La Terre*, t. I, p. 280.
3. *Traité de géologie*, p. 291.

de l'ablation, le glacier paraît stationnaire, car la fonte de son extrémité inférieure le maintient à la même place.

Dans les glaciers quaternaires les choses se passaient de même et les forces de la nature se livraient de semblables luttes, souvent plus intenses et toujours proportionnées à la grandeur de chaque glacier. Les résultats de ces luttes étaient des séries d'oscillations dans la marche des glaciers, des périodes d'avancement ou de recul ou bien encore des états stationnaires. Les traces de ces fluctuations sont encore apparentes sur le sol occupé par le terrain erratique.

Lorsqu'un glacier avance, il entraîne avec lui ses moraines superficielles et les laisse glisser au pied de ses pentes terminales; puis il progresse au-dessus de cet amas de débris, en écrase les éléments tendres, les transforme en boue glaciaire, tandis qu'il polit et strie les fragments les plus durs et constitue avec le tout sa moraine profonde. Tels sont les faits qui se produisent pendant la marche en avant.

Le glacier subit-il un temps d'arrêt, devient-il stationnaire? Les moraines superficielles glissent en avant, recouvrent la base du talus terminal et forment ainsi un placard qui se modèle exactement sur tout le développement du front des glaces.

Si le glacier diminue, s'il recule ou se retire, il abandonne à chaque arrêt ces amas de débris qui forment autant de bourrelets ou de moraines terminales concentriques. Donc, tant qu'un glacier progresse, il efface tous les vestiges de ses oscillations, mais pendant sa période de retrait chaque station est marquée par une moraine [1].

En prenant toujours pour type l'ancien glacier du Rhône, nous dirons qu'il n'a laissé sur le sol aucune trace de ses arrêts pendant sa marche progressive; tout a été enseveli dans ses moraines profondes, mais aux dernières limites qu'il a pu atteindre, au moment du paroxysme glaciaire, nous retrouvons les moraines terminales de Seillon, près de Bourg, d'Ars en Dombes, de Sathonay, de la Croix-Rousse, de Fourvières, de Sainte-Foy, près de Lyon.

Des bourrelets concentriques ont été reconnus par MM. Benoît et Lory, à Blie, Saint-Jean-de-Niost, Satolas, Saint-Quentin, indiquant un grand arrêt du glacier du Rhône; près de Lagnieu existent des moraines analogues. Nous en avons découvert d'autres au nord-est de Belley, à Massigneux-de-Rives et en aval de Rochefort.

Mais les plus belles moraines terminales, les plus caractérisées que nous ayons vues, sont celles de Granges, entre Sion et Sierre, en Valais; elles marquent un des plus récents arrêts de l'ancien glacier du Rhône, dans sa course rétrograde.

1. Cf. Charpentier, *Essai*, p. 44; — E. Reclus, *la Terre*, I, p. 255; — Dr A. Heim, *Handbuch der Gletscherkunde*, p. 338-341.

Intermittences dans le retrait des glaciers. Conséquences. — Le retrait des anciens glaciers ne s'est donc pas opéré d'une manière régulière, mais bien par saccades, suivant la diminution de l'humidité de l'air et le relèvement des conditions climatériques, suivant l'état moyen de la température à diverses époques. On peut croire, d'après la disposition du terrain erratique sur le sol, que les parties frontales ont commencé par fondre et que cette fonte

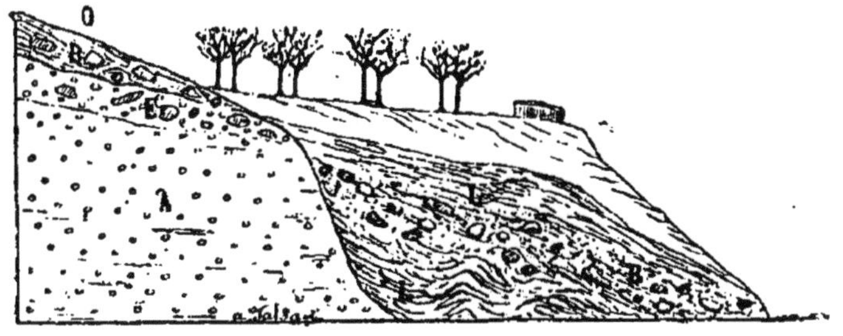

Fig. 32. — Balmes de St-Clair à Lyon.
A. Alluvions anciennes. — B. Terrain erratique en place. — B' Glissement de terrain erratique. — O. Lehm.

s'est opérée sucessivement depuis les plaines basses, où la glace avait moins d'épaisseur jusqu'aux régions élevées où sa puissance était énorme, sans opérer de débâcles ni d'inondations torrentielles, dévastatrices. Ces eaux limoneuses tenaient en suspension les produits de la lévigation des moraines, comme nous l'avons déjà dit, et les laissèrent se déposer, sous forme de *lehm*, *lœss* ou *limon glaciaire*, dans des marécages ou dans des lagunes placés à tous les niveaux en avant des glaciers en fusion. Telle est l'origine de ces énormes placards de *lehm* ou *terre à pisé* qui revêtent les pentes et les collines des environs de Lyon.

Une seule moraine profonde entre la Suisse et Lyon. — Il est évident que si de Belley à Genève, de Lyon à Belley, l'ancien glacier du Rhône s'était retiré une première fois pour s'avancer de nouveau vers ces points extrêmes, après un espace de temps assez considérable pour représenter une période interglaciaire, il aurait déposé entre ces villes deux moraines profondes, deux terrains erratiques, séparés l'un de l'autre par des couches plus ou moins épaisses de formations géologiques d'origine différente. Mais dans la partie moyenne du bassin du Rhône nous n'avons jamais rien trouvé qui rappelât cette disposition stratigraphique. Si parfois, au milieu de l'alluvion glaciaire, nous avons constaté la présence d'une mince couche de terrain erratique, nous avons bien vite reconnu que ce n'était qu'un simple accident, une formation sans étendue, l'effet d'une simple oscillation de l'ancien glacier. Ailleurs cette disposition ne résultait souvent que d'un glissement de terrain, ainsi que nous l'avons figuré dans la figure ci-dessus.

Dans d'autres régions, on a reconnu cette dualité du terrain erratique, et on en a conclu avec raison l'existence de deux périodes glaciaires; mais nous n'avons pas à revenir ici sur cette question.

Influence de la progression des anciens glaciers sur la formation du terrain erratique; conclusion et expériences. — Rien de plus rationnel que d'attribuer la formation du terrain erratique à la progression des anciens glaciers. Peu importe la théorie que l'on préfère pour expliquer le phénomène de la progression; cette attribution est juste pour quiconque a parcouru et étudié les glaciers actuels.

A n'importe quelle époque géologique, l'assimilation de l'eau qui coule dans leurs fissures, la dilatation de leur masse par la regélation, c'est la vie des glaciers; mais leur progression, c'est la manifestation la plus éclatante de cette vie; cette progression, c'est encore la force mécanique qui fait mouvoir ce que l'on pourrait appeler en quelque sorte les rouages et les appareils de ces immenses ateliers de la nature.

Nous pensons que, en vertu de leur dilatation, les glaciers se déplacent ou s'avancent en usant leur lit, en le striant et même en y creusant des bassins, quand les circonstances sont favorables.

Mais cette progression, au lieu de rappeler le glissement d'un corps lourd abandonné à lui-même sur un plan incliné, ressemblerait plutôt au déplacement des particules d'un morceau de caoutchouc qu'on étire. Voici comment, pour mieux le faire comprendre, on pourrait procéder à une expérience.

Sur une vaste table de marbre poli, légèrement inclinée, on étend une épaisse, large et longue bande de caoutchouc, dont une extrémité est fixée à la table d'une manière solide et dont l'autre, restée libre, peut subir une traction progressive assez puissante. L'effet produit par l'étirement de la bande de caoutchouc, qu'on peut comparer en quelque sorte à la dilatation d'un glacier sous l'influence du regel, explique l'avancement de chaque partie du caoutchouc, avancement qui se produit comme si la bande elle-même glissait ou progressait en avant. Si pendant l'étirage on charge convenablement cette bande de caoutchouc avec de lourds fragments de plomb et si l'on place du sable siliceux et des fragments anguleux de roches dures entre le caoutchouc et la table de marbre, on creuse sur le calcaire des stries longitudinales qui rappellent en petit celles du lit d'un glacier. On n'a même qu'à étendre sur la table de marbre, en dessous du caoutchouc, des placards de substances peu résistantes comme du plâtre, de l'argile desséchée, et l'on verra se produire en petit des phénomènes d'érosion et de nettoyage. De plus, si on laisse tomber de quelques points fixes sur les bords de la bande de menus fragments de roches, ces débris s'alignent et forment comme des traînées morainiques; enfin, si l'on force la bande à s'étirer, sur un point quelconque entre deux parois un peu resserrées, on la verra se rétrécir en surface et se gonfler comme un glacier poussé au travers d'un étranglement de la vallée où il s'avance.

Cette expérience, inspirée par celles du major Hüber[1] et de Viollet-le-Duc [2], peut donner une idée de ce que nous entendons par la marche d'un glacier et faire comprendre l'influence de cette progression sur la formation du terrain erratique; mais il faut remonter aux observations de Jean de Charpentier[3] sur la dilatation d'une barre de fer par la chaleur pour trouver le point de départ de cette démonstration expérimentale. D'après ce qui précède, cette expérience de la bande de caoutchouc suffit pour expliquer, jusqu'à un certain point, et autant qu'une simple expérience de laboratoire peut le faire, le transport des blocs et du terrain erratiques, le cheminement des diverses moraines, l'usure du lit des glaciers ainsi que son nettoyage des matières meubles ou seulement tendres, pour l'approprier à recevoir des lacs peu profonds, lorsque la glace aura fondu et que les conditions orographiques le permettront.

1. *Les Glaciers,* p. 122.
2. *Le Massif du Mont-Blanc,* p. 110.
3. *Ante*, p. 173. *Essai*, p. 38.

CHAPITRE XII

CAUSES DE L'EXTENSION DES ANCIENS GLACIERS
UNITÉ ET PHASES DE LA PÉRIODE GLACIAIRE

Froid intense; causes astronomiques : Renoir, Schimper, Agassiz, Babinet, M. Vicaire. — Influence favorable de la chaleur sur la formation des glaciers : de Charpentier, Tyndall, Lecoq. — Influence climatérique; causes actuelles : de la Rive, Favre, etc. — Déplacement de l'axe terrestre : de Boucheporn. — Précession des équinoxes. — Excentricité de l'orbite terrestre : Dr Croll, M. Geikie, Dr A. Penck. — Observations. — Froid peu intense : Le Blanc, C. Martins, etc. — Changement de direction du Gulf-Stream : Hopkins. — Rupture de l'isthme de Panama : Constant Prévost. — Submersion du Sahara : Desor, Escher de la Linth. — Concentration du soleil; climatologie : de la Rive, A. Favre, Dr Blandet, marquis de Saporta, MM. Lory, de Lapparent, l'auteur, etc. — Conséquences de la concentration solaire et des conditions climatériques nouvelles; condensateurs montagneux. — Double origine des phénomènes glaciaires. — Surélévation des montagnes; vaporisation des eaux dans de profondes crevasses : J. de Charpentier. — Conséquence d'une surélévation nouvelle des montagnes. — De la période glaciaire. — Unité de la période glaciaire; ses phases ou époques. — Deux terrains erratiques en Angleterre, en Écosse, etc. — Conclusion.

Froid intense; causes astronomiques : Renoir, Schimper, Agassiz, Babinet, M. Vicaire. — Invinciblement les mots de neige et de glace éveillent dans notre esprit l'idée de froid. Beaucoup de savants naturalistes se laissèrent donc séduire par l'hypothèse d'un grand abaissement de température pour expliquer l'origine de l'extension des anciens glaciers, ce grand phénomène géologique dont l'homme a été le témoin.

Ils ne reculèrent devant aucune hardiesse, et, pour atteindre le but qu'ils se proposaient, ils explorèrent tous les espaces célestes; mais ils cédèrent aussi aux entraînements de leur féconde imagination.

M. Renoir [1] supposait que des taches sur le disque du soleil en avaient assez affaibli les rayons pour occasionner, à la surface de la terre, l'abaissement de température dont l'extension glaciaire avait été la conséquence.

1. *Bull. Soc. géol.*, vol. XI, p. 64, 1839, *ibid.*, p. 499; 1840.

De même que Poisson [1] avait admis la possibilité d'un déplacement de tout le système solaire dans les espaces cosmiques doués d'une chaleur suffisante pour fondre toutes les roches, ainsi M. Renoir crut volontiers que la terre avait pu traverser des régions assez froides pour solidifier une partie de ses eaux. Ultérieurement M. Heer rajeunit cette dernière hypothèse.

Peu satisfait sans doute des systèmes qu'il venait de proposer, M. Renoir chercha à en créer un nouveau. Il supposa [2] donc encore qu'une époque glaciaire d'une grande intensité avait coïncidé avec le moment où la chaleur interne du globe avait cessé de se manifester au dehors, en même temps que la terre était encore trop éloignée du soleil pour en ressentir la vivifiante influence.

Plus tard, pour vaincre la résistance de l'éther, les planètes auraient ralenti leur marche en décrivant une immense spirale qui les aurait sans cesse rapprochées du soleil. Dans ces conditions, à une époque déterminée, la terre se serait réchauffée progressivement et les glaciers quaternaires se seraient fondus et auraient rétrogradé.

Inutile de répéter ici les objections opposées [3] à des hypothèses qui n'étaient en définitive que de simples jeux d'esprit.

Schimper [4] pensa que le froid avait été assez énergique pour couvrir la terre d'une calotte de glaces universelles. Agassiz mit plus de réserve et limita l'étendue de ces glaces à celle du terrain erratique [5]. Mais il crut qu'après chaque grande révolution du globe, une sorte de loi mystérieuse avait déterminé un abaissement de température à la surface de la terre, et sans doute c'était une erreur.

Pour obtenir le refroidissement proposé, M. Babinet [6] avait recouru à l'action de nuages cosmiques traversés par la terre durant sa course de translation autour du soleil, entraîné luimême vers un centre inconnu.

D'après M. Vicaire [7], l'extension des glaciers quaternaires n'aurait eu d'autre cause qu'un changement dans l'intensité du rayonnement solaire, amené par la diminution des éléments combustibles dans la photosphère.

Influence favorable de la chaleur sur la formation des glaciers : de Charpentier, Tyndall, Lecoq. — A tous ces partisans d'un grand

1. D'Archiac, *Histoire des progrès de la géologie*, vol. I, p. 21.
2. *Bull. Soc. géol.*, vol. XI, p. 148, 1840.
3. Angelot, Observation sur la théorie des glaces universelles de M. Renoir, *Bull. Soc. géol.*, vol. XII, p. 94, 1841.
4. Ode, *Die Eiszeit*, 15 février 1837.
5. *Discours d'ouverture des séances de la Soc. Helvét.*, Neuchâtel, juillet 1837.
6. La Période glaciaire, *Revue des cours scientifiques*, 4e année, n° 422, décembre 1866.
7. Sur la constitution physique du soleil dans ses rapports avec la géologie, *Bull. Soc. géol.*, 3e série, t. II, p. 211, 1874.

abaissement de température, et nous pourrions en citer beaucoup d'autres, nous répondrons d'abord que les froids intenses, comme nous le montrerons plus loin, *tueraient* les glaciers au lieu d'en favoriser le développement.

J. de Charpentier [1], avec son esprit pratique et clairvoyant, avait reconnu depuis longtemps la mauvaise influence d'un froid excessif sur la formation de la neige et de la glace.

Tyndall l'a dit d'une manière plus originale et en même temps plus précise [2]. « C'est la neige des montagnes qui alimente les glaciers : de manière ou d'autre la neige se transforme en glace. Mais d'où vient la neige? Comme la pluie, elle vient des nuages, et ceux-ci proviennent des vapeurs que pompe le soleil. Sans le feu du soleil nous ne pourrions avoir de vapeur d'eau dans l'atmosphère; sans vapeur, point de nuages; sans nuages, pas de neige, et sans neige, pas de glaciers. Ainsi, chose curieuse à dire, la glace des Alpes tire son origine de la chaleur du soleil. »

Il ajoute encore, pour insister sur cette pensée [3] : « On a supposé que, si la chaleur du soleil diminuait, il se formerait des glaciers plus étendus que ceux qui existent de nos jours. Mais la diminution de la chaleur du soleil ferait infailliblement décroître la quantité de vapeur d'eau, ce qui arrêterait la source même des glaciers. »

Avant Tyndall, le professeur Lecoq (de Clermont) avait dit [4] : « La principale cause d'alimentation du glacier réside dans l'abondance du névé et dans l'étendue du cirque qui le reçoit. Les ressources du névé n'existent que dans la neige qui tombe; la neige ne peut se former qu'aux dépens de la vapeur élevée dans l'atmosphère, et celle-ci ne peut être produite que par l'action de la chaleur solaire! »

Rien de plus formel, de plus nettement exposé; M. Alphonse Favre [5] croit même que le professeur Lecoq est le premier savant qui ait introduit dans la science l'idée de corrélation entre une grande chaleur solaire provoquant une puissante évaporation et le développement d'immenses glaciers.

Influence climatérique; causes actuelles : de la Rive, Favre, etc. — Les naturalistes qui avaient mis tant de zèle à rechercher les causes d'un refroidissement intense de notre atmosphère semblent donc avoir fait fausse route. Ils paraissent avoir oublié que l'embryon pliocène des anciens glaciers s'est transformé en ces grands glaciers quaternaires dont nos glaciers actuels ne sont que des lambeaux atténués, mais non interrompus, et qu'en

1. *Essai*, etc., p. 235.
2. Les Glaciers, *Bibliothèque scientifique internationale*, 1873, p. 11.
3. *Les Glaciers*, etc., p. 24.
4. *Des Glaciers et des Climats*, etc. Paris, 1847, in-8°, p. 553.
5. *Recherches géologiques*, etc., t. I, p. 186.

outre, les uns comme les autres devaient avoir des causes analogues et obéir aux mêmes lois.

Ces divers états des glaciers, leur apparition, leur immense développement, puis leur diminution progressive paraissent n'être que les phases d'un même phénomène, et, à en juger par les faits connus et étudiés de nos jours, c'est-à-dire en suivant la méthode familière aux géologues, nous pouvons dire que tout cet ensemble de faits n'est que le résultat d'influences météorologiques analogues à celles qui s'exercent autour de nous.

On pourrait donc espérer trouver la solution des divers problèmes rattachés à la question glaciaire, en faisant simplement intervenir les *causes actuelles*, et, d'après M. Alp. Favre [1], M. le professeur A. de la Rive [2] serait le premier qui aurait cherché à expliquer l'extension des anciens glaciers par les phénomènes qui peuvent se passer de nos jours; il indiquait ainsi la marche à suivre.

Déplacement de l'axe terrestre : de Boucheporn. — Avant d'entrer dans cet ordre d'idées, de recourir aux causes actuelles, nous avons à rappeler quelques systèmes qui momentanément ont joui d'une certaine faveur, mais systèmes trop connus pour que nous ayons à les analyser en détail.

Rajeunissant une idée déjà émise au xve siècle par des naturalistes italiens [3], M. de Boucheporn [4] voulut expliquer les phénomènes erratiques et glaciaires du nord de l'Europe par l'hypothèse d'un déplacement de l'axe de la terre, à la suite duquel le pôle Nord se serait trouvé dans quelque endroit de la mer Baltique, au nord de la Prusse ou de la Pologne. Le *drift* de l'Amérique du Nord, avec ses glaciers anciens, ses blocs erratiques, aurait été la conséquence d'un autre déplacement du pôle Nord. L'auteur supposa ainsi d'autres changements dans la position de l'axe terrestre pour résoudre chaque problème qui se présentait à lui; mais il se heurta à tant de difficultés qu'il ne put faire accepter son système.

Précession des équinoxes. — M. Adhémar [5] et M. Lehon avaient basé leur théorie sur la précession des équinoxes, mais ils exagérèrent singulièrement les conséquences d'un fait astronomique vrai; si bien que, partis d'une base positive, ils arrivèrent à des conclusions inadmissibles. Ce système que nous n'avons pas à exposer admettait aussi des déplacements de l'axe terrestre après

1. *Recherches géologiques*, etc., t. I, p. 188.
2. Essai d'explication de l'apparition et de la disparition successives des glaciers, etc., *Arch.*, 1851, t. XVIII, p. 5. — *Comptes rendus de l'Académie des sciences*, 1852, octobre, p. 437.
3. Alessandro degli Alessandri, *Dies geniales*, liv. V, chap. IX, *in* d'Archiac, *Hist. des progrès*, etc., t. II, 1re partie, p. 430.
4. *Études sur l'histoire de la terre*, in-8°. Paris, 1844.
5. *Révolutions de la mer*, 2e édition. Paris, 1860.

de longs intervalles de temps réguliers, par suite d'un changement d'équilibre du globe occasionné par l'accumulation des eaux et des glaces, tantôt vers un pôle, tantôt vers l'autre. En même temps se seraient produits des abaissements périodiques de température ou des périodes glaciaires successives, accompagnées de débâcles ou de vastes inondations dont on croit reconnaître les traces à la surface de la terre. Des idées scientifiques analogues avaient déjà été mises en avant par Frédérik Klée [1] dans son livre *le Déluge*. Elles devaient séduire les partisans de la périodicité des phénomènes glaciaires, mais, pour M. de Saporta [2] comme pour nous, rien n'est moins prouvé que cette périodicité des phénomènes glaciaires, et, en dehors de bien d'autres considérations, c'est même cette récurrence de climats alternativement chauds et froids, ressortant de cette hypothèse, qui nous engagerait à chercher ailleurs les causes de la période glaciaire!

En effet, dans ses longues et minutieuses études des flores fossiles et du développement de la vie, M. de Saporta n'a pas trouvé dans le passé les traces de ces actions glaciaires qui, d'après ces savants, auraient dû se succéder à des intervalles réguliers et n'a rien remarqué de périodique, dans tous les faits qu'il a observés.

La chaleur originaire s'est prolongée plus ou moins longtemps sans qu'on ait le droit de soupçonner l'existence d'abaissements antérieurs, tandis que l'on constate aisément une succession d'espèces affiliées exigeant une température supérieure à celle que nos zones tempérées ou froides sont maintenant en mesure de leur départir.

Excentricité de l'orbite terrestre : Dr Croll, M. Geikie, Dr A. Penck. — N'ayant rien trouvé durant nos études géologiques pour nous convaincre de la périodicité à longues échéances de nombreuses périodes glaciaires, depuis les formations les plus anciennes, nous n'osons pas adopter l'hypothèse astronomique du Dr Croll [3], hypothèse appréciée en Angleterre et en Allemagne. C'est dans l'*excentricité* plus ou moins accentuée de l'orbite terrestre, combinée avec la précession des équinoxes, que le Dr Croll [4] chercha la cause du refroidissement périodique de la terre et des extensions successives des anciens glaciers après longs intervalles de temps doués d'une température plus douce. Au moment du maximum de l'excentricité de l'orbite terrestre, l'hémisphère pour lequel le solstice d'hiver coïnciderait avec l'aphélie aurait périodiquement à supporter un climat glaciaire.

1. *Édition française*. Victor Masson, 1847.
2. *Le Monde des plantes*, in-8°, 1879, p. 143 et suivantes. Paris, G. Masson.
3. On the Physical Cause of change of climate during Geological Epochs, *Philosophical Magazine*. August., 1864, chap. IV.
4. J. Geikie, *The Great Ice age*, 2e édition, chap. x, 102.

M. le professeur Penck [1] s'est rattaché en quelque sorte au système adopté par M. le Dr Croll et par M. Geikie. Il croit établi en fait qu'on retrouve dans les deux hémisphères des traces d'anciens glaciers et même les preuves de plusieurs périodes glaciaires. Ces phénomènes se seraient produits dans le même sens qu'aujourd'hui, mais avec plus d'intensité; cependant un très grand froid n'aurait pas été nécessaire pour occasionner l'extension de tous ces glaciers. Après avoir repoussé toutes les théories qui supposaient un abaissement considérable de la température et que nous venons de passer en revue, M. A. Penck fut naturellement amené à chercher une cause périodique conforme aux lois actuelles de la nature, et il pensa la trouver dans les changements climatériques que doit déterminer successivement dans chaque hémisphère l'excentricité de l'orbite terrestre, par rapport à la translation de la terre autour du soleil. Aujourd'hui, l'hémisphère nord a les plus longs étés. Cette différence peut même être de trente-six jours alternativement tous les 10 500 ans au profit de chaque hémisphère, et cet excès de chaleur doit déterminer des modifications importantes dans la direction des courants atmosphériques et marins, et peut avoir aussi une certaine influence sur la distribution de la chaleur à la surface de la terre.

Cependant ces changements périodiques de la température n'engendreraient pas toujours des glaciations régulières et générales, car pour cela il faudrait encore la réunion de certaines conditions climatériques et orographiques locales, puisque M. Penck reconnaît comme nous l'influence favorable des montagnes sur la formation des glaciers; mais ces conditions se trouvent rarement réunies! Les périodes glaciaires ne seraient que des résultats de changements de climat revenant à des époques périodiques, après de longs intervalles et ayant besoin pour se manifester de certaines conditions locales.

L'influence du climat et des formes orographiques joue donc un rôle assez considérable dans cette théorie, en dehors de la périodicité, et nous partageons en ce sens cette manière de voir. Cependant son auteur attache beaucoup moins d'importance que nous à la détermination des faunes et des flores pour arriver à celle des conditions climatériques d'une époque quelconque.

D'après lui, l'influence d'une période glaciaire ne modifie pas les organismes de tout un système ou étage géologique, mais simplement ceux d'une seule couche ou d'un seul banc par suite de son peu de durée comparativement à l'immensité de celle des temps géologiques. Par conséquent il serait difficile de reconnaître les effets d'un changement de climat au milieu de

1. *Die Vergletscherung*, chap. XXIX, p. 433 et suivantes.

cette multiplicité de formes qui se succèdent dans la série des strates.

Du reste, M. Penck semble garder une prudente réserve et reconnait que le retour périodique des glaciations devrait être prouvé comme tous les autres phénomènes naturels, mais qu'il ne l'est en définitive que pour peu de dépôts. Des recherches ultérieures pourraient faire décider avec critique si les dépôts anciens considérés comme glaciaires le sont réellement, et ce serait à la paléophytologie à démontrer l'existence de périodes anciennes de froid avec la même précision qu'elle a mise à reconnaître des climats anciens plus chauds.

Observations. — Nous croyons que jusqu'à présent l'étude des végétaux fossiles n'a pas révélé une semblable périodicité. Aussi cette théorie ne pourrait recevoir une éclatante confirmation que si l'on trouvait des traces de formations glaciaires dans les terrains anciens, ainsi que le prétendent le Dr Croll, MM. J. Geikie, Godwin-Austen [1], etc. Mais à cet égard, M. Penck se maintient dans une attentive réserve et garde quelques doutes auxquels nous nous associons.

En Angleterre même, cette théorie a rencontré bien des oppositions, et il s'en faut qu'elle soit généralement adoptée.

D'abord cette récurrence des phénomènes glaciaires depuis les temps les plus anciens est loin d'être prouvée, et cependant en vertu de la régularité parfaite des phénomènes astronomiques on peut dire que, si l'excentricité de l'orbite terrestre avait vraiment été la cause de la dernière glaciation pendant les temps quaternaires, elle aurait dû en occasionner une spéciale chaque fois que la terre s'était trouvée dans la même position par rapport au soleil, et on devrait en constater les traces dans les couches géologiques. Précisément c'est ce qui n'a pas été fait d'une manière positive, et c'est même ce qui reste à prouver.

Par conséquent, lorsqu'on veut démontrer la bonté de la théorie basée sur l'excentricité de l'orbite terrestre en disant qu'elle peut expliquer clairement le retour périodique des glaciations, ou *vice versa*, quand on annonce qu'il y a eu plusieurs périodes glaciaires, parce qu'elles sont les résultats de la position de la terre sur une orbite excentrique par rapport au soleil, on ne fait qu'appuyer une hypothèse sur une autre hypothèse. Le fait astronomique est positif, mais les conséquences en sont encore vagues et douteuses! Jusqu'à présent on n'a aucune base certaine pour admettre qu'une prolongation des hivers, allant progressivement jusqu'à un maximum de 36 jours pendant une longue série d'années et successivement dans chaque hémisphère, ait pu déterminer, après de longs intervalles, des récurrences périodiques de grands phénomènes glaciaires.

1. Ouvrages cités.

De nos jours, les étés ont une durée astronomique fixe, et pourtant les effets produits par les saisons sont fort variables. Ils semblent dépendre plutôt de conditions climatériques dont les lois nous sont cachées sans doute, ou bien d'autres causes mal définies. Ainsi pendant une série d'années les glaciers alpins reculent, puis pendant une série nouvelle ils avancent! D'où peuvent provenir ces différences d'allure, puisque, actuellement, la durée des étés et des hivers est la même. On ne le sait pas clairement, mais ce serait plutôt de conditions climatériques spéciales. D'ailleurs, après tant d'efforts, après tant de progrès réalisés dans la science des glaciers anciens et modernes depuis les premières études de Playfair, de J. de Charpentier, de Venetz, on peut avouer sans hésitation qu'il reste encore des lacunes à combler, des liaisons à établir, des problèmes à résoudre, des vérités à chercher! L'avenir saura faire un choix au milieu de tous les systèmes proposés, mais les résultats déjà acquis sont une garantie de ceux que les travailleurs sont en droit d'espérer encore.

Les travaux du Dr Croll, de M. J. Geikie, de M. A. Penck sont trop importants pour que nous n'ayons pas cherché à exposer leur théorie avec quelques détails; après leur avoir consacré ces pages, nous allons reprendre le cours de notre étude.

Froid peu intense : Le Blanc, Ch. Martins, etc. — Au milieu de toutes ces discussions un fait semble rester acquis : l'abaissement de température a dû être moins grand qu'on ne l'avait supposé d'abord; le froid glaciaire moins rigoureux.

Le premier, M. Le Blanc [1] s'était attaché à démontrer que, à la latitude des Vosges, un abaissement de 7° suffirait pour ramener sur les sommets de cette chaîne des glaciers de 2 à 3 lieues de longueur.

De son côté et sans connaître l'opinion de M. Le Blanc, Forbes [2] avait dit qu'un faible refroidissement pourrait faire descendre les glaces permanentes à un niveau bien inférieur.

Charles Martins [3] mit plus de précision, plus de clarté dans l'exposé de son calcul; se basant sur ce que les glaciers de Chamounix descendent jusqu'à 1150 mètres au-dessus du niveau de la mer et sur ce que la température décroît dans l'atmosphère d'environ 1°, par 188 mètres d'élévation, il conclut que, pour un refroidissement de 4°, les glaciers s'abaisseraient de 752 mètres et envahiraient la plaine de Genève, dont la température moyenne est aujourd'hui de 9°,56. Avec cet abaissement de 4°, elle n'aurait été que de 5°,56. Mais, dans ces conditions météorologiques, tous les phénomènes de la période glaciaire pouvaient se produire.

1. *Bull. Soc. géol.*, t. XII, p. 132, 1841.
2. *Travels throug the Alpes*, etc., p. 154, 1843.
3. *Revue des Deux Mondes*, vol. XVII, 1er mars 1847, p. 941.

Ch. Martins avait donc le droit de dire : « Diminuer la température moyenne d'une contrée pour expliquer une des plus grandes révolutions du globe, c'est à coup sûr une des hypothèses les moins hardies que la géologie se soit permises. »

M. Danzler (de Zurich)[1] ne demandait qu'une diminution de 5°, pour que les glaciers alpins poussassent leurs moraines jusqu'à Soleure. M. Torcapel[2] et bien d'autres géologues ne sont pas plus exigeants, et tout le problème se réduirait à une simple modification atmosphérique, obtenue par les moyens que la nature met de nos jours en action.

Changement de direction du Gulf-Stream : Hopkins. — Pour obtenir le résultat réclamé par cette école, on crut qu'il ne s'agissait que de changer la distribution des terres et des mers, afin de donner une autre direction aux courants marins et atmosphériques. M. Hopkins[3] admit que des oscillations du fond de l'Atlantique avaient détourné le Gulf-Stream loin des côtes de l'Europe et en avaient ainsi suffisamment abaissé la température pour engendrer la période glaciaire.

Rupture de l'isthme de Panama : Constant Prévost. — Un effet analogue aurait été produit, d'après Constant Prévost[4], par la rupture de l'isthme de Panama qui aurait laissé passer à l'ouest dans le Pacifique les courants chauds du Gulf-Stream.

Si cette rupture avait coïncidé avec une submersion d'une partie de l'Europe, on aurait vu descendre les glaciers dans les plaines.

En face de l'important problème météorologique à résoudre, l'ardeur des géologues ne pouvait se contenter de ces deux hypothèses qui avaient le défaut d'être trop restreintes, trop locales. On se remit donc à l'œuvre.

Submersion du Sahara : Desor, Escher de la Linth. — En Suisse, à chaque printemps, c'est le Föhn, Fœhn ou Sirocco, le Favonius des anciens, qui fait fondre la neige et la glace, et l'on croit que ce vent brûlant acquiert toute sa chaleur en passant au-dessus du désert du Sahara africain.

Escher de la Linth[5] et Desor[6] annoncèrent donc un jour au monde savant que, pendant les temps quaternaires, le Sahara, au lieu d'être un désert brûlant, avait été submergé et que, par conséquent, il n'avait pu fournir au Föhn la chaleur nécessaire pour

1. Consulter M. A. Favre, *Recherches géologiques*, etc., t. I, p. 184.
2. *Bull. Soc. géol.*, 3e série, t. VI, p. 600, 1878.
3. *Archives*, 1852, t. XIX, p. 149.
4. *Comptes rendus de l'Académie des sciences*, t. XXXII.
5. *Les environs de Zurich pendant la dernière période du monde primitif*, 1852, *Arch.*, 1853, t. XXII, p. 392.
6. *Bull. de la Soc. des sc. nat. de Neuchâtel*, 1864. — Le Phénomène erratique, *Jahrbuch des Schew. Alpenclub*, 1864.

fondre les glaces des Alpes. Alors, chaque hiver, les glaciers avaient ajouté de nouvelles glaces à leur stock ancien et avaient fini par acquérir les dimensions énormes qui font le sujet de cette étude.

Plus tard, l'existence de la mer saharienne fut contestée, et même M. Dove (de Berlin) [1], en donnant au Föhn ou au Fœhn une nature humide, lui assigna pour origine l'océan Atlantique. M. Helmholtz [2] partagea la même opinion sur le point d'origine du Fœhn. D'après ce savant, le Fœhn n'est pas seulement un vent froid sur le haut des montagnes, mais c'est encore un vent humide; il perd son humidité sur les hauteurs, et il s'échauffe ensuite en tombant dans les plaines. Sa chaleur et sa sécheresse ne prouvent donc pas son origine africaine.

Une vive discussion suivit l'exposé de ces dernières théories; nous n'avons pas à la résumer, et nous dirons que cette troisième hypothèse, n'ayant pas été posée par Escher de la Linth et Desor d'une manière plus générale que les deux précédentes, était aussi insuffisante qu'elles pour donner une solution acceptable.

Modifications des continents. Climat insulaire. — Le même reproche peut s'adresser au système des géologues qui, avec M. Credner [3], croient trouver la cause des phénomènes glaciaires anciens dans les changements de direction des courants marins et atmosphériques du nord de l'Europe. Néanmoins, nous sommes loin de nier l'influence que ces dispositions orographiques terrestres et marines pouvaient avoir sur le climat de certaines contrées.

On peut supposer aussi que, à la même époque, par suite d'un arrangement spécial des mers et des terres émergées, l'Europe centrale pouvait jouir d'un climat insulaire. Ce climat, plus égal et plus humide que le nôtre, pouvait, dans certaines limites, favoriser le développement des anciens glaciers en ralentissant l'ablation estivale et en activant les précipitations neigeuses.

En conséquence on a cru pouvoir comparer la France d'alors à la Nouvelle-Zélande où, à la latitude de 43°,35, correspondant pour l'hémisphère nord à celle de Cannes et d'Antibes, on voit le glacier de Waïau descendre à 212 mètres au-dessus de la mer et laisser tomber ses blocs au milieu des fougères en arbres, des pins, des hêtres, des fuchsias, etc., tandis que, en Suisse, le glacier qui descend le plus bas reste encore à 1000 mètres au-dessus du niveau marin.

Sur les côtes de la Patagonie, au sud de Chiloé, à la latitude de 46°,50, qui correspond à celle du Poitou pour notre hémisphère, les vagues viennent frapper le front des glaciers.

1. *Ueber Eiszeit, Fœhn und Sirroco,* 1870. — Cf. E. Rambert, *les Alpes suisses,* p. 193. H. Georg, édit. Bâle, Genève.

2. *In* Tyndall, *les Glaciers,* p. 243.

3. *Traité de géologie,* traduit par Monniez, p. 622 et suivantes.

On pourrait donc admettre qu'il se passait dans nos régions des phénomènes analogues à ceux dont sont encore témoins les vallées des Alpes néo-zélandaises et de la Patagonie [1].

Malheureusement ces explications, quoique fort ingénieuses, n'embrassent que des faits locaux; elles sont privées d'un caractère de généralité qui leur serait absolument nécessaire pour la solution du problème tel qu'il est posé pour toute la surface de la terre.

Concentration du soleil; climatologie : de la Rive, A. Favre, Dr Blandet, de Saporta, Lory, de Lapparent, l'auteur, etc. — Jusqu'à présent le but désiré n'a fait que s'éloigner de nous. Sans doute il nous échappera encore; mais ce n'est pas une raison pour cesser de le poursuivre. Nous n'avons même pas la prétention de l'atteindre, et si nous nous sentions seul, nous n'aurions qu'à nous effacer devant ces nombreux savants qui nous ont précédé; mais nous ne demandons qu'à exposer rapidement la doctrine des chercheurs qui nous paraissent suivre la meilleure voie et dont nous partageons les convictions sur la plupart des points.

Pour MM. de la Rive, Alp. Favre, de Saporta, de Lapparent, Lory et d'autres savants naturalistes, comme pour nous, la question glaciaire est une simple question de climatologie, reliée plus ou moins intimement à l'action des causes actuelles et à l'influence des rayons solaires. En effet, la température ou le degré de chaleur de l'air, la quantité de vapeur d'eau ou d'humidité qu'il contient, la pression atmosphérique, les courants aériens ou les vents, la forme, la masse des nuages, les précipitations aqueuses ou neigeuses sont autant de phénomènes qui influent fortement sur le développement ou la diminution des glaciers, et ce sont là les véritables *éléments météorologiques* qui constituent le climat de chaque région, occupée ou non par des glaces, et qui pour la plupart l'ont constitué par toute la terre, à chacune de ses grandes époques.

Aussi, presque chaque année, ou plutôt à chaque série d'années, les glaciers contemporains, comme l'avaient fait les glaciers anciens, se modifient selon la prédominance de tel ou tel élément météorologique, et les travaux de M. Forel [2] permettront de suivre avec exactitude ces oscillations des glaciers alpins, oscillations qui constituent un de leurs caractères essentiels. Mais d'où viennent ces éléments météorologiques qui sont les vrais facteurs des divers climats de la terre et qui maintiennent si fortement les glaciers sous leur dépendance? Ils résultent de l'action des rayons solaires combinée avec la latitude et la disposition orographique de chaque lieu. De ces trois conditions, il n'y en a qu'une d'inva-

1. Jullius Haast, *Bull. de la Soc. de géographie,* février, mars. — Élisée Reclus, *la Terre,* t. I, *les Continents,* p. 284, 1886.

2. *L'Écho des Alpes,* 1881, p. 38 : Essai sur les variations périodiques des glaciers, p. 24.

riable : la latitude. Les deux autres, l'action des rayons solaires et les dispositions orographiques, sont variables! Nous n'avons pas à insister sur cette dernière variabilité ; tous les géologues admettent la mobilité de la croûte terrestre qui lui a permis tantôt de se plisser en longues chaînes ou en masses montagneuses, tantôt même, et plus rarement, de s'effondrer [1].

Quant à la variabilité de la chaleur et de la lumière du soleil, il est convenable d'entrer dans quelques explications.

Depuis les temps historiques on n'admet aucune modification apparente dans l'énergie solaire; mais que peut être la durée de ces quelques dizaines de siècles comparée à la longueur des temps géologiques? Rien ou presque rien!

Du reste, il est facile de retrouver ailleurs cette immobilité apparente dans des choses essentiellement variables. Ainsi, dans les constellations, l'arrangement des étoiles semble être demeuré fixe depuis les premières observations des Chinois et des Chaldéens, et nous savons, d'autre part, que chacun de ces soleils qui composent ces groupements imaginaires, est emporté dans l'immensité par une course d'une vitesse vertigineuse. Seulement en présence de l'infini, la faiblesse humaine est si grande que les sens ne sauraient être impressionnés par des modifications dont la mesure leur échappe.

Tout est donc mobile autour de nous, et le soleil ne fait pas exception à cette loi. Laplace dont le système astronomique est, en principe, partout adopté, ne nous montre-t-il pas que le soleil n'est que le centre d'une ancienne nébuleuse qui s'est toujours condensée sur elle-même, tout en abandonnant après de longs intervalles les planètes qui circulent autour de ce noyau?

Après que la terre se fut séparée de la nébuleuse, en conquérant son individualité, le noyau nébuleux ou plutôt le soleil devait être énorme en diamètre, et par conséquent sa surface était encore assez peu éloignée de celle de la terre. Mais en vertu d'un travail incessant de concentration, le volume de l'astre central diminua graduellement et, par cela même, la distance qui le séparait de la terre s'agrandit toujours. Plus tard, d'autres planètes se constituèrent d'une manière indépendante. Le diamètre de l'orbite de ces planètes mesura donc le diamètre de cet ancien soleil au moment où les anneaux planétaires se détachèrent de lui. « La formation de la terre a donc précédé celle du soleil, comme l'a écrit M. Faye [2], et cette théorie nous offre le seul moyen de mettre d'accord les données de l'astronomie avec les exigences de la géologie et de la science des êtres vivants. »

1. De Lapparent, Conférence sur le sens des mouvements de l'écorce terrestre, *Bull. Soc. géol.*, 3e série, t. XV, 1887, p. 215.

2. *Annuaire du Bureau des longitudes*, 1885, p. 803.

La concentration de la nébuleuse solaire et les autres faits que nous venons de citer étaient connus depuis longtemps, lorsque le Dr Blandet[1], encouragé par d'Archiac, appela spécialement sur eux, et pour la première fois, l'attention des géologues et des savants.

M. de Saporta dans ses derniers ouvrages, M. de Lapparent dans son récent traité de géologie ont adopté les idées principales du Dr Blandet. Nous-même, nous avons accepté cette théorie comme fort satisfaisante, dès qu'il nous fut donné de la connaître.

Effectivement, avec cette conception, on sortait du domaine des hypothèses, puisque le soleil a dû certainement passer par différents états et produire à la surface de la terre des phénomènes variés, proportionnés à la grandeur de ses diamètres successifs. Avec un diamètre apparent de 47°, la distribution de la lumière et de la chaleur, comme nous le démontre M. de Lapparent[2], ne correspond plus à l'ordre des choses établi aujourd'hui : la différenciation des saisons disparaît, aucune partie de la terre ne reste plongée dans de longues nuits, la latitude perd une grande partie de son influence, les pôles jouissent d'une douce température, et, à la zone torride, l'état nébuleux du soleil atténue et compense l'excès de chaleur qui aurait dû résulter de son rapprochement de la terre.

On nous permettra de reproduire ici la figure construite par M. de Lapparent en vue de faire apprécier la différence que présenterait la distribution de la chaleur et de la lumière si, toutes choses égales d'ailleurs, le soleil au lieu de n'être qu'un point lumineux dans l'espace avait son diamètre apparent de 47°.

« Dans ce cas, au lieu d'être limité par un cylindre tangent au globe suivant un grand cercle d'illumination, le faisceau de rayons solaires utiles formerait un cône venant toucher la terre le long d'un petit cercle qui, au moment du solstice, passerait par l'un des pôles et par le parallèle de 43° sur l'hémisphère opposé.

« Pour aucun point de la terre, il n'y aurait de nuits de vingt-quatre heures et les incidences rasantes deviendraient l'exception. Sans doute, un soleil nébuleux donnerait une chaleur moins intense; mais, étant beaucoup plus grand et par suite bien plus rapproché du globe, il pourrait n'avoir pas un moindre effet utile, et ainsi la division des climats n'aurait plus aucune raison d'être. »

Conséquences de la concentration solaire et des conditions climatériques nouvelles; condensateurs montagneux. — Ces faits une fois admis, et il serait difficile de ne pas les accepter, bien des problèmes géologiques trouvent leur solution immédiate : ce n'est plus une anomalie étrange de voir la riche végétation qui a recou-

1. *Bull. Soc. géol.*, 2e série, t. XXV, 1868, p. 777.
2. *Traité de géologie*, 1re édition, 1883, p. 35.

vert les alentours du pôle aux époques géologiques anciennes et même jusqu'après le milieu des temps tertiaires; on comprend pourquoi, *sur toute la terre* et *à toutes les époques*, se sont succédé des séries de végétaux dont le développement uniforme était favorisé par l'égalité des climats et des saisons; on s'explique comment les plantes ont fini par disparaître des pôles et par émigrer vers le Sud, lorsque le soleil, se concentrant toujours sur lui-même, ne leur envoyait plus que de pâles et obliques rayons. Alors le

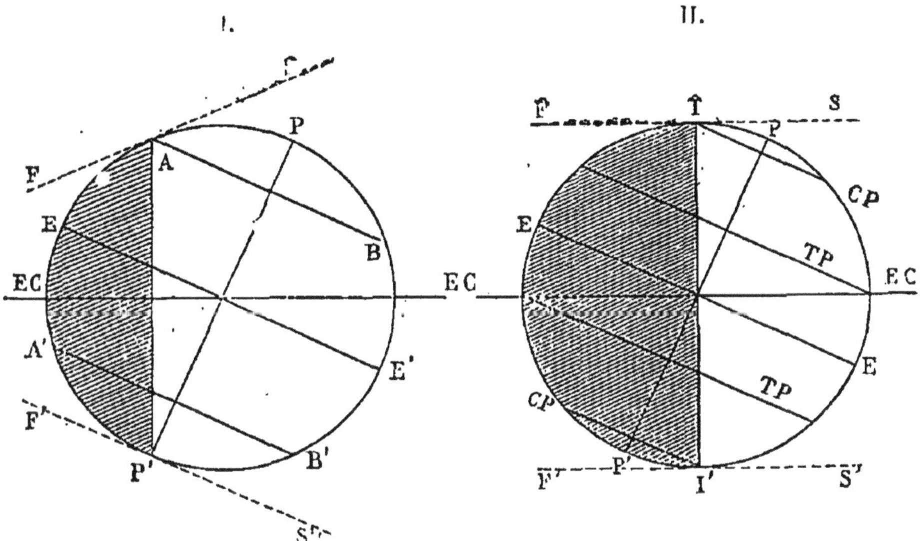

Fig. 33. — Effets de la variation du diamètre apparent du soleil : I. Soleil de 47°. — II. Soleil actuel. EC, Écliptique. — PP', Axe terrestre. — EE', Équateur. — CP, Cercles polaires. — TP, Tropiques. — II', Grand cercle d'illumination. — AB, A'B', Parallèles de 43°. — AP', Petit cercle d'illumination. — FS, F'S', Limites du faisceau des rayons solaires. (D'après M. de Lapparent.)

climat des pôles s'était modifié lentement, les saisons s'étaient progressivement accentuées, et l'humidité atmosphérique avait pu fournir d'abondantes précipitations neigeuses. *Auparavant les conditions climatériques s'étaient opposées à la solidification de l'eau*, aussi bien vers les pôles qu'au sommet des massifs et des chaînes de montagnes dont *le relief était d'ailleurs peu accentué*.

Le moment où la neige et la glace firent leur première apparition sur la terre serait pour nous le véritable point de départ de ce qu'on pourrait appeler proprement la *Période glaciaire* dans la plus large acception du mot, sauf à diviser cette période en plusieurs *phases*, s'il était nécessaire.

Par l'effet de la concentration solaire et des changements opérés dans le mode de distribution de sa chaleur, *les nouvelles conditions climatériques devinrent en un état d'équilibre instable*. Elles pouvaient facilement être modifiées par une foule de circonstances autrefois sans valeur, telles que la latitude, l'action variable des courants atmosphériques et marins, les mouvements orogéniques du sol, c'est-à-dire le relief des montagnes.

Ces oscillations, devenues plus puissantes à mesure que la croûte terrestre avait pris plus d'épaisseur, ont même acquis une influence prépondérante pour l'établissement des phénomènes glaciaires.

La surélévation des Alpes pendant la période glaciaire est un fait admis, et de Charpentier avait déjà attribué à son influence l'ancienne extension des glaciers [1]. Il est évident que tous les débris roulés qui remplissent le fond du bassin du Rhône, proviennent des Alpes occidentales, et M. Favre, en décrivant le col des Encombres, ainsi que les environs du Mont-Blanc et d'Annecy [2], indique la puissance de ces démantèlements locaux qu'il estime à plusieurs centaines de kilomètres cubes. De Saussure lui-même regardait la pyramide du Cervin comme un témoin de l'ancien exhaussement des Alpes [3].

Dans ce grand drame de la nature, la concentration progressive du soleil sur lui-même avait préparé la scène, et la surélévation des montagnes, en accentuant plus fortement leur altitude et en leur faisant remplir les fonctions d'énergiques condensateurs, a joué le rôle le plus actif. « Si la cause première de la neige est la chaleur qui vaporise l'eau des océans, c'est aux reliefs du sol que doit être attribué le passage des précipitations atmosphériques à l'état solide [4]. »

Loin des pôles, aux environs desquels la température est assez basse pour permettre aux glaciers de s'avancer jusque dans la mer, la vapeur d'eau atmosphérique ne peut se transformer en neige, puis en glaciers, que lorsque l'air est fortement refroidi par le voisinage des hautes cimes et par la dilatation qu'il subit en s'élevant le long de leurs pentes.

Double origine des phénomènes glaciaires; surélévation des montagnes; vaporisation des eaux dans de profondes crevasses : J. de Charpentier. — L'extension des anciens glaciers et, par suite, l'établissement de la période glaciaire semblent donc avoir une double origine; l'une de ces deux causes aurait eu son centre d'action bien loin de notre globe, dans le soleil lui-même, et aurait dépendu des lois générales qui régissent la constitution des nébuleuses; l'autre essentiellement terrestre, serait, avec une certaine analogie, la conséquence du refroidissement régulier et de la concentration de la sphère terrestre, puisque, en définitive, les soulèvements des montagnes ne sont que des soulèvements relatifs, liés à des plissements, à des fractures de couches qui résul-

1. *Ante*, p. 26.
2. *Description géologique du canton de Genève*, t. I, p. 137.
3. *Voyages*, § 22-44.
4. De Lapparent, *Traité de géologie*, p. 250.

tent de la diminution du volume de la terre, malgré son peu d'importance au point de vue absolu et par rapport à sa masse entière [1].

L'idée d'attribuer en partie la période glaciaire à une surélévation de montagnes n'est pas neuve. L'honneur en reviendrait, si nous ne nous trompons pas, à J. de Charpentier, qui la formula nettement dans son mémoire de 1834 [2]. Il supposait que le dernier soulèvement des Alpes avait été assez marqué pour amener un refroidissement de la température capable d'anéantir la riche flore tropicale des temps tertiaires et ramener le climat de toutes les vallées de la Suisse à celui de la vallée de Chamounix, 6°, où s'étalent encore de grands glaciers. Puis, à mesure que les montagnes se seraient dégradées et amoindries en hauteur, la température serait devenue plus douce et les glaciers auraient regagné leurs limites actuelles.

Plus tard, dans son *Essai* [3], ses idées se modifièrent ; il renonça à la théorie de l'influence exclusive d'un soulèvement de montagnes. Au lieu de limiter l'aire de ce soulèvement aux Alpes et au Jura, comme il l'avait fait d'abord, il l'étendit à tout l'hémisphère boréal. Pendant ce cataclysme, le sol s'était sillonné de profondes crevasses ; les eaux terrestres, en se précipitant dans ces abîmes, s'étaient trouvées en contact avec des roches brûlantes et s'étaient transformées en une masse considérable de vapeurs. Ces vapeurs, aussi épaisses qu'abondantes, s'étaient elles-mêmes changées en pluie et en neige, et ces diverses précipitations avaient assez modifié le climat de l'Europe pour déterminer tous les phénomènes de la période glaciaire.

Cette théorie a moins d'importance que de Charpentier ne lui en avait attribué, car rien n'est venu justifier cette hypothèse de la vaporisation des eaux dans de profondes crevasses.

G. Bischof [4], Rozet [5], Lecoq [6], Milne-Home [7], Kaemtz [8], soutinrent une opinion analogue à propos de l'influence de la surélévation des montagnes. M. le professeur Favre [9] s'y est également

1. Cf. M. de Lapparent, Conf. sur le sens des mouv. de l'écorce terr., *Bull. Soc. géol.*, 3e série, 1887, p. 215.

2. Notice sur la cause probable du transport des blocs erratiques de la Suisse, *Ann. des mines*, 3e série, vol. VIII, p. 219, 1835; *Bibl. univ. de Genève*, 2e série, vol. IV, p. 1, 1836. Essai, p. 245.

3. Pages 311 et suivantes.

4. Les Glaciers dans leurs rapports avec le soulèvement des Alpes, *Neu Jahrb.*, 1843, p. 505.

5. *Bull. Soc. géol.*, 2e série, vol. II, 1845, p. 661.

6. *Des Glaciers et des Climats*, chap. XVII : De l'ancienne élévation des montagnes, p. 339. Paris, 1847.

7. Note sur les anciens glaciers, *Archives*, 1862, t. XIII, p. 72.

8. *Archives*, 1864, t. XX, p. 137.

9. *Recherches géologiques*, etc., p. 191.

rattaché, ainsi que Tyndall [1], MM. de Parville [2] et de Nadaillac [3].

Rien n'est plus précis que le langage de Tyndall [4] : « Il était si naturel d'associer l'idée de glace à celle de froid que même des hommes célèbres ont admis que, pour amener un grand accroissement de nos glaciers, il ne faut autre chose que l'abaissement de la température du soleil. S'ils avaient réfléchi, ils auraient probablement demandé *plus* de chaleur et non pas moins, pour produire une *époque glaciaire*. Ce qui est réellement nécessaire, ce sont des *condensateurs* assez puissants pour congeler la vapeur produite par la chaleur solaire. »

Nous ne saurions trop insister sur ces faits, aussi nous voudrions redire avec M. de Lapparent [5] : « L'établissement d'un régime humide a donc eu pour conséquence nécessaire la formation de champs de névé et, par suite, celle des grands glaciers. Cette formation, impossible auparavant (si ce n'est peut-être depuis l'éocène supérieur dans la région pyrénéenne?) faute de condensateurs suffisamment importants, a pu se faire dès les commencements du pliocène, c'est-à-dire au moment où les Alpes et tant d'autres chaînes venaient d'acquérir leur principal relief.

« Ce n'est donc pas le *froid* qui a fait naître le régime glaciaire; à lui seul le froid est impuissant à nourrir des glaciers comme en témoignent suffisamment par 5000 et 6000 mètres d'altitude les plateaux dénudés du Tibet. C'est la combinaison d'une grande humidité atmosphérique avec l'existence jusqu'alors à peu près inconnue de *condensateurs* montagneux, aussi importants par leur masse que par leur relief absolu ; condensateurs d'autant plus actifs que, au début, la masse des Alpes et de tous les autres groupes montagneux de la terre était plus grande de tout ce que les érosions glaciaires lui ont arraché depuis, en même temps que l'altitude des sommets pouvait être, par suite d'un relèvement de chaque région, supérieure de quelques centaines de mètres à ce qu'elle est aujourd'hui. »

L'influence de l'altitude est tellement considérable que, dans deux massifs montagneux situés dans des conditions climatériques sensiblement analogues, comme les Alpes et les Pyrénées, mais ayant des altitudes différentes, les phénomènes glaciaires se sont produits avec beaucoup moins d'intensité dans le massif le moins élevé. Ainsi, tandis que le glacier du Rhône avait près de 400 kilomètres et celui de l'Inn, 200, dans les Alpes occidentales et dans les Alpes du Nord, les plus grands glaciers des Pyrénées,

1. Les Glaciers, etc. *Bibl. scient. intern.*, p. 151.
2. *Correspondant*, 25 décembre 1882.
3. *Matériaux pour servir à l'histoire primitive et naturelle de l'homme*, vol. XVIII, 3e série, t. I, 1884, p. 147. — *Les premiers hommes*, t. II, p. 178.
4. *Les Glaciers*, etc., p. 151.
5. *Traité de géologie*, p. 1106.

situés à une moindre hauteur, n'ont atteint qu'une longueur de 70 kilomètres au maximum.

Mais l'altitude n'agit pas seule, il faut aussi tenir compte des conditions climatériques. D'après le professeur Penck [1], sur le versant sud des Pyrénées, les anciens glaciers s'étendaient en moyenne à 30 kilomètres pendant que, sur le versant nord, leur moyenne était de 36 et le maximum de 70 kilomètres. En outre, on sait que dans les Pyrénées la limite des neiges s'abaissait plus bas vers l'Océan que vers la Méditerranée. D'ailleurs Partsch [2] a signalé dans les Alpes une disposition analogue, due aussi à l'orientation : les glaciers quaternaires du versant occidental, comme le glacier du Rhône, étaient les plus importants.

Nous ajouterons que ce développement des glaciers du côté de l'ouest provient sans doute de ce que les vents qui ont traversé l'océan Atlantique sont bien plus chargés d'humidité que les vents d'est, qui se sont desséchés en passant au-dessus d'une grande partie de l'Europe et de toute l'Asie.

Un climat insulaire et certains courants atmosphériques froids ont pu contribuer à favoriser le développement des anciens glaciers.

En dehors de sa cause primordiale que nous plaçons dans la concentration du soleil sur lui-même, la période glaciaire n'est qu'un événement climatérique subordonné à l'influence des condensateurs montagneux. M. le Dr Penck le reconnait [3]. Pour lui, les phénomènes glaciaires se sont développés sous l'influence des mêmes conditions météorologiques dans les Alpes, dans l'Allemagne centrale et dans les Pyrénées pendant l'époque quaternaire comme à l'époque actuelle. Il y a donc *unité dans les phénomènes glaciaires* dans l'Europe centrale et, puisqu'on retrouve les traces d'une époque glaciaire dans les montagnes du Vénézuela jusque sous les tropiques, on peut dire aussi que *la période glaciaire a été un phénomène général*. A cet égard nous partageons les idées du savant professeur de Vienne. Pour les temps quaternaires nous ne faisons peut-être qu'appeler *phases* ce qu'il appelle *périodes* et dans ces conditions il est possible de s'entendre, mais le désaccord de nos idées s'accentue fortement, lorsqu'il tente de faire remonter jusqu'aux anciennes périodes géologiques la périodicité des grands phénomènes glaciaires.

Conséquence d'une surélévation nouvelle des montagnes. — Voici le moment de nous poser une question importante : l'ordre de choses que nous voyons établi autour de nous est-il permanent, immuable? Nous ne le pensons pas! D'après tout ce que nous savons de la mobilité de la croûte terrestre, d'après tout ce que

1. *La Période glaciaire dans les Pyrénées*, traduit par L. Broemer, *An. Soc. hist. nat. de Toulouse*, XIX, p. 159, 162, 163, 1885.
2. *Die Gletscher der Vorzeit in den Karpathen*, etc., 1883.
3. *La Période glaciaire dans les Pyrénées*, p. 162-163.

nous a appris la stratigraphie, nous sommes en droit de supposer que la stabilité du sol que nous foulons n'est que momentanée et que, à une époque indéterminée, la terre, pour obéir aux lois qui l'ont toujours régie, subira de nouvelles convulsions orogéniques et accentuera ainsi encore davantage le relief de ses chaînes et de ses massifs de montagnes. Les tremblements de terre nous rappellent fréquemment que les forces qui ont agi autrefois avec tant de puissance ne font que sommeiller et que probablement, à leur réveil, leur action serait encore plus énergique.

Une nouvelle surélévation des montagnes entraînerait les mêmes conséquences qu'à la fin de l'époque tertiaire : l'équilibre instable des éléments météorologiques serait rompu; tous les sommets élevés reprendraient plus complètement leurs rôles de condensateurs; les soulèvements des plages, joignant leur influence à celle de la chaleur solaire, répandraient dans l'atmosphère une quantité considérable de vapeur d'eau. Cette vapeur d'eau, sollicitée par les nouvelles conditions météorologiques, inonderait les plaines de pluies diluviennes et se précipiterait en neige abondante autour de chaque condensateur montagneux. Le cycle dont nous avons si souvent parlé serait donc renouvelé : la vapeur d'eau se transformerait en pluie et en neige; la neige en névé; le névé en glaciers, et les glaciers, tout en luttant contre une puissante ablation qui tendrait à restituer leurs éléments à l'atmosphère et à l'Océan, reconquerraient leur ancien empire et transporteraient un nouveau terrain erratique.

De la période glaciaire. — Quel nom donner à l'ensemble de ces phénomènes s'il venait à se reproduire? Faudrait-il l'appeler une nouvelle période glaciaire ou simplement une nouvelle phase de la période glaciaire? Puisque la chaîne qui relierait ces deux extensions glaciaires n'aurait pas été rompue, pourquoi n'admettrait-on pas une liaison entre ces deux phénomènes? Pourquoi ne pourrait-on pas regarder ces nouveaux glaciers comme un épanouissement des lambeaux et des restes des glaciers anciens pliocènes et quaternaires, comme nous sommes disposé à le faire?

D'ailleurs, en elle-même, la chose importe peu. Une discussion ainsi posée sur cette question ne serait au fond qu'une querelle de mots. L'essentiel est de s'entendre et de bien définir les faits.

Puisque nous croyons avec notre ami M. de Saporta que la période glaciaire n'est qu'un épisode de l'histoire de la terre, amené par le refroidissement progressif et régulier du globe et par la concentration de la nébuleuse solaire, il nous est impossible d'admettre la périodicité et la multiplicité de phénomènes de même nature. Les faits qu'on a cités pour prouver cette récurrence du régime glaciaire sont loin d'être acceptés par tous les géologues. Nous avons donc le droit de garder notre indépendance et de répéter que, lorsqu'on remonte dans le passé, rien n'indique des intermittences marquées de chaleur et de froid ou bien des déplacements dans la position des pôles.

Mais si nos adversaires arrivaient un jour à démontrer les faits sur lesquels ils appuient leur théorie, nous n'hésiterions pas à nous incliner devant la vérité, et nous saurions faire le sacrifice de nos convictions. Jusqu'alors, hypothèse pour hypothèse, nous resterons attaché au système que nous avons cru devoir adopter.

Il a fallu beaucoup de temps et d'efforts pour déterminer la première fois le terrain erratique glaciaire étalé sur de vastes surfaces avec ses gros blocs, sa boue à cailloux striés, ses différentes moraines; on a eu beaucoup de peine à le distinguer des autres terrains de transport. Cette confusion a même retardé la marche de la science. Mais à présent tout est bien changé. Pour quelques chercheurs ardents, la rencontre de fragments de rocher plus ou moins volumineux, ou la vue d'un certain nombre de stries confusément gravées sur des débris rocheux, ou encore l'observation de dépôts à éléments disposés sans ordre, chacun de ces faits suffit séparément pour les convaincre de la présence d'un terrain erratique glaciaire. Mais, nous le répétons, pour faire naître une certitude complète, sérieuse, il faudrait la réunion de tous ces caractères, car, séparés les uns des autres, ils perdent beaucoup de leur valeur. Ces observateurs ne se préoccupent pas assez de savoir si d'autres agents que la glace n'auraient pas pu produire les mêmes effets. En suivant cette méthode, ils ont cru trouver des traces de l'action d'anciens glaciers dans tous les terrains, depuis le pliocène jusque dans les formations siluriennes et cambriennes. Pour expliquer cette récurrence apparente des phénomènes glaciaires, on choisit les systèmes qui font le mieux ressortir cette périodicité, sans s'inquiéter de savoir si ces mêmes théories ne sont pas en contradiction avec les lois qui régissent l'évolution de notre globe et le développement de la vie à sa surface. On cherche à prouver la réalité des faits par la bonté de la théorie adoptée, tandis qu'on voudrait se servir des mêmes faits pour appuyer plus solidement la même théorie.

Unité de la période glaciaire; ses phases ou époques. — Durant nos études avec M. E. Chantre sur le terrain erratique du bassin du Rhône dans sa partie moyenne [1], nous n'avons pas trouvé de traces de deux ou de plusieurs périodes glaciaires. Nous avons bien reconnu que les anciens glaciers avaient oscillé en Suisse, à Utznach, à la Dranse, au bois de La Bâtie, mais rien ne nous a prouvé qu'ils eussent disparu complètement des plaines des Dombes et du Bas-Dauphiné, pour les envahir de nouveau et s'étendre plusieurs fois jusqu'à Lyon ou dans sa direction.

1. Falsan et E. Chantre, *Monographie des anciens glaciers et du terrain erratique de la partie moyenne du bassin du Rhône,* 2 vol., atlas, 1879.

Nous n'admettons donc avec MM. A. Favre [1], de Saporta [2], Lory [3], de Mortillet [4], Desor [5], de Lapparent [6], Lortet [7], Chantre [8], Benoît [9], Fontannes [10], Depéret [11] et bien d'autres géologues qu'une seule période glaciaire, période qui, suivant telle ou telle région, aurait pu se diviser en plusieurs phases ou bien qui aurait pu renfermer une ou plusieurs extensions des anciens glaciers, ce qui pour nous est équivalent.

En général, l'existence de ces anciennes phases ou extensions glaciaires est révélée par l'intercalation entre deux dépôts erratiques d'un terrain d'origine et de nature différentes, renfermant parfois des fossiles qui auraient eu besoin pour se développer d'un climat chaud ou tempéré. M. le professeur Morlot crut reconnaître dans la vallée de la Dranse, près de Thonon [12], les traces de deux époques glaciaires, et il se hâta de signaler la similitude qui existait entre le phénomène glaciaire alpin et celui des Iles-Britanniques, puisque les anciens glaciers quaternaires auraient envahi deux fois les plaines de la Suisse. Cependant cette superposition de deux terrains erratiques n'étant qu'un fait restreint, local, on aurait pu avec plus de raison l'attribuer à une simple oscillation des anciens glaciers au lieu de tirer des conclusions aussi générales. Mais M. de Mortillet [13] va plus loin que nous, il prétend que, sur la falaise qui domine le cours de la Dranse, cette disposition n'est que le résultat d'un simple glissement, et que, par conséquent, on ne peut tirer aucune conclusion sérieuse.

M. Ern. Favre [14], qui a visité cette station, ne voit dans cet affleurement de terrain glaciaire, en dessous du conglomérat de l'alluvion ancienne, recouverte elle-même par une nappe de terrain erratique normal, qu'un phénomène de glissement local, ou bien la preuve d'une oscillation du glacier quaternaire, analogue à celle qui s'est produite à Dürnten et plus importante que celle du bois de La Bâtie dont nous allons parler.

1. *Recherches géologiques*, vol. I, p. 197.
2. *Le Monde des plantes*, p. 143 et *passim*.
3. *Bull. Soc. géol.*, 3e série, t. III, 1875, p. 723.
4. *Le Préhistorique*, p. 311.
5. *Lettre sur l'unité du phénomène glaciaire*, in-8°, avec carte.
6. *Traité de géologie*, p. 1108.
7. Études paléontologiques dans le bassin du Rhône, *Arch. du Muséum de Lyon*. Tirage à part. p. 58, 1873-1875.
8. Études paléontologiques dans le bassin du Rhône, *Arch. du Muséum de Lyon*. Tirage à part, p. 58, 1873-1875.
9. *Bull. Soc. géol.*, 2e série, t. XX, p. 321, 1863.
10. Alluvions anciennes des environs de Lyon, *Bull. Soc. géol.*, 3e série, t. XIII, p. 63, 1884-1885.
11. *Bull. Soc. géol.*, 3e série, t. XIV, 1886, p. 126.
12. *Bull. de la Soc. vaudoise des sc. nat.*, t. IV, p. 41, 1854; t. VI, p. 100, 1858.
13. *Le Préhistorique*, p. 311.
14. *Revue géologique suisse*, VIII, p. 61, 1877.— A. Favre, *Recherches géologiques*, atlas, p. 5, fig. 4.

Les partisans de la dualité des époques glaciaires ne furent pas plus heureux que M. Morlot, au bois de La Bâtie, près de Genève, où la superposition de deux terrains glaciaires existe d'une manière naturelle, car M. Lory [1] et la Société géologique de France ont reconnu qu'une simple oscillation des anciens glaciers avait suffi pour disposer ainsi le terrain erratique en deux couches séparées et qu'il n'y avait là qu'un simple accident local.

De son côté, en dehors de notre bassin, M. Heer en décrivant les charbons feuilletés de Dürnten et d'Utznach, près de Zurich, avait été amené à partager les idées du professeur Morlot;mais il ne put s'empêcher de garder quelques doutes [2], et M. A. Favre [3] ne vit, dans cette répétition de couche à cailloux striés, que la conséquence d'un retrait et d'un avancement momentanés des glaciers quaternaires. M. de Mortillet explique même cette disposition stratigraphique par un simple glissement de lambeaux de terrain erratique accidentel, ou résultant de la pression de l'ancien glacier qui aurait pu introduire des éléments erratiques en dessous des lignites [4].

M. Ch. Grad [5] ne trouva pas davantage à Wetzikon les preuves de deux périodes glaciaires.

Nous sommes d'autant plus disposé à accepter l'explication de M. de Mortillet que, sur bien des points, le long des Balmes de Saint-Clair, à Lyon [6], nous avons vu le terrain erratique, les alluvions anciennes et d'autres terrains groupés de manière à faire croire qu'il y avait plusieurs ou au moins deux couches de terrain glaciaire, tandis que ce n'était qu'une fausse apparence produite par des glissements. Nous connaissons plusieurs géologues qui s'y sont trompés.

Enfin, il y a deux ou trois ans, M. le Dr Lortet et M. E. Chantre [7], après des fouilles plus complètes que celles qu'on avait faites avant eux et un examen plus attentif de la station, ont reconnu clairement que la prétendue faune interglaciaire, signalée par M. Tardy [8], au-dessous d'une forte épaisseur d'alluvions glaciaires et de terrain erratique dans le vallon de Sathonay, au nord de Lyon, n'était qu'un amas d'ossements charriés par des hyènes dans un de leurs repaires. Ce repaire était établi dans une grotte creusée dans le poudingue des alluvions glaciaires, mais elle prenait jour dans un ancien ravinement, et son entrée était située en avant des moraines

1. *Bull. Soc. géol.*, 3e série, t. III, 1875, p. 723.
2. *Le Monde primitif*, p. 653.
3. *Recherches géologiques*, etc., t. I, p. 197.
4. *Le Préhistorique*, p. 199.
5. *Recherches sur des charbons feuilletés interglaciaires*, 1877, p. 4.
6. *Ante*, p. 209, 210.
7. *Mat. pour l'histoire primitive de l'homme*, 3e série, t. II, 1885, p. 293. — *Mat. pour l'histoire primitive de l'homme*, 3e série, t. III, 1886, p. 118.
8. *Bull. Soc. géol.*, 3e série, t. XII, p. 780.

terminales. Ainsi tombait un des arguments en faveur de la théorie de la pluralité des périodes glaciaires dans la région lyonnaise et de l'existence d'une faune interglaciaire. Quelques années auparavant, M. Locard [1] et M. le Dr Jourdan avaient recueilli, l'un dans le chemin du vallon de Fontaines et l'autre dans les remparts de Caluire, non loin de la Croix-Rousse, des ossements de marmottes qui avaient également vécu pendant l'extension des anciens glaciers, en avant de leurs derniers bourrelets morainiques et en suivant leurs oscillations.

Nous pourrions multiplier ces exemples, mais pourquoi le ferions-nous? En nous renfermant dans l'acception la plus large que nous avons choisie pour ces mots de *période glaciaire*, nous ne repoussons pas l'idée de la pluralité des phases depuis les temps tertiaires; mais nous désirerions qu'on n'avançât l'existence d'un fait de cette importance que sans précipitation et qu'après un mûr examen. D'ailleurs ces oscillations si fréquentes aujourd'hui entraient tout aussi bien dans le régime des anciens glaciers. Nous en avons constaté plusieurs traces durant nos études dans l'Ain et l'Isère avec M. E. Chantre; mais M. Bachmann [2] a décrit une magnifique oscillation du glacier du Rhône qui, pendant sa plus grande extension, avait poussé sa moraine latérale droite au delà de la vallée de l'Aar. Les environs de Berne auraient donc été couverts successivement par le glacier de l'Aar et le glacier du Rhône, qui y ont superposé deux terrains erratiques différents.

Difficulté de préciser l'âge des terrains calcaires en étudiant leur hauteur hypsométrique. — Il y a quelques dizaines d'années, les géologues et les savants officiels ne pouvaient aborder la question des terrains de transport, appelés alors diluviens, sans parler de ruptures de digues dans les hautes vallées, de débâcles de lacs dans les régions élevées, de torrents dévastateurs, de lames diluviennes, etc. Aujourd'hui ces expressions et les idées qu'elles représentent sont tombées dans l'oubli et en désuétude. Le terrain diluvien a fait place au terrain erratique glaciaire, et tous les géologues s'entendent pour en attribuer le transport à l'action des glaciers; mais cet accord disparaît, lorsqu'il s'agit de déterminer l'âge de ces dépôts et de fixer le nombre des périodes pendant lesquelles ils se sont opérés. Dans ces conditions, pour trouver une réponse, on fait souvent intervenir d'une manière directe l'altitude absolue de ces placards, de ces nappes de terrain erratique glaciaire, et presque toute l'attention se porte alors sur la disposition des *terrasses* et des *plateaux*, soit sur les dépôts des *hauts*, *moyens* et

1. *Description de la faune malacologique des terrains quaternaires des environs de Lyon*, p. 169, 1879.

2. Ueber die Grenze des Rhône. — Gletschers in Emmenthal, *Mittheil*, Berne, 1883, p. 6. — *Matériaux*, 3e série, t. I, 1884, p. 354.

bas niveaux. Il semble que parfois on voudrait essayer de résoudre le problème en étudiant la hauteur hypsométrique de chaque lambeau d'argile à cailloux striés.

Pour M. Tardy[1] et plusieurs autres géologues[2], chaque niveau représenterait des âges différents, séparés les uns des autres par des périodes interglaciaires, et les études comparatives de ces divers niveaux fourniraient les véritables *éléments stratigraphiques* de la question sur lesquels toute la discussion doit reposer.

Nous reconnaissons toute l'importance de la stratigraphie, mais, si on s'occupe de cette science, ne doit-on pas plutôt chercher à déterminer la hauteur relative des terrains dans l'échelle des formations géologiques qu'à préciser l'altitude absolue de chaque dépôt au-dessus du niveau de la mer?

En se servant du baromètre pour étudier l'âge des nappes glaciaires, obtiendra-t-on un meilleur résultat que lorsque, il y a quelques années, beaucoup de géologues, exagérant les principes d'Élie de Beaumont sur le réseau pentagonal, s'efforçaient vainement de déterminer avec la boussole l'âge des montagnes, des collines et même des simples rides de la surface du sol, comme le faisait M. Ch. Mène[3], près de Lyon?

L'âge des nappes glaciaires étalées au fond des vallées est-il toujours différent de celui des lambeaux qui recouvrent les hauteurs voisines? Ce n'est pas notre avis. La glace étant en quelque sorte un corps plastique par suite de la regélation, les anciens glaciers ont pu se modeler sur toutes les larges surfaces du sol, quelles que fussent leurs dispositions et leur altitude. Ainsi nous croyons que le glacier du Rhône déposait une moraine latérale droite contre le flanc de la montagne de Lachat et sur le plateau d'Inimont à 1100 mètres d'altitude, à l'ouest de Belley, pendant que ses masses profondes striaient et moutonnaient les calcaires qui constituent le sol (300 mètres) de l'immense cirque montagneux dont cette ville occupe le centre. En même temps elles polissaient et cannelaient le bathonien de Villebois (293 mètres), dans la vallée du Rhône et les vastes plateaux jurassiques du Bas-Dauphiné (317 mètres), qui viennent se terminer aux falaises de la grotte de La Balme. Malgré une dénivellation de 800 mètres, ce ne sont là que les divers aspects d'un même phénomène et les résultats synchroniques de l'action d'une force qui agissait dans des conditions particulières et sur des points séparés.

A notre sens, et d'après les exemples que nous avons cités à la suite de nos attentives recherches, il n'y a pas de raison pour que des différences de niveau indiquent toujours une différence d'âge.

1. Mémoires divers, *Bull. Soc. géol.*, 3e série.
2. *Revue d'anthropologie*, 17e année, 3e série, t. III, 1888, p. 385 et suivantes.
3. Ch. Mène, *Géologie et minéralogie du département du Rhône*, 1861, p. 9, fig. 7.

Parfois, sans doute, cette conclusion peut être légitime, mais elle ne l'est pas constamment, dans toutes les stations.

Ainsi, plus près de Lyon, le glacier du Rhône a déposé en même temps de l'argile à cailloux striés sur les collines de Fourvières, 295 mètres, de Sainte-Foy, 320 mètres, des Barolles, 296 mètres, et dans la vallée d'Oullins, comme dans celle qui sépare Saint-Genis des villages de Vourles et de Charly, 228 mètres. La diversité de leur disposition orographique et de leur hauteur n'entraine nullement une différence d'âge. Tous ces dépôts, placés à la suite les uns des autres sur une ligne courbe, font tous partie des bourrelets de la moraine terminale de l'ancien glacier du Rhône au moment de sa plus grande extension. En effet, lorsque ce glacier et ses moraines sont arrivés dans la région lyonnaise, le sol, en partie composé de mollasse et d'alluvions placardées sur des roches anciennes, avait été profondément raviné, et la glace a dû se modeler sur tous les accidents topographiques pour les couvrir de ses moraines.

Il est évident que dans ce sol mouvementé les eaux de fonte, inséparables de la présence de la glace, ont combiné leur action avec la sienne et ont pu quelquefois déposer de petites nappes d'alluvions aqueuses locales qui ont été recouvertes par un terrain glaciaire. Nous avons déjà cité et figuré une intercalation de ce genre [1] sur les talus de la chambre d'emprunt de Caluire, au nord de Lyon, et nous pourrions en décrire d'autres; mais en envisageant ces combinaisons de terrain ou d'autres, un peu plus considérables, a-t-on le droit de dire qu'on est en face de terrains déposés pendant une véritable période interglaciaire et d'étayer ainsi une théorie générale sur de simples accidents locaux et restreints? Une prudente réserve est d'autant plus nécessaire qu'on est vers les limites extrêmes des anciens glaciers, où de fréquentes oscillations ont dû forcément mélanger les terrains et produire un certain trouble dans leur arrangement.

De plus, il ne faudrait pas placer une démarcation trop absolue entre les phénomènes qui se rattachent pour chaque glacier à ce qu'on appelle leur *période d'avancement*, leur *période de recul* et leur *état stationnaire*, car ce ne sont là que des subdivisions d'une même période glaciaire qui mériteraient plutôt le nom de *phases*. Mais cette période glaciaire a pu avoir une durée considérable pendant laquelle il a dû se produire des phénomènes aussi nombreux que variés, sous l'influence du peu de stabilité des conditions climatériques.

Ainsi, il est évident que les moraines terminales les plus externes qui s'étalent au loin dans les plaines, ne peuvent être synchroniques de celles qui forment encore des bourrelets concentriques en arrière d'elles, plus près des hautes chaines qui servaient de bas-

1. *Ante*, p. 67.

sins d'alimentation aux anciens glaciers; mais néanmoins, dans nos études sur le terrain, nous n'avons reconnu aucun fait qui pût nous engager à rattacher leur formation à des périodes glaciaires distinctes, séparées les unes des autres par autant de périodes interglaciaires, car toutes ces moraines font partie d'un seul et même terrain erratique.

Deux terrains erratiques en Angleterre, en Écosse, etc. — Ailleurs dans de vastes contrées, en Angleterre, en Écosse, en Bavière, dans l'Amérique du Nord [1], les choses ne sont pas disposées de même. S'il y a deux terrains erratiques glaciaires, séparés par des formations de nature différente, souvent remplies de fossiles marins ou ayant exigé pour vivre une douce température, ces deux produits de l'énergie des anciens glaciers, au lieu de ne former que des affleurements limités, s'étalent sur de grandes étendues. Il faut admettre alors deux phases ou même deux périodes glaciaires, sinon deux importantes extensions de glaciers. C'est une simple affaire d'observation, mais, avec le système que nous avons choisi au milieu de tant d'autres, ces faits ne soulèvent aucune difficulté; ils nous engageraient seulement à chercher leurs causes dans des mouvements orogéniques du sol, dans des soulèvements de montagnes assez intenses pour produire de puissants condensateurs, qui deux fois auraient provoqué d'abondantes précipitations neigeuses. En Écosse, en Angleterre, ces mouvements de terrains ont même emporté à certaines hauteurs, parfois à quelques centaines de mètres, des plages et des formations marines.

Dans les Alpes de la Bavière et de l'Autriche, des oscillations du sol expliqueraient les récurrences de terrain erratique observées par M. le professeur A. Penck et ses savants collègues.

En France, dans le bassin moyen du Rhône par exemple, en outre du soulèvement des Alpes, le sol a subi un mouvement ascensionnel général qui a favorisé le creusement des grandes vallées du Rhône, de la Saône, de l'Ain et de l'Isère et a facilité en même temps l'extension et la conservation des glaciers quaternaires. Il en a été de même au pied des Pyrénées, où se sont passés des faits analogues.

Conclusions. — Nous sommes donc disposé à accepter tout ce qui peut s'expliquer par des oscillations du sol, c'est-à-dire par des mouvements d'avancement ou de recul des glaciers pliocènes et quaternaires, mais ce qui nous paraît inadmissible, jusqu'à production de preuves capitales, si jamais on parvient à les découvrir, c'est l'existence de périodes glaciaires qui auraient laissé des tra-

1. Cf. J. Geikie, *The Great Ice Age,* chap. XI et suiv. — Ramsay, *Physical Geology,* 1878, *passim.* — De Lapparent, *Traité de géologie,* liv. II, sect. V, chap. I, p. 1095. — Chamberlain, Preliminary paper on the terminal moraine of the second Glacial epoch, *Third annual report of the United-States Geological Survey,* 1881-1882.

ces en deçà du miocène dans les terrains secondaires et primaires; car la constatation de ces faits non seulement contredirait toutes nos études géologiques, mais encore anéantirait les résultats obtenus en paléontologie avec tant d'efforts et de patience par tous les géologues dont nous partageons les idées et dont nous admirons les travaux! Ce serait la négation de tout ce que la nature leur a enseigné sur les lois du développement de la vie!

CHAPITRE XIII

CLIMAT, FLORE ET FAUNE DE LA PÉRIODE GLACIAIRE

Généralités. — Possibilité d'un retour des phénomènes glaciaires. — Modification successive de la flore et de la faune. — Tableau synoptique des terrains pliocènes et quaternaires. — Climat, flore et faune du miocène moyen et supérieur. — Époque pliocène; études comparatives : Lyonnais. — Cinérites du Cantal. — Côtes du Norfolk; Suisse; Allemagne; Provence. — Synchronisme des alluvions anciennes ou glaciaires du bassin du Rhône avec le pliocène moyen et le pliocène supérieur. — Origine des alluvions anciennes ou glaciaires de Meximieux. — Abaissement régulier de la température. — Régularité et continuité de la marche descendante de la température pendant la période glaciaire au point de vue général. — Analogie des phénomènes glaciaires dans toute la France. — Climat des régions libres en avant des glaciers. — Météorologie comparée. — Tufs de la Celle-sous-Moret; de la Provence; tuf de Canstadt. — Utznach. — Association d'espèces adaptées à des climats différents. — Environs de Lyon; *Elephas antiquus; Elephas primigenius; Cervus tarandus*. — Abondance de la végétation à l'époque glaciaire prouvée par la présence des grands pachydermes. — *Elephas intermedius* ou *antiquus* de la Quarantaine, à Lyon. — Époque pliocène. — *Elephas meridionalis* de Durfort. — Climat et aspect du bassin moyen du Rhône à l'époque quaternaire. — Succession des climats. — Recul définitif des glaciers anciens; diminution de l'humidité atmosphérique. — Simplification de nos études par suite de l'unité de l'extension des glaciers quaternaires dans le bassin du Rhône. — Unanimité pour admettre une seule extension des anciens glaciers dans le bassin du Rhône. — Singulière origine du système de la pluralité des extensions des glaciers occidentaux des Alpes.

Généralités. — Nous avons cherché à faire voir comment l'extension des anciens glaciers et tous les faits plus ou moins étranges qui se sont passés pendant la période glaciaire, ne furent que les conséquences forcées, naturelles de l'abaissement régulier et continu du climat de notre globe, par suite de la concentration du soleil et de celle de la terre. Déjà, en conséquence de l'établissement des *climats solaires*, la température avait cessé depuis longtemps d'être uniforme sur tout le globe, et elle s'était progressivement modifiée d'après la latitude.

Nous avons dit encore que, durant la dernière époque géologique, lorsque la température superficielle de la terre se trouva dans une sorte d'équilibre instable, facile à modifier, la régularité de ce grand phénomène de climatologie générale se compliqua sous l'influence des mouvements orographiques du sol devenus plus intenses.

Rappelons en même temps que, malgré l'extension énorme des anciens glaciers qui envahirent de toutes parts le bassin du Rhône et une grande partie de la France, le climat de notre pays différa toujours d'une manière sensible de celui des contrées boréales. La raison de cette différence peut se trouver en partie dans la grande quantité de vapeur d'eau répandue dans l'atmosphère à cette époque ; mais il faut surtout la chercher dans la latitude qui favorise, plus pour une de ces zones que pour l'autre, l'absorption de la lumière et de la chaleur du soleil, et qui régularise mieux, près de nous, l'enchainement des saisons.

En vertu de cette abondance de vapeurs atmosphériques, les précipitations neigeuses et pluvieuses furent d'une étonnante intensité, et pourtant nos anciens glaciers furent toujours localisés ; rien n'est plus évident, puisque leurs limites sont encore visiblement tracées sur le sol.

Les glaces ne formèrent donc jamais en France, comme dans des contrées plus rapprochées des pôles, une calotte continue. De nos jours, cette nappe des glaces polaires est encore si considérable, malgré la sécheresse de l'air, que M. de Lapparent [1] est tenté de la regarder en grande partie comme de la *glace fossile* ou *paléocrystique*, comme un stock des glaciers quaternaires, engendrés dans d'autres conditions climatériques que les conditions actuelles.

Il serait donc impossible d'assimiler au climat des régions boréales, le climat des régions de l'ouest de l'Europe centrale pendant l'époque glaciaire ; mais nous ne pouvons nous contenter de cet aperçu général, nous allons essayer d'indiquer succinctement les éléments météorologiques qui constituaient le climat de la France quaternaire, tout en nous efforçant de déterminer ici leur influence sur la disposition des séries végétales et animales, et plus loin sur le développement des premières races humaines.

Possibilité d'un retour des phénomènes glaciaires. — De ce que nous avons cherché à enlever au régime glaciaire le caractère de périodicité que plusieurs savants auteurs ont cru devoir lui donner, nous ne prétendons pas en diminuer l'importance. Son unité ne peut l'empêcher d'apparaître comme un des plus intéressants phénomènes géologiques et le plus grand de ceux auxquels il a été donné à l'homme d'assister.

Nous ajouterons même que les glaciers qui couronnent les Alpes, comme les plus hautes montagnes du monde, et qui s'étendent à l'infini autour des pôles, nous avertissent de la

1. *Traité de géologie*, p. 296.

continuité du phénomène glaciaire. En effet, depuis que, pour la première fois, l'eau a pu se solidifier à la surface de la terre, au début de l'époque tertiaire sans doute, elle n'a jamais cessé de revêtir cette forme sur quelques points. Il est donc probable que, si les conditions climatologiques redevenaient propices, si de nouvelles secousses de l'écorce terrestre engendraient de nouveaux et d'énergiques condensateurs et favorisaient vers les régions tropicales une active vaporisation des eaux marines, les précipitations atmosphériques reprendraient leur ancienne énergie, et nous verrions se reproduire tous les phénomènes glaciaires.

Fig. 34. — Embâcle de glaces dans le lit de la Saône, en aval de l'île Barbe et au nord de Lyon, 1879-1880.

Déjà, sans mettre en jeu le formidable appareil des tremblements de terre et du soulèvement des chaînes de montagnes et des plages, ne voyons-nous pas les séries d'étés peu chauds et humides, suivis d'hivers prolongés, avoir la plus grande influence sur les oscillations des glaciers, sur leur progression dans les vallées? Même dans les plaines, loin des massifs montagneux, la simple persistance d'un vent froid, tel que le vent du nord, ne suffit-elle pas pour encombrer les lits des fleuves et des rivières d'énormes monceaux de glace de plusieurs kilomètres de longueur et de plusieurs mètres d'épaisseur? Nous l'avons vu deux fois, en 1864 et en 1879-1880, aux environs de Lyon[1], dans la vallée de la Saône et nous en donnons une figure ci-dessus. Rappelons encore les embâcles de la Loire pendant l'hiver 1879 à 1880, cités par M. de Lapparent[2].

1. *Monographie des anciens glaciers*, t. II, p. 154.
2. *Traité de géologie*, p. 299.

Sans aucune perturbation des lois de la nature actuelle, les glaciers pourraient donc reconquérir les espaces d'où ils se sont retirés. Il nous suffit d'entrevoir cette possibilité à travers les voiles des temps futurs; mais nous ne saurions insister sur ces spéculations.

L'avenir ne nous appartient pas, et le rôle du géologue est plutôt de ranimer les souvenirs du passé.

Modifications successives de la flore et de la faune. — L'extension des anciens glaciers ne donna pas à la France un climat boréal; néanmoins elle modifia la nature de la flore et de la faune contemporaines et lui imprima des caractères qui s'éloignaient des formes anciennes et qui se rapprochaient de plus en plus de celles qui nous entourent. Ainsi stratigraphiquement, bien au-dessus de la flore subtropicale, miocène, d'Œningen, on trouve en Suisse, en remontant la série tertiaire, celle des charbons feuilletés de Dürnten et d'Utznach [1], qui par les sapins, les pins sylvestres, l'if, le bouleau, le chêne, le noisetier, le framboisier, les roseaux, les prêles, etc., se rattache à la flore actuelle de nos montagnes.

Il est vrai qu'entre les couches miocènes supérieures d'Œningen et les charbons quaternaires de la Suisse il y a un énorme hiatus : il manque de nombreuses couches fossilifères représentées, soit en Angleterre, soit en Italie ou encore dans d'autres régions plus ou moins éloignées; mais heureusement, près de Lyon, les empreintes végétales des tufs de Meximieux et les débris de mammifères des sables ferrugineux de Trévoux, franchement attachés au pliocène inférieur, sont venus combler cette lacune précisément dans le périmètre occupé par l'ancien glacier du Rhône. Mais là encore, si le climat a continué à s'abaisser, du moins il avait gardé assez de chaleur pour être favorable à une faune canarienne avec des lauriers-roses, des bambous, des laurinées des Canaries, des grenadiers, etc., exigeant une température moyenne annuelle de 17 à 18° C.; et les *Rhinoceros Merkii*, les *Hippopotamus major*, les *Elephas meridionalis*, les *Mastodon Arvernensis*, etc., qui trouvaient une abondante alimentation dans ces profondes forêts, au bord de ces petites cascades, durent plus tard céder la place à l'*Elephas primigenius*, au *Rhinoceros tichorhinus* couverts d'épaisses toisons, aux rennes, aux marmottes qui ont laissé leurs dépouilles dans ce lehm étendu uniformément au-dessus des alluvions anciennes ou glaciaires.

Dans les environs de Lyon et de Trévoux, il y a donc, superposées les unes au-dessus des autres, mais séparées par d'épaisses couches de graviers sans fossiles, les traces de deux climats bien différents, l'un plus ancien, accusant une température moyenne annuelle de 17° à 18° C., et l'autre plus moderne, une température

1. O. Heer, *le Monde primitif de la Suisse*, p. 601.

moyenne annuelle de 6° à 9° au moins, tandis que la moyenne actuelle est de 11° !

Le contraste entre le climat du dépôt des tufs de Meximieux et celui des alluvions glaciaires ne saurait être plus frappant. Mais, hâtons-nous de dire que ces divers états de choses ne paraissent s'être ainsi établis brusquement que parce qu'il nous manque des points de comparaison intermédiaires; près de nous les fossiles du pliocène moyen et du pliocène supérieur font défaut en-dessous du terrain erratique alpin. Mais en réalité ces substitutions de faunes et de flores se sont effectuées insensiblement, avec lenteur, pour obéir aux exigences d'un climat qui allait toujours en se détériorant d'une manière régulière et progressive.

Tableau synoptique des terrains pliocènes et quaternaires. — Pour mieux nous rendre compte de cette marche descendante des formes anciennes dont sont dérivés les végétaux et les animaux de notre région jusqu'à l'époque glaciaire, nous n'aurons qu'à jeter les yeux sur le tableau synoptique suivant. Il nous permettra de saisir rapidement les rapports, les relations du terrain erratique avec les terrains qui l'ont précédé dans le bassin du Rhône.

Vu son importance, le glacier du Rhône nous servira toujours de type, et nous prendrons de préférence nos exemples dans le bassin qu'il a occupé jadis, puisque c'est la contrée que nous avons le plus étudiée et que c'est le glacier que nous connaissons le mieux; d'ailleurs c'est dans le bassin du Rhône que le phénomène glaciaire s'est effectué avec le plus de simplicité et la plus majestueuse amplitude, comme nous le dirons bientôt.

Climat, flore et faune du miocène moyen et supérieur. — La grande vallée qui sert de bassin au Rhône et à la Saône a été ébauchée depuis longtemps, mais, à la fin de la période crétacée, elle s'est plus vivement accentuée pour prendre, au moment du soulèvement des Alpes, les derniers traits qui ont modifié ses contours.

La mer tertiaire a d'abord occupé tout l'espace resté libre entre les Alpes anciennes et le long bourrelet de la chaîne cébenno-vosgienne. Cet immense sillon, clos à son extrémité nord, formait en France une sorte d'Adriatique dont un bras sinueux se détachait pour pénétrer jusqu'en Suisse [1] par la vallée du Rhône moyen, la mettant ainsi en communication avec la Méditerranée. Dans cette mer intérieure se sont déposés les sables et les calcaires de la mollasse; les nombreux fossiles qu'ils renferment, poissons, crustacés, cirripèdes, mollusques, échinodermes, etc. [2], nous ont révélé l'existence d'un climat d'une grande douceur. Les bords de cette Adriatique et les régions voisines étaient couverts

1. *Ante*, p. 117.

2. A. Locard, Description de la faune de la mollasse marine et d'eau douce du Lyonnais et du Dauphiné, *Archives du Muséum de Lyon*, t. II, 1878, p. 1.

TABLEAU SYNOPTIQUE DES TERRAINS SUPÉRIEURS ET QUATERNAIRES DES ENVIRONS DE LYON

Formations	Terrains	Étages	Subdivisions	Couches et localités	Épaisseur	Fossiles
FORMATIONS TERRESTRES ET D'EAU DOUCE	T. MODERNES	Terrains contemporains		**Terre végétale, éboulis, alluvions modernes :** Vallée de la Saône, Mont-d'Or, etc.	variable	Faune et flore contemporaines, Bythinia tentaculata, Cyclas palustris, Dressenia polymorpha.
	TERRAINS QUATERNAIRES	Pleistocène	Terrains post-glaciaires	**Argiles grises lacustres, lignite :** La Saône, la Mouche, etc.	$0^{m}20$ à 1^{m}	Bos longifrons, Byth. tentaculata, Valvata piscinalis, Limnœa peregra, L. palustris, etc.
				Lehm, terre à pisé : Dombes, Fourvières, Sainte-Foy, etc.	1^{m} à 6^{m}	Eleph. primigenius, Succinea oblonga, Helix arbustorum, H. hispida.
			T. glaciaire	**Anc^{nes} moraines à blocs erratiques et c. striés :** Dombes, Bas-Dauphiné, Fourvières.	2^{m} à 6^{m}	Dans le bas, fossiles miocènes et pliocènes remaniés.
			Alluvions glaciaires	**Sable et gravier :** Dombes, Bas-Dauphiné, Fourvières.	50^{m} à 70^{m}	Fossiles d'eau douce pliocènes, Fossiles marins miocènes remaniés.
	TERRAINS TERTIAIRES	Pliocène sup.		**Sable et gravier :** Dombes, Bas-Dauphiné, etc.		Paludina Dresseli, Valvata Vanciana, Nassa Michaudi, Dendrophyllia Colonjoni, etc.
		Pliocène moyen		**Sable et gravier :** Dombes, Bas-Dauphiné, etc.		
		Pliocène inférieur		**Sables ferrugineux :** Trévoux.	variable	Les quatre terrains ci-contre sont synchroniques et ont été déposés au même niveau, par places et alternativement. Les terrains d'eau douce renferment donc chacun les mêmes fossiles. Mastodon dissimilis, Clausilia Terveri, Helix Chaixi, H. Colonjoni, etc. Dans le bas faune mio-pliocène.
				Argiles grises à lignites : Hauterives, Pérouges, Soblay, Domsure.		
				Tuf à empreintes végétales : Meximieux, Pérouge		
FORMATIONS MARINES				**Marnes marines :** Creure.		
		Miocène supérieur		**Sable à Ostrea Falsani :** Château de Hauterives.	$0^{m}30$	Ostrea Falsani, Balanus.
				Sable à Nassa Michaudi : Tersanne, le Vernay, etc.	10 ?	Nassa Michaudi, etc. Faune de Tersanne.
				Sable et mollasse : St-Fons, Lyon, Hauterives, etc.	15 ?	Terebratula calathiscus, Calianassa minor, Balanus, Bryozoaires, etc.
				Mollasse à Pecten scabrellus : Saint-Martin-de-Bavel, Bugey.	?	Nombreux Pecten.
		Miocène moyen		**Remplissage de crevasses :** La Grive-Saint-Alban.	?	Pithecus, Dinocyon, Dinotherium levius, Dicroceros, Machaïrudos.

de vastes forêts dans lesquelles erraient de nombreuses espèces animales qui avaient besoin pour se développer de la température des régions chaudes ; c'étaient des *Pliopithecus antiquus*, Lart. ; des *Marchaïrodus Jourdani*, Filh. ; des *Mastodon angustidens*, Cuv. ; des *Dinotherium levius*, Jourd. ; des *Rhinoceros Sansaniensis*, Lart. ; des *Chalicotherium modicum*, Gaud. ; des *Protagocerus Chantrei*, Dep. ; des *Hipparion gracile*, Kaup. ; des Crocodiliens, des Tortues, des Emys, etc. [1].

Une riche végétation, entretenue par des pluies abondantes, entourait de nombreuses lagunes et de grands marais qui devaient donner à cette partie de la France l'aspect de la région des grands lacs africains, découverte par Livingstone, Stanley, Speke, d'Abaddie, Giraud, etc. Mais les courants marins, en entraînant les débris rocheux et les arènes charriés par les fleuves côtiers, ensablèrent petit à petit le fond de cette mer; en même temps un exhaussement général et progressif de tout le bassin finit par repousser lentement cette mer vers le sud et la chassa d'une manière définitive de notre pays.

Époque pliocène; études comparatives : Lyonnais. — Le fond du bassin du Rhône fut alors occupé par une vaste plaine sablonneuse sillonnée par le Rhône et la Saône pliocènes. Ces grands cours d'eau entamèrent le sol plus ou moins profondément et déposèrent, comme cela se passe de nos jours, des terrains variés : ici des sables remaniés, là des marnes grises renfermant des lignites et provenant de la décomposition des schistes noirs des Alpes, pendant qu'ailleurs des sources incrustantes amoncelaient des tufs; ce sont les sables ferrugineux de Trévoux, les marnes de Hauterives, de la vallée de l'Ain et des environs de Lyon, enfin les tufs de Meximieux.

L'étude des débris organiques contenus dans ces trois terrains de nature si différente, et dont nous avons déjà dit quelques mots, en donnant le moyen de préciser exactement leur âge et de le rapporter sûrement au pliocène inférieur, a permis de les synchroniser avec des formations étrangères étudiées avec le plus grand soin par les géologues anglais et italiens. De ce parallélisme nous pourrons tirer des renseignements utiles pour suivre d'une manière plus précise l'histoire des variations du climat de notre pays et confirmer ce que nous en avons déjà dit.

Cinérites du Cantal. — Ainsi, les cinérites du Cantal, dont les

1. Falsan et Chantre, *Monographie des anciens glaciers*, t. II, p. 26-32. — Chantre, les Faunes mammalogiques tertiaires et quaternaires du bassin du Rhône, *Association française*, etc. ; congrès de Lyon, 1873. — Depéret, Horizons mammalogiques miocènes du bassin du Rhône, *Bulletin de la Société géologique*, 3e série, t. XV, 1887, p. 508. Recherches sur la succession des faunes de vertébrés miocènes dans la vallée du Rhône, *Arch. du Muséum de Lyon*, t. IV, 1887, p. 45.

empreintes végétales ont été recueillies par M. Rames [1], occupent un horizon synchronique du pliocène de la vallée du Rhône et confirment l'unité de végétation et de climat qui régnait alors dans toute la région sud-est de la France. Seulement les plantes du Pas-de-la-Mogudo et de Saint-Vincent représentent une flore de montagne d'une altitude de 8 à 900 mètres, tandis que celles de Meximieux végétaient dans une plaine basse et chaude. Chaque groupe de stations avait donc quelques espèces propres. Ainsi des forêts de hêtres, de chênes se rapprochant des chênes des montagnes de l'Atlas et de la péninsule hellénique, et même des bois de pins et de sapins couvraient les hauts sommets. A Meximieux, au contraire, existaient des laurinées et des plantes canariennes; mais quelques formes communes, telles que le *Bambusa Lugdunensis*, Sap.; l'*Acer Lobelii*, Ten.; l'*Acer opulifolium*, Will., etc., formaient la liaison entre le Cantal et le triangle bressan [2].

Côtes du Norfolk; Suisse; Allemagne; Provence. — Les sables de Trévoux, les tufs de Meximieux, les marnes de Hauterives correspondent au sansino, un des terrains du val d'Arno, tout aussi bien qu'au crag corallin, au crag inférieur des côtes du Norfolk, et cet ensemble se rapporte au pliocène le plus ancien. Le crag corallin est surmonté par le crag rouge et le crag de Norwich, l'un et l'autre plus modernes et représentant le pliocène moyen et le pliocène supérieur. Une forêt ensevelie, le Forest-Bed, appartenant au pleistocène ou bien au quaternaire le plus antérieur, couronne cette intéressante série anglaise, et le terrain erratique glaciaire à cailloux striés, qui repose immédiatement au-dessus d'elle, prouve qu'elle était encore en plein développement au moment de l'arrivée des glaciers [3].

Pour chacune des divisions principales, Lyell [4] a cherché à établir le rapport qui existait entre la faune fossile et la faune vivant actuellement dans la mer voisine, pour faire voir l'influence de l'abaissement du climat sur l'élimination des espèces ayant besoin de chaleur.

L'étage helvétien de la Suisse ne renferme que 35 0/0 d'espèces vivantes, et d'après M. Locard on peut faire un calcul analogue pour la mollasse des environs de Lyon [5]. Sur les deux cents espèces recueillies dans le miocène moyen, cinquante-deux ont pu survivre

1. *Ante*, p. 41.
2. Marquis de Saporta, *le Monde des plantes*, p. 338; *Comptes rendus de l'Académie des sciences*, 3 février 1873.
3. Lyell, *Manuel de géologie*, t. I, p. 251.
4. *L'Ancienneté de l'homme*, traduction du Dr Chaper, p. 216. — Heer, *le Monde primitif de la Suisse*, p. 618-619.
5. Description de la faune de la molasse marine et d'eau douce du Lyonnais et du Dauphiné, *Archives du Muséum d'histoire naturelle de Lyon*, t. II, p. 1, *passim*, 1878. *Études sur les variations malacologiques d'après la faune vivante et fossile de la partie moyenne du bassin du Rhône*, 1881, t. II, p. 197, 230.

dans des pays plus chauds que les nôtres et supporter l'abaissement du climat jusqu'à nos jours; ce qui donne une proportion de 25 0/0, par rapport aux formes disparues, pour les espèces qui se sont maintenues dans la Méditerranée ou dans des mers plus tièdes.

Le crag corallin, qui est le crag le plus inférieur, se placerait, dans l'échelle des terrains, au-dessus de l'helvétien et des couches mollassiques du miocène de Lyon et de Saint-Fons. Il offre dans ses couches fossilifères 51 0/0 d'espèces vivantes.

Le crag rouge qui le surmonte en présente 57 0/0, et, comme la température a continué à s'abaisser, le crag supérieur ou crag de Norwich en contient jusqu'à 85 0/0, c'est-à-dire que sa faune fossile se relie à la faune de notre époque par les plus grandes affinités, affinités qu'on voit s'augmenter encore, lorsqu'on étudie le Forest-Bed, la *Forêt-Ensevelie* de Cromer, représentant du plus ancien quaternaire en Angleterre. On le voit aussi en Suisse, à une date peut-être un peu postérieure, pour les charbons feuilletés d'Utznach et de Dürnten; en Allemagne, pour les tufs de Canstadt; en France, pour les tufs provençaux des Aygalades, de Meyrargues et ceux de Moret, etc.

La composition de la flore de la forêt de Cromer indique les effets produits par l'abaissement du climat déjà plus marqué dans le nord que dans le centre et dans le midi de l'Europe. Si la végétation des charbons d'Utznach et de Dürnten se confond avec celle de la Forêt-Ensevelie des côtes d'Angleterre, c'est qu'il s'agit d'une station située au pied du massif alpin et subissant par cela même l'influence directe des glaciers qui occupaient déjà les sommets et les vallées des Alpes.

Synchronisme des alluvions anciennes ou glaciaires du bassin du Rhône avec le pliocène moyen et le pliocène supérieur. — Dans le bassin du Rhône moyen, c'est-à-dire dans les environs de Lyon, les crags pliocènes moyen et supérieur du Norfolk, ainsi que les formations pleistocènes ou quaternaires anciennes des charbons feuilletés du Forest-Bed, des tufs de la Provence et des environs de Paris ne sont représentés par aucune couche fossilifère équivalente, puisqu'au-dessus des tufs de Meximieux, des sables de Trévoux, des marnes à lignites, il n'y a plus que des masses de cailloux roulés recouvertes directement par la moraine profonde de l'ancien glacier du Rhône et des autres glaciers des Alpes. Impossible de fixer des niveaux d'étages dans cet ensemble d'alluvions uniformes que, M. Chantre et moi, nous avons appelées alluvions anciennes ou glaciaires [1], mais il est évident que ces graviers, pris entre le pliocène inférieur et le terrain erratique alpin, doivent représenter dans le bas le pliocène moyen et supérieur, et dans le haut la partie ancienne du quaternaire.

1. Falsan, *Bull. Soc. géol. de France*, 1875, t. III, p. 226.

Origine des alluvions anciennes ou glaciaires de Meximieux. — D'où proviennent ces alluvions anciennes ou glaciaires? quelle en est l'origine? Leur nom semble l'indiquer. Après le dernier soulèvement des Alpes, dont le contre-coup s'est fait sentir dans notre bassin en emportant la mollasse marine miocène à 1000 mètres d'altitude environ, au Crêt-de-Chalam (Ain)[1], et à 1500 mètres, dans les replis crétacés du Villars-de-Lans et de la Grande-Chartreuse (Isère)[2], de vastes condensateurs montagneux activèrent singulièrement les précipitations atmosphériques; la neige s'accumula en abondance sur les hautes cimes des Alpes, pendant que des pluies diluviennes inondaient les chaînes extérieures jurassiques et crétacées, ainsi que les plaines qui s'étendaient à leur pied. Un climat devenu ainsi froid et humide cessa d'être approprié à la végétation de Meximieux et au développement des animaux contemporains. Le pays fut inondé, et par places profondément raviné, puis enseveli sous d'épaisses couches de cailloux roulés venant des Alpes et des chaînes secondaires. Ces sables, ces graviers, toutes ces alluvions qui forment le couronnement du plateau bressan ne sont que le reste d'un *cône de déjection* charrié par le Rhône quaternaire et postérieurement entamé par le Rhône lui-même et la rivière d'Ain, enfin, plus à l'ouest, par la Saône.

Les *Rhinoceros megarhinus*, les *Elephas meridionalis*, les *Mastodon Arvernensis* ou *dissimilis* (Jourdan), les *Bos longifrons*, les grands *Felis*, les *Hippopotamus major*, les *Antilope*, etc., périrent ou se réfugièrent sur les hauteurs, où nous retrouvons leurs débris enfouis dans des crevasses de rochers[3]. Jusqu'à une certaine altitude, tout fut envahi par les alluvions qui devançaient l'arrivée des glaciers et de leurs moraines frontales.

Les végétaux et les animaux se cantonnèrent forcément dans des contrées plus hospitalières et suivirent les oscillations du grand glacier du Rhône uni aux glaciers delphino-savoisiens.

Abaissement régulier de la température. — Les faits que nous venons de passer en revue, très rapidement, ont dû nous mettre à même de saisir l'abaissement régulier de la température sur le versant ouest des Alpes, depuis la formation des couches miocènes supérieures d'Œningen et du Lyonnais, pendant le dépôt desquelles son élévation avait encore été d'environ 18° à 20° C.[4], jusqu'au commencement des temps quaternaires, alors que, en Angleterre la Forêt-Ensevelie de Cromer, en Suisse les plantes des charbons d'Utznach ne réclamaient pour végéter que les 6° ou 9° C. que M. Heer[5] donne au climat de ces localités, tandis que d'autres,

1. E. Benoit, *Bull. Soc. géol.*, 2e série, p. 326, 1858.
2. Lory, *Description géologique du Dauphiné*, p. 412.
3. Falsan et Chantre, *Monographie des anciens glaciers*, t. II, p. 60.
4. Heer, *le Monde primitif de la Suisse*, p. 591.
5. Heer, *le Monde primitif de la Suisse*, p. 651.

plus au nord ou plus éloignées des Alpes, conservaient une chaleur supérieure.

Si nous avions fait remonter cette étude de climatologie comparée plus avant dans la série des périodes géologiques, jusqu'au trias, à la houille et aux couches plus anciennes, nous aurions trouvé les conséquences de la même loi, révélées par des faits analogues. En effet depuis les temps les plus reculés, alors que notre planète a conquis son individualité dans le système solaire, on voit les traces de cette marche régulièrement descendante et sans trouble périodique de la température se refléter d'abord sur les roches primordiales, puis sur les êtres organisés. Cette diminution progressive de la chaleur du globe est le grand fait qui semble dominer l'histoire climatologique de la terre, histoire dont la période glaciaire n'est qu'un des plus récents et même le dernier grand épisode.

Régularité et continuité de la marche descendante de la température pendant la période glaciaire au point de vue général. — Il nous reste à poursuivre cette étude jusqu'à nos jours pour chercher si, sur notre globe ou même simplement en France, la période glaciaire, à un moment donné, a suspendu cette marche régulière de façon à en interrompre accidentellement le cours. Déjà nous avons exposé que, loin des pôles, jamais les glaciers quaternaires n'avaient formé une croûte continue, et que, au contraire, ils avaient toujours été localisés. Il s'agit encore de démontrer que, grâce à une certaine douceur de température, même au moment de la plus grande activité glaciaire, la vie n'a pas été anéantie en face des anciennes moraines frontales, pas plus qu'elle ne l'est à présent au pied des glaciers qui s'écoulent dans les hautes vallées de la Suisse. D'ailleurs, malgré leur immense développement, les glaciers quaternaires n'occupaient qu'une partie restreinte de la surface terrestre, et même, il ne faut pas l'oublier, Lecoq l'a dit le premier, et Tyndall l'a souvent répété, la formation des glaciers ne peut s'expliquer sans une énergique action de la chaleur solaire sur les mers et les régions tropicales; ce qu'il fallait aux glaciers pour se développer, c'était de la vapeur d'eau, de puissants condensateurs et des conditions climatériques convenables pour permettre à la vapeur d'eau de se changer en neige et en glace.

Mais, nous ne saurions trop le répéter, comme dans la nature tout s'enchaîne, ce serait en vertu de la concentration solaire que les climats se seraient progressivement atténués jusqu'à se trouver dans une sorte d'équilibre instable, et ce serait également parce que la terre aurait contracté plus ou moins sa surface, que les plis de son écorce solide, en s'accentuant, auraient pu atteindre une altitude suffisante pour amener enfin la condensation des vapeurs répandues dans l'atmosphère par le soleil des tropiques.

Analogie des phénomènes glaciaires dans toute la France. — Loin du bassin du Rhône, dans les Pyrénées, dans les Vosges, sur le Plateau central, etc., les éléments météorologiques se sont combinés pour produire des résultats équivalents. La distance des Alpes n'est pas assez grande pour que chacune de ces régions se soit trouvée dans des conditions climatériques spéciales et indépendantes. Nous pourrions répéter pour chacun de ces groupes montagneux ce que nous avons dit pour le bassin du Rhône, car il s'y est passé des faits analogues; mais nous sortirions ainsi des limites étroites du cadre qu'on nous a tracé.

Climat des régions libres en avant des glaciers. Météorologie comparée. — De tout ce que nous venons de dire un fait semble rester acquis : la chaleur, à la fin du pliocène, a reculé loin des pôles, mais elle s'est maintenue dans les régions tropicales, excepté dans les points d'où elle a été chassée par des changements de niveau trop considérables, c'est-à-dire près des sommets des hautes montagnes nouvellement soulevées.

En France, en Europe et dans toute la zone tempérée, les choses se sont passées avec une rigueur moins absolue; la chaleur et le froid se sont disputé l'empire dans ces immenses régions intermédiaires : le froid n'a pu tout envahir. Il s'agit de chercher les limites des pays qu'il a pu conquérir près de nous et d'indiquer le climat des contrées restées libres de glaces. Déjà, nous pouvons dire que, dans les espaces étendus entre les moraines frontales des anciens glaciers, la température était suffisante pour permettre le développement d'une végétation assez abondante pour alimenter une faune nombreuse et des mammifères d'une taille parfois colossale. Pour arriver à cette conclusion, il nous a suffi d'interroger les fossiles et de nous en rapporter à l'exactitude de leurs réponses.

Tout nous porte donc à supposer avec Heer [1], de Saporta [2], Ch. Martins [3], G. de Mortillet [3b], etc., etc., que, au point de vue général et pendant la période glaciaire, la température moyenne annuelle de la France devait être approximativement de 6° à 9° C., et même plus, car il y avait de nombreuses variations locales dont il faut tenir compte, sans pouvoir néanmoins les préciser. Nous admettons volontiers que, en face des moraines terminales de l'immense glacier du Rhône, la température moyenne devait être environ de 6° C., au minimum, tandis que maintenant à Lyon elle s'élève à 11°,8 C. et à Paris à 10°,7 C. La végétation pliocène des tufs de Meximieux, à quelques kilomètres au nord-est de Lyon, avait exigé une température moyenne de 17° C. à 18° C.

1. *Le Monde primitif*, p. 651.
2. *Le Monde des plantes*, p. 117 et suivantes.
3. *Revue des Deux Mondes*, t. XVII, p. 941. 3b. *Le Préhistorique*, p. 128.

Dans les Alpes centrales et méridionales, c'est-à-dire dans les hautes vallées de l'Oberland bernois ou dans celles qui descendent du Mont-Rose et du Mont-Blanc, le noyer et le cerisier croissent encore à une altitude d'un millier de mètres avec une moyenne de température de 6°,7 C.

Les céréales ont pour limite supérieure moyenne dans les Alpes bernoises 1300 mètres environ et végètent avec une moyenne de 5° C. L'orge, le seigle, l'avoine demandent encore moins de chaleur [1] et se contentent même de 2°,2 C. Cette température moyenne annuelle d'environ 6° C., se retrouve à peu près, actuellement, dans le sud-ouest de la Suède et de la Norvège, ainsi que dans les îles Fœroé, les Orcades, le nord de l'Écosse [2]. L'atmosphère brumeuse, les hivers peu rigoureux, les étés froids et humides et l'égalité des saisons qui règnent dans ces contrées, peuvent donner une idée assez exacte de ce que devaient être le climat moyen et les conditions météorologiques de notre pays pendant le développement extraordinaire des glaciers. En Islande, où les glaciers s'arrêtent vers les côtes, sans pénétrer dans la mer, comme ceux du Spitzberg, la température moyenne varie entre 0° et + 4°; au Spitzberg, elle n'est que de — 8°,6 C. [3]; ce qui représente un écart encore plus grand avec la quantité de chaleur que nous essayons d'attribuer au climat de la France pendant la période glaciaire. Mais faisons encore remarquer que plus près de nous, au Saint-Théodule, à 3333 mètres, la moyenne est de — 5°,5 C. Au Grand-Saint-Bernard, à 2473 mètres, elle n'est que de — 1° C., et le thermomètre y descend l'hiver jusqu'à — 33° C. [4].

Nous avions donc des raisons notables pour ne pas chercher nos termes de comparaison dans les régions polaires, ni vers les hautes cimes des Alpes. D'ailleurs, grâce à la situation de la France à une latitude moyenne, la distribution de la chaleur et de la lumière s'y est faite, depuis longtemps et même pendant la période glaciaire, d'une manière bien différente que dans le nord et bien plus favorable à la végétation.

Mais cette température moyenne que nous sommes tenté de fixer entre 6° et 9° C., par cela même ne pouvait pas être uniforme dans toute la France. Sur bien des points, le climat s'était plus ou moins détérioré. Ainsi en Provence, on était trop au sud, l'hiver était trop doux, l'été trop chaud, trop tiède, pour que le phénomène de l'extension des glaciers pût avoir lieu, tandis que le grossissement des cours d'eau enflés par des pluies abondantes et par

1. Tschudi, *le Monde des Alpes*, p. 47, 48.

2. Cf. Mohn, *les Phénomènes de l'atmosphère*, trad. par Decaudin-Labesse, p. 64; Elisée Reclus, *la Terre*, t. II, PL. XIX.

3. Ch. Martins, *op. cit.*, la végétation du Spitzberg comparée à celle des Alpes et des Pyrénées. *Bull. Soc. botan. de France*, 24 mars 1865.

4. Cf. Tschudi, *le Monde des Alpes*, p. 307.

les eaux de fonte des hautes régions alpestres, était énorme. La Durance atteignait le niveau du château de Fonscolombe, près du Puy-Sainte-Réparade (Bouches-du-Rhône) [1], et s'élevait à 40 ou 50 mètres au-dessus de son lit actuel. Dès lors, point de glaciers, point de rennes, point de mammouths. L'*Elephas primigenius* était remplacé par l'*Elephas antiquus* qui demandait une température plus douce et qui a laissé de nombreux débris en Provence. Pourquoi cette absence du mammouth? Peut-on croire qu'il recherchait exclusivement le voisinage des glaciers? C'est douteux. Mais peut-être pour lui, protégé qu'il était par sa longue et chaude toison, y avait-il avantage à ne pas s'éloigner des plaines ouvertes au pied des grandes montagnes de l'Europe centrale. Là de vastes étendues boisées lui offraient, avec une nourriture assez abondante, un climat plus approprié à ses goûts et lui rappelant mieux la température de son pays d'origine. La région provençale, favorisée d'un climat plus doux et resserrée entre les Alpes, le Rhône et la Méditerranée, ne pouvait lui convenir. Ce fut tout le contraire pour l'éléphant antique; venu du sud, il avait pénétré depuis longtemps dans cette contrée, si bien circonscrite, et s'était facilement adapté aux conditions météorologiques qu'il y avait rencontrées et qui s'y étaient maintenues mieux qu'ailleurs. Mais pendant la belle saison, en suivant les progrès de la végétation printanière, il remontait vers le nord et opérait ainsi chaque année de lointaines migrations pendant lesquelles plusieurs de ces grands pachydermes pouvaient laisser leurs dépouilles loin de leur habitat ordinaire. Nous insisterons encore sur ces migrations.

La température moyenne devait être également plus douce dans le bassin de Paris et dans tout l'ouest de la France qu'au pied des glaciers des Alpes et des Pyrénées. Dans certaines conditions, elle pouvait s'élever jusqu'à 9° C. ou peut-être davantage. Ainsi pourraient s'expliquer facilement le rapide accroissement numérique et le remarquable développement intellectuel des populations du bassin de la Vézère et des pays voisins. C'est encore dans cet état météorologique qu'on pourrait trouver la solution de certains problèmes de paléontologie végétale. En effet de simples accidents topographiques, combinant leur influence avec celle de l'altitude et de l'exposition, devaient, comme de nos jours, déterminer des modifications dans les moyennes thermométriques et par conséquent finissaient par provoquer la formation d'une faunule locale ou d'une petite colonie de végétaux étrangers.

Ces faits se sont réalisés de tous temps, et l'époque glaciaire n'a pas dû faire exception. Déjà la flore pliocène du Cantal groupée

1. Marquis de Saporta, *in litteris*.

sur une montagne élevée différait de la flore synchronique de Meximieux étalée chaudement dans une plaine basse. Des observations analogues peuvent se faire encore actuellement; un exemple nous suffira. Puisque nous parlerons bientôt des *Ficus* de la Celle-sous-Moret, on nous permettra de dire qu'à Culoz (Ain), le figuier est subspontané et pousse librement à l'état sauvage dans des taillis de chênes exposés au midi, au pied d'un escarpement, presque vertical, de plus de 1000 mètres de hauteur. Cet escarpement est couronné par les forêts de *sapins* (*Abies excelsa*) du Grand-Colombier et la flore qui les accompagne ordinairement. Mais le figuier n'est pas isolé : près de lui, il y a une petite colonie de térébinthes (*Pistacia lentiscus*), dont on peut suivre l'expansion intéressante jusque dans les montagnes de la Savoie, au milieu d'une flore régionale bien différente de celle du berceau de ces plantes étrangères. On ne saurait trouver un meilleur exemple de ce que peut produire l'influence de l'altitude et de l'exposition sur le groupement des végétaux et le mélange apparent de deux flores distinctes réclamant des conditions climatériques différentes.

Tufs de la Celle-sous-Moret, de la Provence et de Canstadt. — En France, on trouve au-dessus du pliocène supérieur quelques terrains avec empreintes végétales et débris de mammifères accompagnés de mollusques. Nous citerons spécialement les tufs de la Celle-sous-Moret, sur les bords de la Seine (Seine-et-Marne), étudiés par MM. de Saporta, Tournoüer, de Mortillet, d'après les indications de M. Chouquet [1]; puis les tufs de Meyrargues et des Aygalades (Bouches-du-Rhône), étudiés par MM. de Saporta et Marion, enfin ceux de Canstadt, en Wurtemberg. L'âge des tufs des Aygalades a pu être fixé par la découverte faite par M. de Saporta des restes d'un *Elephas antiquus* dont le squelette était pris dans ce dépôt calcaire [2] et dont une dent fut déterminée par Falconer et Lartet.

En tenant compte de leur position stratigraphique et des vestiges organiques qu'ils renferment, on a classé ces tufs dans le quaternaire ancien; on les a rattachés au *Forest-Bed* du Norfolk, aux *charbons feuilletés* d'Utznach, aux tufs de Canstadt, dont le niveau stratigraphique ne laisse aucun doute, et dont la formation a dû s'effectuer immédiatement avant l'extension des anciens glaciers. Ces affinités sont d'autant plus précieuses que, malgré leur éloignement du terrain erratique alpin, ces tufs de la Seine

1. De Saporta, Sur l'existence constatée du figuier aux environs de Paris, etc., *Bull. Soc. géol.*, 3e série, t. II, p. 439, 1874. — Tournoüer, Notes sur les coquilles quaternaires de la Celle, *Bull. Soc. géol.*, 3e série, t. II, p. 443, 1874; — De Mortillet, *le Préhistorique*, p. 217.

2. M. de Saporta, La flore des tufs quaternaires de la Provence, *Comptes rendus de la 33e session du congrès scientifique tenu à Aix*, 1867.

et de la Provence peuvent nous donner une idée suffisamment exacte du climat dont la France jouissait avant et même pendant l'extension glaciaire.

De l'examen des 17 plantes qu'il a pu déterminer parmi les empreintes de la Celle, et de ses études des tufs provençaux, M. de Saporta a pu tirer quelques conclusions pleines d'intérêt. Ainsi, le saule cendré et le buis avaient à l'époque quaternaire une diffusion bien plus grande qu'aujourd'hui, l'un vers le sud, l'autre vers le nord, preuve évidente d'une égalisation de climat plus grande, dans toute la France. Il en est de même pour le frêne à la manne, *Fraximus ornus*, L., qui n'habite plus la Provence à l'état spontané, mais se retrouve en Corse, tandis que l'érable à feuilles d'obier, *Acer opulifolium*, Will., s'est réfugié sur les montagnes de la même région, les vallées inférieures n'étant plus assez humides pour lui donner asile. La même chose est arrivée au tilleul, *Tilia Europea*, L., alors si répandu dans le midi de la France et persistant encore dans la forêt humide et fraîche de la Sainte-Beaume. Mais il faut bien dire aussi que d'autres espèces : le figuier, le laurier-thym, le gainier ou arbre de Judée, demandant au contraire plus de chaleur, se sont éloignées de la Seine pour se maintenir en Provence ; et même le laurier des Canaries, qui a abandonné ses feuilles dans le tuf de la Celle, a quitté la France pour chercher une température plus douce.

A l'époque du dépôt de ces calcaires incrustants, il y avait donc moins de différence que de nos jours entre les climats du midi et du nord de la France; les espèces étaient groupées dans des aires moins rigoureusement délimitées et leur plus grande diffusion prouve que le nord était moins froid et le midi plus humide.

Les choses devaient se passer ainsi à Canstadt, au moment de la formation des tufs. M. Heer y a signalé les mêmes espèces qu'à la Celle, excepté les trois espèces méridionales dont nous venons de parler et qui manquent dans le Wurtemberg; mais on peut y ajouter le buisson ardent, depuis éliminé. Les deux localités peuvent donc se placer sur le même horizon et la faune des tufs de la Seine, quoique représentée par les restes de petits mammifères : *Meles*, *Castor*, *Sus*, *Cervus elaphus*, qui seuls pouvaient fréquenter les abords de ces petits vallons, de ces petites cascades, peut néanmoins se rattacher étroitement à celle de Canstadt où figurent : l'*Elephas primigenius*, le *Rhinoceros tichorinus*, c'est-à-dire une faune contemporaine de l'extension des glaciers.

De son côté, notre regretté ami, R. Tournoüer, par l'étude de la faune malacologique de la Celle, est arrivé aux mêmes conclusions que M. de Saporta [1]. Il a constaté pour cette localité une

1. *Bull. Soc. géol.*, 3e série, t. II, p. 45, 1874.

distribution géographique des espèces sensiblement différente de ce qu'elle est aujourd'hui et une diffusion de certaines espèces, plus large, plus étendue que de nos jours. C'est une réunion de formes cantonnées maintenant au sud, à l'ouest et à l'est de l'Europe centrale, et il faudrait descendre jusque dans les montagnes du Frioul et de la Croatie pour trouver une semblable association de mollusques.

Le climat de la Celle, avec sa grande humidité, était donc sensiblement plus chaud que celui qui y règne actuellement. Cette douce température devait peut-être, à un moment donné, se faire sentir dans tout le bassin de Paris, ainsi que M. de Mortillet l'a induit de la présence du *Cyrena fluminalis* dans le diluvium gris de la Somme, et même plus au nord, jusqu'en Angleterre [1]. Néanmoins Tournouër n'hésita pas à relier cette faune malacologique à celle du mammouth et du rhinocéros à narines cloisonnées, c'est-à-dire à celle de la *Forêt-Ensevelie* de Cromer, du *Forest-Bed* du Norfolk, et à celle des charbons feuilletés d'Utznach, malgré les différences qui ressortent de la comparaison de ces divers groupes de végétaux et d'animaux ayant prospéré en Angleterre, dans le nord-ouest de la Suisse et dans les bassins de Paris et du Rhône.

Utznach. — O. Heer [2] a reconnu à Utznach, entre autres espèces : le sapin ordinaire, le pin sylvestre, le pin des montagnes, l'if, le bouleau, le noisetier, le framboisier, le myrtil, la mousse des marais, et, d'après l'ensemble des 23 espèces qu'il a pu déterminer, il s'est convaincu qu'il était en présence d'une flore assez rapprochée de celle qui végétait encore dans les lieux frais et humides et dans les marais du nord-ouest de la Suisse. Comme nous l'avons dit, le climat de l'Europe centrale devait être assez uniforme et assez tempéré, mais le voisinage de hautes montagnes devait exercer sur le groupement des plantes une influence locale prononcée, et déterminer un léger abaissement de température. En somme, les faits recueillis par O. Heer l'ont en quelque sorte autorisé [3] à admettre une température moyenne de 6° à 9° C. pendant la durée des plantes qui ont formé le charbon feuilleté; il supposait en outre que cet état climatérique s'était maintenu assez longtemps pour produire un pareil résultat.

Le même savant signala aussi, au milieu des charbons du canton de Zurich, la présence d'une molaire d'*Elephas primigenius* recueillie près d'une molaire d'*Elephas antiquus* [4].

Association d'espèces adaptées à des climats différents. — Cette association d'une espèce habituée au froid avec une autre récla-

1. *Le Préhistorique*, p. 211.
2. *Le Monde primitif*, p. 601.
3. *Le Monde primitif*, p. 651.
4. *Le Monde primitif*, p. 611.

mant un climat moins rude semble d'abord étrange; mais il ne faut pas l'oublier et nous insistons sur ce point : la Suisse, placée loin des pôles, a toujours subi l'influence de la latitude d'une manière assez fortement marquée pour entraîner avec elle la différenciation des saisons. Si bien que, pendant les mois les plus chauds de l'année, il pouvait s'effectuer des migrations d'animaux qui, en remontant des régions méridionales vers celles du nord, suivaient les progrès de la végétation pour trouver une nourriture toujours fraîche, variée et abondante. De grands carnassiers suivaient ces troupes d'herbivores et franchissaient avec elles de grandes distances. Les uns et les autres, éloignés de leurs cantonnements habituels, pouvaient se laisser surprendre par des froids hâtifs ou de grandes inondations, et périr ainsi associés accidentellement à une faune particulière que l'approche de l'hiver ramenait dans les vallées et dans les plaines. Les ossements de ces deux groupes d'animaux restaient pêle-mêle, ensevelis dans la même boue, les mêmes alluvions. Ainsi s'expliquerait ce mélange ou plutôt cette juxtaposition de deux faunes de caractères distincts. D'ailleurs cette explication ne repose pas sur une simple hypothèse. De nos jours, au delà du Thibet, de nombreuses troupes d'herbivores, pendant les chaleurs de l'été, émigrent vers le nord pour chercher de plus riches pâturages et entraînent avec elles, loin des chaudes vallées des Indes, les tigres et les grands carnassiers qui étaient venus les poursuivre jusque dans leur paisible retraite [1].

Cette juxtaposition de faunes exigeant des climats différents est un fait général en France à l'époque quaternaire. Ainsi les débris des grands mammifères, recueillis dans les alluvions anciennes de la Somme et de la Seine et déterminés avec soin par E. Lartet et M. A. Gaudry, appartiennent soit à des espèces regardées à tort comme indices d'un climat très rigoureux, soit à des espèces habituées à une température relativement douce. Effectivement des os de mammouths, ces éléphants couverts de longs poils, et de rhinocéros à narines cloisonnées, autrefois revêtus d'une laine épaisse pour braver les climats sibériens, étaient enfouis avec ceux de l'éléphant antique, probablement l'ancêtre de l'éléphant de l'Inde, ou avec ceux du grand hippopotame, qu'on distingue avec peine de l'hippopotame des fleuves africains.

Au milieu des troncs d'arbres du Forest-Bed, Lyell signale même un groupement encore plus étrange [2], puisqu'il y aurait un mélange d'os ou de molaires d'*Elephas primigenius*, d'*Elephas antiquus* et même d'*Elephas meridionalis;* mais, avec M. de Mor-

1. Cf. Lyell, *Princ. de géol.*, traduction Tullia Meulien, t. I, p. 222 et suivantes.

2. *Ancienneté de l'homme*, p. 224.

tillet et plusieurs auteurs, nous préférons regarder cette association comme le résultat d'un remaniement des fossiles détachés des falaises de Cromer par les flots de la mer, puisque l'*Elephas meridionalis* appartient vraiment au pliocène récent et demandait pour vivre une température plus douce que celle du quaternaire proprement dit.

Environs de Lyon; Elephas antiquus; Elephas primigenius; Cervus tarandus. — Mais ce mélange peut bien s'admettre pour des espèces d'âge plus similaire qui, malgré certaines divergences d'habitudes, n'exigeaient cependant pas des conditions climatériques aussi différentes. Il en aurait été ainsi dans nos régions pour l'*Elephas antiquus* et l'*Elephas primigenius*. Quoique le premier, venu des tièdes contrées de l'Italie, de l'Espagne et de la Provence, recherchât une température plus douce que celle qui était nécessaire au mammouth, originaire du nord de l'Asie, ils pouvaient, sur les confins de leurs empires respectifs, parcourir les mêmes forêts et laisser les débris de leurs squelettes dans le même limon; et, près de Lyon, l'ancien climat, moins rigoureux qu'on ne l'avait cru d'abord, semble avoir permis ces fusions partielles de groupes distincts.

D'ailleurs l'éléphant antique et le mammouth appartenaient à deux faunes limitrophes et, comme l'a dit M. de Mortillet [1], ces enchevêtrements apparaissent toujours au commencement et à la fin de chaque époque; ils proviennent de ce qu'il n'y a eu ni extinction subite, ni apparition spontanée. Petit à petit le groupement des espèces s'est modifié selon les exigences des milieux; les moins flexibles de ces espèces ont disparu les premières, pour laisser la place à celles qui étaient plus aptes à se conformer aux nouvelles conditions climatériques.

Dans le bassin de Lyon, la disposition des anciens glaciers a favorisé ces mélanges en permettant des migrations du sud au nord et vice versa suivant chaque saison. Ainsi le grand glacier du Rhône et les glaciers delphino-savoisiens, même au moment de leur plus grande extension, ont toujours laissé un vaste espace libre entre leurs moraines terminales et les montagnes de la chaîne des Cévennes, où fonctionnait un système particulier de glaciers locaux. Ce sont ces terrains vides de glaces et, comme nous le dirons bientôt, couverts d'une végétation assez abondante qui maintinrent des communications entre la faune provençale et celle des bassins de la Saône et de la Seine.

Ainsi s'expliquent ces associations que le Dr Jourdan (de Lyon) et nos amis le Dr Lortet et E. Chantre ont constatées bien souvent dans le bassin qu'ils ont si attentivement étudié [2].

1. *Le Préhistorique*, p. 196.
2. Etudes paléontologiques dans le bassin du Rhône, période quaternaire, *Archives du Muséum de Lyon*, t. I, 1873-1875.

Les stations qui ont fourni des ossements d'éléphants quaternaires dans la partie moyenne du bassin du Rhône sont très nombreuses. Le Dr Jourdan disait même qu'il était impossible d'y faire une fouille un peu importante sans en exhumer quelques débris; et nous-même nous avons souvent vérifié la justesse de cette assertion. Partout dans le lehm et les alluvions, on a découvert des os ou des molaires d'*Elephas primigenius* associés à des vestiges de *Rhinoceros tichorinus*, d'*Elephas intermedius*, de *Cervus tarandus* et plus rarement à ceux du véritable *Elephas antiquus*, recueillis néanmoins près de Saint-Germain-au-Mont-d'Or, à Villevert, à Port-Masson et ailleurs.

Mais il faut nous hâter de dire que le Dr Jourdan, en présence de nombreuses séries d'os et de molaires d'*Elephas antiquus*, constata quelques différences spécifiques légères dans le système dentaire d'un certain nombre d'individus, et crut devoir démembrer, de l'espèce primitive, une sous-espèce qu'il nomma *Elephas intermedius*, pour indiquer les caractères transitoires reliant cette nouvelle espèce à l'éléphant antique et au mammouth [1].

Même dans le cas où cette variété ne serait pas maintenue au rang d'espèce, il serait hors de doute que l'éléphant antique a vécu près de Lyon avec le mammouth, pendant la période glaciaire, en société avec le renne et le rhinocéros à narines cloisonnées, puisque le Dr Jourdan lui-même a constaté la présence de ce fossile dans le lehm de la vallée de la Saône.

La présence des grands pachydermes prouve l'abondance de la végétation à l'époque glaciaire; Elephas intermedius ou antiquus de la Quarantaine, à Lyon. — C'est l'*Elephas intermedius* ou l'*Elephas antiquus* qui a laissé dans notre bassin les plus nombreux débris, si on n'adopte pas la manière de voir du Dr Jourdan.

A cette espèce [2] qui a fourni les plus gros des animaux terrestres connus jusqu'à présent se rapporte le magnifique squelette découvert tout entier dans le lehm de la Quarantaine, à Lyon, sur la rive droite de la Saône, au pied de la colline de Saint-Irénée. MM. Lortet et Chantre ont fait remonter, dans les galeries de notre Muséum, ce colossal squelette, un des plus grands et des plus complets qu'on puisse voir en Europe et qui ne mesure pas moins de 3 mètres 75 centimètres au garrot!

On nous excusera d'entrer dans ces détails qui nous permettront d'arriver à une importante conclusion relativement au climat glaciaire en France, près de l'énorme glacier du Rhône. D'après l'étude stratigraphique que nous avons faite des terrains de la Quarantaine, nous sommes persuadé que ce grand pachy-

1. Études paléont. dans le bassin du Rhône, période quaternaire, *Arch. Mus. de Lyon*, t. I, 1873-1875, p. 79.

2. Sur une monographie des éléphants fossiles d'Allemagne, par M. Pohlig. *Bull. Soc. géol.*, 3e série, t. XIV, 1886, p. 296.

derme a été le contemporain de la grande extension des glaciers, et nous regrettons que l'espace nous manque pour exposer tous les faits sur lesquels repose notre conviction.

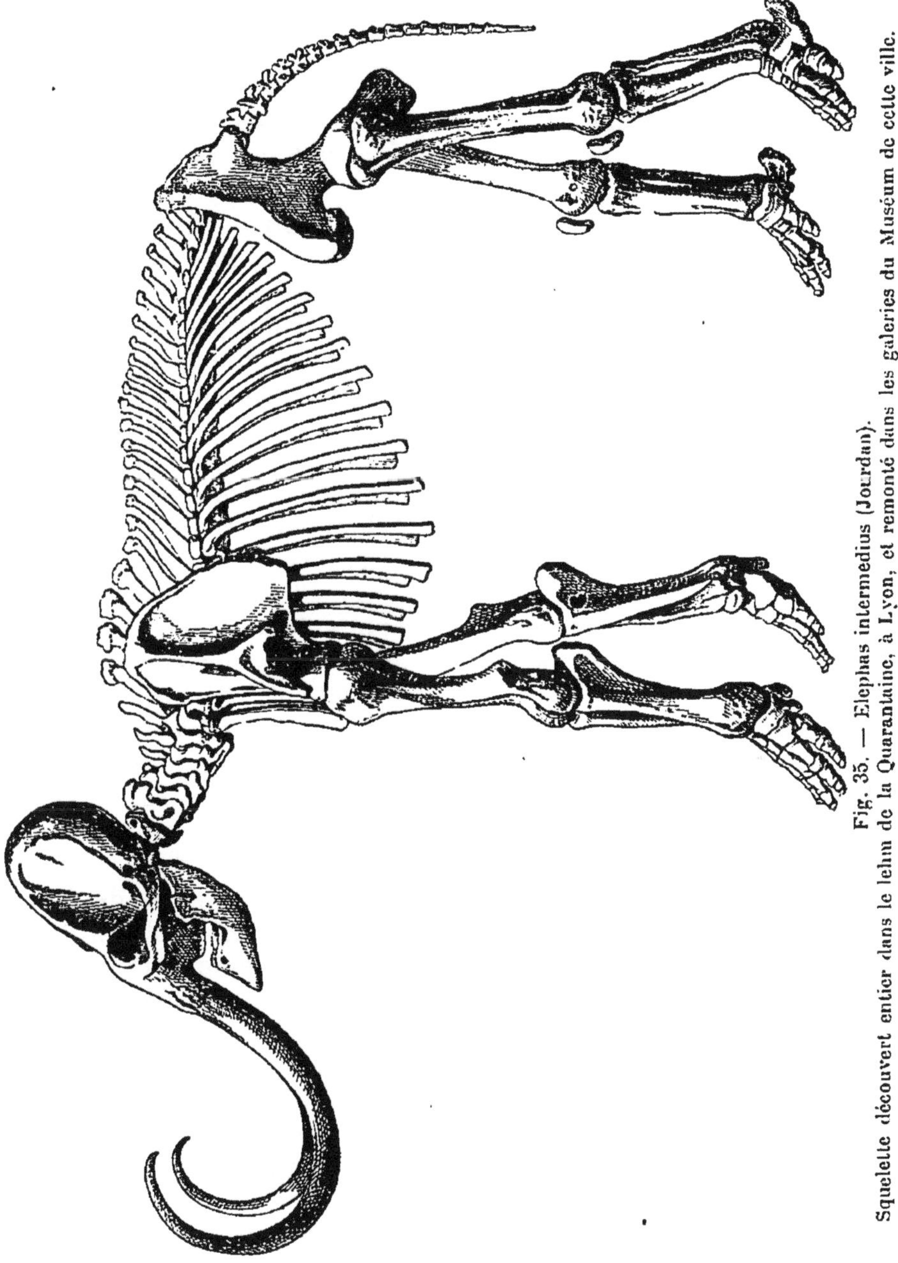

Fig. 35. — Elephas intermedius (Jourdan).
Squelette découvert entier dans le lehm de la Quarantaine, à Lyon, et remonté dans les galeries du Muséum de cette ville.

Or comment cet énorme animal, qui est venu s'ensevelir dans la boue provenant du lavage des moraines frontales de l'ancien glacier du Rhône, aurait-il pu pourvoir à sa subsistance si, en avant des glaciers, la contrée avait été frappée par un froid rigoureux, si les plateaux étendus entre les montagnes et les glaciers du Lyonnais n'avaient pas été recouverts d'une abondante végétation? Et cet individu n'était pas isolé; avec lui vivaient des bandes d'éléphants de même espèce ou d'espèces analogues, de nombreux mammouths, des *Rhinoceros*, des *Equus cabalus*, des *Bos primigenius*, des *Bison priscus*, des *Cervus elaphus*, des *Cervus tarandus*, des *Arctomys primigenia*, etc. [1].

Pour alimenter cette faune nombreuse, ces gigantesques mammifères, il fallait des herbes touffues, d'abondantes pousses d'arbrisseaux; c'est de toute évidence.

Donc en face des anciens glaciers, au moins pendant une partie de l'année, pendant la saison la plus douce, le climat favorisait le développement de nombreux végétaux.

Nous voilà bien loin de ces terres stérilisées par le froid, abandonnées à la désolation, bien loin de ces immenses et affreuses solitudes entrevues et admises par bien des auteurs et de savants géologues!

Mais si l'on ne fait pas intervenir une certaine modération dans l'économie des conditions climatériques, comment expliquer les faits que nous venons de signaler? Comment donner la raison de la présence de ces troupeaux de pachydermes autour des anciens glaciers?

Époque pliocène; Elephas meridionalis de Durfort. — A Durfort (Gard), des couches du terrain pliocène supérieur, M. Cazalis de Fondouce a fait exhumer un squelette d'*Elephas meridionalis* aussi grand, aussi complet que celui de l'*Elephas intermedius* ou *antiquus* de la Quarantaine. On l'admire aujourd'hui dans les galeries du Muséum de Paris. M. Marion a retiré, de la fosse même d'où a été extrait cet éléphant, de nombreux vestiges de la flore pliocène du Gard; c'étaient surtout des empreintes de chênes actuels, propres au midi de l'Espagne et de l'Italie, *Quercus Lusitanicus*, Webb., *Quercus Fornetto*, Ten., et l'étude de ces végétaux a suffi pour expliquer facilement le régime et l'alimentation de ce gigantesque individu, ainsi que des autres grands mammifères contemporains [2].

Pourquoi en aurait-il été différemment à l'époque quaternaire? Comment ces grands proboscidiens qui ont laissé leurs débris dans le lehm lyonnais auraient-ils pu se développer, se maintenir, si la nature n'avait pas mis à leur portée les ressources nécessaires à leur alimentation?

Il faut donc renoncer à associer l'idée d'un froid très rigoureux à celle de l'extension des anciens glaciers dans l'Europe centrale et dans toute la zone tempérée.

1 Lortet et Chantre, ouvrage cité, p. 77.
2. Marquis de Saporta, *le Monde des plantes*, p. 348.

Climat et aspect du bassin moyen du Rhône à l'époque quaternaire. — D'après tous les faits que nous venons de passer en revue, un peu longuement sans doute, nous pouvons donc aujourd'hui, avec le Dr Lortet et M. E. Chantre, faire un tableau fidèle et exact des pays quaternaires dans le bassin moyen du Rhône [1]. Les immenses glaciers du Rhône et de l'Isère envoyaient leurs nappes puissantes sur le plateau des Dombes depuis Bourg jusqu'à la Croix-Rousse et sur les collines de Sainte-Foy et de Vienne, au sud de Lyon et de Thodure en Dauphiné. Des montagnes du Lyonnais et du Beaujolais descendaient d'autres glaciers qui laissèrent toujours un espace libre entre leurs moraines terminales et celles des grands glaciers alpins. Des sommités principales du Jura s'échappaient aussi d'autres courants de glace qui parfois, dans la partie orientale de notre bassin, venaient se réunir au glacier du Rhône. Le cours de nos rivières a dû être souvent interrompu par d'épaisses barrières de glace et par de gigantesques moraines, surtout pendant l'hiver, lorsque l'arrêt de la fonte des neiges maintenait l'étiage à un très faible niveau. De là, peut-être, de nombreux lacs temporaires qui ont pu déposer le lehm à une certaine hauteur sur le flanc de nos collines. Mais aussi l'été devait amener de violentes débâcles, produites par la fusion active des neiges et des glaciers. Les eaux torrentielles charriaient alors au loin les cadavres des animaux que nous trouvons aujourd'hui dans le lehm. Ces rivières étaient marécageuses sur leurs bords, et l'humidité froide du pays permettait la formation de vastes tourbières, analogues à celles que l'on voit dans les régions du Nord.

Entre ces glaciers et ces marécages s'élevaient des collines revêtues de forêts de sapins, d'épicéas, de pins; dans les vallées, les frênes, les chênes, les bouleaux, les trembles et les aunes formaient de sombres forêts. Ces retraites étaient habitées par les ours, les loups, les éléphants, les rhinocéros, les sangliers, les cerfs, les bisons et les grands bœufs. De nombreux troupeaux de chevaux et de mégacéros paissaient dans les tourbières et les marais. L'été le renne hantait les lieux élevés, les plateaux et les abords des glaciers, afin de pouvoir facilement se coucher sur la neige et la glace. Les rongeurs fourmillaient partout, et la marmotte faisait entendre son cri strident et répété, pendant que la chouette Harfang remplissait la forêt de son cri plaintif et prolongé.

Le ciel devait être souvent gris et terne; l'air chargé d'humidité; le soleil devait se montrer rarement sous ce rude climat : tel devait être l'aspect de notre pays lorsque notre race était encore à son aurore!

1. Ouvrage cité, p. 129.

Succession des climats. — Mais il ne suffit pas de dire quel était l'aspect du bassin du Rhône et de la France pendant la période glaciaire ; il faut essayer en quelques traits d'en résumer l'histoire météorologique, c'est-à-dire d'indiquer quelle a été la succession des climats pendant cet énorme développement de glaciers.

Au début il y eut naturellement une phase de transition entre le monde tertiaire et le monde quaternaire. Dans les plaines, loin des embryons glaciaires, la douce température de l'époque pliocène se maintint tout d'abord, puis s'amoindrit lentement en subissant l'influence des conditions climatériques nouvelles ; ce fut alors l'âge des dépôts de Saint-Prest et le règne de l'*Elephas meridionalis*, qui ne put s'adapter au régime auquel se plia l'*Elephas antiquus* et qui succomba dans la lutte.

Il s'établit un passage insensible entre cette époque et la suivante ; il n'y eut aucun cataclysme. Ce fut une simple détérioration du climat qui se proportionna progressivement à l'extension des anciens glaciers, sans revêtir jamais des caractères d'une grande intensité. La flore de l'Europe centrale, originaire des régions arctiques, où elle a laissé de nombreux débris fossiles, fut chassée loin des terres polaires, par le froid devenant de plus en plus rigoureux, et par la longueur des nuits d'hiver. Elle gagna lentement, vers le sud, des contrées plus hospitalières, en luttant contre l'envahissement des glaciers. Mais elle profita de toutes les circonstances favorables pour se maintenir et résister à l'abaissement de la température.

Il en fut de même pour la faune. Aussi de simples dispositions topographiques combinant leur influence à celle de la grande humidité de l'atmosphère purent, comme à la Celle, favoriser la persistance de certaines formes végétales incapables de supporter le froid; de même l'adoucissement de la température pendant l'été, au milieu de vastes régions situées en avant des glaciers et couvertes d'une riche végétation, permettait aux espèces du Midi de remonter au delà vers le Nord. Nous le répétons ; ainsi s'expliquerait le mélange ou la juxtaposition des deux faunes de l'époque glaciaire. Pour trouver la solution du problème, au lieu de recourir à une succession de phases alternativement chaudes et froides, nous avons été forcément entraîné à faire intervenir l'influence des *saisons*. En effet il nous a été impossible de retrouver dans le bassin du Rhône les traces des cinq phases que M. Gaudry, le savant professeur du Muséum [1], d'après les données paléontologiques recueillies par lui, a reconnues dans le bassin de Paris. Ici, les ossements, les débris de mammouth, d'éléphant antique, de rhinocéros laineux, d'hippopotame, de renne, de bison, de marmotte, etc., sont tous enfouis pêle-mêle dans le

1. *Comptes rendus des séances de l'Académie des sciences*, 31 novembre 1884.

lehm et les alluvions, sans qu'on puisse établir dans leur disposition, leur groupement, aucun arrangement symétrique, se rapportant à une succession chronologique régulière; il n'y aurait là que le résultat de grandes migrations périodiques d'animaux, opérées sous l'influence des saisons qui n'ont pu cesser de se faire sentir dans nos régions et dans toute la France.

Recul définitif des glaciers anciens; diminution de l'humidité atmosphérique. — Lorsque les glaciers quaternaires eurent atteint leur plus grande extension, l'humidité atmosphérique commença à décroître, et il s'en suivit la diminution des glaces.

La sécheresse de l'atmosphère devait amoindrir et même, dans beaucoup de pays, tarir la source des glaciers. La transparence de l'air favorisa le rayonnement : les nuits devinrent plus froides, les hivers plus rigoureux et les cours d'eau moins considérables pendant cette rude saison; par contre, la température des étés s'éleva et activa la fonte des glaces. En un mot le climat perdit de son égalité constante et passa à un climat relativement plus extrême.

Après bien des oscillations, des reculs et des avancements momentanés, les petits glaciers disparurent pour toujours de certains pays, et les grands glaciers se retirèrent dans les hautes vallées, où l'on en trouve encore de nombreux vestiges qui servent de traits d'union entre notre époque et la période glaciaire, et qui relient le climat actuel à celui du temps passé.

Simplification de nos études par suite de l'unité de l'extension des glaciers quaternaires dans le bassin du Rhône. — L'unité de l'extension des anciens glaciers depuis les Alpes jusqu'à Lyon a simplifié la disposition stratigraphique des terrains quaternaires dans notre bassin.

Là, parfois il y a eu des oscillations plus ou moins importantes, comme il en existe pour tous les glaciers actuels, mais, néanmoins, souvent en proportion avec le développement gigantesque des glaciers quaternaires. Ces oscillations, qui nous ont été révélées par la disposition d'un lit de terrain erratique au milieu des alluvions anciennes [1], par la formation des lignites des environs de Chambéry et par d'autres faits moins connus et moins importants, correspondent peut-être à celles que M. Geikie et ses collègues ont si bien étudiées en Angleterre, ou à celles dont Heer et M. le professeur A. Penck ont reconnu les traces à Dürnten et dans les Alpes allemandes. Pour ces savants, elles représenteraient une ou plusieurs périodes glaciaires, tandis qu'à nos yeux elles n'auraient été que les phases diverses d'un grand phénomène ou les produits des différentes époque d'une même période. Autour de nous, l'ensemble de la formation glaciaire nous a donc

1. *Ante*, p. 67.

toujours paru très simple; au point de vue général, il peut se résumer en trois membres principaux :

1° Les alluvions anciennes ou glaciaires [1] à la base;

2° Le terrain erratique proprement dit avec ses blocs anguleux, sa boue à cailloux striés, ses moraines en bourrelets;

3° Enfin le lehm, qui n'est qu'un terrain dérivé du terrain erratique par de puissants lavages et qui s'étend presque sur tout le pays jusqu'à une hauteur déterminée, lorsqu'il n'a pas été emporté par des érosions plus récentes.

Souvent il est facile de confondre d'autres terrains avec le lehm, mais nous ne pouvons ici indiquer les moyens de faire la distinction de ces diverses formations [2]. En dehors du périmètre occupé par les anciens glaciers, le terrain erratique manque; alors le lehm repose directement sur les alluvions glaciaires, lorsque les deux terrains se rencontrent dans la même station, mais souvent le lehm déborde au delà des alluvions et repose sur un substratum de natures variées.

Unanimité pour admettre une seule extension des anciens glaciers dans le bassin du Rhône. — En face d'un arrangement aussi simple, nous n'avions pas d'hésitations à avoir; nous ne pouvions admettre dans notre bassin plusieurs périodes glaciaires, et, dès le début de nos premières études, notre collaborateur, M. E. Chantre, et nous, nous nous sommes rangés de l'avis de MM. Benoît, A. Favre et Lory, qui nous avaient précédés dans la recherche des traces glaciaires dans le bassin du Rhône, et qui n'avaient reconnu qu'un seul terrain erratique sur les pentes occidentales des Alpes, ainsi que sur les plaines qui s'ouvrent à leur pied.

Depuis la publication de notre Monographie des anciens glaciers et du terrain erratique de la partie moyenne du bassin du Rhône, rien n'est venu modifier nos convictions, et les géologues qui ont continué nos études, MM. Depéret [3], Fontannes [4], Delafond [5], Dr Lortet [6], de Saporta [7] ont adopté le même système. Malgré leur désir de serrer la vérité de plus près, ils n'ont pu découvrir les traces que d'une seule extension des glaciers alpins jusqu'à Lyon. A nos yeux, dans ces circonstances, l'opinion de M. Fontannes a une certaine importance, car, s'il avait découvert le plus léger

1. Nous ne les appelons pas *préglaciaires*, parce que c'est pendant l'avancement des glaciers qu'elles ont été charriées en grande partie.

2. *Ante*, p. 81, 82.

3. Note sur le terrain de transport alluvial et glaciaire des environs de Meximieux, *Bull. Soc. géol.*, 3e série, t. XIV, p. 122-126, 1886.

4. Alluvions anciennes des environs de Lyon, *Bull. Soc. géol.*, 3e série, t. XIII, p. 63, 1884-1885.

5. Alluvions anciennes, *Bull. Soc. géol.*, 3e série, t. XV, p. 79.

6. Études paléontologiques, etc., *Archives du Muséum de Lyon*, t. I, 1873-1875.

7. Les temps quaternaires, *Revue des Deux Mondes*, 15 sept.-15 octobre 1881.

indice de plusieurs périodes glaciaires dans le bassin du Rhône, il se serait empressé de les signaler et de nous contredire.

Singulière origine du système de la pluralité des extensions des glaciers occidentaux des Alpes. — Il y a déjà longtemps, en 1855, M. Scipion Gras avait mis en avant cette théorie de la multiplicité des périodes glaciaires dans le bassin du Rhône. Il avait même cru reconnaître, en Dauphiné, les traces de cinq époques distinctes [1]; mais son système n'eut aucun partisan.

De nos jours, M. Tardy [2], à propos des terrains tertiaires et quaternaires de la Bresse, exagère encore les idées de M. S. Gras. Nous ne saurions le suivre dans les complications de ses vues qui reposent sur des considérations que nous ne pouvons admettre, après nos observations personnelles faites sur les lieux.

Mais n'est-ce pas étrange de voir que cette question de la pluralité des périodes glaciaires, après avoir été soulevée par les professeurs Morlot et O. Heer, est encore défendue dans le bassin du Rhône, où précisément le phénomène semble ne s'être produit qu'une fois, ainsi que nous venons de le dire !

1. Sur la période quaternaire dans la vallée du Rhône et de sa division en cinq époques distinctes, *Bull. Soc. géol.*, 2e série, t. XIV, 1856, p. 207.

2. Nouvelles observations sur la Bresse ou de la jonction du pliocène au quaternaire, *Bull. Soc. géol.*, 3e série, t. XII, 1884, p. 696. — Nouvelles observations sur la Bresse, région de Bourg-en-Bresse, *Bull. Soc. géol.*, 3e série, t. XIII, 1885, p. 617. — Nouvelles observations sur la Bresse, *Bull. Soc. géol.*, 3e série, t. XV, 1887, p. 82.

CHAPITRE XIV

L'HOMME PENDANT LA PÉRIODE GLACIAIRE

Généralités. — Homme tertiaire. — Homme quaternaire. — Classifications. — Contemporanéité de l'homme et de l'extension des glaciers. — 1re époque : chelléenne ou acheuléenne. Migrations ; industrie primitive ; climat ; mœurs ; dispersion. — 2e époque : moustérienne ; grande extension des glaciers ; habitations ; industrie ; dispersion ; climat. — 3e époque : solutréenne ; climat ; commencement du recul des glaciers ; habitations ; industrie et beaux-arts ; dispersion. — 4e époque : magdalénienne ; origine du nom ; art et industrie ; climat ; recul des glaciers ; migrations des animaux et des hommes ; stations, dispersion et groupement ; influence du recul des glaciers ; nouvelle preuve en faveur de l'unité de la période glaciaire dans le bassin du Rhône. — Période actuelle. Époque robenhausienne ; origine du nom ; industrie ; idée religieuse ; habitations et monuments ; climats ; agriculture ; conclusion.

Généralités. — La question anthropologique est nécessairement liée à celle de l'extension des glaciers, puisque non seulement l'existence de l'homme, mais encore sa plus ancienne ou plutôt sa plus évidente manifestation sur le continent européen date effectivement de l'ère quaternaire et coïncide avec le développement des grands phénomènes glaciaires.

Au premier abord, si l'idée de l'extension des anciens glaciers comportait absolument la croyance à un froid sibérien, à un climat fort rigoureux dans les zones tempérées du globe, on aurait lieu d'être surpris de cette coïncidence, et on serait embarrassé pour relier ensemble ces deux faits en apparence inconciliables entre eux. Mais il n'en est pas ainsi, et jusqu'à présent nous nous sommes efforcé de mettre en lumière les nombreuses raisons qui doivent tenir en garde contre certaines exagérations d'école. Pour expliquer les plus importants phénomènes de l'époque quaternaire, on ne peut plus recourir à un abaissement de température général et considérable, sans être en désaccord avec les observations scientifiques les plus récentes. Certes, la température a subi une dépression, on ne peut le nier ; mais ce qui a dominé dans les conditions météorologiques des temps quaternaires a été une grande humidité. Cette humidité a favorisé d'abondantes précipitations aqueuses dans les plaines, et des chutes de neige aussi énormes que fréquentes sur tous les points où l'atmosphère se trouvait refroidie par une cause quelconque, se rattachant soit à l'altitude des lieux, soit à leur latitude.

Si ces amoncellements considérables de neige et de glace n'ont pas empêché les migrations de l'homme primitif depuis l'Asie jusque dans l'ouest de la France, ils ont dû néanmoins avoir une influence très sensible sur le développement de la race humaine en Europe, sur son mode de groupement, ses mœurs, ses besoins et son industrie. Forcément l'homme a été obligé de rechercher ou de fuir le contact des anciens glaciers, puisque son apparition en Europe date de l'époque de leur extension, et qu'il a certainement été le témoin de ces derniers grands phénomènes géologiques dont il semble avoir gardé un vague souvenir [1]. C'est en nous plaçant à ce point de vue particulier de l'influence indirecte des phénomènes de la glaciation sur l'homme lui-même, que nous aborderons la question anthropologique et que nous la traiterons le plus succinctement possible, en groupant quelques-uns des faits les plus connus.

Homme tertiaire. — Il n'est pas certain que l'homme n'ait pu exister, à une époque plus ancienne, en Europe ou ailleurs; mais jusqu'à présent les plus antiques vestiges dûment et rigoureusement constatés ne sont pas antérieurs aux temps quaternaires, quoi qu'on en ait dit dernièrement.

Plusieurs savants ont cru à l'homme tertiaire ou même à un précurseur de l'homme, tenant le milieu entre les grands singes anthropomorphes et l'homme véritable. M. l'abbé Bourgeois, MM. de Mortillet, Desnoyers, Garigou, Laussedat, Pomel, sans parler d'autres observateurs, ont signalé en France des ossements humains ou tout au moins des traces de l'industrie humaine dans des couches tertiaires. Plus loin de nous, MM. Gastaldi, Issel, Capellini, etc., en ont indiqué d'autres de même âge en Italie, tandis que M. Ribeiro croyait également découvrir dans les assises miocènes de la vallée du Tage des silex taillés intentionnellement. On a aussi interrogé avec soin chaque groupe de terrains, depuis le pliocène supérieur jusqu'à la base du miocène ou oligocène, et parfois on a cru en recevoir une réponse affirmative. Mais il faut le reconnaître, ces faits sont restés isolés, sans trouver une confirmation aussi unanime qu'évidente, et l'existence de l'homme tertiaire est restée conjecturale. Les observateurs les plus sérieux, les plus désintéressés, en même temps les plus nombreux, au lieu de reconnaître la réalité d'une origine aussi ancienne, ont insisté

1. *Ante*, p. 22.

sur le peu de fondement des indices qu'on avait cherché à interpréter avec cette impatience que les esprits ardents manifestent toujours, lorsqu'ils cherchent à agrandir le domaine de la vérité!

Pour nous, ce serait complètement sortir de notre sujet que de vouloir étudier cette question qui nous importe peu, au point de vue où nous nous sommes placé; et nous nous bornons à en rappeler l'importance générale.

Homme quaternaire. — Après avoir admis la contemporanéité de l'homme et de l'extension du matériel glaciaire, il nous suffira amplement d'esquisser à grands traits les progrès du développement physique et intellectuel de nos ancêtres, au milieu d'obstacles sans nombre, ainsi que les phases de leur lutte presque pied à pied contre les immenses glaciers qui les environnaient de tant de côtés. D'ailleurs, à mesure que cette étude sur la période glaciaire se poursuit, les limites de notre cadre semblent se resserrer, et l'espace nous manquerait pour nous occuper longuement de cette partie de notre sujet. Nous y renonçons d'autant plus volontiers que cette question anthropologique a été traitée par MM. Joly [1] et Cartailhac [2] dans ce même recueil et par M. de Mortillet [3] dans un ouvrage spécial, avec un talent et une compétence auxquels nous sommes loin de prétendre. Comme nous l'avons déjà fait précédemment, nous insisterons sur les faits passés dans le bassin du Rhône, et nous aurons souvent recours aux travaux de nos savants collègues ou amis, A. Favre [4], E. Chantre [5], le docteur Lortet et l'abbé Ducrost [6], de Ferry [7], Arcelin [8], Chabas [9], Tardy [10], etc.

Classifications. — Dès que l'on sut apprécier l'intérêt qui s'attachait aux découvertes de silex taillés faites par Boucher de

1. L'Homme avant les métaux, *Bibl. sc. intern.*, 1880.
2. La France préhistorique, *Bibl. sc. intern.*, 1887.
3. Le Préhistorique, *Bibl. des sc. contemporaines,* t. VIII, 1883, etc. Nous ferons de si nombreux emprunts à M. de Mortillet que nous ne pourrons en citer la pagination. Cette indication générale nous suffira pour indiquer clairement la source où nous avons si largement puisé.
4. *Description géologique du canton de Genève,* etc.
5. *Études paléoethnologiques, etc., dans le nord du Dauphiné et les environs de Lyon,* 1867. Matériaux pour l'histoire primitive de l'homme, *passim;* etc.
6. Études sur la station préhistorique de Solutré (Saône-et-Loire). *Arch. du Muséum de Lyon,* t. I, 1872, etc. — M. l'abbé Ducrost, l'Homme quaternaire à Solutré, *Rev. des questions scientifiques,* janvier 1882. *Synthèse préhistorique,* 1884; etc.
7. *L'Ancienneté de l'homme dans le Mâconnais,* etc. Gray, 1867; etc.
8. Ferry et Arcelin, *Age du renne en Mâconnais. Mémoire sur la station du cros du Charnier à Solutré,* 1868. M. Arcelin, *Solutré,* 1872. *Les sépultures de l'âge du renne de Solutré,* 1878. *Essai de classification des stations préhistoriques du département de Saône-et-Loire,* 1877; etc.
9. Les Silex de Volgu, *Rapport à la Société d'hist. et d'arch. de Chalon-sur-Saône,* 1874; etc.
10. L'Homme quaternaire dans la vallée de l'Ain, *Mém. Soc. des sc. nat. de Saône-et-Loire,* t. I, p. 145; etc.

Perthes dans les alluvions d'Abbeville et par le Dr Rigollot dans les sablières de Saint-Acheul, près d'Amiens, on comprit bien vite toute l'importance qu'il y aurait à chercher partout, avec le plus grand soin, les restes de l'industrie humaine la plus primitive, la plus rudimentaire. De toutes parts de nombreux et habiles investigateurs se mirent à l'œuvre, et les découvertes se multiplièrent dans tout l'ouest de l'Europe, depuis la partie méridionale de l'Angleterre jusqu'en Portugal. Les limites extrêmes de l'aire de ces trouvailles se confondirent bientôt avec celles du continent sur les bords de l'Atlantique et de la Manche. Mais, de tous ces faits isolés, il fallait essayer de tirer une conclusion synthétique pour arriver à classer chronologiquement toutes ces stations.

M. de Mortillet, qui s'appliqua à centraliser ces observations éparses et à réunir dans les galeries du musée de Saint-Germain les pièces les plus abondantes comme les plus rares, les plus typiques comme les plus curieuses, ne tarda pas à reconnaitre, dans telle ou telle station bien déterminée, la prédominance de certaines formes à l'exclusion de toutes les autres. Les éclats de silex les plus grossiers, aux contours les plus uniformes, les moins élégants, les objets travaillés par des ouvriers peu habiles étaient toujours réunis ensemble; ailleurs étaient groupés les produits d'une industrie plus sûre d'elle-même, moins hésitante. Presque partout le silex avait fourni les matériaux les plus abondants; néanmoins il s'y joignait parfois des fragments de quartzite ou de quelques autres roches de provenance locale ou voisine pour chaque gisement. Enfin dans les dépôts d'un aspect moins archaïque, avec des instruments de formes bien plus élégantes et plus habilement taillés, on voyait que des éléments empruntés au règne animal étaient venus se mêler à ceux qui jusque-là avaient été exclusivement fournis par le règne minéral. Des essais d'un art naissant apparaissaient même au milieu des débris d'une industrie plus exercée et dénotaient un progrès plus marqué encore dans la civilisation.

De ce groupement d'observations sur les silex taillés, enfouis dans chaque série de gisements, on était naturellement entraîné à un essai de classification, et c'est en s'appuyant sur les phases des progrès industriels et artistiques que M. de Mortillet a mis en ordre, a classé les riches collections qui lui étaient confiées.

Sans doute il y a d'autres classifications dont on ne peut méconnaître la valeur et qui sont établies sur des bases différentes. M. Ed. Lartet avait eu l'ingénieuse idée de se baser sur la disparition successive des animaux dont les ossements gisaient dans les cavernes, pour arriver à classer d'une manière rationnelle les silex taillés et autres débris ou instruments qui étaient enfouis avec eux. En suivant cet ordre d'idées, il établit dans la période quaternaire quatre divisions principales : 1° l'âge du grand ours des cavernes (*Ursus spelæus*) ; 2° l'âge du mammouth (*Elephas primigenius*) ; 3° l'âge du renne (*Cervus tarandus*), et du rhinocéros à narines cloisonnées (*Rhinoceros tichorhinus*) ; 4° l'âge de l'aurochs (*Bison Europæus*). Mais on ne tarda pas à trouver que cette chronologie paléontologique applicable simplement aux grottes était trop restreinte ; en la modifiant on voulut s'en servir pour toutes espèces de gisements, mais on se heurta à de nombreuses difficultés, car dans la nature les divisions sont toujours moins nettes, moins tranchées que sur un tableau synoptique. M. le docteur Broca et M. Hamy voulurent prendre une base encore plus large et eurent recours aux données fournies par la stratigraphie, la paléontologie et l'archéologie, mais leurs efforts n'ont pu satisfaire les désirs d'une science encore trop jeune pour être dégagée de toute obscurité. « Ne nous étonnons donc pas si, sur beaucoup de points, nous en sommes encore aux conjectures, aux hypothèses, aux à peu près. L'essentiel est que les jalons principaux soient posés ; ils le sont jusqu'à présent d'une manière plus ou moins heureuse ; l'avenir nous dira s'il faut les déplacer [1]. »

Quant à nous, nous suivrons de préférence la *classification industrielle* de l'auteur du *Préhistorique* qui est la plus commode, la plus vulgarisée, et qui s'adapte le mieux, comme grandes lignes, à l'étude du développement physique et intellectuel de la race humaine primitive, au moment de l'extension des glaciers quaternaires, dans l'Europe centrale et en France.

La station la plus typique de chaque groupe a donné son nom à ce groupe, et chaque groupe correspond à une époque particulière.

M. de Mortillet a donc divisé les temps quaternaires en quatre époques principales : 1° La *chelléenne*, appelée d'abord *acheuléenne ;* 2° la *moustérienne ;* 3° la *solutréenne ;* 4° la *magdalénienne ;* et nous nous conformerons à cette division. A nos yeux les classifications paléontologiques ont un grand inconvénient : celui de ne pouvoir s'adapter au mode de dépôts des débris osseux gisant dans les formations post-pliocènes du bassin du Rhône. En effet, par suite des migrations effectuées dans ce pays, à chaque changement de saison, les os des mammouths, des rhinocéros à grands poils, des hippopotames, des rennes, des marmottes et autres animaux de l'âge des glaciers, sont enfouis confusément dans le lehm, les alluvions et les crevasses, au lieu de se présenter, comme ailleurs, dans un ordre stratigraphique régulier, constant et distinct.

Contemporanéité de l'homme et de l'extension des glaciers. — L'homme a lutté contre les envahissements des anciens glaciers ;

1. Joly, *l'Homme avant les métaux*, p. 29.

il a occupé progressivement les terrains qu'ils abandonnaient ; c'est un fait qui ne se discute plus, un fait généralement admis

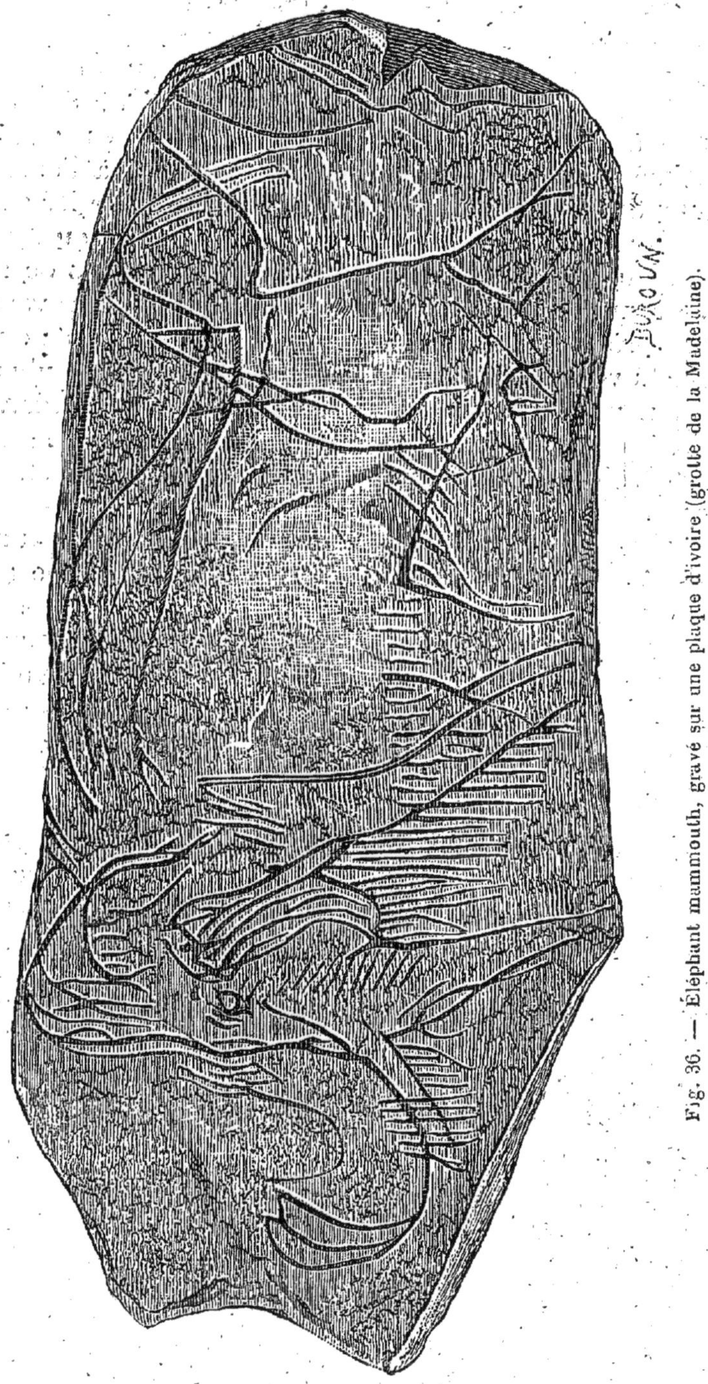

Fig. 36. — Éléphant mammouth, gravé sur une plaque d'ivoire (grotte de la Madeleine).

et sur lequel nous n'avons pas à insister. Pourquoi en douterait-on, puisque les plus antiques vestiges de l'industrie humaine ont été recueillis dans des alluvions, des remplissages de grottes et autres terrains que tous les géologues s'accordent à synchroniser avec le plus vaste accroissement des glaciers quaternaires, ainsi qu'avec leurs phases d'avancement et de recul?

Non seulement des silex taillés et des os façonnés ont été recueillis dans les couches mêmes qui renfermaient des débris d'une faune à laquelle l'influence des phénomènes glaciaires avait imprimé un caractère spécial, se rattachant à l'ensemble des animaux des régions septentrionales, mais encore les artistes de cette humanité primitive ont su graver au trait ou sculpter en ronde-bosse des représentations fort ressemblantes de mammouths, de rennes et d'autres animaux analogues qu'ils voyaient chaque jour près d'eux, et qui, s'ils ne se sont pas éteints depuis, sont remontés vers le nord, ou bien vers les cimes les plus élevées de nos montagnes. Lorsque, après la fonte des glaciers, ces espèces n'ont plus trouvé en France ou dans les plaines basses la température froide qui leur était nécessaire pour vivre, elles ont dû s'éloigner.

Quoi de plus convaincant pour nous prouver que l'homme a vécu pendant l'extension des anciens glaciers et qu'il se mêlait aux animaux qui en fréquentaient les abords? D'ailleurs cette contemporanéité n'a pas été un fait passager; elle s'est prolongée pendant une immense période dont la durée est attestée par des variations de climat, par des changements dans les formes orographiques, ainsi que par des modifications dans la flore et dans la faune, sans parler des développements si lents, mais progressifs, de l'industrie des plus anciens habitants de l'Europe centrale. « Mais quelle que puisse être la longueur des temps durant lesquels ces changements se sont effectués, l'homme, ne l'oublions pas, notre semblable et notre ancêtre, a été leur témoin. Il a vu, nous n'en pouvons plus douter, les glaciers se former; il a vu leur débâcle formidable; il a survécu au climat rigoureux qui régnait autour de lui, et les silex, auxquels son génie naissant savait déjà donner les formes appropriées à ses besoins, sont restés pour attester sa présence [1]. »

1re époque : chelléenne ou acheuléenne. Migrations; industrie primitive; climat; mœurs; dispersion. — A une époque indéterminée, mais dont la date se perd dans la nuit des temps, des peuplades d'hommes primitifs, pendant une de leurs nombreuses et lointaines migrations, s'éloignèrent de l'Asie centrale, et se dirigèrent vers l'ouest, en se frayant avec peine, au milieu de contrées inconnues, un passage qui devint plus tard le grand chemin de l'humanité. Elles abordèrent enfin les parties orientales de l'Europe et se dispersèrent de toutes parts. Sans doute quelques-unes

1. Marquis de Nadaillac, *les Premiers hommes*, t. II, p. 179.

d'entre elles remontèrent la longue vallée du Danube, et, comme le massif alpin avait déjà ses cimes couvertes de névés et de glaces et que ses passages étaient encombrés par des neiges abondantes, ces hardis explorateurs, laissant ce groupe de montagnes à leur gauche, le contournèrent par le nord. A force de marches,

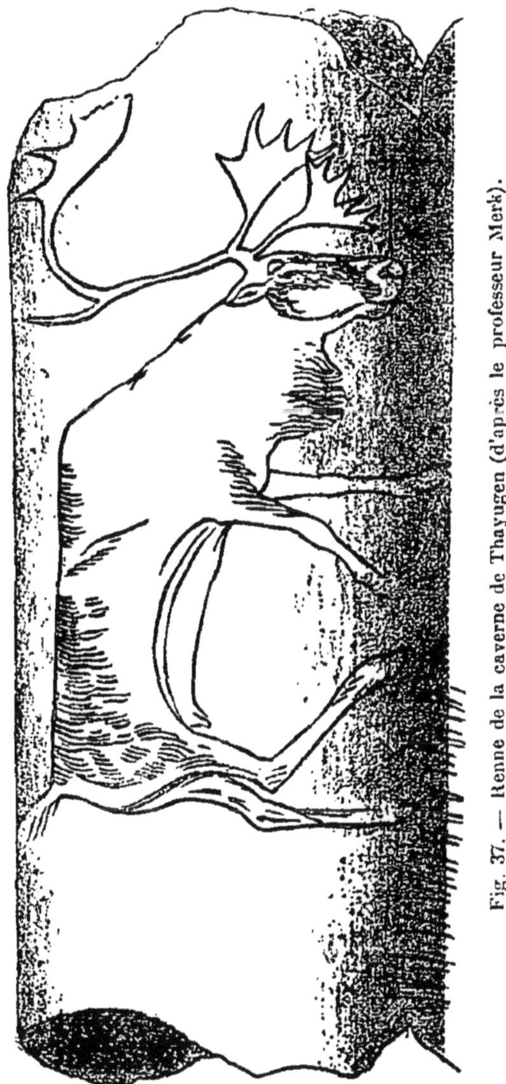

Fig. 37. — Renne de la caverne de Thayngen (d'après le professeur Merk).

ils finirent par se déverser dans le bassin du Rhin, entre Constance et Strasbourg (?). Alors, ils franchirent ce fleuve et passèrent par la trouée de Belfort, ou bien ils traversèrent la chaîne des Vosges, dont quelques passages étaient restés libres et dont les sommets, moins élevés que ceux des Alpes, n'étaient probablement pas encore occupés par de grands glaciers.

Après tant d'efforts persévérants, ils aperçurent d'immenses et fertiles plaines ouvertes devant eux, et, petit à petit, ces hommes qui furent les premiers habitants de la France et auxquels M. de Mortillet a donné le nom générique d'Acheuléens ou mieux de Chelléens, s'avancèrent de tous côtés pour occuper cette vaste région qui s'étend dans tout le sud de l'Angleterre et le nord de la France et se prolonge au sud-ouest, entre le Plateau central et l'Océan, jusqu'au pied des Pyrénées. A cette époque le détroit du Pas-de-Calais et une partie du large canal de la Manche n'étaient pas encore creusés, et la jonction de la France et de l'Angleterre explique facilement les nombreuses affinités qui existaient entre les flores et les faunes des deux pays.

Les premiers établissements des hommes chelléens furent donc installés dans les bassins de la Seine et de la Somme, et ce fut dans les alluvions des environs d'Abbeville et de Saint-Acheul, près d'Amiens, que Boucher de Perthes et le Dr Rigollot découvrirent ces abondants et curieux silex taillés qu'ils eurent le talent de regarder comme les plus anciens vestiges de l'industrie humaine. Ces deux savants s'immortalisèrent ainsi, en reculant dans le passé les origines de l'homme, et en indiquant les éléments nouveaux dont on devait se servir pour reconstituer en quelque sorte les annales de toute une longue période dont on ne soupçonnait pas même l'existence.

A Chelles, vallée de la Marne (Seine-et-Marne), non loin de Paris, il y a une station encore mieux caractérisée que celle de Saint-Acheul, et c'est à elle que M. de Mortillet a emprunté le nom définitif de la première époque de sa classification. Enfin, dans les vallées de la Seine, de l'Oise, de la Marne, de l'Yonne, de l'Aube, etc., dans des sablières ou à la surface du sol, çà et là, à tous moments, on découvre encore de nombreux vestiges de l'industrie de l'homme chelléen.

C'est au niveau des silex taillés de Chelles, qu'on place les tufs de la Celle-sous-Moret, rive droite de la Seine (Seine-et-Marne). Malheureusement, on n'a pas découvert de silex chelléens dans les tufs, et M. de Mortillet n'a pu que recueillir un silex moustérien dans un terrain situé au-dessus des tufs, et par conséquent plus moderne qu'eux [1]. Néanmoins ce synchronisme n'en a pas été moins bien établi entre les silex chelléens et la flore des environs de Moret, dont les figuiers et les lauriers indiquent par leur présence, pour la vallée de la Seine, une température qui ne pouvait pas descendre au-dessous de 8°.

Ce synchronisme très probable du figuier et du laurier de la Celle avec les silex de Chelles est des plus intéressant, car il donne une précieuse indication sur le climat du nord de la France, au moment de l'extension des glaciers et de l'arrivée des plus

1. Musée préhistorique. PL. XIV, fig. 80. *Le Préhistorique*, p. 221.

anciens colons. Nous n'avons pas à revenir sur ce fait, et nous dirons simplement que, grâce à la douceur d'un climat humide et pluvieux, d'un air assez imprégné de brume pour amoindrir l'effet du rayonnement nocturne, les nouveaux arrivés purent facilement se multiplier et se livrer aux travaux d'une industrie, bien élémentaire, il est vrai, mais qui pouvait suffire au petit nombre de leurs besoins.

Des massues en bois, des silex ou des fragments de quelques autres roches dures, de provenance locale, grossièrement taillés des deux côtés, constituaient leurs meilleures armes et leurs prin-

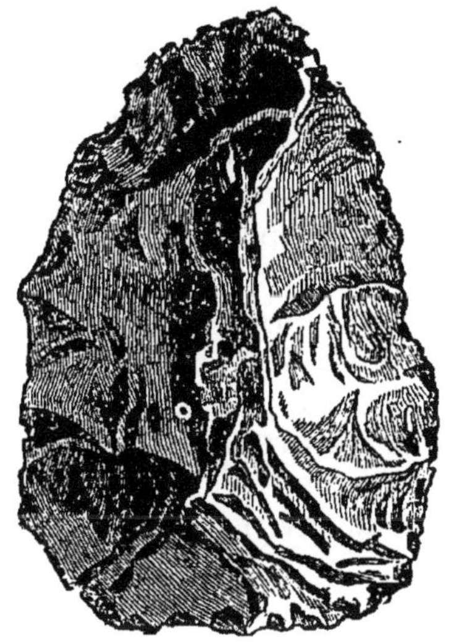

LE TYPE DE SAINT-ACHEUL. — Hache taillée sur ses deux faces.
Fig. 38. — Vue de face. Fig. 38 *bis*. — Vue de champ.

cipaux instruments. Ces fragments de silex appelés *coups de poings*, dont la forme rappelle plus ou moins vaguement, selon ses modifications, celle d'une amande ou même d'un vulgaire caillou, suffisaient à eux seuls à la plupart des usages ; leurs proportions variaient beaucoup, et leur longueur pouvait aller de 6 à 26 centimètres. C'était là un matériel peu riche et bien simple, si on le compare à l'outillage des époques suivantes; la civilisation en était à ses premiers débuts! Autant ces débris industriels sont partout multipliés, autant les débris osseux humains sont rares, et l'authenticité de ceux que l'on cite est parfois contestée. Cette observation ne semble-t-elle pas indiquer que les morts, au lieu d'être ensevelis, étaient abandonnés à la surface du sol pour subir, sous l'influence des agents de l'atmosphère, une rapide et totale décomposition?

La douceur et l'égalité constantes d'un air toujours brumeux n'obligeaient pas nos ancêtres à chercher un abri dans des grottes ou bien sous des roches surplombantes, ils vivaient surtout au grand air et se bâtissaient des huttes de feuillages dans des stations bien exposées, près des sources et le long des cours d'eau, afin de pouvoir s'abreuver facilement et en partie se nourrir du produit de leur chasse ou de leur pêche. Mais pendant la belle saison, ainsi que nous l'avons déjà dit, une végétation assez opulente pouvait aussi fournir des ressources à leur entretien.

Sans doute des peaux d'animaux, nullement préparées, leur servaient pour se vêtir grossièrement; mais plus tard leurs descendants, pour lutter contre un climat dont la moyenne s'abaissait un peu, durent perfectionner leurs costumes, et ils surent se créer des outils spéciaux pour travailler, assouplir et percer les cuirs et les fourrures et les coudre ensemble.

Ces mœurs, ces habitudes ont été reconstituées patiemment par les savants qui se sont livrés à l'examen comparatif de chaque trouvaille; elles fournissent un précieux appui à la thèse que nous avons soutenue dans ce mémoire. Cet homme chelléen si faible, sans moyens de défense et de protection, que serait-il devenu au milieu d'une température extrême? Il est vrai que de pauvres peuplades vivent encore aujourd'hui dans les froides régions polaires, mais, comme nombre, leur densité ne s'accroît pas, et les rudes privations qu'elles supportent sans cesse ont arrêté l'essor de leur intelligence et les progrès de leur industrie, tandis que nous verrons bientôt que rien n'est venu entraver la marche régulière et ascendante de la civilisation primitive dans l'Europe centrale.

Il serait tout aussi difficile de comparer la flore et la faune actuelles du Groënland ou de toute autre contrée septentrionale avec les séries de plantes et de grands mammifères qui se multipliaient en France pendant la période glaciaire. Comment pourrait-on identifier la flore associée aux figuiers et aux lauriers de la Celle-sous-Moret avec la triste végétation que font naître les pâles rayons du soleil arctique? Les troupes nombreuses de mammouths, de rhinocéros, d'hippopotames, de chevaux, de bœufs, de cerfs, etc., qui erraient dans les plaines de la France chelléenne, ou qui hantaient les abords des anciens glaciers du bassin du Rhône, ne rappellent en rien les chétifs éléments de la faune boréale.

L'homme chelléen, tourmenté déjà par ce besoin de l'inconnu qui nous pousse encore vers les régions inexplorées du globe, se trouva trop à l'étroit dans ses premiers campements, et s'avança au sud-est dans le bassin de la Saône. Après avoir traversé les départements de la Haute-Saône et de la Côte-d'Or et avoir abandonné des silex grossièrement taillés dans les arrondissements de Gray et de Beaune, il pénétra dans le département de Saône-et-Loire jusqu'au nord de Mâcon. Là, de beaux gisements d'argile à silex, très facilement exploitables, attirèrent son attention et déterminèrent l'établissement d'un grand atelier de fabrication à Charbonnières, atelier qui fut retrouvé par M. de Ferry [1].

Ces aventureux explorateurs ne dépassèrent pas au sud ce point extrême, et, jusqu'à présent du moins, au delà de cette limite, il n'a été découvert aucun débris de l'industrie chelléenne dans tout le bassin du Rhône. Cette belle vallée ne pouvait en effet représenter aucun avantage à ces antiques peuplades, resserrée qu'elle était entre les glaciers du versant ouest des Alpes et ceux de la chaîne cébenno-vosgienne. Le Rhône et les autres cours d'eau, enflés par les pluies ou la fonte des neiges et salis par les produits de l'érosion glaciaire, occasionnaient souvent de vastes et soudaines inondations et ne pouvaient alimenter ni fournir aucun poisson. Le fond de la vallée ne pouvait être que sillonné périodiquement par les migrations des troupeaux de ces grands pachydermes, qui hantent de préférence les abords des cours d'eau et les régions marécageuses.

Les montagnes du Plateau central et des Cévennes étaient presque aussi inabordables que les Alpes; il fallait fuir leur envahissement par les neiges et les glaces. L'expansion des tribus chelléennes ne pouvait donc se faire qu'en Normandie, en Bretagne, ainsi que dans les régions inférieures des bassins de la Loire et de la Gironde et leurs bassins secondaires de la Vendée, des Sèvres, de la Charente, de la Dordogne et de l'Adour. Elles ont remonté la vallée de la Loire jusque dans le Charollais; de là elles purent facilement aller s'approvisionner de silex taillés à l'atelier de Charbonnières, en Mâconnais.

Il nous est impossible de suivre pas à pas l'épanouissement de cette race en énumérant toutes les nombreuses trouvailles opérées dans chaque département; nous nous contenterons d'en citer quelques-unes des plus intéressantes. Ainsi, dans l'Allier, à Molinet, les instruments sont très nombreux et fabriqués non pas en silex, mais avec des éclats de ces cailloux de jaspe rouge ou jaunâtre qui se trouvent dans certaines argiles de la vallée de la Loire.

A Saligny, on a exploité un silex d'eau douce tertiaire résinoïde, local.

Ailleurs, ce sont des jaspes multicolores (vallée de la Vienne) ou même du quartz (Vendée).

Les silex des parties septentrionales du bassin de la Gironde et ceux du département de la Dordogne ont de suite attiré les premières peuplades chelléennes, et leur exploitation les a fixées dans la région où se sont succédé, jusqu'à la fin du quaternaire, de nouvelles populations remarquables par les progrès de leur industrie et même par leurs tendances artistiques.

Dans les bassins de la Garonne et de l'Adour, ce ne sont que

1. *L'Ancienneté de l'homme dans le Mâconnais*, 1867.

les contrées sub-pyrénéennes qui ont offert des débris chelléens, car les régions plus élevées étaient soumises aux influences de la glaciation, et l'homme dut reculer devant une barrière de neige et de glace.

Les tribus du Languedoc, en franchissant le col peu élevé de Naurouse (148 m.), entre les derniers rameaux des Cévennes et les premiers contreforts des Pyrénées, auraient pu se déverser dans le bassin de la Méditerranée et pénétrer jusqu'en Provence, dont le climat plus doux avait maintenu longtemps l'existence de l'*Elephas meridionalis* et avait favorisé le développement de l'*Elephas antiquus*. Mais, pour effectuer cette dernière exploration, le Rhône était à franchir, le Rhône grossi par la fonte de la glace et des neiges des Alpes et des Cévennes, le Rhône impétueux et rapide ou largement débordé. Cet obstacle a-t-il paru insurmontable à ces hommes dont les ancêtres avaient cependant remonté la longue vallée du Danube et franchi le Rhin? Ou bien, la vue dans le lointain d'une immense chaîne de cimes élevées et neigeuses a-t-elle refroidi leur ardeur ou les a-t-elle tenus éloignés d'une région qui leur parut peu hospitalière? Nous ne saurions le dire, mais, jusqu'à ce jour, l'instrument chelléen manque en Provence, et, nulle part, on n'y a découvert des vestiges de cette industrie primitive.

Du côté de l'est, l'accès de cette région n'était guère plus facile : entre le pied des Alpes et la mer, il y avait à peine la place pour un sentier qui n'était pas encore tracé, mais qui, plus tard, fut très fréquenté, dès l'époque solutréenne, par les hommes de Beaulieu et des grottes des Baoussi-Roussi et ensuite par tous les peuples qui ont suivi le littoral de la Ligurie.

2e époque : moustérienne. Grande extension des glaciers; habitations; industrie; dispersion; climat. — Les chutes de neige devenaient de plus en plus abondantes sur les sommets de tous les massifs montagneux de l'Europe, et les glaciers, ne pouvant plus être contenus dans les hautes vallées des Alpes et des Pyrénées, du Plateau central et des Vosges, commencèrent à déborder au loin dans les plaines voisines. Le glacier du Rhône, le plus important de tous, s'étalait sur une longueur de 400 kilomètres, depuis le Haut-Valais jusqu'à Lyon et sur une largeur de 100 kilomètres sur le plateau des Dombes et ceux du Bas-Dauphiné, en combinant ses moraines et ses glaces avec celles des glaciers delphino-savoisiens. Dans les Pyrénées, les glaciers de la vallée de la Garonne [1] et de la vallée d'Argelès [2] avaient un développement en dehors de toutes proportions avec celui des glaciers modernes de cette chaîne. Partout ailleurs, il en était de même.

1. E. Trutat, *Rapport manuscrit à M. Daubrée sur la conservation des blocs erratiques dans les Pyrénées*. 1884.

2. Ch. Martins et Collomb, *Bull. Soc. géol.*, 2e série, t. XXV, 1868, p. 141.

L'homme moustérien devait donc ressentir plus vivement que ses prédécesseurs les influences climatériques de cette nouvelle période, et, pour éviter le contact des glaciers, il dut rester cantonné dans les mêmes régions qui avaient été occupées précédemment. Si leurs stations ne succédèrent pas souvent aux anciennes, du moins elles s'établirent généralement dans les mêmes districts; les mêmes goûts et surtout les mêmes besoins déterminèrent une grande similitude dans le choix des emplacements : seulement la détérioration progressive du climat fit rechercher de plus en plus les grottes et les abris.

Ces modifications climatériques engendrèrent de nouveaux besoins. La vie en plein air devint difficile à supporter pendant les hivers, et, pour se garantir contre les intempéries, ces tribus

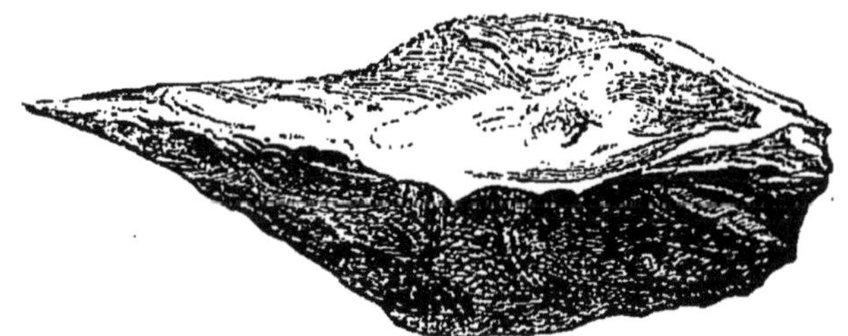

Fig. 39. — Poinçon en pierre des kjœkkenmœddinger du Danemark (d'après Lubbock).

sauvages furent obligées de se servir de vêtements mieux ajustés, de fourrures de peaux mieux préparées. Pour obtenir ce résultat, il fallut modifier et perfectionner l'outillage primitif et créer des instruments nouveaux. Ainsi, aux coups de poing chelléens, sont venus s'ajouter des racloirs en silex pour nettoyer les peaux et écorcer les arbres, puis des poinçons en os ou en pierre, des lames, des scies.

Généralement, ce sont de minces éclats de silex retouchés d'un seul côté avec une habileté croissante, tandis que l'instrument chelléen, avec ses profils amygdaloïdes, avait toujours un aspect lourd et peu élégant.

Entre l'industrie de ces deux époques, il y a donc perfectionnement dans la main-d'œuvre, progrès, et ces tendances n'ont fait que s'accroître aux époques suivantes.

D'après ce que nous venons de dire, il est fort naturel de trouver des traces du séjour des peuplades moustériennes dans tout le nord-ouest, l'ouest et le sud-ouest de la France. Mais dans l'est les gisements se multiplient de plus en plus. En Bourgogne, au lieu du seul atelier de fabrication de Charbonnières, près de Mâcon, on peut citer dans le seul département de Saône-et-Loire plusieurs dizaines de communes dans lesquelles on a reconnu des vestiges de leur occupation. Les stations les plus intéressantes sont celles de Vergisson, fouillées par de Ferry et M. Arcelin, les grottes de Culles, de Germolles, de Rully (Saône-et-Loire), enfin, celle de Gondenans-les-Moulins (Doubs), qui était un repaire d'*Ursus spelæus* et qui a fourni à notre ami le Dr Lortet, pour le muséum de Lyon, de belles pièces osseuses et des pointes moustériennes en silex. Des découvertes de fragments industriels de la même époque ont été également faites dans l'arrondissement de Gray (Haute-Saône). La partie inférieure de la vallée du Rhône commençait à se peupler davantage. M. Arnaud et M. Lepic l'ont prouvé, le premier en recueillant beaucoup de silex taillés dans

Fig. 40. — Poinçon en os (Ecosse) (d'après Lubbock).

la Baoumo-dei-Peyrards, près d'Apt (Vaucluse), le second par ses trouvailles dans la grotte de Soyons, sur les bords du Rhône (Ardèche). Mais, il ne faut pas l'oublier, ces gisements de silex taillés affleurent toujours en dehors du domaine des glaciers quaternaires. Ainsi, de Vergisson et de Soyons jusqu'aux Alpes, presque tout l'espace qui s'étend sur la rive gauche de la Saône et du Rhône était envahi et occupé à l'est par l'épanouissement des glaciers du Rhône, de la Savoie et de l'Isère. Il n'est donc pas possible d'y rencontrer un seul instrument moustérien.

Le même arrangement apparaît avec évidence dans les régions sub-pyrénéennes. Les silex moustériens, disséminés çà et là, sont assez abondants dans le petit bassin de l'Adour, dans les vallées de la Garonne, de l'Ariège, mais ils disparaissent à l'approche des anciennes moraines, et les faits se sont passés avec la plus grande analogie près des hautes vallées de l'Auvergne, du Cantal, etc.

Le bassin de la Dordogne, dans sa partie moyenne, qui n'a jamais ressenti les effets de la glaciation, est le plus riche et le plus intéressant de France au point de vue de l'archéologie quaternaire. Il nous suffira de citer les grottes et les stations de la vallée de la Dordogne et celles de la vallée de la Vézère si savamment fouillées par Ed. Lartet, Christy, de Vibraye et MM. Massenat, Lalande, etc. Au milieu de ces gisements du Périgord se trouvent la petite grotte et la station du *Moustier*, qui ont donné leur nom à cette époque, par suite de l'abondance et du caractère tranché des instruments qu'elles renfermaient.

L'époque moustérienne nous semble correspondre à l'apogée de la période glaciaire, telle que nous la comprenons. Elle est donc pleine d'intérêt pour nous, puisque c'est elle qui a vu la plus grande extension des glaciers, la dispersion des blocs erratiques les plus volumineux et le transport des moraines frontales les plus étendues et les plus éloignées. Les faits qui se sont passés pendant sa durée auraient pu fournir des arguments puissants contre une grande partie des idées que nous avons soutenues, mais

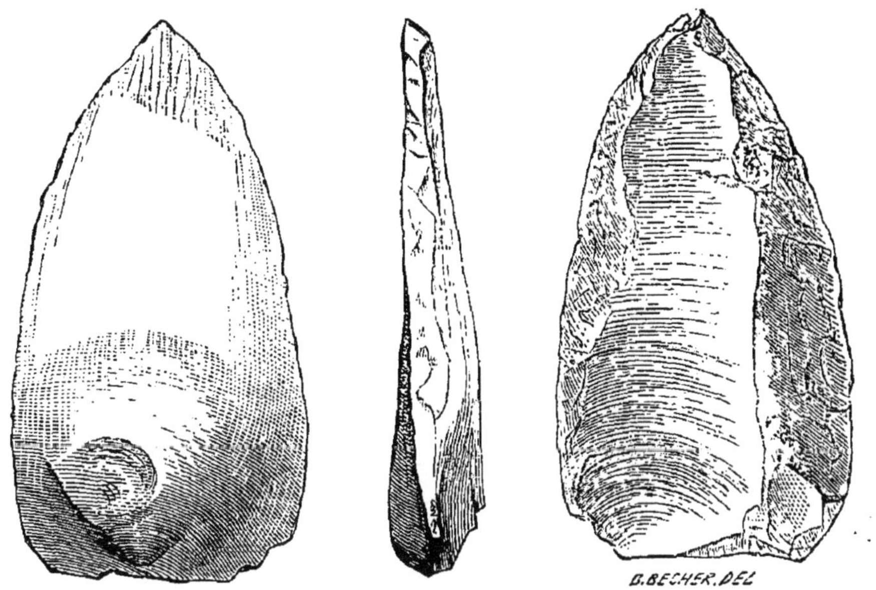

LE TYPE DU MOUSTIER. — Pointe de lance taillée sur une seule face.
Fig. 41. — Face non taillée. Fig. 42. — Vue de champ. Fig. 43. — Face taillée.

au lieu de ce froid polaire qui, d'après quelques auteurs, aurait presque suspendu les plus riches manifestations de la vie, l'archéologie préhistorique nous a appris que la végétation était assez riche pour nourrir des troupeaux de grands mammifères, et que la civilisation humaine avait fait un pas de plus dans la voie du progrès.

3ᵉ époque : solutréenne. — Climat, commencement du recul des glaciers; habitations; industrie et beaux-arts; dispersion. — L'homme fut alors soumis à des conditions nouvelles plus rigoureuses; il sut néanmoins s'adapter à leurs exigences et sortir triomphant de ces épreuves par une lutte opiniâtre contre les éléments naturels.

L'époque solutréenne est une époque de transition. Dans plusieurs stations, comme à Solutré, près de Mâcon, par exemple, il y a à la base du gisement des instruments qui se relient aux formes moustériennes, tandis que ceux du haut indiquent déjà dans leurs formes des tendances magdaléniennes. L'industrie se transforma soit par l'habileté plus grande du travail, soit par l'introduction d'éléments encore inusités, l'os, la corne et l'ivoire. Le climat aussi se modifia; de très humide, de brumeux et d'égal qu'il était, il devint de plus en plus sec et variable. Cette diminution d'humidité est un fait important dont les conséquences ont été fort remarquables, ainsi que le fait observer M. de Mortillet. La pluie dans les plaines et la neige sur les montagnes ont été moins abondantes, ce qui a déterminé le commencement du recul des anciens glaciers; les rivières et les fleuves, malgré de fréquentes inondations engendrées par les fontes estivales, ont en somme diminué progressivement de volume, de manière à influencer très peu les profils des vallées qui ont gardé le même aspect jusqu'à nos jours, à très peu près; l'atmosphère s'est purifiée, les brumes et les brouillards sont devenus plus rares et moins denses que pendant l'époque moustérienne. Le soleil a brillé plus souvent et les saisons se sont fait sentir alternativement avec plus d'intensité; les

Fig. 44. — Station préhistorique de la Roche de Solutré, près de Mâcon; emplacement des fouilles. (D'après une photographie de M. l'abbé Fournereau.)

étés sont devenus plus chauds et les hivers plus froids. Cette disposition extrême des saisons a peut-être stimulé dans une certaine mesure l'esprit inventif de ces populations primitives; en faisant naitre en elles des besoins ignorés, elle les a forcées à perfectionner leur industrie pour les satisfaire.

Au milieu de semblables conditions météorologiques, on continua à rechercher les grottes et les abris pour se protéger contre l'inclémence des saisons. A Solutré, il n'y a ni grotte ni abri sous un rocher surplombant, mais du moins les escarpements de la Dent-de-Solutré préservaient des atteintes glaciales du vent du nord les habitants du Cros-du-Charnier, et le voisinage d'une belle source avait motivé largement le choix de cette station. Ce n'est là cependant qu'une exception et, partout ailleurs, c'est presque toujours dans les grottes et le long des abris qu'on recueille les vestiges de l'industrie solutréenne.

Les lames étroites des grattoirs dont on ne connaît pas parfaitement l'emploi, mais dont l'extrême abondance peut faire supposer un usage multiplié, ont remplacé le grattoir large et aux bords arrondis des gisements plus anciens. Avec ces grattoirs on trouve réunis d'autres lames aux formes diverses, des perçoirs à pointes plus ou moins aiguës, des pointes à cran et des pointes en feuilles de laurier, toutes deux caractéristiques de cette époque.

Ces pointes en feuilles de laurier dénotent quelquefois par leur grandeur et les difficultés de leur taille une habileté de main des plus remarquables : telles sont les grandes et minces lames de silex qui furent découvertes dans la cachette de Volgu (Saône-et-Loire)[1], dont l'une mesure 0 mèt. 350 millim. de longueur et 0 mèt. 083 millim. de largeur. Les pointes en feuilles de laurier pouvaient servir de poignard, ou bien on les plaçait à l'extrémité d'une lance ou d'un javelot pour en faire une arme redoutable. Le silex est la matière première qu'on a utilisée de préférence, mais parfois on a employé le jaspe, l'agate et même le quartz hyalin.

D'ailleurs, la plupart des silex sont finement retouchés sur les deux faces et même sur les côtés et les deux extrémités, ce qui les distingue des objets des deux époques antérieures; leurs formes en général sont moins lourdes et bien plus élégantes; il y a donc toujours progrès dans l'industrie; M. de Mortillet croit même que, pendant la durée des temps quaternaires, jamais les tailleurs de silex n'ont pu dépasser ou seulement égaler les ouvriers solutréens. Mais encore, il ne faut pas l'oublier, les hommes de Solutré surent même s'élever au-dessus des exigences de la vie matérielle et pratique; ils cédèrent à des aspirations d'un ordre supérieur, et c'est à eux qu'on peut faire remonter l'origine première de l'art du dessin et de la sculpture en France. M. de Ferry effectivement a recueilli dans les couches supérieures de Solutré deux statuettes de rennes et le dessin gravé d'une main.

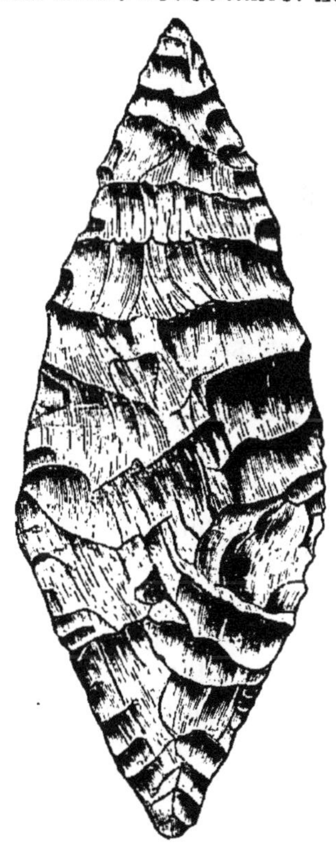

Fig. 45. — Type de Solutré. Pointe de lance.

Mais il y a plus encore : la découverte de certains objets singulièrement ouvragés, d'une rondelle en serpentine percée d'un trou de suspension, de dents de loup et d'ours entaillées pour recevoir un fil, d'une perle en jadéide peut faire soupçonner, chez les habitants du Cros-du-Charnier, des tendances à la parure et à la toilette.

Des fragments de sanguine, d'ocre jaune, de limonite, de gra-

1. Chabas, les Silex de Volgu (Saône-et-Loire), *Soc. d'hist. et d'arch. de Chalon-sur-Saône*, 1874.

phite, de manganèse hydraté étaient réduits en poudres très fines qui servaient à colorer les peaux et à tatouer les habitants de la station [1].

Les grands glaciers ont dû à cette époque commencer leur mouvement de recul; ils occupaient néanmoins encore une vaste partie de notre territoire, c'est-à-dire tous les massifs montagneux et les plaines qui s'ouvraient au débouché des grandes vallées. Les tribus solutréennes furent obligées de rester cantonnées dans les districts où leurs ancêtres avaient campé. Il y avait toujours une nécessité absolue de fuir les domaines de la glaciation. C'est donc encore dans les régions moyennes et basses des bassins de la Seine, de la Loire, de la Gironde, qu'on retrouve les traces du séjour des peuplades solutréennes.

Les petits bassins de la Charente et de la Dordogne et surtout la vallée de la Vézère continuèrent à être habités par une population aussi nombreuse qu'adroite et active. En poursuivant leurs savantes recherches dans ces territoires de l'Aquitaine, Ed. Lartet, Christy, de Vibraye, Massenat, etc., ont rendu célèbres les grottes et les stations de la Gorge-d'Enfer, du Cro-Magnon, des Eyzies, de Laugerie-Haute, ainsi que les grands ateliers de taille de silex de Saint-Léon-sur-Vézère, de Belcaire, de la Rochette, qui sont situés près du cours de la Vézère et qui donnent tant d'intérêt à l'étude de cette contrée pendant la période glaciaire. On nous excusera de laisser de côté une foule d'autres gisements des plus curieux et des plus savamment explorés pour ne citer que ces stations qui, avec celle de Solutré, ont le privilège de fournir les meilleurs types de l'industrie et de l'art de cette époque.

Enfin la partie méridionale du bassin du Rhône semble être devenue plus accessible. Dans des abris solutréens, des ébauches de lames en feuilles de laurier ont été recueillies en telle abondance sur le plateau de Gargas, près d'Apt (Vaucluse), qu'on suppose qu'il devait y avoir là un grand atelier de fabrication. Sur la rive droite du Rhône, M. Ollier de Marichard a retiré d'une des grottes de Vallon (Ardèche) quelques belles pointes en feuilles de laurier. Pour en finir, rappelons que c'est à l'époque solutréenne qu'on rapporte la taille des silex des grottes de Menton si connues, depuis les fouilles du Dr Rivière, sous le nom des Baoussi-Roussi.

4e époque : magdalénienne. — Origine du nom; art et industrie; climat; recul des glaciers; migrations des animaux et des hommes; stations; dispersion et groupement; influence du recul des glaciers; nouvelle preuve en faveur de l'unité de la période glaciaire dans le bassin du Rhône. — Comme il l'avait déjà fait pour une autre division de son tableau chronologique, M. de Mortillet a

1. M. l'abbé Ducrost et le Dr Lortet, Études sur la station préhistorique de Solutré (Saône-et-Loire), *Arch. du muséum de Lyon,* t. 1, 1872, p. 25.

emprunté à une station de la vallée de la Vézère, à l'abri de la *Madeleine*, le nom de sa quatrième époque, qu'il appela *magdalénienne*. Cette station fouillée avec soin par Ed. Lartet et Christy a offert une foule d'objets en silex, en os ou en corne, assez caractérisés et assez différents de ceux qui avaient été fournis

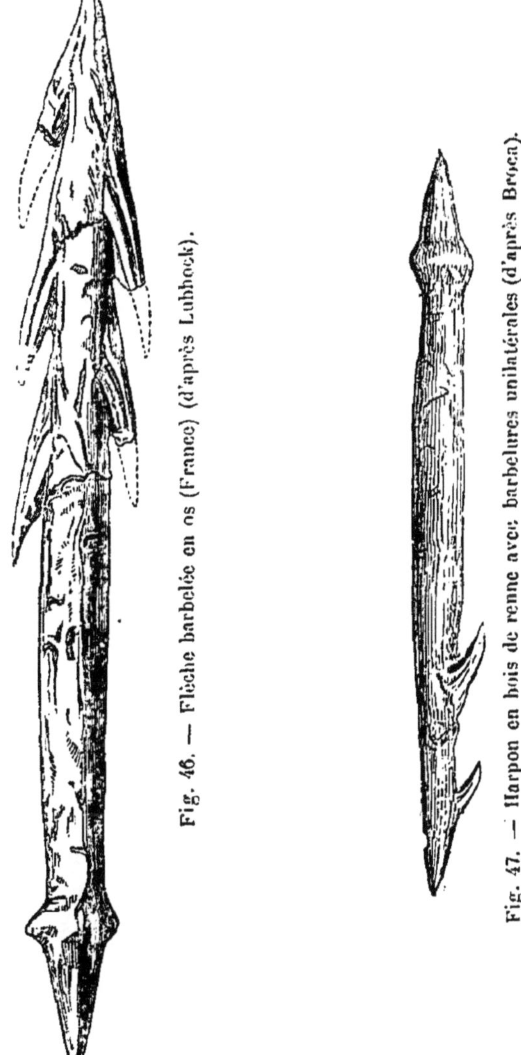

Fig. 46. — Flèche barbelée en os (France) (d'après Lubbock).

Fig. 47. — Harpon en bois de renne avec barbelures unilatérales (d'après Broca).

par la plupart des autres gisements, pour qu'il fallût en faire un groupe à part, représentant une époque spéciale. Les silex, quoique encore très abondants, semblent appartenir à une industrie en décadence. Ils ne sont plus aussi élégants ni aussi habilement taillés que ceux de Solutré et de Volgu.

La forme la plus abondante est la lame droite, que l'on nomme grattoir et qui diffère des larges éclats moustériens et de ceux de l'époque suivante ; parfois cette lame devient aiguë et se transforme en burin ou en perçoir, mais on sent que le silex est un peu abandonné et que d'autres éléments tendent à se substituer à lui. Les silex taillés ne peuvent donc plus servir, aussi facilement qu'aux autres époques, pour déterminer l'âge des stations. Pour obtenir un résultat sérieux, il faut recourir à des objets industriels ou artistiques fabriqués avec d'autres matières, et nous allons en

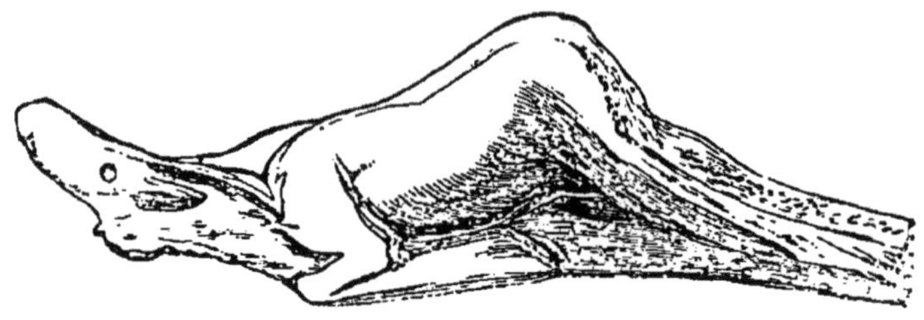

Fig. 48. — Manche en bois de renne sculpté (d'après Ed. Lartet et Christy).

figurer quelques types des plus caractéristiques. Les ouvriers trouvaient plus d'avantages et de facilités à travailler l'os, l'ivoire et la corne. Ce sont ces matériaux que les premiers artistes ont employés de préférence pour sculpter et figurer des représentations d'hommes et d'animaux, pour faire des poignards, des poinçons, des bâtons de commandement, des aiguilles, des spa-

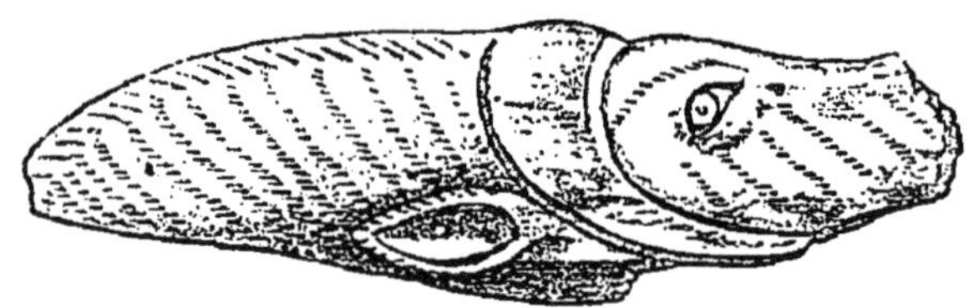

Fig. 49. — Tête d'*Ocibos moschatus* de la caverne de Thayugen.

tules, des racloirs, des boutons, des pointes de sagaie à double biseau, des pointes de harpon aplaties avec barbelures ou simplement arrondies, objets inconnus dans les stations anciennes, à peine représentés dans les couches les plus supérieures du solutréen et devenus caractéristiques du magdalénien. Ces instruments, faits en grande partie en bois de renne, ont leurs analogues chez les peuplades les moins civilisées du monde actuel, et cette comparaison a permis de déterminer avec précision l'usage de chaque série d'objets.

Souvent les manches de poignards et les bâtons de commandement sont devenus des œuvres d'art; tantôt ils représentent en ronde bosse des rennes, des mammouths, des ovibos moschatus, tantôt seulement leurs surfaces sont couvertes de dessins au trait figurant des chevaux, des rennes, des mammouths, des oies ou même des hommes.

Les autres matériaux n'étaient pas systématiquement repoussés et un artiste magdalénien a pu graver, sur une plaque de roche schisteuse tendre, un combat de rennes avec un sentiment de la nature qui s'allie à une certaine naïveté d'exécution.

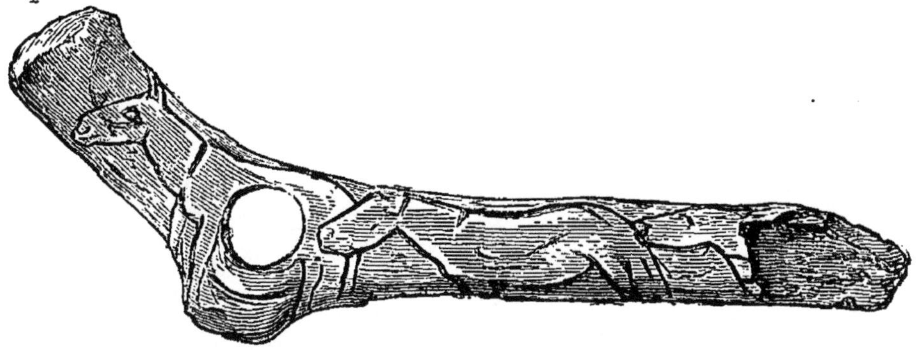

Fig. 50. — Bâton de commandement à un seul trou (réduit au $\frac{1}{3}$.)

Sans doute, comme le font toutes les peuplades sauvages, les hommes de la Madeleine surent façonner le bois et l'employaient à mille usages différents; mais dans les abris et les grottes les

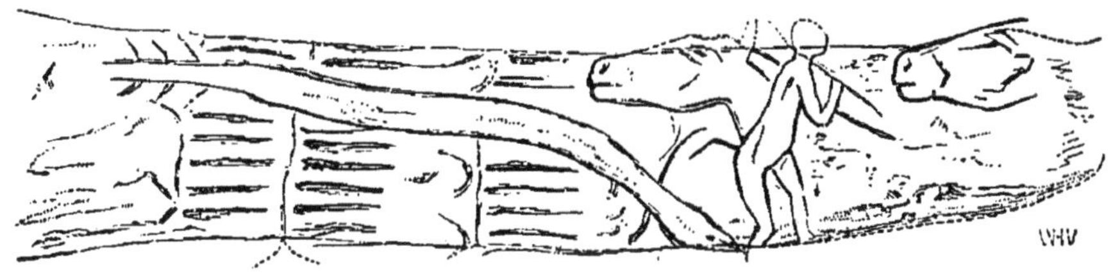

Fig. 51. — Homme nu entre deux têtes de chevaux (d'après Ed. Lartet et Christy).

objets en bois étaient enfouis dans de mauvaises conditions pour être préservés d'une rapide décomposition. Il ne nous en est resté aucun vestige, et nous avons ainsi perdu une foule de sujets d'étude des plus curieux. Néanmoins nous pouvons dire que les progrès de l'industrie et de la civilisation s'accentuèrent toujours de plus en plus, si l'on jette un coup d'œil général sur l'ensemble de leurs produits.

L'amour de l'ornementation, nous dirions presque de la toilette, ne fit que s'accroître. Des dents de cheval, de bœuf, d'ours, de loup, de renard, des coquilles marines fossiles ou vivantes devinrent des objets de parure, et la trouvaille de certaines substances colorées, telles que des oxydes de fer ou de manganèse, peuvent faire croire que les essais de tatouage commencés à Solutré n'ont fait que se continuer durant l'époque magdalénienne.

Faut-il croire avec M. Piette et quelques autres explorateurs que des os de renne, percés d'un trou, ont servi de sifflets, et que des os tubulaires d'oiseaux, reliés entre eux par des tendons comme les roseaux de la flûte de Pan, ont constitué le premier instrument de musique? Le fait est bien possible.

Avec tous ces objets industriels ou artistiques, on a recueilli de nombreuses aiguilles en os, munies d'un trou ou chas, et soi-

Fig. 52. — Combat de rennes gravé sur une roche schisteuse.

gneusement entretenues ou réparées. La découverte de ces aiguilles suffit pour démontrer clairement que l'usage des vêtements de fourrure était loin d'être abandonné et qu'on avait cherché à

Fig. 53 et 54. — Aiguilles en os des cavernes du Périgord (d'après Broca).

mieux s'outiller pour en perfectionner la fabrication au moyen de coutures; on avait même, paraît-il, inventé la manière de les ajuster avec des disques ou boutons en os. Mais l'usage de chauds vêtements ne pouvait suffire pour lutter contre les intempéries de l'air, et toutes ces peuplades avaient continué à s'abriter dans des grottes ou au pied des escarpements de roche, ou même, plus rarement, dans des cavernes ou repaires que des animaux féroces, ours, hyènes, etc., abandonnaient pendant leurs migrations.

Ces précautions étaient toujours nécessaires pour se préserver du froid, surtout pendant la mauvaise saison. Le climat était probablement resté le même que pendant l'époque solutréenne, froid et sec, et, comme la neige n'alimentait pas assez les glaciers pour leur permettre de réparer leurs pertes estivales, ceux-ci continuèrent leur mouvement de recul. Nous le verrons bientôt; l'établissement de nouvelles stations humaines en plein pays glaciaire, au pied des Alpes, rend évidente cette marche en arrière, cette retraite des anciens glaciers.

Mais de ce que l'atmosphère semble avoir été froide et sèche, nous répéterons qu'on n'a pas le droit d'en conclure que l'abaissement de la température moyenne était considérable et qu'elle était de 8 à 10 degrés en dessous de ce que nous la voyons aujourd'hui en France. A l'appui de cette thèse climatologique, on a cru trouver un puissant argument dans l'abondance des ossements de rennes ainsi que d'autres animaux polaires, enfouis dans toutes les stations magdaléniennes. Mais il faut se rappeler ce que nous avons déjà dit et nous croyons devoir insister sur ces considérations : le renne est un animal voyageur qui fuit les températures chaudes et qui recherche le voisinage de la neige et des glaciers. L'été, avec les autres espèces de mœurs similaires, il devait donc remonter vers les hautes régions pour en redescendre à l'approche de l'hiver. A cette époque tous les massifs montagneux de la France avaient encore leurs glaciers, et ces glaciers pendant les étés pouvaient servir de refuges aux animaux qui ne pouvaient supporter une tiède température. Il devait donc se produire des plaines aux montagnes et à chaque changement de saisons, des déplacements alternatifs d'une partie de la faune de chaque contrée, analogues à ces grandes migrations du sud au nord dont nous avons déjà parlé à propos de la faune quaternaire du bassin du Rhône, et sans lesquelles nous n'aurions pu nous expliquer comment des espèces d'habitudes fort différentes avaient pu laisser leurs ossements enfouis pêle-mêle dans les mêmes limons ou les mêmes alluvions.

Si l'on ne tenait pas compte de ces migrations, et si l'on supposait que les rennes et leurs compagnons parcouraient toute l'année les plaines de la France magdalénienne, au lieu de n'y descendre que pendant les hivers, on arriverait à des résultats complètement faux pour établir la température de cet âge; le degré de chaleur obtenu pour les étés ne serait pas assez élevé et indiquerait une température moyenne plus basse que celle qui devait régner alors.

C'était pendant leurs incursions dans les plaines, que les habitants des grottes et des autres stations chassaient les rennes et les animaux qui partageaient leurs habitudes, et, lorsque les chaleurs estivales se faisaient sentir, ils les poursuivaient jusque vers leurs retraites, près des glaciers, qui n'étaient jamais à de très grandes distances.

D'ailleurs, on a de bonnes raisons pour croire que les tribus de la vallée de la Vézère et leurs contemporains avaient des mœurs nomades comme beaucoup de peuples sauvages, qui trouvent encore aujourd'hui dans la chasse une grande partie de leur alimentation. S'il n'en avait pas été ainsi, comment pourrait-on expliquer la présence de coquilles de la Méditerranée au milieu des gisements du Périgord, dans le bassin de l'Océan, et de fossiles des faluns de la Touraine, enfouis avec les silex de la Dent-de-Solutré? Enfin, disons avec M. le professeur Joly [1], que les silex du Grand-Pressigny trouvés en Belgique et les objets en obsidienne verte recueillis dans la vallée de la Vibrata (Abruzzes), nous amènent à conclure que des relations commerciales existaient déjà entre la France et les Pays-Bas, entre la Bohême et l'Italie, sinon avec des regions beaucoup plus lointaines. Des tribus entières abandonnaient parfois leurs districts, et les grottes qui leur servaient d'habitations devenaient momentanément, pendant leur absence, des repaires d'ours et d'hyènes qu'elles avaient à expulser à chaque retour : de là un curieux mélange d'ossements et de débris.

Sous l'influence d'un climat qui était devenu progressivement extrême, les mœurs de l'époque chelléenne s'étaient fortement modifiées. Au lieu de rester sédentaires, les tribus devinrent nomades, pour que l'homme pût échapper aux inconvénients de l'inégalité des saisons qui s'accentuait de plus en plus.

Maintenant cherchons à nous rendre compte de l'influence des nouvelles conditions météorologiques sur le mode de dispersion des populations magdaléniennes à travers toute la France, et voyons si le recul des glaciers n'a pas déterminé quelques faits intéressants.

Le besoin de trouver des abris semble avoir éloigné des vastes et monotones plaines du nord et de l'ouest les descendants des premiers colons de la Gaule primitive. Pourtant on a trouvé, au cap Blanc-Nez et au pied de quelques escarpements jurassiques et crétacés, des silex et d'autres objets datant de cette même époque. Dans le bassin proprement dit de la Seine, excepté dans un grand atelier situé sur un plateau qui domine la vallée du Loing, il n'y a que de rares silex dispersés çà et là sur le sol. L'ancienne Bourgogne est plus riche, parce que les dispositions orographiques étaient plus favorables, et les grottes de la Baume (Côte-d'Or), d'Arcy-sur-Cure (Yonne), ont fourni à M. de Vibraye et à d'autres savants de belles séries d'objets divers.

Jusqu'à présent, en Bretagne, on n'a trouvé de silex magdaléniens que dans une seule station, la grotte de Roc'h-Toul, à Guiclan (Finistère). Dans le bassin de la Loire des fouilles ont révélé, dans de nombreuses grottes, les traces d'une occupation à cette époque. Le bassin secondaire de la Charente n'a pas été abandonné, et la grotte du Chaffaud a fourni à MM. Joly et de Vibraye des silex, ainsi que de nombreux objets d'art gravés ou sculptés.

1. L'Homme avant les métaux, *Bibl. sc. intern.*, p. 263.

Une nombreuse population a continué à se grouper au pied des escarpements rocheux qui dominent les rivières du bassin de la Dordogne et à vivre dans les grottes qui y sont creusées. Ce sont toujours l'arrondissement de Sarlat et surtout la vallée de la Vézère qui offrent les gisements les plus intéressants. Les plus connus, sans parler de celui de la Madeleine, sont l'abri du Cro-Magnon, la grotte des Eyzies et la station de Laugerie-Basse, la plus riche de toutes. MM. Garrigou, Louis Lartet, Cartailhac, Piette, Duportal, Frossard, de Nadaillac, Chaplain-Duparc, Peccadeau de l'Isle ont fait connaître les stations magdaléniennes des bassins de la Garonne et de l'Adour.

Les glaciers pyrénéens ont subi l'influence de la sécheresse de l'air et n'ont pu réparer les pertes causées par l'ablation. Ils se sont donc retirés vers le haut des vallées, et les peuplades voisines les ont suivis de loin dans leur mouvement de retraite, jusque dans les régions montagneuses de la Haute-Garonne qui n'avaient pas encore été habitées et dans lesquelles ont été abandonnées d'assez nombreuses traces de leur séjour.

Cette tendance à remonter les vallées à mesure que les glaciers reculaient a été encore plus accentuée dans le bassin moyen du Rhône. Jusqu'à la fin de l'époque solutréenne, les glaces et les moraines terminales des glaciers du Rhône, de la Savoie et du Dauphiné avaient formé un obstacle presque infranchissable dans une grande partie de la vallée du Rhône, entre les Alpes et le cours du Rhône, depuis Bourg jusqu'en aval de Vienne, près des moraines de Thodure, vallée de la Côte-Saint-André. Il n'était resté libre le long des montagnes du Lyonnais qu'un petit espace qui s'étendait jusque vers la rive droite de la Saône et du Rhône et qui, pendant toute la période glaciaire, a servi de passage aux migrations des bandes de grands mammifères. L'homme n'avait pu s'y installer, et il campait à Solutré, sans pouvoir communiquer facilement avec la partie méridionale de la vallée. Il avait été impossible d'empiéter sur le domaine de la glaciation pendant les trois longues époques de Chelles,, du Moustier et de Solutré; mais la fonte et le recul des glaciers quaternaires, dès la fin de l'époque solutréenne, avaient fait naître parmi les anciennes peuplades un courant ascendant vers les Alpes, et notre collaborateur, M. Er. Chantre [1], a eu la satisfaction de signaler des stations magdaléniennes dans les grottes de la Balme, de Bethenas et de Brotel, ouvertes toutes les trois dans des escarpements de calcaire jurassique qui limitent à l'est les plaines du Bas-Dauphiné, du côté de Crémieu.

La grotte de La Balme (Isère), creusée au pied d'une falaise de

1. *Études paléontologiques, etc., dans le nord du Dauphiné et les environs de Lyon*, 1867, p. 14.

roches bajociennes, s'ouvre en formant une immense nef, dans laquelle viennent aboutir de longues et spacieuses galeries et se déverser d'abondantes sources. La vue de ce grandiose portique a toujours impressionné l'imagination des habitants de cette contrée, depuis les époques les plus lointaines. D'abord ils s'installèrent dans ce vaste et commode abri. Ils le consacrèrent ensuite au culte de leurs divinités. Ainsi par-dessus des amas de silex taillés et d'ossements cassés, fouillés pour la première fois par M. Er. Chantre [1], se dresse un autel votif romain et, près de l'entrée de la grotte, s'élève une ancienne chapelle restaurée à plusieurs époques.

Là ne s'est pas arrêtée cette sorte d'envahissement, les tribus magdaléniennes semblent avoir laissé des traces de leur campement en remontant la vallée de l'Arc, jusque près de Modane, à Villarodin, et en suivant le cours du Rhône elles ont pénétré jusqu'au pied du Salève, près de Genève. Dans cette station de Veyrier, MM. Alph. Favre [2], Gosse et Thioly ont recueilli des lames de silex, des harpons, des bâtons de commandement en bois de renne.

Rien ne manque donc pour préciser nettement l'âge de cette importante station, ainsi que des gisements de la Balme, de Bethenas et de Brotel. En même temps leur situation en plein pays glaciaire, où l'on n'avait jamais signalé aucun débris d'une industrie plus ancienne, peut faire connaître d'une manière très simple le moment du recul des glaciers quaternaires et permet de le placer après le solutréen, au commencement du magdalénien. De tous ces faits, aucun ne vient infirmer notre croyance en l'unité de la période glaciaire dans le bassin du Rhône. Bien au contraire, ils viennent l'appuyer et la soutenir. Non seulement nous n'avons vu affleurer qu'un seul terrain glaciaire depuis Genève jusqu'à Lyon, mais encore on n'a jamais vu des intercalations ni des enchevêtrements de couches de moraines et de silex taillés, accompagnés de produits industriels de diverses époques, comme il s'en serait effectué très certainement, si le glacier du Rhône s'était avancé plusieurs fois dans les plaines dauphinoises et sur le plateau des Dombes, pour se retirer ensuite, car, tout aussi bien que ceux de la Madeleine, les hommes de Chelles, du Moustier ou de Solutré auraient suivi les fluctuations des anciens glaciers.

Pour nous, des répétitions de terrains glaciaires bien plus limitées et circonscrites étroitement au pied des Alpes, comme celles du bois de la Bâtie, près de Genève, ne révèlent que des mouvements oscillatoires des anciens glaciers se rattachant à de simples

1. *Etudes paléontologiques*, etc.
2. *Description géologique du canton de Genève*, t. II, p. 56.

phases de la période glaciaire. On ne doit tirer aucune conclusion générale de ces faits locaux et restreints.

Mais revenons au mode de groupement des stations magdalé-

Fig. 55. — Entrée de la grotte de La Balme (Isère).

niennes dans la vallée du Rhône. Dans le département de Saône-et-Loire, les grottes de Mellecey, de Rully, dont nous avons déjà parlé, ont donné, avec des produits solutréens, des lames de l'époque de la Madeleine, ainsi que des ossements éclatés de rennes, de chevaux, de mammouths, etc. L'atelier de Charbonnières a été réouvert après le dépôt d'une couche de lehm rouge; cette reprise des travaux semble plutôt avoir été faite par les habitants de Solutré que pendant l'époque de la Madeleine, comme le croyait Ferry. Mais avouons que, lorsqu'on veut remonter ainsi jusqu'aux plus lointains débuts de notre civilisation, il est bien difficile, sinon imprudent de vouloir établir avec précision des limites chronologiques pour chaque fait.

Entre le nord et le sud du bassin du Rhône, il n'y avait plus d'obstacles. La retraite des glaciers avait rendu les communica-

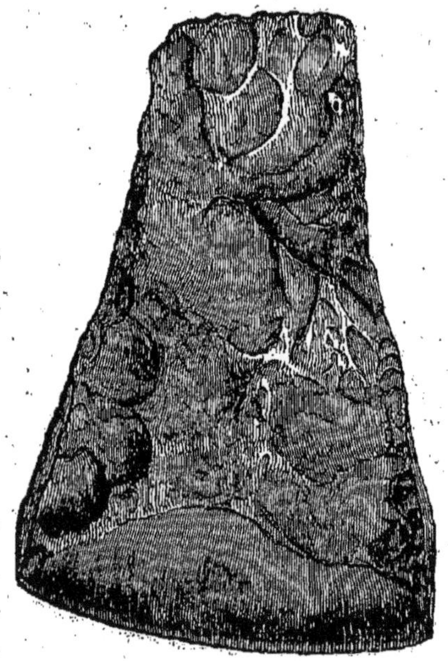

Fig. 56. — Hache en pierre de la Nouvelle Zélande (d'après Lubbock).

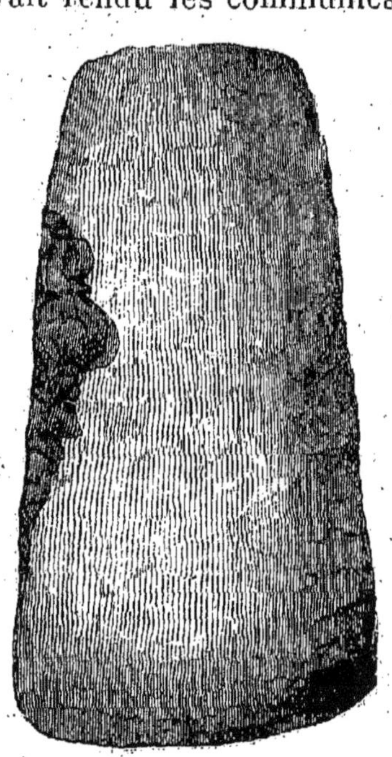

Fig. 57. — Hache en pierre polie des lacs suisses.

tions faciles, et les stations humaines s'étaient partout multipliées.

Dans l'Aude, Tournal, qui s'est rendu célèbre en signalant pour la première fois les ossements de l'homme des cavernes, a fouillé les grottes de Bize; dans l'Hérault, le Gard, l'Ardèche, les Bouches-du-Rhône, MM. Cazalis de Fondouce, Jeanjean, Marion, Ollier de Marichard, etc., ont fouillé de nombreuses grottes, quelques abris ou autres stations, dont ils ont exhumé des silex magdaléniens avec des ossements de rennes, des instruments en os et quelques dessins au trait.

Période actuelle : époque robenhausienne. Origine du nom; industrie; idée religieuse; habitations et monuments; climat; agriculture; conclusion. — Si nous avions à continuer cette étude, nous constaterions que les progrès incessants de la civilisation n'ont fait que s'accroître depuis le retrait des glaciers quaternaires, et nous passerions de ce qu'on appelle la *période de la pierre taillée* à celle *de la pierre polie*. La première époque de cette nouvelle période porte le nom de *robenhausienne*, qu'elle a emprunté au petit hameau de Robenhausen, canton de Zurich, près duquel on a trouvé dans un marais une station très riche en instruments faits en pierre taillée et polie.

Avant l'usage des métaux, l'homme a continué pendant longtemps à se servir d'instruments en pierre, mais à l'époque robenhausienne les silex furent plus habilement retouchés qu'à l'époque de Solutré; des pointes de flèches à pédoncule, avec ou sans

Fig. 58. — Pointe de flèche préhistorique, en silex (France).

Fig. 59. — Pointe de flèche moderne en silex (Terre-de-Feu).

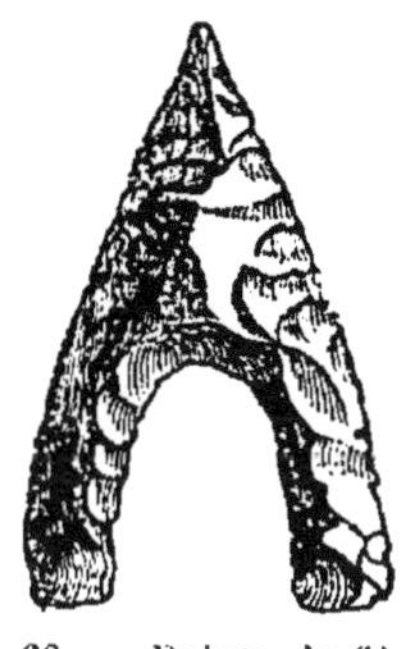

Fig. 60. — Pointe de flèche à ailerons sans pédoncule ou soie (d'après Lubbock).

barbelures, et d'autres finement dentées, dénotent une adresse extrême de la part des ouvriers qui les ont si élégamment fabriquées. A ces silex retaillés sont venus s'adjoindre d'autres instruments faits avec toute espèce de pierres dures, polies avec soin sur des grès : ce sont entre autres des haches, des marteaux,

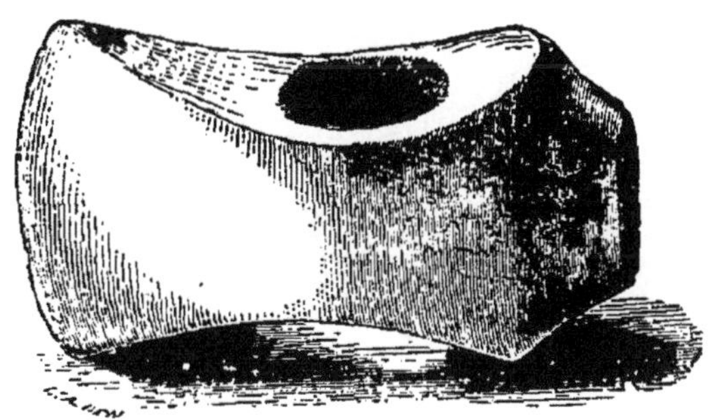

Fig. 61. — Hache-marteau en diorite (d'après J. Evans).

auxquels on adaptait des emmanchures en bois ou en cornes de cervidés.

Pour la première fois on voit apparaître dans les stations les débris d'une poterie grossière, façonnée simplement à la main et cuite à l'air libre. Mais avec ces fragments de vases en terre et ces instruments en silex retaillés et en pierre polie, on continue à trouver des objets de toilette : ce sont des parures en coquilles, en dents d'animaux, des anneaux en pierre, etc.; enfin de grossières étoffes tissées complétaient, avec des peaux d'animaux et des fourrures, les moyens de se vêtir. Toutefois, il faut constater

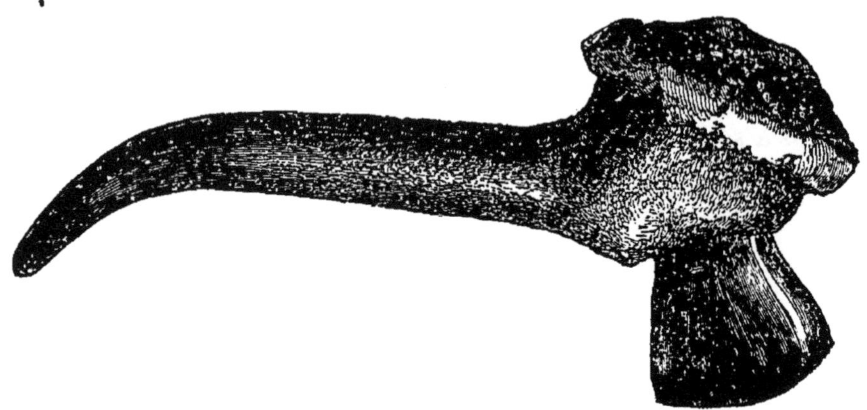

Fig. 62. — Hache emmachée dans un bois de cerf. Palafitte de Concise (d'après G. de Mortillet).

qu'on n'a trouvé dans les stations robenhausiennes aucune trace de sculpture et de gravure. Le développement du sentiment artistique semble donc avoir subi un temps d'arrêt ; néanmoins l'essor de l'intelligence n'est pas entravé, puisque, à la même

Fig. 63. — Morceau de tissu trouvé à Robenhausen (d'après Lubbock).

époque, on voit des idées religieuses se combiner avec le culte des morts.

Les grottes, les surplombs ou les simples abris escarpés servaient toujours d'habitations dans les pays accidentés, mais dans les plaines, loin des rochers, l'art de construire était assez avancé pour permettre d'établir de véritables maisons en bois et en torchis, afin de remplacer la hutte primitive en feuillage. Ces maisons en bois, élevées sur la terre ferme, ont laissé de très rares vestiges, car elles étaient exposées à une prompte décomposition[1].

Mais il n'en a pas été de même pour celles qui étaient construites sur pilotis dans les eaux d'un lac, et dont la réunion forme ce qu'on appelle aujourd'hui une *cité lacustre* ou *palafitte*.

Loin de s'arrêter dans leur mouvement de recul, pendant l'époque magdalénienne, les glaciers quaternaires finirent par abandonner les plaines et par se retirer dans les hautes vallées.

Fig. 64. — Palafitte ancienne des lacs de la Suisse restituée en partie, etc., etc.

A l'époque robenhausienne, on vit donc apparaître tous ces beaux lacs dont nous avons cherché à expliquer le creusement et qui forment une espèce de ceinture tout autour du massif alpin, depuis la Suisse jusqu'au versant oriental autrichien.

A la vue de ces lacs qui venaient de s'épanouir comme des fleurs après la fonte des neiges et des glaces, l'homme des temps robenhausiens eut l'ingénieuse idée de les utiliser en quelque sorte et de les faire servir à sa défense ; non seulement il avait besoin de se protéger contre les intempéries de l'air, mais aussi contre les attaques des animaux sauvages et celles de ses semblables. Il construisit donc à une certaine distance du rivage des habitations sur pilotis[2]. Une longue avenue également sur pilotis réunissait ces cités lacustres à la terre ferme, et une espèce de pont-levis en barrait l'entrée en cas de danger. Les habitations

1. De Mortillet, *ouvrage cité*, p. 488.
2. Joly, l'Homme avant les métaux, ch. v, p. 97, *Bibl. scient. intern.*, 1880.

ont disparu, mais l'eau a conservé les pilotis et, en suivant leurs alignements, on peut reconstruire par la pensée la disposition de ces étranges cités, dont on compte des centaines dans les lacs de la Suisse, de l'Italie, de la Bavière et de l'Autriche.

Ce mode de construction, qui assurait la défense des populations primitives et garantissait leurs biens, ne disparut pas avec les mœurs préhistoriques. Il se maintint encore longtemps dans le bassin du Rhône. M. E. Chantre [1] a même rattaché à la civilisation carlovingienne les pilotis et les autres restes de cités lacustres signalés par le professeur Fournet [2] et M. Vallier [3] dans le petit lac de Paladru, au nord de Voiron (Isère). En Océanie, cet usage persiste encore.

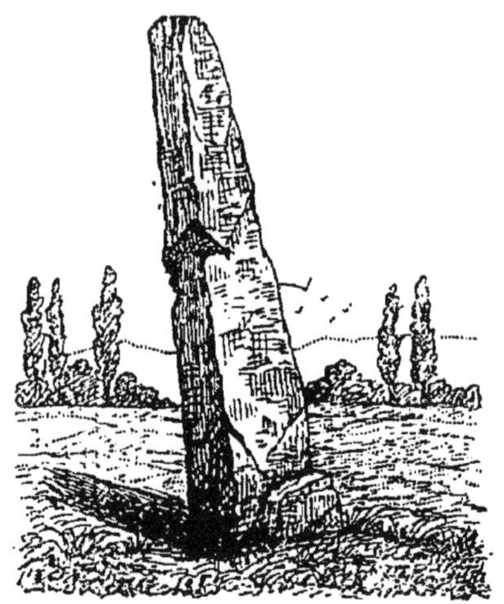

Fig. 65. — Menhir des Champs-Sanguiny, à Vinières, au nord de Tournus (Saône-et-Loire).

Mais les peuplades robenhausiennes ont élevé loin des lacs des monuments plus durables; ce sont les monuments mégalithiques, *menhirs*, *alignements*, *dolmens*, formés d'une ou de plusieurs pierres énormes plantées en terre, isolément ou par groupes et réunies quelquefois entre elles par d'immenses dalles transversales. Ils servaient de limites à des provinces, ou de monuments commémoratifs, ou bien encore de tombeaux, s'ils étaient couverts.

Le climat était devenu assez chaud pour anéantir quelques espèces depuis disparues, telles que le mammouth, le *Rhinoceros tichorhinus*, etc., et faire fuir vers le nord ou vers les hautes cimes le renne, le chamois et leurs compagnons. Mais d'autres espèces plus sociables, le chien, le cheval, la chèvre, le mouton, le cochon, s'étaient rapidement multipliées sous l'influence d'une intelligente domestication.

En outre, la découverte d'une quantité de grains de blé, d'orge ou de seigle dans les rejets des cités lacustres semble révéler les premiers essais de l'agriculture.

Ces quelques indications doivent nous suffire, puisqu'elles nous ont permis de jeter un rapide coup d'œil sur l'évolution de l'in-

1. *Les Palafittes du lac de Paladru*, etc., Maisonville, Grenoble, 1871.

2. De l'Influence du mineur sur la civilisation, etc., *Mém. de l'Acad. de Lyon*, t. XI, XII, 1860.

3. La Légende de la ville d'Ars sur les bords du lac de Paladru, etc. Grenoble, 1866.

dustrie et de la pensée humaines après le recul des glaciers. D'ailleurs la période glaciaire ne s'est pas prolongée jusqu'à l'époque robenhausienne, dont l'étude doit rester par conséquent en dehors de notre programme.

A la fin de l'époque de la Madeleine, la série des temps géologiques s'est brisée, et l'on a vu poindre l'aurore de la période actuelle.

Fig. 66. — Dolmen composé en partie de blocs erratiques; Buzy, vallée de Laruns, ancien glacier d'Ossau (Basses-Pyrénées), d'après une photographie de M. Trutat.

Dans un milieu qui est resté en partie enveloppé dans de lointaines ténèbres, l'humanité a joué le premier acte de son grand drame; mais la scène s'est dégagée progressivement des obscurités qui l'avaient voilée tout d'abord. A ce point de vue, les géologues n'auront plus qu'un rôle secondaire à remplir, et l'archéologie préhistorique préparera les voies à l'histoire, en poursuivant avec persévérance et ardeur les recherches que Boucher de Perthes, Rigollot, Ed. Lartet, Christy et tant d'autres savants ont si brillamment inaugurées en France.

CHAPITRE XV

DESCRIPTION GÉOGRAPHIQUE DU TERRAIN GLACIAIRE EN FRANCE

GLACIER DU RHÔNE — ALPES OCCIDENTALES — ALPES MARITIMES JURA

Bassin du Rhône. — Généralités. — Bassin du Léman et de la plaine suisse. — Vallée de l'Arve. — Vallée du Rhône jusqu'à Culoz; Savoie. — Grésivaudan; environs de Grenoble. — Vallée de la Côte-Saint-André; Thodure, Antimont. — Cirque de Belley; Bugey. — Petit-Bugey: massif de la Grande-Chartreuse; Terres-Froides; plateaux calcaires du Bas-Dauphiné. — Plaines du Bas-Dauphiné; Lyonnais; Dombes et Bresse. — Alpes Occidentales. — Alpes Cottiennes. — Alpes Maritimes. — Jura.

Bassin du Rhône. Généralités. — Dans le second chapitre de cet essai, lorsque nous avons écrit l'histoire des progrès de la théorie glaciaire, nous avons été forcément amené à mentionner la plupart des gisements du terrain erratique en France, à mesure que nous avons eu à enregistrer les découvertes et les travaux de chaque nouvel explorateur. Mais ces quelques traits posés à la hâte et par ordre chronologique ne peuvent même pas constituer l'esquisse la plus rudimentaire d'une description géographique du terrain erratique français. Aussi, pour compléter cette étude des phénomènes de la période glaciaire en France, il nous paraît indispensable de rechercher sur notre sol les traces du passage des anciens glaciers, afin d'essayer d'en retracer les allures et de décrire les régions qu'ils ont recouvertes de leurs moraines profondes.

Nous allons donc nous efforcer de combler cette lacune, et nous nous occuperons d'abord du terrain erratique du bassin du Rhône et du versant occidental des Alpes, le plus important de tous. Pour éviter de répéter ici ce que nous avons déjà écrit ailleurs [1]

1. Falsan et Chantre, *Monographie des anciens glaciers et du terrain erratique de la partie moyenne du bassin du Rhône*. 2 vol. gr. in-8°, avec atlas et planches. Lyon, 1879. — Falsan, *Esquisse géologique du terrain erratique et des anciens glaciers de la région centrale du bassin du Rhône*, 1 vol. in-8°, avec planches et coupes. Lyon, 1883; etc.

sur le terrain erratique du bassin du Rhône, nous nous bornerons à le décrire rapidement.

Le massif du Saint-Gothard ne renferme pas les cimes les plus élevées de l'Europe; le Mont-Blanc (4810^m), le Mont-Rose (4638^m), le mont Cervin (4484^m), etc., ne lui appartiennent pas; cependant il forme une espèce de protubérance allongée de l'est à l'ouest qui domine en hauteur toutes les autres régions de notre continent.

De cette chaîne culminante rayonnent de tous côtés de grands cours d'eau qui vont porter leur tribut dans la plupart des mers de l'Europe. L'Inn, affluent du Danube, se perd au loin et à l'est dans la mer Noire; le Rhin va se jeter dans la mer du Nord; le Tessin, après s'être mêlé avec le Pô, devient un des tributaires de l'Adriatique au sud-est. Enfin le Rhône se dirige au sud et roule jusque dans la Méditerranée les produits de la fonte des grands glaciers du Valais et du massif du Mont-Blanc.

Au début de la période glaciaire, le massif du Saint-Gothard ainsi que le groupe du Mont-Blanc et les deux chaînes élevées qui bordent la vallée du haut Rhône, les chaînes du Mont-Rose et de l'Oberland bernois devinrent aussitôt les plus puissants et les plus vastes condensateurs, et ce fut contre leurs parois rocheuses que vinrent se refroidir et se condenser les vapeurs humides et tièdes enlevées par les vents aux océans lointains, puis charriées à travers les couches atmosphériques. Petit à petit le phénomène se généralisa, et le massif entier des Alpes, tout aussi bien que les autres montagnes élevées de la France et de l'Europe centrale, fut soumis à la glaciation.

A la suite de fréquentes et abondantes précipitations, la neige couvrit toutes ces hauteurs et s'accumula dans leurs dépressions. Les larges amphithéâtres qui dominent et entourent les points d'origine des grandes vallées servirent de bassins-réservoirs et s'emplirent ainsi de neige. Cette neige se transforma en névés, puis en glace. Sous l'influence de la dilatation, de la pesanteur et sans doute de quelques autres causes encore mal définies, ces névés et ces glaces se mirent en mouvement et devinrent de majestueux glaciers dont il ne reste plus que quelques lambeaux isolés aux sommets des plus hautes montagnes.

Les vallées de l'Inn, du Rhin, du Tessin et du Rhône furent donc les premières occupées par d'immenses courants de glace qui y ont laissé partout des traces de leur passage. Après les temps quaternaires, ces glaciers ont fondu en grande partie, et leurs restes, qui constituent les glaciers modernes, se sont cantonnés loin des sources de leurs fleuves respectifs, sur les hauteurs les plus favorablement disposées. Le glacier du Rhône[1] a fait seul exception à la règle commune; il s'est maintenu assez bas dans la

1. Voir le frontispice.

vallée pour laisser le Rhône s'échapper directement de son front de glace.

Malgré leur dégénérescence, les glaciers actuels ont conservé souvent une certaine importance; en premier lieu, citons ceux du Bernina, du Mont-Blanc, du Mont-Rose, du mont Cervin et de l'Oberland bernois. Le glacier d'Aletsch, qui dépend de ce dernier groupe, est le plus grand glacier de l'Europe centrale et mesure près de 20 kilomètres. Les flancs du Mittaghorn, de la Jungfrau, des Viescherhörner, etc., se dressent en magnifiques amphithéâtres au-dessus de ce glacier, et ce sont les névés et les neiges qui glissent le long de leurs pentes qui l'alimentent sans cesse. Ainsi s'explique avec facilité son énorme développement.

Quant au glacier du Rhône, il est engendré et entretenu par les névés qui tapissent le vaste amphithéâtre formé par les pentes des Gelmer-Horner (3181^{m}), du Thierälplistok (3395^{m}), du Schneestok (3509^{m}), du Galenstok (3597^{m}), et qui suffisent pour le maintenir jusqu'en bas, dans la vallée (1756^{m}).

Ce sont donc les amphithéâtres ou bassins-réservoirs qui engendrent les glaciers; mais, répétons-le, ces masses de glaces, puisqu'elles sont douées de mouvement, ont par conséquent une force énorme, proportionnée à leur volume et à leur poids. Forcément elles doivent réagir sur les roches qui les supportent et qui leur servent de lits. En glissant sur des parois élevées et fortement inclinées, elles leur enlèvent toutes leurs aspérités, les polissent, les creusent et leur donnent ces formes arrondies qu'on admire dans les Pyrénées, depuis que la fonte des anciens glaciers les ont laissées à découvert. Ce sont ces bassins-réservoirs que de Charpentier a appelés *cirques*, nom resté dans le langage scientifique, comme celui d'*oule* (*marmite*) est usité chez les montagnards pyrénéens [1].

Il est donc fort probable, ainsi que l'a fait observer M. le Dr A. Penck [2], que des cirques semblables à ceux des Pyrénées sont disposés assez régulièrement au-dessus du glacier du Rhône et des autres grands glaciers des Alpes; seulement ils sont voilés par d'épaisses couches de neige et de glace; mais si ces masses d'eau congelée venaient à fondre, on verrait apparaître dans les Alpes des cirques plus vastes et plus beaux que ceux des Pyrénées.

Après ces observations générales, qui trouvent bien leur place ici, puisqu'elles se rapportent à l'origine des glaciers et en particulier à celle du glacier du Rhône, nous allons aborder l'étude du développement de ce dernier glacier ainsi que celle du terrain erratique qu'il a transporté.

1. *Ante*, p. 88, 160.
2. *Ante*, p. 88, 160.

Valais. — Le glacier actuel du Rhône ne peut donner aucune idée des dimensions gigantesques qu'il avait à l'époque quaternaire [1].

Encaissé au pied des hautes cimes dont nous venons de parler, il occupe, sur une longueur de 8 à 10 kilomètres seulement, le fond d'une large vallée qui s'abaisse rapidement depuis le Triftpass (3100^m^) jusque vers l'hôtel et les sources tièdes (1756^m^), soit une différence de niveau de plus de 1300 mètres ou une pente d'environ $\frac{11}{100}$. Aussi de loin on le prendrait, avec ses crevasses et ses séracs, pour une immense cataracte congelée instantanément.

Au moment du paroxysme de la période glaciaire, il n'en était pas de même : la surface supérieure de l'ancien glacier du Rhône, au lieu de ressembler à un fleuve bondissant au milieu d'énormes rapides, formait sur une étendue de 400 kilomètres, jusqu'à Lyon et à Bourg, une nappe immense d'une pente relativement très faible, en moyenne d'environ $\frac{8}{1000}$ par mètre ; très accentuée, il est vrai, dans les vallées alpestres et devenant presque horizontale dans les plaines du Dauphiné et des Dombes.

C'est en recherchant avec patience les traces que le glacier du Rhône a laissées contre les hautes cimes qu'il a polies et striées ; c'est en notant avec soin les cotes où se trouvent échoués les blocs erratiques ; c'est en poursuivant partout les moindres restes du terrain erratique que les géologues sont parvenus à reconstituer cet ancien glacier, à rétablir son niveau supérieur et à retrouver les détails de sa marche.

Tout à fait à son point de départ, d'après M. A. Favre [2], des surfaces polies et frottées apparaissent au Schneestock à 3550 mètres ; c'est le point culminant signalé. M. Gosset les a reconnues au Furkahorn, à 2800 mètres sur la rive gauche, et M. l'ingénieur-géographe Anselmier [3] en a retrouvé au Thierthäli (3345^m^) sur la rive droite. Disons encore que, par-dessus ce niveau donné par les roches moutonnées, il devait y avoir d'épaisses couches de glace, de névé et de neige dont une partie même pouvait se déverser dans le bassin de l'Aar, de l'autre côté de la ligne de partage des eaux. Nous ne pouvons donc que fixer approximativement le niveau supérieur de l'ancien glacier du Rhône.

Sur les pentes de l'Eggishorn, M. A. Favre [4] a vu des blocs erratiques à 2700 mètres et, comme sur ce point le thalweg de la vallée du Rhône est à la cote de 1020 mètres, la puissance verticale de la glace était de 1680 mètres. En poursuivant sa route, le grand gla-

1. *Ante.* Frontispice et la coupe de l'ancien glacier du Rhône, PL. II.
2. Notice sur la conserv. des blocs errat. et sur les anc. glac. du revers septentrional des Alpes. *Arch. des sciences nat. de la Bibl. univer.*, t. LVII, 1876, p. 192.
3. *In* Favre, *Arch. des sciences nat. de la Bibl. univer.*, t. LVII, 1876, p. 192.
4. *In* Falsan et E. Chantre, *Monographie*, etc., t. II, p. 176.

cier recevait les glaciers secondaires qui descendaient le long des pentes des massifs de la Jungfrau, du mont Cervin, du Mont-Rose et des chaînes qui en dépendent. Chaque vallée apportait son tribut et la masse du glacier troncal se grossit tellement que, jusqu'à l'Arpille (2082^{m}) [1], à l'ouest de Martigny, son épaisseur put sensiblement se maintenir la même, soit de 1600 mètres environ. D'ailleurs le coude que fait brusquement le Valais près de cette petite ville devait ralentir la marche du glacier et en diminuer l'écoulement.

Près de Martigny, le glacier du Rhône recevait non seulement l'apport considérable des anciens glaciers de la Dranse, du Tour et de Trient, mais encore au moment de la plus grande extension un grand courant de glace se séparait des glaciers de Chamounix, franchissait le col des Montets, qu'il couvrait de blocs erratiques, et opérait sa jonction avec le glacier du Rhône. Cet état de choses ne fut que temporaire et, dès que leur niveau s'abaissa, toutes les glaces du Mont-Blanc s'écoulèrent par la vallée de l'Arve.

Une observation de MM. Desor, Renevier et A. Favre [2] sur les flancs de la Dent-de-Morcles (1650^{m}) semble prouver que le niveau supérieur du glacier s'était abaissé assez rapidement sur une petite distance; puis, en aval, sa pente était devenue moins sensible jusqu'au Chasseron (1352^{m}) sur le Jura, de l'autre côté du lac de Genève [3]. Au pied de la Dent-de-Morcles, l'épaisseur de la glace était encore de 1210 mètres à 130 kilomètres du Schneestock, son point de départ.

Au bas du Val-d'Illier, au Monthey, presque en face de la Dent-de-Morcles, il y a un amas considérable de blocs erratiques gigantesques, parmi lesquels on remarque la *Pierre-à-Dzo*, et la *Pierre-à-Muguets*, dont nous avons déjà parlé [4].

Bassin du Léman et de la plaine suisse. — Mais, avant d'atteindre le niveau supérieur dont nous venons de parler, le glacier du Valais avait passé par diverses phases de développement ou de diminution, et il n'avait sans doute que des dimensions moyennes, lorsqu'il atteignit pour la première fois le delta formé par les alluvions qui l'avaient précédé dans le lac de Genève. Ce delta, ou cône de remblais, fut rapidement franchi et le front du glacier s'avança lui-même dans les eaux du lac.

Nous ne pouvons répeter ici ce que nous avons déjà dit [5] relativement au remplissage du lac par les glaces du Valais et des montagnes voisines, mais nous dirons seulement que, lorsque la dépression du lac fut comblée, les glaces continuèrent à s'accu-

1. *In* A. Favre, *op. cit.*, p. 192.
2. *In* A. Favre, *op. cit.*, p. 192.
3. M. Schussler, *in* Favre, *op. cit.*, p. 192.
4. *Ante*, p. 77.
5. *Ante*, p. 135, 136.

muler, et que leur surface s'éleva progressivement dans tout le bassin pour y constituer une vaste nappe presque horizontale.

Au débouché du Valais, la poussée du glacier se fit en ligne droite et vint frapper directement le Chasseron (1611^m), une des sommités du Jura : alors le glacier du Rhône s'éleva jusqu'à 1233 mètres entre Maubourget et Sainte-Croix, où M. le professeur Renevier [1] a découvert une superbe moraine frontale et de nombreux blocs erratiques.

Après cette rencontre, le glacier ne pouvait s'avancer au delà; mais, pour céder à l'impulsion dont il subissait l'influence, il fut forcé de se diviser en deux branches : l'une se dirigea vers le sud-ouest et la vallée du Rhône, tandis que l'autre remonta au nord-est vers les bassins de l'Aar et du Rhin.

Du Chasseron ce dernier courant de glace glissa le long des flancs du Jura suisse en laissant des fragments erratiques valaisans au Chasseral (1306^m), à Buremberg (1221^m), au Buschberg (1700^m). A travers le Frickthal il s'avança vers le Rhin et n'atteignit plus que l'altitude de 470 mètres au Kaisterberg. La glace n'avait plus que 136 mètres d'épaisseur, après avoir parcouru un espace de 140 kilomètres depuis le Chasseron [2].

Mais les sommets du Jura ne forment pas une arête continue; la chaîne est découpée transversalement par plusieurs échancrures qui permirent à l'erratique alpin de pénétrer dans l'intérieur des régions calcaires [3].

Les glaces de la rive droite du courant nord du glacier du Rhône, après avoir contourné la Dent-de-Lys et laissé des vestiges de leurs moraines latérales à Borbintze (1390 m.), se dirigèrent vers Berne pour s'unir aux glaciers de l'Aar, de la Reuss, de la Linth, qui descendaient de la haute chaîne de l'Oberland bernois [4]. C'est incontestablement cette branche nord du glacier du Rhône qui a transporté sur la colline du Steinhof, près de Soleure, le bloc monstre d'Arkésine, qui cube 2060 mètres et qui provient du Valais après avoir parcouru une distance de 46 lieues [5]! Puis toutes ces masses de glace allèrent conjointement se confondre avec l'énorme glacier du Rhin, qui les absorba toutes.

Après la bifurcation opérée par la résistance du Chasseron, une quantité énorme de glaces valaisanes, grossie par les grands gla-

1. *Bull. Soc. vaud. des sc. nat.*, t. XV, p. 21, 1879.

2. A. Favre, *op. cit.*, p. 192.

3. E. Benoit, Glaciers alpins dans le Jura. *Bull. Soc. géol.*, 3e série, t. V, p. 61, 1876.

4. Consulter A. Favre, *Carte du phénomène erratique et des anciens glaciers du versant nord des Alpes suisses et de la chaîne du Mont-Blanc* au 1/150.000, en 4 feuilles chromo. 1884.

5. Favre, Carte du phénomène erratique et des anciens glaciers du versant nord des Alpes suisses, etc. *Archives des sc. phys.*, t. XII.

ciers des montagnes de la Haute-Savoie et par les petits glaciers à moraines calcaires, se dirigea au sud-ouest en suivant le sens de la vallée du Rhône. Tout le pays et même le fond du lac sont couverts de lambeaux de moraines avec blocs erratiques. Près de Divonne et même dans le pays de Gex, plusieurs de ces blocs ont des noms particuliers : il y a la *Boule-de-Samson*, le *Galet-de Gargantua*, la *Pierre-de-la-Fontaine-de-Goliath*, le *Gros-Piram*, etc. Impressionnées par la grandeur de leur volume ou l'étrangeté de leurs formes et de leur position, les anciennes populations du pays de Gex ont fait figurer ces pierres dans les vieilles légendes et parfois même elles les ont ornées d'écuelles ou de grossières sculptures. Les blocs à écuelles sont très nombreux depuis Iverdon jusqu'à Genève.

Nous figurons, d'après Desor[1], la *Pierre-de-Montlaville* réduite à $\frac{1}{30}$ et nous y joignons la figure de la *Pierre-aux-Dames*, trouvée sur un tumulus près de Troinex, au pied du Salève, et transportée depuis sur la promenade des Bastions à Genève[2].

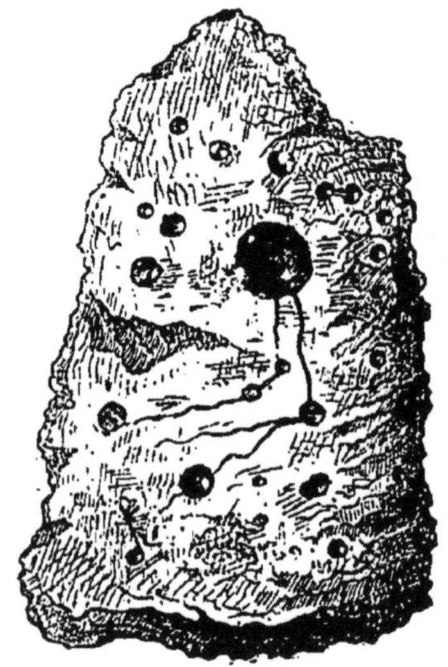

Fig. 67. — Pierre-de-Montlaville. Bloc erratique avec écuelles, d'après Desor (Suisse).

Lorsque les phénomènes de la glaciation eurent atteint leur maximum d'intensité, la surface des glaces formait une immense plaine sensiblement horizontale au-dessus de la basse Suisse et du lac de Genève, sur une longueur de 150 kilomètres, depuis le Chasseral, où les blocs apparaissent à 1306 mètres, jusqu'au Salève, où on les retrouve à 1308 mètres[3]. La riante vallée du Léman n'aurait offert alors aux regards surpris que l'aspect désolé des champs de glace du Groenland. A partir du fond du lac (41 m.), l'épaisseur de cette prodigieuse masse d'eau congelée devait être au moins de 1310 mètres, car au sortir du Valais il y avait une sorte de renflement et au Chasseron le terrain erratique s'élève à la cote de 1350 mètres.

Vallée de l'Arve. — La vallée de l'Arve, à la même époque, était occupée par un puissant glacier dont l'origine se confondait avec les points les plus élevés du massif du Mont-Blanc et des montagnes qui l'entourent.

1. *Les Pierres à écuelles*. Borel, Neuchâtel, 1879, p. 9.
2. A. Favre, *Description géologique du canton de Genève,* t. II, § 51.
3. Favre, Carte du phénomène erratique, etc. *Archives sc. phys.*, t. XII, p. 410, 1884.

Près des Aiguilles-Rouges, du Montanvers et des Posettes, M. Favre indique des surfaces frottées à 2200 mètres. Mais ce niveau ne put se maintenir à cette hauteur par suite de l'écoulement assez rapide de la glace et, malgré l'apport des vallées laté-

Fig. 68. — La Pierre-aux-Dames. Bloc erratique orné de figures, d'après M. A. Favre (Genève).

rales, il s'abaissa progressivement; il s'élevait à 1806 mètres à la Flégère, à 1463 mètres à Saint-Nicolas-de-Véroce et à 1300 mètres au défilé de Cluses. Le col de Mégève, sur la rive gauche, ne s'élevant qu'à 1110 mètres, put servir de déversoir temporaire à une partie des glaces de l'Arve, qui vinrent se confondre avec celles du bassin de l'Isère.

Vallée du Rhône jusqu'à Culoz; Savoie. — Au delà de Genève, le glacier du Rhône ne tarda pas à se heurter contre la barrière

Fig. 69. — Bloc du Mont-de-Sion (Haute-Savoie).

transversale du Mont-de-Sion et du Vuache. Il fut forcé de suspendre sa marche, reflua sur lui-même et couvrit d'énormes blocs erratiques les montagnes qui obstruaient sa route. De Luc s'est occupé de ces amas de blocs il y a longtemps, et nous en figurons deux.

Mais les glaces s'enflèrent toujours et finirent par franchir l'obstacle qui s'était opposé à leur progression. Elles se dirigèrent de nouveau vers le sud, et, chemin faisant, elles augmentèrent encore leur volume en recevant sur la rive droite du Rhône le tribut des glaciers combinés de la Valserine et de la Semine; puis elles glissèrent simplement le long des flancs de la chaîne du Colombier jusqu'à Culoz, en abandonnant partout des roches alpines.

Pendant ce temps-là, d'autres glaces s'accumulèrent dans les bassins d'Annecy, de l'Isère et de l'Arc, et il s'y produisit des phénomènes analogues. Chaque vallée eut d'abord son glacier;

Fig. 70. — Bloc du Mont-de-Sion (Haute-Savoie).

puis il se forma des glaciers troncaux par la réunion des glaciers secondaires en un seul. Enfin les glaciers de premier ordre disparurent souvent eux-mêmes pour ne laisser qu'une immense nappe de glace dominée par quelques arêtes ou quelques cimes encore plus élevées.

C'était l'époque de la plus grande extension des anciens glaciers. De Bellegarde à Culoz le niveau supérieur du glacier du Rhône devait être, d'après E. Benoît[1] et nous, de 1200 mètres. La montagne des Princes et la chaîne du Gros-Foug, qui séparent la vallée du Rhône du bassin d'Annecy, furent momentanément ensevelies dans une mer de glace qui s'étendait depuis le Colombier jusqu'aux montagnes alpines de la Haute-Savoie. Cette cote de 1200 mètres est fort remarquable, car, depuis Bellegarde et Culoz, on la suit d'étape en étape sur les pentes de la Dent-du-Chat, au col du Pré, à la montagne de la Thuile, dans les envi-

1. Consultez, pour ce chapitre, Benoît, Note sur les dépôts erratiques alpins dans l'intérieur et sur le pourtour du Jura méridional, *Bull. Soc. géol.*, 2ᵉ série, t. XX, p. 321, 1863.

rons d'Aix et de Chambéry, au col du Frêne (1164^{m}), sur la route de Chambéry à Saint-Pierre-d'Entremont, puis dans le Grésivaudan jusqu'à Grenoble, où M. Lory a retrouvé à la même altitude des blocs silicatés sur les montagnes qui dominent l'Isère.

Le niveau régulier de ces cotes[1] sur une distance d'une centaine de kilomètres prouve que le glacier du Rhône et les glaciers del-

Fig. 71. — La Pierre-du-Gros-Car; Saint-André (Haute-Savoie).

phino-savoisiens, pour ainsi dire arrêtés dans leur extension à l'ouest par les chaînes du Colombier, de la Dent-du-Chat, et le massif de la Chartreuse, s'équilibraient les uns les autres, et quoique une partie des glaces pût s'écouler par les vallées du Rhône et de l'Isère ainsi que par les cols de la Dent-du-Chat et de l'Épine, la vallée des Échelles, etc., il s'était formé une vaste nappe de glace analogue à celle qui s'étalait le long du Jura, dans la plaine suisse et dans le bassin du Léman.

Tout le long de la route suivie par le glacier, le sol est parsemé

1. Cf. la coupe de Culoz à Grenoble, fig. 6, p. 66.

de terrain erratique et de gros blocs. Nous n'en citerons que quelques-uns : à l'entrée du Val-du-Fier, sur le chemin de Saint-André à Chavanes, il y a un gros bloc anguleux de gneiss cubant une centaine de mètres : il s'appelle la *Pierre-du-Gros-Car*.

On voit un bloc moins gros de grès anthracifère d'une dizaine de

Fig. 72. — Bloc au nord du château de Châtillon, près d'Aix (Savoie).

mètres dans la vigne des Teppes, au nord du château de Châtillon. Autour de ce bloc, les calcaires présentent de grandes surfaces

Fig. 73. — Bloc au bord du chemin de Landar à Chanaz (Savoie).

polies et striées dans le sens de la marche du glacier de la Savoie venant se joindre à celui du Rhône.

Un autre bloc à moitié brisé apparaît au-dessus de Chanaz, au bord du chemin de Landar.

Au pied de la Dent-du-Chat, un gros bloc de brèche triasique est perché d'une manière très pittoresque sur d'autres roches [1] alpines; sur le bord de la route, à l'ouest du Bourget et près de la Motte-Servolex, il y a un groupe de blocs de granite porphyroïde, de grès et de poudingue anthracifères de 30, 50 et 80 m. cubes [2].

Dans les environs de Chambéry, les blocs sont très nombreux; nous allons en figurer quelques-uns qui se trouvent près du Pas-de-la-Fosse, route de Chambéry à Saint-Pierre-d'Entremont.

Fig. 74. — Bloc erratique près de Montagnolle (Savoie).

Comme dans toutes les campagnes d'Aix et de Chambéry, à Montagnolle, le valangien est poli, cannelé et rayé par le passage du terrain erratique qui venait de la Tarentaise.

Fig. 75. — Bloc erratique près de Montagnolle (Savoie).

Grésivaudan; environs de Grenoble. — En effet le terrain erratique des environs de Chambéry ne dépend plus de l'ancien glacier du Rhône, mais bien déjà de celui de l'Isère.

Au débouché de la grande vallée de l'Isère, à l'ouest de Mont-

1. *Ante*, fig. 11, p. 71.
2. *Ante*, p. 78.

meillan, le glacier de la Tarentaise vint se heurter contre les grandes parois verticales du mont Granier et se bifurqua comme l'avait fait celui du Rhône contre le Jura, en face de l'ouverture du Valais. Une branche, la plus importante, se dirigea sur Grenoble, par la vallée du Grésivaudan, et l'autre remonta au nord vers le bassin du Bourget, déjà encombré par les glaces de la Suisse et de la Haute-Savoie.

Quand leur niveau fut assez élevé, elles purent se déverser en petite quantité par le col du Frêne dans le massif de la Chartreuse, et en grandes masses par la vallée des Échelles et le col de l'Épine, dans les plaines du Bas-Dauphinée, où elles ne tardèrent pas à rejoindre le glacier du Rhône, lorsqu'il eut traversé l'amphithéâtre montagneux de Belley.

Fig. 76. — Bloc-des-Vernes, à Tullins (Isère).

Bientôt nous reviendrons sur ces faits; mais, pour le moment, il nous faut descendre le Grésivaudan avec le glacier de l'Isère, qui le long de sa route recevait sur sa rive gauche tous les glaciers de la chaîne de Belledone, et le voir opérer sa jonction avec les glaciers de la Romanche qui descendaient du Pelvoux et du cirque de la Bérarde, et celui du Drac qui charriait les glaces du Trièves, du Dévoluy et du Champsaur [1].

Il y eut donc à la rencontre de ces trois glaciers une accumulation énorme de glaces au-dessus de Grenoble, au moment de la plus intense glaciation, et ces glaces n'avaient pour dégorgeoir que la vallée de la Côte-Saint-André, puis l'étroite vallée de l'Isère qui pouvait à peine suffire. Cette disposition topographique, semblable à celle qui existe pour la vallée du Rhône, à Culoz, expli-

1. Consultez M. Lory, *Description géologique du Dauphiné*, passim, 1860.

que comment les glaces entre ces deux points extrêmes ont pu se maintenir en équilibre à un niveau horizontal de 1200 mètres, comme nous l'avons déjà dit.

Le glacier de l'Isère, en s'écoulant par la cluse du Bas-Grési-

Fig. 77. — La Pierre-Charcône, à Morette (Isère).

vaudan, a lancé des rameaux à gauche et à droite, aussi bien dans les vallées latérales des montagnes de Lans et du Vercors

Fig. 78. — Bloc-de-la-Blache, à Morette (Isère)

que dans celles du massif de la Grande-Chartreuse. On observe donc des débris alpins au-dessus de Sassenage, d'Engins, de Noyarey et de l'Echaillon, jusqu'à une hauteur fixe et régulière, comme au-dessus de Proveysieux, de Fontanil et de Voreppe.

Depuis longtemps M. le professeur Lory [1] a signalé ces traces du passage des glaces dauphinoises, mais notre ami, M. F. Reymond [2], pour nous aider dans notre tâche, a poursuivi ces débris alpins depuis les flancs du Moucherotte (1200 mètres) jusque vers la Pyramide de la Buf, 1100 mètres, le plateau d'Aizy, 1006 mètres, la Dent de Moirans, 993 mètres.

Mais au delà du Grésivaudan, à partir de Voreppe, la surface du glacier de l'Isère s'abaissa rapidement, dès qu'il put se développer en éventail dans les plaines du Bas-Dauphiné. Ce fut alors que l'Isère abandonna la vallée de la Côte-Saint-André pour se creuser un lit profond, de l'Échaillon et Tullins à Saint-Marcellin [3].

Fig. 79. — La Pierre-Pucelle, empreintes des doigts, chemin de Parménie à Montcroissant (Isère).

La commune de Tullins est riche en placards erratiques et en gros blocs; le plus volumineux est un bloc d'amphibolite de 27 mètres cubes, qui est situé à Élimard et qu'on appelle le *Bloc-des-Vernes*.

A Morette, un bloc de poudingue anthracifère, appelé la *Pierre-Charcône*, atteint le volume de 32 mètres cubes, et un autre, le *Bloc-de-la-Blache*, est presque aussi gros.

Vallée de la Côte-Saint-André. Thodure. Antimont. — Sur le chemin qui monte de Montçroissant au couvent de Parménie, à l'ouest de Tullins, à l'entrée de la forêt, il y a un petit bloc de grès anthracifère qu'on appelle la *Pierre-Pucelle* et sur lequel on croit reconnaître l'empreinte des genoux et des doigts d'une jeune fille qui s'y tint fortement cramponnée, pour échapper aux mauvais traitements de plusieurs bandits; ainsi le raconte une vieille légende.

D'autres amas de blocs sont répartis au nord de la vallée de la Côte-Saint-André, à Coublevie, Voiron, Charneches, Apprieu, etc., et semblent être venus des montagnes de l'Oisans. Mais le groupe le plus curieux dépend de la moraine d'Antimont [4], qui barre presque transversalement la vallée de la Côte, près de Beaufort et de Tho-

1. Cf. *Description géol. du Dauphiné.*
2. Cf. *Monographie des anciens glaciers*, t. I, p. 352 et suivantes.
3. *Ante*, p. 166.
4. *Ante*, voir la fig. 9, p. 69.

dure. Ce sont des blocs de diorite, de grès et de poudingue anthracifères, de gneiss, etc., d'un volume de 60 à 100 mètres cubes.

Fig. 80. — La Pierre-Pucelle, empreintes des genoux, chemin de Parménie à Montcroissant (Isère)

Ce bourrelet offre tous les caractères d'une moraine terminale, puisqu'au delà le terrain erratique manque complètement.

Fig. 81. — Bloc erratique de la moraine d'Antimont, près de Thodure (Isère)

Cirque de Belley; Bugey. — Lorsque le glacier du Rhône eut comblé une partie du lac du Bourget, il ne put avancer plus au sud, car la route lui était barrée par les glaciers de la Savoie et de l'Isère, qui obstruaient les vallées d'Aix-les-Bains et de Chambéry. Il fut donc obligé de chercher une autre direction et, en franchissant la vaste échancrure qui sépare le Colombier de la montagne de la Charves et de la Dent-du-Chat, il suivit sa propre vallée jusqu'à Yenne et Pierre-Châtel, où l'on voit des placards de terrains erratiques alpins affleurer au pied des escarpements qui dominent la route de Nattage et le cours du Rhône, en face de la Chartreuse.

Là, sa marche fut de nouveau entravée par un coude très brusque et par un étroit défilé, mais, à la hauteur de Culoz et de Lavour, il put librement pénétrer dans la région que E. Benoît appelait le *cirque* de Belley, en donnant à cette expression un sens bien différent de celui que de Charpentier lui avait assigné, pour désigner une des formes orographiques des bassins des hautes vallées des Pyrénées.

Fig. 82. — Chartreuse de Pierre-Châtel; placards de terrain erratique au pied des escarpements de la citadelle des Bancs, près de Belley (Ain).

Effectivement ce bassin, fermé au nord par le Colombier et les montagnes de Virieu, à l'est par la chaîne de la Dent-du-Chat, à l'ouest par celle du Molard-de-Don et en partie au sud par la montagne d'Izieu, ressemble vaguement à un vaste amphithéâtre dont l'arène serait accidentée par plusieurs collines. Belley en occupe approximativement le centre.

Dans cette dépression presque complètement close, les glaces ne pouvaient que s'amasser de plus en plus par l'arrivage incessant de nouvelles masses provenant toujours du Valais et de la Haute-Savoie. A mesure que son niveau s'élevait, cette masse de glace lançait des rameaux dans toutes les vallées latérales. Ainsi à l'entrée du Val-Romey le glacier du Rhône arrêta l'écoulement d'un glacier local à moraines calcaires, et, après une lutte suivie de plusieurs oscillations, il l'emporta sur lui et le couvrit de ses glaces et de ses moraines de roches silicatées cristallines. En étudiant avec soin les flancs et le fond de cette vallée, on peut retrouver encore les traces de ces péripéties. Les glaces alpines ne franchirent pas les cols du haut Val-Romey pour se déverser dans la vallée de la Semine, mais, d'après M. Boyer[1], un rameau se serait insinué dans la vallée de Brénod par une échancrure au nord de

1. *Sur la provenance et la dispersion des galets silicatés et quartzeux dans l'intérieur et sur le pourtour des monts Jura*, p. 16, 1886.

l'Abergement et aurait déposé des blocs alpins jusqu'au Molard-de-l'Orge.

D'ailleurs une branche parallèle à celle du Val-Romey, au moment de la plus grande extension des glaciers, aurait pénétré par Thézilieu dans la vallée de Cormoranche, Hauteville, Chamdor et Brénod. Plusieurs gorges transversales servaient de traits d'union entre ces glaciers et ceux du Val-Romey.

La cluse de Rossillon-Saint-Rambert à son tour s'emplit de glaces et ces glaces s'élevèrent jusqu'à Évoges. Après avoir franchi le Plan-d'Évoges, elles abordèrent par derrière le glacier jurassien de la Combe-du-Val, qui ne fit que relayer [1] jusqu'à la vallée de l'Ain le transport des débris et des blocs alpins que ce rameau du glacier du Rhône avait déposés sur lui.

Il s'établit donc ainsi une longue traînée de roches des Alpes qu'on peut suivre au milieu des montagnes du Bugey, depuis la cluse de Rossillon jusqu'au viaduc de Cize près duquel notre ami, M. Prénat, a recueilli un fragment d'euphotide de la vallée de Saas. Cette roche de la chaîne du Mont-Rose avait donc suivi un parcours sinueux de plus de 350 kilomètres à travers mille obstacles [2]!

La branche de la cluse de Rossillon continua sa route en aval de Saint-Rambert et alla se confondre avec les glaces de la vallée de l'Ain.

Mais il est temps de revenir au cirque de Belley. Le niveau supérieur de la nappe de glace continua à s'élever si bien que toutes les collines et même les montagnes de Parves et d'Izieu furent ensevelies et couvertes de débris alpins; la vallée du Rhône resserrée entre Peyrieu, Murs et le Petit Bugey, même avec celle du Gland, ne pouvait suffire à l'écoulement des glaces valaisanes et savoisiennes. Aussi la surface des glaces s'enfla encore davantage et la partie méridionale de la chaîne du Molard-de-Don disparut elle-même sous la glace.

Le plateau d'Inimont partagea le même sort et, au moment de sa plus grande élévation, le glacier du Rhône contourna la montagne de Lachat en déposant sur ses pentes sa moraine latérale droite. Cette marche est encore jalonnée par de nombreux blocs erratiques de toutes grosseurs. Nous avons déjà figuré [3] le plus remarquable de tous, qui s'est échoué sur la pente ouest de la montagne de Lachat, à 1100 mètres, cote la plus élevée, atteinte par l'ancien glacier dans tout le massif du Molard-de-Don.

Sur tout le plateau, les calcaires ont été polis et striés, tandis que sur le sol couvert par les restes de la moraine profonde, de distance en distance, apparaissent de gros blocs. Il y a quelques

1. E. Benoît, *Bull. Soc. géol.*, 2e série, t. XX, p. 351.
2. *Ante*, p. 73.
3. *Ante*, p. 99.

années nous en avons dessiné un qui était près de l'entrée de la Chartreuse de Portes ; mais depuis il a été brisé et il n'en reste plus que la figure ci-contre.

Fig. 83. — Chartreuse de Portes, à l'entrée de laquelle était un bloc erratique, actuellement brisé.

Au delà de cette station, la surface du glacier dut rapidement s'abaisser pour rejoindre celle de la nappe de glace qui recouvrait la vallée de l'Ain, les Dombes et le Bas-Dauphiné.

Dans le fond du cirque de Belley l'étude des stries indique la direction suivie par le glacier principal et ses divers rameaux.

Fig. 84. — Gros bloc de phyllade noire de 500 à 600 m. c., en partie détruit ; St-Martin-de-Bavel, près de Belley (Ain).

D'ailleurs depuis le gros bloc de *Leva-Naz* [1], à Culoz, une traînée d'énormes blocs d'une roche schisteuse, tendre, c'est-à-dire de phyllade noire, est échelonnée jusqu'au sud-est de Belley et ne peut laisser aucun doute sur la marche suivie par les glaces. Un

1. *Ante*, fig. 22, p. 103.

bloc aujourd'hui brisé, mais qui devait cuber plus de 500 mètres, gît sur les confins des trois communes de Cuzieu, de Virieu-le-Grand et de Saint-Martin-de-Bavel.

Fig. 85. — Gros bloc erratique de phyllade noire, proche de la ferme des Ecurias, près de Belley (Ain).

Avant l'établissement du chemin de fer P.-L.-M. il y en avait deux autres de même nature aux Ecurias ou Ecruaz, à l'est de Belley, près de la ferme de la Burbanne.

Enfin citons la *Grosse-Pierre-Bise* du château de Montarfier, qui devait cuber plus de 400 mètres cubes et dont il ne reste plus que

Fig. 86. — Bloc de phyllade noire, près du chemin de Nant à Parves (Ain).

la moitié [1]; et, pour terminer cette série de blocs de phyllade noire, nous en figurons encore un autre de 45 mètres cubes, qui est abandonné dans une situation pittoresque, sur le bord du chemin de Nant à Parves.

Dans ce vaste bassin de Belley, toutes les autres roches des Alpes sont représentées, mais nous n'en indiquerons que quelques spécimens.

1. *Ante,* fig. 23, p. 103.

Le *Bloc-des-Fées*, énorme parallélipipède de grès anthracifère, dressé sur une de ses petites arêtes presque au sommet d'une pente très déclive près de Vollien, commune de Cuzieu [1], puis la *Pierre-Perdrix*, bloc de brèche triasique arrêté au milieu d'une colline qui domine le petit lac d'Arboreiaz, à Collomieu. Les couleurs de la marqueterie de ce bloc rappellent le plumage de cet oiseau.

Enfin n'oublions pas de citer la magnifique pierre à écuelles de Thoÿs, près de Belley, appelée la *Boule-de-Gargantua*, que nous avons donnée à l'État pour être conservée comme monument préhistorique [2].

Fig. 87. — La Pierre-Perdrix, à Collomieu (Ain).

Notre description de la marche des anciens glaciers dans les vallées et les bassins qui entourent Belley, n'est que le résultat de longues et patientes recherches sur la direction des stries et la distribution des débris erratiques sur le sol. L'imagination n'y a été pour rien. Pourtant un jour nous avons cru, comme en rêve, assister à ce phénomène; mais, hâtons-nous de le dire, il s'agissait d'eau à l'état vésiculaire ou brouillard, au lieu d'eau congelée ou glace.

On nous excusera de répéter ici quelques lignes écrites sous l'impression de cet étrange et magnifique spectacle.

Par une belle matinée d'automne, nous étions assis sur un des blocs erratiques de la montagne de Lachat, au bord du plateau d'Inimont, et nous contemplions l'immense panorama étalé à nos pieds et devant nous, depuis le Molard-de-Don jusqu'à la chaîne neigeuse des Alpes.

Tout à coup nous vîmes de légers brouillards chassés par le vent du nord se répandre dans la vallée du Rhône à l'est de Culoz et recouvrir les marais de la Chautagne. Progressivement leurs masses devinrent plus épaisses et plus denses; elles envahirent la vallée du Bourget et celle du Rhône; elles se répandirent dans le bassin de Belley, ensevelissant comme sous un blanc linceul le paysage qui nous avait émerveillé. Et leurs masses grossissaient

1. *Ante*, fig. 10, p. 70.
2. *Ante*, fig. 14, p. 75.

toujours, et toujours le vent du nord amoncelait de nouveaux brouillards.

Leur niveau montait progressivement; des rameaux puissants pénétraient dans le Val-Romey, dans la cluse de Rossillon ou s'insinuaient dans la gorge de Thézillieu; mais le courant lui-même venait directement se heurter contre les flancs du Molard-de-Don. Belley et ses collines ne se laissaient plus apercevoir, et la montagne de Parves disparaissait lentement sous les flots pressés de ces humides et froides vapeurs.

En même temps les brouillards s'élevaient contre les dômes arrondis de la montagne de la Charves. Ne pouvant plus être renfermés dans les vallées de la Savoie, ils se déversaient par les cols de la Dent-du-Chat et par la vaste ouverture de l'Epine, pour retomber en magnifiques cascades jusqu'au pied de la chaîne qui leur avait opposé une impuissante barrière. D'instant en instant ces cascades devenaient de plus en plus abondantes; leurs flots grossissaient sans cesse et se transformaient en larges fleuves, qui se réunirent bientôt en une seule masse pour s'avancer majestueusement dans l'espace qui s'ouvrait devant eux.

Le Petit-Bugey, le Bas-Dauphiné furent tour à tour submergés; alors les sommets des Alpes et des montagnes de la Savoie, les points culminants de la chaîne du Colombier, la dorsale de la Vacheresse, le massif de la Grande-Chartreuse que les glaciers anciens n'avaient pu recouvrir, dominèrent seuls, comme un archipel, cette mer de brouillards qui s'étendait jusque vers le mont Pilat et les montagnes du Lyonnais et du Beaujolais.

Le plateau d'Inimont fut aussi recouvert; mais les vapeurs ne s'élevèrent pas jusque vers nous; et le Molard-de-Don forma, comme jadis, un grand îlot.

Ce spectacle était merveilleux! Une baguette magique semblait nous avoir transporté à des centaines de siècles en arrière! Cette masse uniforme et blanchâtre qui nous environnait de toutes parts n'était-elle pas l'ancien glacier du Rhône dans toute sa majesté? N'était-ce pas ce glacier qui venait de suivre sous nos yeux, pour la seconde fois, cette route dont nous avions si péniblement cherché à retrouver les traces sur le sol, avec le concours de MM. E. Benoît et Chantre?

Le temps n'existait plus pour nous; quelques minutes avaient suffi pour nous faire revivre au milieu de la période glaciaire. L'illusion était complète. Mais quelques rayons de soleil vinrent bientôt la faire évanouir. Sous l'influence de la chaleur, des colonnes blanchâtres se détachant çà et là, les brouillards s'élevèrent successivement vers le ciel; toutes les vapeurs se dissipèrent, et le sol se montra comme une mosaïque éclatante de lumière et de couleurs; l'image du glacier du Rhône avait disparu!

Mais tous les faits que nous venons de décrire se rapportent à la période de la glaciation intensive; cet état de choses ne dura pas toujours. Les sources des glaciers devinrent moins abondantes, le niveau supérieur des glaces s'abaissa progressivement; la partie sud de la chaîne du Molard-de-Don, les montagnes d'Izieu et de Parves émergèrent petit à petit, et les glaces abandonnant les vallées et les plateaux élevés reprirent la route primitive qu'elles avaient suivie pour pénétrer tout d'abord dans le bassin de Belley; elles n'eurent en dernier lieu que la vallée de l'Ousson pour s'avancer dans la vallée du Rhône et le Dauphiné.

Cependant, comme nous l'avons déjà dit, le recul des glaciers ne se fit pas sans temps d'arrêt, et dans la vallée du Rhône, près de Massigneu-de-Rives et de Rochefort, nous avons retrouvé des moraines frontales de retrait semblables à celles de Grange en Valais et à celles de Lagnieu.

Petit Bugey; massif de la Grande-Chartreuse; Terres Froides; plateaux calcaires du Bas-Dauphiné. — Le Petit-Bugey partagea le sort des environs de Belley. Les glaces qui débordèrent par la vaste dépression de l'Épine passèrent par-dessus lui, le couvrirent de débris erratiques, cannelèrent et strièrent ses roches calcaires, puis allèrent rejoindre à l'ouest les glaces qui avaient envahi le Bas-Dauphiné. En route elles ont abandonné plusieurs blocs erratiques dans le Petit-Bugey et quelques-uns ont des noms particuliers. A Gerbaix, il y a le *Cheval-Gris* (10^{mc}) et la *Roche-du-Gros-Buisson* (300^{mc}); près de Loisieux, c'est la *Pierre-de-Cusset* (24^{mc}); etc.

Le massif de la Grande-Chartreuse fut entouré de grands courants de glace : ceux de la vallée des Echelles et du Grésivaudan; mais grâce à la hauteur des cols qui donnent accès dans ce massif et qui restèrent presque tous au-dessus du niveau des glaces (1200^{m}), il put en quelque sorte conserver son indépendance. En dehors du petit passage établi au col du Frêne, il n'y eut que les profondes échancrures du Guiers-Vif et du Guiers-Mort qui laissèrent pénétrer jusque dans les vallées intérieures. Au moyen de *remous* [1], des courants de glaces delphino-savoisiennes en obéissant aux lois de la statique, revinrent en arrière pour chercher à s'équilibrer dans chaque dépression ouverte sur leur marche rétrograde et s'insinuèrent ainsi dans le massif calcaire de la Grande-Chartreuse.

Les blocs erratiques ont donc pénétré jusque vers Saint-Pierre-Chartreuse et la traînée qui a franchi le col du Frêne est venue rejoindre les fragments alpins, qui arrivaient par la cluse du Grand-Frou dans le bassin de Saint-Pierre-d'Entremont.

1. M. Dausse, *Association française pour l'avancement des sciences*, Session de Lyon, 1873, p. 402.

Mais, avant l'apparition des glaces étrangères, des glaciers locaux à moraines calcaires fonctionnaient déjà dans toutes les vallées qui entourent la Grande-Chartreuse.

Les glaces delphino-savoisiennes, dont le grand courant était dans le Grésivaudan, n'abordèrent les gorges des deux Guiers qu'après avoir inondé les Terres-Froides de leurs moraines profondes et avoir rejoint celles qui débouchaient par la vallée des

Fig. 88. — La Pierre-du-Diable, près de Trept (Isère).

Echelles. Le long de ce parcours on trouve donc des lambeaux de terrain glaciaire et de nombreux blocs erratiques : les plus connus sont la *Pierre-à-Mata* (commune de Merlas), qu'on a prise longtemps pour une pierre de sacrifice; puis la *Pierre-qui-danse* et la *Pierre-de-Brama-Loup*, sur une colline près du lac de Paladru.

Fig. 89. — La Pierre de Chatigneux, près de Frontanas (Isère).

Au nord des Terres-Froides s'étendent jusqu'au cours du Rhône les plateaux calcaires du Bas-Dauphiné et partout on y reconnaît les traces de l'action glaciaire : boue à cailloux striés, blocs erratiques, immenses surfaces polies, striées, cannelées [1].

Comme surfaces calcaires usées par un glacier, on ne peut rien voir de plus beau que celles qui s'étendent au-dessus du plateau

1. *Ante*, p. 34.

de la Grotte de la Balme, au nord-est de Crémieu et des deux côtés du Rhône.

Parmi les blocs erratiques, nous citerons seulement la *Teiche-à-Cache* (48^{mc}), près de Soleymieu, et près de Trept deux énormes blocs de brèche triasique appelés l'un le *Pied-du-Bon-Dieu* (240^{mc}), l'autre, la *Pierre-du-Diable* (112^{mc}).

Mentionnons encore le bloc calcaire de la *Pierre-de-Chatigneux* de 27 mètres cubes, sur lequel les paysans croient voir des empreintes qu'ils appellent les *Pieds-de-Dieu*.

Plaine du Bas-Dauphiné; Lyonnais; Dombes et Bresse. — A l'ouest des collines et des plateaux du Bas-Dauphiné, ainsi que des montagnes du Bugey, s'ouvrent d'immenses plaines dans lesquelles les glaciers du Dauphiné, de la Savoie et du Rhône purent librement s'étaler et atteindre des proportions aussi considérables que celles des glaciers du Groenland! Mais naturellement la glace perdit en épaisseur ce qu'elle gagna en largeur; ainsi lorsqu'elle put s'étendre comme un gigantesque éventail de 100 kilomètres de diamètre, depuis Bourg jusqu'à Thodure, elle n'avait que quelques dizaines de mètres de puissance au lieu des 1000 mètres qu'elle mesurait verticalement, pendant qu'elle était resserrée dans la vallée du Rhône vers Culoz ou dans la vallée de Chambéry.

Autour de cet immense espace, à l'ouest, les moraines terminales peuvent presque se suivre sans interruption en passant par Bourg, Châtillon-les-Dombes, Sainte-Euphémie, Rancé, Civrieux, les Echets, Sathonay, la Croix-Rousse à Lyon, et même au delà de la Saône sur la rive droite, à Fourvières et à Sainte-Foy. La moraine terminale de Sainte-Foy se prolonge à Oullins, à Saint-Genis, à Millery, sur la rive droite du Rhône, où, notre ami le Dr Magnin et nous, nous l'avons reconnue exactement sur les mêmes points et d'une manière indépendante.

Au pied du Pilat, les glaciers de cette montagne ont repoussé les moraines alpines à l'est sur la rive gauche du Rhône, où elles forment des bourrelets depuis Vienne et Jardin jusqu'à la belle moraine d'Antimont, près de Thodure, dans la vallée de la Côte-Saint-André.

Dans ce vaste périmètre si bien circonscrit, il serait fastidieux de poursuivre les lambeaux du terrain erratique et les autres vestiges des phénomènes glaciaires. Nous nous contentons donc de figurer les plus remarquables des blocs erratiques qui ont échappé jusqu'à ce jour à une ignorante exploitation.

En remontant du sud au nord, tout d'abord citons le bloc énorme de la *Mule-du-Diable* (624^{mc}) [1]; ce bloc de schiste chloriteux situé près de Moras est le plus considérable du Bas-Dau-

1. *Ante*. Voir fig. 21, p. 102.

phiné. Il est accompagné d'un autre fragment de même composition et de 124 mètres cubes appelé le *Bloc-du-Peyret*.

Près de la Verpillère se trouve là *Pierre-de-Millet*, fragment de brèche triasique de 60 mètres cubes.

Fig. 90. — Bloc-du-Peyret, près de Moras (Isère).

A Saint-Genis, sur la rive droite du Rhône, mentionnons un gros bloc de granite, appelé la *Pierre-Souveraine*, depuis que le prince

Fig. 91. — La Pierre-Souveraine, près de St-Genis-Laval (Rhône).

Jacques de Bourbon et son fils, mortellement blessés à la bataille de Brignais, y furent déposés en 1363.

Passons sur la rive gauche du Rhône et nous trouverons dans les environs de Décine, à l'est de Lyon, un gros fragment de granite appelé la *Pierre-Fite* ou *Fiche*. Plusieurs écuelles sont creusées sur une paroi de cette espèce de menhir, aujourd'hui couché dans un champ.

Sur tout le triangle des Dombes, les débris erratiques sont très nombreux; parfois même il y a des accumulations de blocs, ainsi qu'on le voit dans la tranchée du chemin de fer de Bourg, au nord de Caluire [1].

Mais dans ce pays de sable, d'argile et de gravier, on a fait une guerre d'extermination à tous les blocs dispersés à la surface du

Fig. 92. — La Pierre-Fite ou Fiche, près de Lyon.

terrain ; on les exploitait comme matériaux de construction et on en a très peu épargné. Le plus curieux est la *Pierre-Brune-de-Rancé*, énorme fragment de granite porphyroïde de 100 mètres

Fig. 93. — Bloc près du marais des Echets, au nord de Lyon (Ain).

cubes, déjà attaqué par le pic et le marteau [2]. Avant de quitter les Dombes, citons encore un bloc dans une sablière près du marais des Echets.

Mais lors même que l'on arriverait à faire disparaitre tous les blocs du sud-est de la France, les affleurements de la boue glaciaire

1. *Ante*. Voir la fig. 7, p. 67.
2. *Ante*. Voir la fig. 8, p. 69.

à cailloux striés sont partout distribués avec une telle abondance qu'ils suffiraient à eux seuls pour permettre de retracer l'histoire géologique du bassin du Rhône pendant la période glaciaire; ce ne sont pas les éléments d'études qui manquent, mais ce sont les historiens qui sont trop rares.

Alpes occidentales (suite). Alpes Cottiennes. — Grâce aux travaux de MM. de Charpentier, Guyot, Blanchet, A. Favre, et des autres géologues suisses, ainsi qu'à ceux de M. E. Benoît, Tardy, Sc. Gras, Lory, Pillet, E. Chantre et de nous-même, etc., l'ancien glacier du Rhône et les glaciers delphino-savoisiens sont les mieux connus. Mais au sud du bassin de l'Isère et des autres bassins qui lui sont subordonnés, il y a une grande lacune, et nous regrettons vivement que les circonstances ne nous aient pas permis de contribuer à la combler, comme nous en avions formé le projet.

Il est évident pour nous que les phénomènes glaciaires ont dû se produire avec une grande puissance dans le glacier de la Durance, car tout y favorisait le développement des glaciers. En dessous des cimes de la chaîne des Alpes Cottiennes, qui s'élèvent jusqu'à 2000 et 3000 mètres, s'ouvrent de vastes cirques ou bassins-réservoirs et de chacun de ces cirques devait s'écouler un courant de glaces. Le grand glacier de la Durance, formé par la réunion de tous ces bassins secondaires, devait les entraîner jusqu'à un point qui reste à déterminer exactement. D'après M. de Saporta [1], cette limite serait près de Sisteron et depuis cette station jusqu'à la mer il ne resterait aucun vestige de l'action glaciaire. De son côté M. Lory [2], qui a si bien étudié les Alpes dauphinoises, ne connait pas de traces de glaciers permanents dans les massifs dont l'altitude est inférieure à 1500 mètres.

Il y aurait donc eu là toute une région abritée contre l'invasion du froid à l'époque même de la plus grande extension des glaciers.

Nous ne faisons que répéter les opinions des deux savants que nous venons de citer, mais nous avouons qu'il nous semble difficile de les concilier avec les faits qui se passaient dans les Cévennes, sur la rive droite du Rhône, à la même latitude où Ch. Martins a découvert les traces du glacier de Palhères.

Espérons que bientôt des études plus complètes sur le glaciaire des Alpes occidentales dissiperont les doutes et mettront toute la vérité en évidence.

Alpes Maritimes. — L'existence de dépôts morainiques ou glaciaires sur le versant méridional des Alpes Maritimes n'avait jusqu'ici été admise que d'une manière vague, sans qu'on eût jamais

1. Les Temps quaternaires, *Revue des Deux Mondes*, 15 sept. 1881. Tirage à part, p. 38.
2. *Bull. Soc. géol.*, 3e série, t. X, p. 245, 1882.

indiqué une localité précise où l'on pût constater leur présence. Desor [1] les chercha vainement dans les environs immédiats de Nice, sans se décourager pour cela, car cette absence lui semblait une anomalie, du moment qu'on savait qu'ils existaient sur le versant opposé, au pied des Alpes piémontaises, où la calotte de glace était descendue à 535 mètres à Cuneo, à 400 mètres à Rivoli et à 250 mètres à Ivrée.

Desor continua ses recherches avec M. le général Desvaux, qui avait constaté les traces de l'action glaciaire jusque dans l'Aures, et avec M. de Rosemont, qui avait inauguré les études du delta du Var. Ces géologues découvrirent d'anciennes moraines avec gros blocs erratiques à Baillet, sur le flanc gauche de la vallée de Saint-André, près de Laval, mais le terrain glaciaire est encore mieux caractérisé près du bourg de Levens, le long de la route qui conduit dans la vallée du Var; c'est un énorme amas de terrain de transport composé de roches de toute nature et de toutes dimensions, entassées pêle-mêle avec des galets et souvent noyées dans une boue glaciaire rougeâtre. La plupart de ces blocs sont étrangers au sol et se composent de granite, de grès éocène, de calcaire venus de loin; quelques blocs sont roulés et ont été entraînés *en dessous* du glacier, les autres ont conservé leurs angles et leurs arêtes et ont été charriés *sur la surface* de la glace, qui les a laissés à l'endroit où ils sont.

Malheureusement il manque des roches polies et striées qui sont ordinairement le meilleur critérium de l'action glaciaire, mais par contre les galets striés ne font pas défaut et suffisent largement pour indiquer la nature de l'agent qui les a transportés.

Sans doute on découvrira ailleurs d'autres dépôts morainiques, si l'on continue les études de Desor dans la vallée de la Tinée et du Var; déjà on en a vaguement signalé dans la Vésubie. D'après M. le Dr Niepce, il existerait des polis glaciaires sur les flancs du Mont-Chauve. Mais ce ne sont là que les premiers jalons pour un travail d'ensemble qui reste à faire et qui serait rempli d'intérêt.

Au véritable terrain glaciaire du Var, sont subordonnés de remarquables terrains diluviens : le lehm rouge, le conglomérat du lehm, un dépôt d'eau douce, qui ont été étudiés avec le plus grand soin par M. de Rosemont [2], mais dont la description nous entraînerait souvent en dehors des limites qu'on nous a tracées.

Jura. — Depuis qu'en 1847 MM. Lory et Pidancet ont signalé des dépôts glaciaires dans le Jura, aux Rousses, à Saint-Laurent, au Fort-de-Joux, à Sainte-Croix, les faits observés ont prouvé que,

1. Sur les terrains glaciaires diluviens et pliocènes des environs de Nice, *Bull. Soc. niçoise des sc. nat. et hist.* Tirage à part, p. 19. 1879.

2. *Études géologiques sur le Var et le Rhône,* etc., 1873. — *Considérations sur le delta du Rhône,* 1875. — Étude sur la plage de Nice, *Bull. Soc. niçoise sc. nat. et hist.,* 1877.

dans la plupart des vallées jurassiennes, des glaciers locaux ont existé d'une manière indépendante pendant l'extension des glaciers alpins, mais que parfois des glaciers de ces deux systèmes ont été mis en contact et que, dans ces conditions, ils avaient combiné leur fonctionnement d'une manière particulière; ainsi, comme nous l'avons dit pour le glacier de la Combe-du-Val, les glaciers jurassiens ont relayé le transport des fragments alpins pour les disperser à de grandes distances. Nous citerons bientôt de nouveaux exemples de ce phénomène.

A propos du glacier du Rhône nous avons déjà parlé des glaciers jurassiens du Pays-de-Gex, de la Valserine, de la Semine, du Val-Romey, de la Combe-du-Val; nous n'avons pas à y revenir. D'ailleurs le terrain erratique de la partie méridionale du Jura est le mieux connu. Au nord de Nantua les descriptions sont très incomplètes, malgré l'intervalle de quarante ans qui nous sépare des premières observations de MM. Lory et Pidancet. MM. E. Benoît, J. Marcou, Boyer, Vezian, Choffat, Tardy, Marcel Bertrand, etc., ont publié des notes ou des mémoires intéressants; mais il n'y a aucun travail d'ensemble et spécial sur le terrain erratique et les anciens glaciers du Jura.

D'après E. Benoît [1] qui s'est le plus occupé de ces questions, les profondes excavations de la vallée de Saint-Claude, la vallée de Villards-d'Héria, le plateau de Saint-Laurent ou de Grandvaux ont été encombrés par des glaciers jurassiens qui ont laissé pour traces de leur passage des moraines frontales, latérales, ou profondes, des surfaces polies et striées. Les anciens glaciers du Jura s'étendaient depuis le Rhin jusqu'au Rhône, et à l'ouest leur limite devait passer approximativement près de Nantua, puis à Oyonnax, à Dortan, à Champagnole, à Nogeroy, à Bonnevaux, à Pontarlier, au Locle, au Noirmont, à Porrentruy, etc., pour se confondre à l'est avec celles des glaciers du Jura suisse. Mais, en dehors de ce périmètre assez bien circonscrit, il devait y avoir des glaciers isolés, permanents ou temporaires; de même qu'on pourrait citer, en dedans des limites que M. Benoit a tracées, des espaces qui n'ont pas été atteints par les glaciers.

Le glacier de Porrentruy, d'après le même géologue, pouvait aussi se rattacher à l'appareil glaciaire des Vosges, et les moraines de cette petite ville (450^m) sont presque au même niveau que la moraine si bien caractérisée de Giromagny (434^m). Du bassin glaciaire de Porrentruy des cailloux impressionnés et striés ont été entraînés jusque dans les environs de Montbéliard, Delle et Belfort. Il y a aussi des traînées de cailloux vosgiens et hercyniens dont

1. Essai sur les anciens glaciers du Jura, *Actes de la Soc. helv. des sc. nat.*, t. XVI, 1853.

on n'a pu encore clairement indiquer l'âge, l'origine et le mode de transport.

Citons pour exemples ceux que M. Boyer [1] a trouvés à la batterie Roland, près de la citadelle de Besançon (510^m), et dans quelques autres localités voisines, Naisey, Nancrey. Pour expliquer la situation élevée de ces galets de quartzite et d'autres roches silicatées près de la citadelle ou dans des stations analogues, les géologues jurassiens, E. Benoît, J. Marcou, Vezian, Boyer ont tantôt fait intervenir l'influence de mouvements orographiques récents et tantôt invoqué l'action des courants diluviens ou celle des glaciers. Les uns font venir les glaces des Alpes par Pontarlier, les autres, avec M. Boyer, des Vosges, en admettant dans la région nord du Jura l'existence d'une nappe de glace qui aurait été une dépendance du glacier du Rhin et qui aurait également été en contact avec les glaciers vosgiens. Les glaciers jurassiens auraient ensuite relayé jusqu'à la batterie Roland et les autres points où on trouve les quartzites et les menus galets empruntés aux couches à *dinotherium* du Lomont.

Nous ne pouvons ici que nous renfermer dans notre rôle de rapporteur, et nous nous associons à la réserve de M. Boyer qui appelle l'attention des géologues sur ces intéressants problèmes, pour en dégager clairement la vérité.

Cette pénétration d'un terrain erratique étranger dans l'intérieur du Jura s'est opérée de la manière la plus évidente par Pontarlier; E. Benoît a étudié ce fait avec beaucoup de soin. C'est contre le Chasseron, en face du débouché du Valais, que le glacier du Rhône est venu butter de toute sa force d'impulsion; c'est là qu'il a déposé de superbes moraines, de nombreux blocs erratiques; c'est contre ce puissant obstacle qu'il s'est divisé en deux branches principales, l'une dirigée vers le Rhin, l'autre vers le Rhône. Mais en même temps des rameaux considérablement plus petits s'insinuaient dans les échancrures qui leur donnaient accès dans l'intérieur du Jura et les laissaient pénétrer à de grandes distances. Ainsi au nord du Chasseron, 1600 mètres, des glaces valaisanes ont pénétré dans le Val-de-Travers, contournant la montagne et semant des débris alpins le long de leur route, de Noiraigues jusqu'à Saint-Sulpice. Au sud, entre le Chasseron et le Suchet, 1596 mètres, au delà des énormes amas glaciaires de Sainte-Croix et de Bullet, on peut suivre une importante traînée de même nature qui a passé par le col des Étroits, 1200 mètres, pour aller jusqu'à Pontarlier, après s'être réunie à un autre courant bien plus faible qui s'était insinué dans le Jura par la vallée de Jougne, 1050 mètres, entre le Suchet et le Mont-d'Or, 1463 mètres.

1. *Sur la provenance et la dispersion des galets silicatés et quartzeux dans l'intérieur et le pourtour du Jura*, 1886.

Les blocs de protogine de la moraine de Sainte-Croix sont activement exploités comme pierres de taille et sont menacés d'une entière destruction. Au nord-ouest de Pontarlier, les glaciers jurassiens ont relayé le transport des roches alpines jusqu'à Mouthier, 412 mètres, et Ornans, 311 mètres, tandis qu'un autre charriage s'effectuait du côté d'Amancey. Enfin on peut suivre une autre traînée de débris alpins et de roches locales qui s'est avancée aussi loin que les environs de Salins sur le haut plateau de Géraise et de Cluey, 630 mètres, où MM. E. Benoît et E. Marcou fixent la limite extrême de l'ancien glacier alpino-jurassien. Mais ce dernier géologue se refuse à croire avec MM. Benoît et Choffat que ce glacier se soit jamais élevé sur le mont Poupet, 750 mètres, où les rares débris de roches des Alpes qu'on y aperçoit ont dû être apportés par les habitants. M. Marcou a également signalé des stries glaciaires près de Salins sur la route de Pontarlier, 340 mètres, et à Passenans dans les environs de Lons-le-Saulnier, 280 mètres.

D'après ce que nous venons de dire, les anciens glaciers du Jura servaient en quelque sorte de traits d'union entre le glacier du Rhône et les glaciers des Vosges. Il sera donc naturel de commencer le chapitre suivant par la description géographique du terrain glaciaire vosgien.

CHAPITRE XVI

DESCRIPTION GÉOGRAPHIQUE DU TERRAIN GLACIAIRE EN FRANCE (SUITE)

VOSGES; BASSIN DE LA SEINE; MORVAN; AUXOIS; BRETAGNE; BEAUJOLAIS; LYONNAIS; CÉVENNES; PLATEAU CENTRAL; AUVERGNE; PYRÉNÉES

Versants méridional et oriental des Vosges. — Versant ouest des Vosges. — Bassin de la Seine; Bretagne; Morvan; Auxois et pays limitrophes. — Beaujolais et Mâconnais. — Lyonnais et mont Pilat. — Cévennes. — Plateau central; Auvergne; Mont-Dore. — Cantal. — Mont-Dore (suite); Puy-de-Dôme. — Velay; montagnes de la Madeleine. — Bassin de la Dordogne. — Plateau d'Aubrac. — Pyrénées. Considérations générales. — Bassin de l'Océan. — Glaciers de la Garonne, de la Pique, des montagnes de Luchon, etc. — Glacier de la Pique. — Vallée de l'Hospice et du Lys ou vallée de Luchon; vallées d'Oo et de l'Arboust. — Glacier de la Neste. — Glacier de la haute Adour. — Glacier de la vallée d'Argelès. — Glacier de la vallée du Gave d'Ossau. — Glacier de la vallée d'Aspe. — Vallée de Mauléon ou du Saizon. — Glacier du Salat. — Glacier de l'Ariège. — Bassin de la Méditerranée. — Pyrénées orientales; glaciers de l'Aude, de la Tet et du Tech.

Versants méridional et oriental des Vosges. — Les géologues vosgiens étaient tellement au courant des théories émises en Suisse par J. de Charpentier, Venetz, Agassiz, etc., pour expliquer la formation et le transport du terrain erratique des anciens glaciers du Rhône et du Rhin, qu'ils ne purent s'empêcher d'en faire l'application à certains terrains problématiques de leurs montagnes.

Déjà en 1838, Le Blanc [1] et Renoir [2] avaient retrouvé dans les Vosges les traces de l'existence d'anciens glaciers, et ils avaient signalé à l'appui de leurs idées nouvelles la moraine de Giromagny, puis la belle moraine de Wesserling, dans la vallée de Saint-Amarin. Cette moraine, qui fut une des premières étudiées dans cette région, acquit une certaine célébrité. Ed. Collomb, encore inconnu du monde savant, était chimiste dans un établis-

1. Réunion extraordinaire de la Soc. géol. à Porrentruy. *Bull. Soc. géol.*, 1re série, t. XII, p. 132.
2. *Bull. Soc. géol.*, 1re série, t. XI, p 53.

sement industriel à Wesserling; mais le voisinage de cette moraine visitée fréquemment par des géologues, depuis les observations de Le Blanc, décida de sa vocation. Il voulut se rendre compte de tous les phénomènes qui pouvaient se rattacher à la formation de cet étrange barrage transversal de la vallée où il demeurait; petit à petit il agrandit le cercle de ses études, et il devint bientôt un des plus célèbres glaciairistes de l'Europe. Néanmoins, il resta fidèle à sa moraine, et il lui emprunta même un terrain pour y construire son habitation. C'est là qu'il eut l'honneur de recevoir, en 1847, la Société géologique de France [1], qui sanctionna de son autorité scientifique ses travaux et ceux de son collaborateur, H. Hogard [2].

Le terrain erratique des Vosges était devenu l'objet d'études attentives, entreprises par les trois savants que nous venons de citer et en même temps par Dollfus-Ausset, de Billy, Daubrée, Leras, Virlet, Ch. Martins [3]. On s'aperçut bientôt que les plus hauts sommets des Vosges, le ballon de Guebwiller, 1426 mètres, le Rothenback, 1319 mètres, le Hohneck, 1366 mètres, le ballon d'Alsace, 1244 mètres, le Drumont, 1226 mètres, le Grand-Ventron, 1209 mètres, le ballon de Giromagny, 1150 mètres, avaient formé des centres de dispersion pour d'anciens glaciers qui avaient rempli les vallées et les cirques creusés à leur pied et qui avaient rayonné ensuite dans toutes les directions. On alla même jusqu'à supposer que toutes les Vosges, au moment du plus grand développement des phénomènes glaciaires, avaient été ensevelies sous une immense calotte de glace qui en avait fait disparaître toutes les saillies : c'est ce qui aurait donné à ces montagnes ces formes arrondies si bien en rapport avec le nom qu'elles portent souvent. Était-ce une exagération? Nous n'osons le dire. Les contours arrondis et moutonnés de tout le système, la présence, dans le voisinage des sommets élevés, de champs de blocs déplacés appelés par les Alsaciens *Teufels Mühlen* et nommés *blocs sporadiques* par Ed. Collomb pour les distinguer des véritables blocs erratiques, venus généralement de loin et qui ont cheminé sur le dos des glaciers, et l'absence dans les moraines les plus inférieures de matériaux provenant de ces mêmes points, sont surtout des faits difficiles à expliquer, si on repousse cette hypothèse [4]. D'ailleurs, de nos jours, en Allemagne, on soutient une thèse analogue à propos des Alpes; cependant nous pensons que cette disposition n'a

1. *Bull. Soc. géol.*, 2e série, t. IV, p. 1377, 1847.

2. *Observations sur les moraines et les dépôts de transport et de comblement des Vosges*, Épinal, 1842, etc.

3. *Ante*, p. 32.

4. Ch. Martins, Réunion extraordinaire à Épinal. *Bull. Soc. géol.*, 10 sept. 1847; *compte rendu*, tirage à part, p. 33.

jamais existé pour le glacier du Rhône, qui a toujours été dominé par quelques cimes.

Quoi qu'il en soit, la vallée de Giromagny et la vallée de Massevaux furent encombrées par des glaces qui, depuis les flancs du ballon d'Alsace, cheminèrent approximativement du nord au sud sur une longueur de 7 à 9 kilomètres.

Le village de Giromagny est construit sur une ancienne moraine frontale qui barre transversalement la vallée à son débouché. Comme l'a dit Ed. Collomb, elle forme *trois plis principaux*, *trois grandes vagues parallèles et concentriques;* cette disposition est assez caractéristique du terrain glaciaire vosgien ; on la retrouve dans plusieurs autres vallées.

C'est à Giromagny qu'on peut voir la plus grande accumulation de blocs erratiques des Vosges; elle est très connue des géologues. Un bloc de diorite verte, à angles vifs, atteint le volume de 60 mètres cubes. En remontant la vallée, on rencontre plusieurs moraines transversales, échelonnées à quelques kilomètres les unes des autres, et on aperçoit partout l'œuvre des glaciers.

Les grandes glaces ont aussi laissé de nombreuses traces de leur passage dans la vallée de Massevaux : moraines, roches moutonnées et striées, etc. Mais les traces des phénomènes glaciaires sont encore plus remarquables dans la vallée de Wesserling. Nous avons déjà parlé de la magnifique moraine sur laquelle est construite l'ancienne habitation d'Ed. Collomb. Elle est triple, comme celle de Giromagny; une petite rivière l'a fortement entamée, et quoiqu'elle lui ait enlevé environ 5 millions de mètres cubes de matériaux, il lui en reste encore près de 13 millions, d'après les mesures du savant chimiste de Wesserling!

Si l'on remonte la vallée, les accidents erratiques se multiplient, tels que roches polies, moutonnées, striées, galets rayés, accumulations de débris, enfin moraines par obstacle, ou *moraines d'Abschwung*. Ces moraines sont formées par des amoncellements de fragments de roches charriés par l'ancien glacier et entassés par lui contre des rochers qui s'élevaient au milieu de son cours, et qui étaient ainsi des obstacles à sa marche; c'est ce qui se passe encore aujourd'hui au glacier de l'Aar, près d'un rocher qui porte ce nom d'Abschwung et qui s'élève à la rencontre des glaciers du Lauter-Aar et du Finster-Aar. Dans la vallée de Saint-Amarin, ces moraines par obstacle sont au nombre de 7 à 8. C'est Collomb qui le premier les a fait connaître.

Au Glattstein (Pierre lisse), près de Wesserling, il y a de belles surfaces polies; tantôt les stries sont rectilignes, tantôt elles sont croisées. C'est la boue glaciaire qui conserve le poli de ces roches, mais ce sont les grains de quartz qu'elle renferme qui les ont burinées; le grain est encore en place, il ne lui manque qu'une impulsion pour continuer sa strie. Ce poli et les fines stries disparaissent rapidement sous l'action des agents atmosphériques.

Le terrain erratique vosgien a donc les plus grandes analogies avec celui des Alpes; on l'observe avec les mêmes caractères, les mêmes dispositions, dans toutes les vallées qui aboutissent à la vallée de Saint-Amarin et dans celles qui descendent des Vosges vers la grande dépression où coule le Rhin, telles que la vallée de Guebwiller, la vallée de Munster, etc.; mais nous ne pourrions suivre tous ses affleurements sans retomber dans d'inutiles répétitions, et nous préférons continuer cette étude par l'examen des faits passés sur le versant ouest des Vosges, où nous attirent le grand glacier de la Moselle et quelques phénomènes particuliers.

Versant ouest des Vosges. — Le glacier qui remplissait la vallée de la Moselle s'alimentait des neiges qui glissaient le long des pentes nord des ballons d'Alsace et de Servance; puis il se grossissait en route par l'adjonction des glaciers de la Moselotte et de la vallée de Cleurie et arrivait à Remiremont après avoir pris un développement considérable, car il s'était enflé de toutes les glaces accumulées au pied du Grand et du Petit-Ventron, du Drumont, et des sommets qui dominent le lac de Gérardmer.

Dans tout ce bassin à partir de Remiremont, les vallées sont barrées fréquemment par des moraines transversales ou frontales; dans la vallée de la Moselle, ce sont les moraines de Bussang, du Thillot, de Rupt, de Fondromé, etc.; dans celle de la Moselotte, les moraines du Chajoux et des lacs de Blanchemer et des Corbeaux. Citons encore les moraines frontales de Saint-Amé, du Tholy, du Beillard et des lacs de Gérardmer et de Longemer; il y en a aussi dans la vallée du Bouchot.

Tantôt ces barrages sont simples; tantôt ils sont à plusieurs étages; ils ont été étudiés et décrits par Le Blanc, Ed. Collomb, H. Hogard. Les moraines frontales sont généralement formées de sables, de galets et de blocs amoncelés confusément ou présentant parfois des indices d'une stratification incomplète, comme celles du Tholy et de Rupt. Les sables proviennent de la destruction des grès vosgiens dont on trouve des fragments anguleux mélangés aux galets de quartzite du poudingue. Des blocs granitiques sont souvent disposés à la partie supérieure du dépôt.

Il est évident que la stratification de ces moraines est due à l'intervention de l'eau dont l'action combinée avec celle de la glace n'a été pourtant que d'une importance secondaire. Ces moraines sont en général bien conservées, mais depuis la fonte des glaciers les petits cours d'eau de chaque vallée, par suite d'érosions continuelles, se sont ouvert de profondes échancrures pour leur servir de passages, et quand les barrages ont résisté aux efforts des eaux, il en est résulté en amont des marais, des étangs ou des lacs comme ceux de Blanchemer, des Corbeaux, de Lispack, de

Fondromé, de Longemer, de Gérardmer. Ce lac de Gérardmer ne se déverse pas dans la vallée de Cleurie, ainsi que la pente générale du sol semblerait l'indiquer; mais la moraine frontale barrant complètement la vallée, les eaux ont dû prendre une autre direction; elles s'écoulent maintenant dans la pittoresque coupure de la Vologne, vers le Saut-des-Cuves. Cette étrange disposition ne peut s'expliquer facilement que par l'intervention d'un glacier qui aurait obstrué la vallée par le dépôt d'une moraine frontale, car les eaux, suivant toujours la pente du thalweg des vallées, auraient entraîné à mesure ces matériaux et ne se seraient pas créé un obstacle à elles-mêmes, tandis que les moraines frontales ou terminales font toujours partie de l'appareil glaciaire. En aval de Remiremont toute la masse erratique d'Eloyes jusqu'à Longuet appartient à des moraines latérales ou bien aux moraines terminales du Goujot et de la Suche.

Dans ces vallées des Vosges, on voit aussi de belles moraines latérales, et souvent ces moraines latérales se confondent avec les moraines frontales des glaciers secondaires qui venaient rejoindre le glacier troncal. Il est facile de reconnaître cette disposition sur la rive gauche de l'ancien glacier de la Moselle à Remiremont (Grand-Courcie), à Fondromé, au Thillot, si on étudie les éléments des moraines et si l'on cherche à déterminer leur provenance, tout en comparant ces faits avec ceux qui se sont passés sur la rive droite. Ce classement des terrains d'après leur point de départ serait inexplicable avec la théorie diluvienne.

Lorsque les grès de la petite chaîne des Vosges commencèrent à dominer le glacier de la Moselle, celui-ci était encore en communication avec la vallée de l'Ogronne ou de Plombières, et un de ses rameaux franchissait le col d'Olichamp, le plus déprimé de la chaîne, pour aller déposer jusque près l'établissement thermal ces énormes traînées de fragments anguleux de grès qui ne sont que des moraines latérales, mais fort différentes de celles que nous sommes habitués à voir dans le bassin du Rhône.

Puis le niveau des glaces s'est abaissé, le rameau s'est séparé du tronc, et la moraine latérale du glacier de la Moselle, au lieu de pénétrer dans le bassin de l'Ogronne, a barré transversalement le col d'Olichamp, où elle a laissé d'énormes amas.

Le terrain glaciaire vosgien est très riche en blocs erratiques. Ils forment souvent de longues traînées parallèles le long des vallées, comme on le voit dans les vallées du Chajoux, de la Vologne, de la Bresse, de la Moselle, de l'Ogronne, de Giromagny, etc. D'autres fois, ils sont dispersés au sommet des moraines frontales ou sur leurs pentes, ainsi qu'on en voit des exemples à Belle-Hutte, au Tholy, au Saut-des-Cuves, au lac de Gérardmer. Mais on en observe aussi au-dessus des plateaux élevés du Haut-du-Roc, du Gris-Mouton, de Bellefontaine. Enfin, on retrouve presque jusqu'aux sommets des plus hautes montagnes des Vosges, le Hohneck et les Ballons, des amas de blocs épars sur le sol et venus d'une petite distance. Ce sont les *Teufels Mühlen* des Allemands, les *blocs sporadiques* de Collomb dont nous avons déjà parlé.

Dans la vallée de la Moselle, la limite extrême de la dispersion des blocs erratiques se trouve en dessous d'Épinal. Ils sont dispersés sur la moraine profonde ; les uns ont conservé leurs angles, les autres sont plus ou moins émoussés et arrondis.

Les roches polies, moutonnées, striées ne sont pas cantonnées dans la vallée de Saint-Amarin ; on les retrouve dans tous les lieux occupés par les anciens glaciers, tels que les vallées de la Moselle, de la Moselotte, de Cleurie, etc., à des hauteurs diverses.

Tout auprès de ces roches moutonnées ou striées par les glaces, on en voit d'autres façonnées par les eaux, sillonnées de lapiaz ou karren, ou bien offrant de nombreuses marmites de géants ; ce sont évidemment des produits de l'action des eaux. Il y en a de beaux spécimens au Saut-des-Cuves, près de Gérardmer, ainsi qu'au Saut-du-Broc, etc.

Pour terminer, nous dirons encore que le terrain glaciaire des Vosges formé aux dépens des grès, des granites et des schistes offre un facies particulier qui le distingue de la boue glaciaire du bassin du Rhône, dans laquelle de nombreux fragments calcaires associés aux roches quartzeuses ou silicatées étant plus aptes à être burinés et polis donnent à tout l'ensemble un aspect spécial et facilement reconnaissable. Cependant les galets de schiste et de diorite charriés par les glaciers vosgiens sont souvent polis et striés.

En nous éloignant du massif que nous venons de décrire, nous étudierons le terrain glaciaire du bassin de la Seine et du Morvan qui, par les monts Faucilles et les Cévennes, relie les Vosges au Plateau central et aux Pyrénées.

Bassin de la Seine ; Bretagne ; Morvan ; Auxois et pays limitrophes. — Si l'on veut faire une description géographique du terrain glaciaire d'une contrée quelconque, il faut avoir à sa disposition un ensemble de faits nombreux et bien définis et pouvoir suivre des limites nettes et précises. Mais lorsque nous abordons le bassin de la Seine, nous sommes loin de nous trouver dans de semblables conditions, et nous n'apercevons qu'un petit nombre d'observations restreintes, groupées et interprétées avec plus ou moins de hardiesse ou de réserve. Il n'y a aucun travail complet, général, aucune suite de mémoires savamment étudiés, comme il y en a tant sur l'erratique vosgien ou alpin. Ce n'est donc pas dans les bibliothèques qu'on peut espérer trouver la vérité ; il faut la poursuivre sur le terrain, et nous sommes forcé de laisser cette tâche à d'autres qui pourront se laisser entrainer par l'attrait d'une fort intéressante question à résoudre.

Malgré les notes que MM. Belgrand, Ed. Collomb, Julien, Roujou, Tardy, etc., ont publiées sur les grès de Fontainebleau, et sur les traces d'anciens glaciers dans la vallée de la Seine, notes que nous avons déjà indiquées dans notre second chapitre [1], la question n'est pas encore résolue d'une manière positive et unanime. Depuis 1870, elle n'a donc pas fait de progrès. Il reste des doutes sur le mode de fonctionnement ou sur l'étendue de ces anciens glaciers et même sur leur existence.

Nous avons eu l'honneur de voir avec M. Belgrand les prétendues stries glaciaires de la Padole, et nous avons gardé nos hésitations; pourtant, hâtons-nous d'ajouter qu'il n'y a de notre part aucun parti pris d'avance et que nous sommes tout disposé à faire le meilleur accueil à toutes les découvertes sur lesquelles on pourra appuyer peut-être un jour solidement l'hypothèse des glaciers de la vallée de la Seine. Mais, pour une description géologique, il faut autre chose que des théories !

Nous ne ferons que rappeler les traces de l'époque glaciaire que M. Barrois [2] a reconnues près de l'anse de Kerguillé, sur les côtes de la Bretagne, à l'ouest de Crozon, au sud de la rade de Brest. Dans le poudingue de cette plage soulevée, on voit toute une série de roches silicatées de provenance lointaine, dont le transport ne peut s'expliquer facilement que par l'action de radeaux de glace analogues à ceux de la Baltique [3].

Naturellement, nous ne garderons pas la même réserve pour le terrain glaciaire du Morvan. Les travaux de MM. Collenot [4] et Jules Martin [5] l'ont fait mieux connaître et nous fournissent les éléments dont nous avons besoin.

Au début de la période glaciaire, les neiges ont dû s'accumuler progressivement sur les montagnes du Morvan, comme elles l'ont fait sur celles des Vosges; les rigoles d'écoulement déjà ouvertes sur le Morvan et sur les hauts plateaux qui l'entourent, après avoir été creusées par des pluies abondantes, se sont remplies de glaces qui sont allées en divergeant de tous côtés. Toute la région présentait alors des surfaces moins arrondies qu'elles ne le sont aujourd'hui, et, des sommets ou des pics couronnés par des affleurements crétacés, se détachaient des blocs et d'autres fragments que les glaciers emportaient au loin.

Les roches jurassiques attaquées sur de nombreux points se joignaient à des convois morainiques superficiels. Les glaciers, en s'avançant sur des plateaux de roches assez tendres, les ont corrodés, entamés; pour exemples, M. Collenot cite ceux de Grosmont,

1. *Ante*, p. 40.
2. *Bull. Soc. géol.*, 3e série, t. V, p. 535, 1877.
3. *Ante*, p. 44.
4. *Description géologique de l'Auxois*, p. 518.
5. *Ante*, p. 40.

de Mincey, de Pouillenay, de la montagne de Flavigny, etc. On retrouve encore dans les parties basses des restes de moraines. Tantôt, ce sont d'immenses traînées d'alluvions anciennes dispersées par les torrents sous-glaciaires et les eaux de fonte; ces traînées de galets roulés et parfois striés auraient même pénétré jusque dans le bassin de Paris, où MM. Julien, Roujou, Tardy les ont observées. Tantôt ce sont des amas de gros blocs dont le transport dans des situations éloignées de leur point d'origine ne peut s'expliquer facilement que par l'action des anciens glaciers.

A Pont-Aubert, à l'ouest d'Avallon, il existe des amoncellements de sables et de blocs plus ou moins roulés ou anguleux, que MM. Collenot, J. Martin et Benoît étaient tentés de regarder comme des dépôts morainiques.

Dans les environs du Serein, au milieu du cirque de l'Auxois, près de Guillon, de Vignes, de Toutry, d'autres dépôts de sables et de blocs semblent avoir la même origine. Mais vers Epoisses on rencontre une sixaine de blocs granitiques de grandes dimensions, évidemment charriés par des glaciers. On les nomme les *Perrons-aux-Souffleux*; l'un d'eux a conservé le poli et les stries parallèles qu'on voit si souvent sur les éléments des moraines. Dans un champ voisin appelé *Couture-des-Pierres-Longues*, de nombreux blocs erratiques ont été enterrés ou détruits, comme on le fait encore dans les vignes du Beaujolais; on peut néanmoins les citer. Sur les bords de l'Armençon, on voit d'autres traînées de roches fragmentées, mais elles ont à peine conservé des traces de l'action glaciaire.

En un mot, pour résumer nos impressions, nous devons dire que le terrain erratique du Morvan et des contrées voisines est bien loin d'être aussi caractérisé que celui des Vosges : très peu de roches polies et striées; point de moraines transversales barrant les vallées; point de moraines latérales bien déterminées. Il y aurait encore des études à compléter.

C'est surtout pour expliquer les dénudations, les érosions de leurs montagnes et de leurs plateaux calcaires que les géologues bourguignons ont eu recours à l'intervention de puissants glaciers, ou plutôt à celle de leurs eaux de fonte et à des pluies abondantes; ils n'ont même pas hésité à évoquer l'influence de deux périodes glaciaires, l'une miocène, l'autre quaternaire. Nous attendons avant de nous prononcer que les faits sur lesquels repose cette théorie deviennent de plus en plus nombreux et évidents. Mais, dans une rapide description géologique, une discussion de théorie ne saurait trouver sa place. Nous allons donc nous occuper du Beaujolais et du Lyonnais.

Beaujolais et Mâconnais. Lyonnais et mont Pilat. — La partie de la chaîne cébenno-vosgienne qui sépare les départements de Saône-et-Loire et du Rhône, présente encore aujourd'hui des sommets qui s'élèvent souvent à un millier de mètres et qui dominent de vastes cirques. Autrefois cette altitude a dû être plus considérable. Nous avions donc le droit de supposer que, lorsque les glaciers des Alpes s'avançaient jusque vers Lyon, les vallées du Beaujolais et du Lyonnais devaient avoir chacune un glacier alimenté par les neiges de ces cirques. Nous ne nous trompions pas; et lorsque, pour compléter les recherches entreprises par M. Chantre et nous sur les anciens glaciers du bassin moyen du Rhône, nous parcourûmes la vallée de l'Ardière ou de Beaujeu, la vallée transversale la plus importante de la chaîne, nous eûmes la bonne fortune de trouver sur la colline de Durette, à l'ouest de Régnié, une masse de gros blocs de grès mal roulés et polis, dont la situation étrange ne pouvait s'expliquer que par l'action d'un glacier. Nous nous empressâmes de faire connaître le résultat de nos études [1] et nous continuâmes nos investigations dans les vallées voisines avec autant de profit. Plus tard, s'il nous restait encore quelques légers doutes au sujet de l'existence des glaciers du Beaujolais, ils furent dissipés par les observations de M. l'abbé Ducrost, qui découvrit des lambeaux de terrain glaciaire dans la vallée de la Mauvaise, au nord de celle de l'Ardière [2].

De son côté M. Tardy confirmait nos conclusions en découvrant les restes d'une moraine à Sainte-Cécile-la-Valouse, en amont de Cluny [3]. On recueillit même des galets striés dans la vallée de la Grône; c'était la meilleure preuve de l'existence des anciens glaciers dans ces régions. En outre de la moraine de Durette, nous en citerons une autre plus à l'est, sur la colline de Briante; mais là, comme dans tout le Beaujolais, on détruit les blocs qui sont généralement en grès pour en faire des matériaux de construction, ou bien on les enterre à une grande profondeur pour en débarrasser le sol des vignes, si bien que de jour en jour les caractères du terrain erratique se modifient et que les moraines disparaissent rapidement.

Les vallées du Nizerand et de la Vauxonne ont été occupées chacune par un glacier qui a charrié des blocs et des débris de toutes grosseurs. Près de Charentay, au débouché de la vallée de la Vauxonne, dans la plaine, un gros bloc est planté au carrefour de deux chemins. Un autre gros bloc de grès triasique sert de table dans la cour d'une ferme du château de Longsard, à Arnas. Le glacier de la vallée de l'Azergues, alimenté par le bassin-réservoir ouvert au pied du Moné (1000^{m}), du Tourvéon (973^{m}), etc., avait le double de grandeur que le glacier d'Aletsch. Nous avons

1. A. Falsan, Note sur une carte du terrain erratique de la partie moyenne du bassin du Rhône, *Arch. des sc. Bibl. univ. de Genève*, p. 12, juin 1870; *Monographie géologique*, t. II, p. 385.

2. *Monographie géologique*, t. II, p. 392.

3. *Ante*, p. 42.

retrouvé ses moraines frontales à Bagnols, à Alix, à Chessy, et enfin à Lozanne, à 40 kilomètres de son point de départ.

Fig. 94. — Bloc de Charentay (Rhône).

A la même époque, des glaciers occupaient les vallées de la Brévenne et de la Turdine. Depuis longtemps, leurs terrains de

Fig. 95. — Bloc de la ferme de Longsard, à Arnas (Rhône).

transport avaient fixé l'attention des géologues lyonnais, Thiollière, Fournet, Jourdan, qui, pour céder aux théories en vogue, voulaient tout expliquer par des courants diluviens. Mais, là comme ailleurs, il est plus rationnel de faire intervenir d'anciens glaciers. M. E. Pélagaud a découvert des traces évidentes de leur passage sur une foule de points du Lyonnais et dans les vallées secondaires du Conan, de la Trésoncle, etc.

Les glaciers de la Turdine et de la Brévenne se rencontraient dans les environs de l'Arbresles et opéraient en aval leur jonction avec celui de l'Azergues, près de Lozanne.

Le mont Pilat, dont le sommet le plus élevé, le Crêt-de-la-Perdrix, atteint 1434 mètres et dépasse le niveau du point culminant des Vosges, le ballon de Guebwiller (1426^{m}), a servi également de centre de dispersion à tout un système de glaciers. M. E. Chantre en a retrouvé de nombreux vestiges dans les vallées qui en découpent les flancs est et nord, ainsi que dans toute la vallée du Gier, la plus importante de la région.

Nous nous efforçons d'abréger pour ne pas nous répéter, et nous n'ajouterons que cette réflexion : le terrain glaciaire du Lyonnais et du Beaujolais, composé de grès triasiques, de mélaphyres, de schistes anciens, de granites porphyroïdes, etc., toutes roches qui gardent mal le poli et les stries, est pourtant mieux caractérisé que celui du Morvan et de l'Auxois; mais il l'est moins bien que celui des Vosges et surtout que celui des Alpes. Néanmoins le doute n'est pas permis sur l'existence de nos anciens glaciers, car, si l'on n'admettait pas leur action, on tomberait dans l'impossibilité de rendre compte, d'une manière satisfaisante, de la formation de tout un groupe de terrains, de toute une série de phénomènes.

Cévennes. — Depuis le mont Pilat jusqu'aux Pyrénées, le terrain glaciaire semble manquer sur un immense espace; mais sûrement cette lacune est plus apparente que réelle, et, sans la négligence des géologues, elle aurait depuis longtemps disparu, car une seule tentative faite par Ch. Martins a été couronnée d'un plein succès. Nous ne doutons pas que d'autres observateurs auraient été aussi heureux sur d'autres points. Pour essayer de diminuer l'importance de cette lacune, en y établissant au moins un point de repère, notre savant glaciairiste choisit la vallée de Palhères, qui prend naissance dans un vaste cirque situé à la base des plus hauts sommets de la Lozère, entre 1535 mètres et 1685 mètres, hauteur du Signal de Malpertus. Elle s'ouvre ensuite près de Villefort. On ne peut douter que cette haute vallée ne fût jadis occupée par un glacier permanent. Ch. Martins y a observé de nombreux blocs granitiques d'une centaine de mètres cubes, quelquefois parfaitement anguleux. A droite et à gauche de la vallée, des traînées de blocs volumineux et de menus fragments constituent de véritables moraines latérales. Enfin, pour compléter cet appareil glaciaire, une moraine terminale encore mieux caractérisée forme un barrage transversal entre le contrefort gauche et un monticule schisteux, arrondi, isolé, qui occupe le thalweg de la vallée et repousse le torrent à droite. Contre cet obstacle usé, frotté, l'ancien glacier a amoncelé des masses de gros blocs dont l'un a 9 mètres de tour. On en voit des exemples dans les Vosges et au glacier de l'Aar, près du rocher de l'Abschwung.

Les eaux retenues en amont ont transformé le sol en prairie humide, ainsi que cela est arrivé souvent dans les Vosges. L'absence de poli et de stries ne saurait faire naître des doutes sur l'existence de cet ancien glacier, car la nature des roches ne se prête pas à conserver ces caractères. Les formes moutonnées du monticule, contre lequel s'est amoncelée une *moraine par obstacle* semblable à celles de la vallée de Saint-Amarin, sont les seules traces du pouvoir mécanique du glacier sur les roches en place. Combinées avec la disposition générale du terrain erratique, elles peuvent suffire néanmoins pour en indiquer l'origine. (*Ante*, p. 108, etc.)

L'ancien glacier de Palhères était un glacier de second ordre, confiné dans les limites du cirque qui l'alimentait. Combien de temps encore l'observation de Ch. Martins restera-t-elle isolée? Espérons que d'autres viendront bientôt se grouper autour d'elle.

Au lieu de descendre directement vers les Pyrénées, nous allons examiner rapidement le terrain erratique du Plateau central, qui a été le sujet d'intéressantes études.

Plateau central; Auvergne; Mont-Dore. — Après que l'attention des géologues fut appelée sur les magnifiques gisements fossilifères de la montagne de Perrier, située à l'ouest d'Issoire, sur le versant oriental du Mont-Dore, plusieurs savants ont essayé de retrouver l'origine des terrains de transport de l'Auvergne, et spécialement du conglomérat ponceux qui renfermait ces nombreux débris de mammifères.

Ladeveze et Bouillet [1], Croizet et Jobert [2], Bravard [3], H. Lecoq [4], Rozet [5], d'après les théories alors à la mode, ont recouru à l'action de grands courants torrentiels ou boueux; H. Lecoq chercha la cause de ces courants dans la fonte des neiges abondantes qui étaient accumulées sur tous les sommets et plateaux élevés du centre de la France. Tout en n'acceptant pas pour l'Auvergne l'existence d'une véritable formation glaciaire, il admit celle d'un terrain névéen [6] et reconnut même que les vallées qui descendent du Mont-Dore « rappellent parfaitement les vallées des Alpes occupées autrefois par des glaciers, ou ces plaines de la Suède où chaque saillie a été choquée et usée par des chocs répétés et violents. Des rainures, véritables karren, se présentent aussi sur les granites [7]. » On ne pouvait s'approcher plus près de la vérité sans la saisir.

1. *Essai géologique et minéralogique sur les environs d'Issoire et principalement sur la montagne de Boulade,* 1827.

2. *Recherches sur les ossements fossiles du département du Puy-de-Dôme,* 1828.

3. *Monographie de Perrier.*

4. *Époques géologiques de l'Auvergne,* 1867.

5. *Bull. Soc. géol.,* 1842.

6. *Ouvrage cité,* t. V, p. 271, 285.

7. Note sur la géologie du Plateau central de la France, etc. *Bull. Soc. géol.,* 2e série, t. XIX, p. 772, 1862.

Il décrivit avec tant de soin le terrain erratique avec ses blocs énormes et anguleux, ses galets striés, ses roches moutonnées, polies, burinées, qu'on pourrait en quelque sorte, ainsi que le dit M. Julien [1], tracer la carte des moraines de l'Auvergne en suivant certains contours qu'il a indiqués, mais en substituant les noms de *formations glaciaires* à ceux d'*alluvions névéennes*.

C'est donc Lecoq qui le premier, mais sans en comprendre toute la portée, a fait une étude sérieuse et complète de ce que plus tard M. Delanoue [2] a indiqué vaguement et de ce que M. Julien a eu le mérite de reconnaître comme étant, d'une manière positive, des traces des anciens glaciers de l'Auvergne.

M. Julien, se plaçant à un point de vue spécial, a fait un travail plus important que n'en avaient écrit ses devanciers, mais qui malheureusement est loin d'être complet. Une fois que l'examen des stries qui étaient creusées sur des blocs erratiques de Perrier lui eut démontré que la glace avait été leur agent de transport, il fut mis sur la bonne voie et, s'associant à M. Laval, il trouva successivement des vestiges de l'appareil glaciaire dans toutes les vallées qui se détachent des massifs du Cantal, du Mont-Dore et du Puy-de-Dôme, pour se diriger à l'est vers le cours de l'Allier. Il vit que la plupart des vallées avaient été occupées par des glaciers dont on pouvait reconstituer la puissance et suivre les allures.

Le plus important de tous était celui de la vallée de l'Allagnon, qui avait pour point de départ un vaste cirque de 8 à 9 kilomètres de diamètre, entouré par une ceinture de sommets dont les plus élevés étaient le Plomb-du-Cantal, 1858 mètres, le Pic-du-Rocher, 1800 mètres, le Puy-de-Bataillouze, 1686 mètres, etc. Ce cirque est divisé par des contreforts qui donnent naissance à autant de vallées secondaires qui viennent converger vers Murat. Au débouché de chacune de ces vallées secondaires, on remarque une accumulation considérable de débris glaciaires. Les moraines latérales s'élèvent à de grandes hauteurs sur les flancs des vallées et dans le fond s'étalent les moraines profondes. Elles viennent toutes rejoindre symétriquement les grandes moraines latérales et médianes de la vallée principale, où coule l'Allagnon, moraines qu'on peut suivre sur une longueur de 12 kilomètres en aval de Murat, jusqu'à Neussargues. Dans cette station, le glacier de l'Allagnon se soudait à celui d'Allanches, qui mesurait une vingtaine de kilomètres; le glacier devait avoir 200 mètres d'épaisseur [3] au point de jonction.

1. Des phénomènes glaciaires dans le Plateau central de la France et en particulier dans le Puy-de-Dôme et le Cantal, *Thèse pour le doctorat ès sc. nat.*, Montpellier, 1869, p. 82. (Pour les paragraphes suivants, consultez cette thèse à laquelle nous faisons de nombreux emprunts.)

2. Découverte de moraines glaciaires en Auvergne, *Bull. Soc. géol.*, 2e série, t. XXV, p. 402, 1868.

3. Ed. Collomb, Note sur les anciens glaciers du Plateau central de la France, *Arch. des sc., Bibl. univ.*, janvier 1870.

M. Julien, en étudiant ces deux glaciers, a reconnu que tous les matériaux qu'ils avaient charriés étaient distribués selon les lois formulées par A. Guyot pour le terrain erratique du bassin du Rhône, et que par conséquent leur transport avait bien été l'œuvre des glaciers. Du côté de Neussargues, la plupart des blocs sont basaltiques ou cristallins, parce qu'ils proviennent de la vallée d'Allanches, tandis que, le long de l'Allagnon, ce sont les trachytes du Plomb qui dominent. Partout des traînées ou des amas de blocs striés, anguleux, polis ou simplement roulés. Dans le cirque de Murat, au-dessous de Bredons, trois blocs trachytiques ont un volume de 25 à 54 mètres cubes, et, dans les champs, il y en a d'autres aussi gros. Mais souvent ce volume est dépassé, et, dans le conglomérat ponceux de Perrier, Bravard en a cubé un de plus de 6000 mètres cubes [1] !

Près de Neussargues, les blocs et le terrain erratiques se sont amoncelés contre un filon de basalte et forment une belle moraine par obstacle. Enfin, dans la période de décroissance, les glaciers de l'Allagnon et d'Allanches se sont séparés, et ce dernier, en remontant vers sa source, a subi un arrêt à Moissac, pendant lequel il a abandonné la superbe moraine transversale ou frontale qui supporte ce village.

Rien ne manque donc pour caractériser le terrain glaciaire de l'Auvergne bien mieux que celui du Lyonnais et surtout que celui de la Bourgogne, où les montagnes sont moins élevées que celles du Plateau central. Aucun doute ne saurait subsister dans les esprits en présence de tant de faits si bien observés et groupés par M. Julien. Nous nous empressons de le reconnaître, tout en n'admettant pas, comme ce professeur, deux périodes glaciaires. Dans ce chapitre, il ne s'agit pas de discuter des théories, mais de décrire des faits et des gisements. Nous n'avons pas à répéter ce que nous avons dit précédemment [2] et à définir de nouveau ce que nous entendons par période, et par phases glaciaires. D'ailleurs, comme l'a écrit M. Ed. Collomb [3], s'il ne s'agit pour les glaciers de l'Auvergne que d'une retraite partielle, après le maximum de leur développement, puis d'une nouvelle progression moins importante que la première, nous n'avons aucune objection à faire, car nous admettons volontiers ces oscillations des glaciers, en les combinant à celles du sol ou en leur supposant toute autre cause.

M. Julien a décrit bien d'autres glaciers; avec M. Rames, il a étudié les traces de ceux qui fonctionnaient dans la vallée de la Cère et de la Jordanne, sur le versant ouest du Cantal, et qui ont élevé la grande moraine frontale d'Aurillac.

1. Julien, *ouvrage cité*, p. 17.
2. *Ante*, p. 211.
3. Ouvrage cité, *tirage à part*, p. 8.

Cantal. — Depuis longtemps M. Rames a étudié avec talent les formations géologiques du Cantal [1]; il a poursuivi les traces de l'action glaciaire au milieu de ces anciens cratères et de ces roches ignées. Ce fut donc lui qui présida, en 1884, la réunion extraordinaire de la Société géologique et qui guida ses excursions à travers tous ces terrains dont il avait une connaissance approfondie. Au point de vue qui nous occupe spécialement, nous ne le suivrons que dans les environs d'Aurillac et dans les vallées de la Cère et de la Jordanne.

La moraine frontale d'Aurillac est bien la véritable moraine terminale de l'ancien glacier de la Cère, dont une partie de la moraine profonde occupe tout l'ouest de la plaine d'Aurillac et d'Arpajon, sur une surface de plusieurs lieues carrées. En remontant la Cère et la Jordanne, on voit des terrasses et des moraines quaternaires, et sur la rive droite de la Cère, près d'Arpajon, une terrasse de 15 mètres de hauteur est couverte de blocs erratiques et de cailloux roulés. Cette terrasse n'est qu'un débris de l'ancienne moraine profonde remaniée par les eaux de fonte. Quelques blocs conservent leurs arêtes et indiquent clairement l'origine double de ce dépôt; ainsi que les cailloux roulés, ils appartiennent aux diverses roches tertiaires ou volcaniques du pays.

A 12 kilomètres en amont d'Arpajon, la moraine frontale de Carnéjac barre presque la vallée. Entre ces deux grandes moraines terminales, qui indiquent des temps d'arrêt considérables, il y en a d'autres moins marquées qui jalonnent de simples étapes dans le retrait du glacier de la Cère. Cette disposition est très fréquente dans tout le Cantal.

Près de Carnéjac, une moraine frontale barre également le vallon de Vezac et semble avoir été formée, dans les mêmes conditions et en même temps, par une ramification du glacier de la Cère qui se déversait dans une vallée latérale.

Sur la route de Carlat, avant le domaine de la Gane, M. Rames a signalé des affleurements de moraines pliocènes, avec de gros blocs de basalte porphyroïde; il les a indiqués encore sur tous les pays voisins et sur tous les plateaux. Mais nous ne voulons pas quitter le Cantal sans rappeler les belles empreintes végétales pliocènes des cinérites du Pas-de-la-Mogudo, près de Vic-sur-Cère, empreintes recueillies et étudiées par M. Rames, puis décrites par notre ami, le Mis de Saporta, et synchronisées par lui avec celles des tufs de Meximieux, près de Lyon. (*Ante*, p. 222, etc.).

Mont-Dore, suite. — Puy-de-Dôme; Velay — Montagnes de la Madeleine. Bassin de la Dordogne. — En revenant dans le bassin de l'Allier, citons, d'après MM. Julien et Laval, les glaciers des Couzes d'Issoire et de Champeire, qui descendaient du Mont-Dore,

1. *Ante*, 41.

1886 mètres, et qui avaient plus de 20 kilomètres de développement. Dans les environs mêmes de Clermont-Ferrand, M. Laval a découvert des preuves d'une glaciation ancienne dans les vallées de l'Auzon et de Romagnat. Toutes les hauteurs granitiques qui bordent la Limagne à l'ouest sont couvertes de blocs erratiques striés, et, comme le conclut M. Julien, tout le plateau cristallin qui supporte les volcans à cratère a été couvert par un glacier qui envoyait des branches dans les vallées qui en descendent.

Des recherches analogues, entreprises ailleurs dans les montagnes du centre de la France, amèneraient sans aucun doute des résultats aussi satisfaisants. Ainsi en se rendant à la réunion de la Société géologique au Puy (1869), M. Tardy a rencontré près de Langeac et sur le versant oriental des chaînes du Velay qui séparent l'Allier de la Loire, en amont d'Espaily, des blocs striés et des lambeaux de moraines [1]. Il en a découvert encore d'autres dans les montagnes de la Madeleine [2]. De son côté, M. Marcou [3] a signalé dans la vallée de la Dordogne, à l'ouest des monts d'Auvergne, entre Clermont et Mauriac, à Bort, à La Nobre, etc., des restes de moraines, des cailloux striés, des blocs volumineux, en un mot tout l'ensemble du terrain erratique glaciaire.

Plateau d'Aubrac. — En descendant plus au sud du Plomb-du-Cantal, nous pouvons encore citer des affleurements de terrains abandonnés par les anciens glaciers. MM. Favre et E. Trutat [4] ont en effet reconnu l'existence de dépôts glaciaires et une véritable moraine sur le plateau d'Aubrac, dans un lieu appelé Chante-Grenouilles.

A Montpellier-le-Vieux, près de Milhau (Aveyron), il y a des effets d'éboulements, des amas de blocs, des érosions fantastiques qu'on prendrait volontiers pour des produits de la glaciation. Mais M. Trutat n'y voit que le résultat de l'action des agents atmosphériques combinée à celle de l'eau, et prévient de se tenir en garde. Il fait les mêmes réserves pour certains blocs qu'on rencontre dans l'Aigoual, sur quelques points du massif du Trèves, et pour d'autres blocs granitiques fort nombreux et très pittoresques qui apparaissent sur le plateau du Sidobre, dans les environs de Castres. On les a souvent pris pour des blocs erratiques, mais on ne peut attribuer leur formation qu'à une lente décomposition chimique d'un granite très feldspathique.

Mais, avant d'en finir avec les glaciers du Plateau central, nous

1. Note sur les glaciers du Velay, *Bull. Soc. géol.*, 2e série, t. XXVI, p. 1178, 1869.

2. *Bull. Soc. géol.*, 3e série, t. I, p. 514, 1873.

3. Notes pour servir à l'histoire des anciens glaciers de l'Auvergne, *Bull. Soc. géol.*, 2e série, t. XXVII, p. 361, 1870.

4. Rapport à M. Daubrée, inspecteur général des mines, président de la Commission des blocs erratiques (*manuscrit*), pages 69, 73, 74, 1884.

ferons une comparaison qui permettra de comprendre leur véritable importance en établissant leur rapport avec l'ancien glacier du Rhône. Du Schneestoch, origine de cet ancien glacier, jusqu'à Lyon, il y a une distance de 400 kilomètres environ. Le même intervalle sépare Cahors du confluent du Rhône et de la Saône. Donc, si l'ancien glacier du Rhône, au lieu de prendre sa source dans le haut Valais, l'avait prise près du chef-lieu du département du Lot pour se diriger en ligne droite vers Lyon, il aurait traversé le pays des Causses, les monts du Cantal et de l'Auvergne, la vallée de la Loire, les monts du Lyonnais et les plateaux qui s'arrêtent à Fourvières, tandis que les glaciers du centre de la France sont restés blottis dans les petites vallées de quelques groupes montagneux étroitement circonscrits, tels que les massifs du Plomb-du-Cantal, du Mont-Dore, du Puy-de-Dôme, la chaîne de la Madeleine, les monts du Lyonnais et du Beaujolais!

Et comme nous allons nous occuper des Pyrénées, nous dirons encore que la longueur du glacier quaternaire du Rhône équivaut presque à celle de la longueur totale de cette chaîne depuis la Méditerranée jusqu'à l'Océan.

Pyrénées; considérations générales. — Puisque c'est M. E. Trutat qui nous a fourni les derniers renseignements que nous venons de transcrire sur le terrain erratique du Plateau central, il voudra bien encore nous servir de guide pour suivre les traces des anciens glaciers dans les Pyrénées. Nous en serons d'autant plus satisfait que le savant directeur du Muséum de Toulouse a depuis longtemps concentré ses études sur cette magnifique chaîne de montagnes. Nommé, en même temps que nous, par l'Institut, *Membre de la Commission pour la conservation des blocs erratiques*, il a bien voulu nous communiquer de nombreuses séries de belles épreuves photographiques et deux volumineux rapports manuscrits adressés à M. Daubrée, Président de ladite Commission.

Nous sommes heureux de saisir cette occasion pour remercier M. Trutat de l'obligeant concours qu'il a bien voulu nous prêter, quoique nous soyons contraint par le manque d'espace de ne mettre à contribution qu'une très minime partie des documents mis à notre disposition. D'ailleurs, c'est bien à M. Trutat à mettre en lumière, dans l'ouvrage qu'il prépare sur l'ensemble des Pyrénées, les résultats de tant d'observations et de tant de patientes recherches. Nous nous efforcerons d'être le plus succinct possible, car nous ne voulons glaner que quelques épis après une telle moisson [1].

1. Les paragraphes qui vont suivre ne sont en quelque sorte que le résumé très abrégé d'une partie des deux rapports que M. Trutat nous a communiqués. Nous leur ferons de si fréquents emprunts que nous ne saurions mettre un renvoi à chacun d'eux. Cette note suffira pour indiquer clairement les

En étudiant le terrain glaciaire des Pyrénées, nous n'aurons plus affaire, comme pour les Vosges, le Morvan, le Pilat, les Monts d'Auvergne et du Cantal, à un massif élevé d'où s'étaient échappés en rayonnant de toutes parts, jusque dans les plaines voisines, d'anciens glaciers; mais il nous faudra rechercher les traces de la glaciation le long d'une chaîne étendue selon une ligne sensiblement droite, de 430 kilomètres de longueur, et passer successivement en revue une série de vallées presque toutes parallèles les unes aux autres, et séparées entre elles par des chaînons qui se détachent presque à angles droits de la chaîne principale.

Les vallées sur les deux versants de la chaîne maîtresse se correspondent entre elles, et on donne le nom de *port*, de *col* ou de *passage* aux dépressions qui les font communiquer les unes avec les autres.

Malgré une certaine régularité dans son allure générale, la crête des Pyrénées, si on la considère dans son ensemble, ne forme pas une silhouette horizontale. Les points les plus élevés occupent le milieu de la chaîne, vers le massif de la Maladetta, au-dessus du val d'Aran, où la Garonne prend sa source. De ces sommités centrales les Pyrénées s'abaissent assez brusquement à l'est du côté de la Méditerranée et lentement à l'ouest vers l'Océan. Mais de distance en distance, des pics s'élèvent hardiment et rompent la monotonie de ces grandes lignes. Ainsi le Canigou, 2787 mètres, le Pic de Carlitte, 2915 mètres, le Puigmal, 2909 mètres, le Pic de Costabona, 2464 mètres, et quelques autres cimes dominent les pentes du bassin méditerranéen; tandis que, à l'ouest du massif central et culminant de la Pique-d'Estats, 3141 mètres, de la Maladetta, 3401 mètres, du Néthou (Monts Maudits), 3404 mètres, des Posets, 3352 mètres, le Port-d'Oo, 3002 mètres, le Mont-Perdu, 3352 mètres, le Pic-du-Midi-d'Ossau, 2885 mètres, le Vignemale, 3290 mètres, le Balaïtous, 3176 mètres, le Pic-d'Anie, 2580 mètres, et bien d'autres se détachent au-dessus de la crête accidentée qui va doucement gagner les plages de l'Océan [1].

Il résulte de cette configuration du sol que les flancs des Pyrénées appartiennent à deux bassins distincts, quoique l'axe de la chaîne soit dirigé selon une ligne sensiblement droite. En outre, depuis longtemps les géologues de cette région ont observé que, dans les Pyrénées, comme pour toutes les autres chaînes dirigées de l'est à l'ouest, telles que les Alpes, le Caucasse, l'Himalaya, les pentes sont bien plus raides du côté du midi que sur le versant nord. Cette disposition orographique semble expliquer en partie

sources où nous avons si souvent puisé. — Pour la bibliographie du terrain glaciaire des Pyrénées, consulter aussi le chap. II, p. 33, 34.

1. Cf. M. E. Reclus, *Nouvelle géographie universelle*, t. II, *la France*, p. 68, 71, 83.

pourquoi les nappes de neige et de glace sont plus étendues sur le versant français, où, exposées moins directement aux rayons du soleil, elles trouvent aussi plus d'espace pour s'étaler.

Bassin de l'Océan. Glaciers de la Garonne, de la Pique et des montagnes de Luchon. — L'ancien glacier de la Garonne, dont le bassin d'alimentation principal était le val d'Aran, sur le territoire espagnol, au pied des plus hauts sommets des Pyrénées, c'est-à-dire le cirque formé par un repli de l'arête centrale sur elle-même, recevait une partie des glaces et des débris erratiques du glacier des Monts-Maudits, par le col des Aranais, le Port-de-la-Picade, etc., après que la vallée du Plan-des-Estans fut comblée par la glace; il suivait en aval le cours de cette rivière jusqu'à Montréjeau, où elle se détourne brusquement à l'est pour suivre la base des contreforts de la chaîne principale. Au delà de cette ligne s'ouvrent de vastes plaines d'alluvions sur lesquelles il est possible que le glacier se soit un peu avancé; mais, en dehors de la partie montagneuse, les traces de l'action glaciaire deviennent douteuses, et nous garderons la réserve de M. Trutat, qui a limité pour le moment ses études sur le glacier de la Garonne à la moraine frontale de Montréjeau. Quoi qu'il en soit, le glacier de la Garonne ainsi défini mesure de 70 à 75 kilomètres de longueur, et comme à Cierp, en face de Saint-Béat, il recevait les glaciers secondaires, mais très importants des vallées de la Pique et d'Oo, c'est-à-dire des montagnes de Luchon, puis à Saint-Bertrand le courant de la vallée de Mauléon, on peut dire qu'il était le plus considérable de toute la chaîne. Il formait par ce majestueux ensemble une immense *Mer de glace*, du sein de laquelle émergeaient seulement les crêtes principales de la chaîne et de ses contreforts. A l'époque de sa plus grande extension, le glacier n'était pas entièrement contenu dans la vallée principale, il débordait par-dessus certains cols et se déversait dans des vallées latérales qui s'ouvrent au nord des pics de Cagine et du Ger par exemple. Ainsi on trouve des preuves de son passage au col de Menthé (1331^{m}) dont les surfaces rocheuses ont été polies et rayées par la glace. En cette station le glacier de la Garonne avait 800 mètres de puissance.

Le glacier de la Garonne a charrié une masse énorme de blocs erratiques qu'on retrouve partout disséminés, mais plusieurs se sont éboulés dans la rivière et n'ont plus de caractère saillant. En aval de Saint-Béat, ils ont rencontré les traînées de Luchon et de Mauléon, qui sont plus abondantes et plus remarquables.

Près de Saint-Béat, la vallée de la Garonne se resserre et les phénomènes glaciaires ont acquis une grande intensité; les roches dures du massif du Cap-del-Mount ont été arrondies, usées, burinées, et elles gardent encore ces empreintes laissées par la progression des glaces, tandis que les mêmes traces ont disparu des calcaires tendres et schisteux du Pic-du-Ger. Les calcaires durs qui forment une sorte de cap en amont de Marignac et les granites de Géri présentent de belles roches moutonnées, d'aspect semblable, malgré la différence de leur composition.

A Saint-Béat même, en aval du pont, les parois de la montagne sont moutonnées et polies, et l'on voit de belles marmites de géants. Elles rappellent celles du Saut-de-Sabo (Tarn) et du Saut-du-Loup, près de Saint-Antonin (Tarn-et-Garonne), qui sont si remarquables et que, d'après M. Trutat, on peut rapporter à l'époque glaciaire.

Glacier de la Pique. Vallées de l'Hospice et du Lys ou vallée de Luchon; vallées d'Oo et de l'Arboust. — C'est à Cierp que le glacier de la Pique venait se souder à celui de la Garonne. Ce glacier était lui-même formé par la réunion de deux courants de glaces : l'un de ces courants était descendu de la vallée proprement dite de Luchon (vallée de l'Hospice et vallée du Lys), l'autre avait occupé la vallée d'Oo.

Le territoire de l'Hospice ou du Port de Vénasque est une contrée schisteuse dont les roches, fortement redressées et facilement attaquables par les agents atmosphériques et les eaux sauvages, ne sauraient garder les traces de l'action de la glace ni fournir de beaux blocs erratiques. Ce n'est donc pas à ce point de vue qu'elle peut présenter quelque intérêt. Mais il en est autrement si on l'envisage par rapport à l'ancienne extension des glaciers pyrénéens, car, en étudiant la nature des rares blocs qui s'y rencontrent, on peut conclure qu'ils sont venus du Néthou et que les glaciers des Monts-Maudits, au lieu de s'arrêter sur les pentes de la Maladetta, comblaient la vallée du Plan-des-Estans et pouvaient se déverser dans la vallée de la Pique, par les crêtes du Port-de-Vénasque. Au niveau des lacs, les roches deviennent plus dures, et des surfaces polies et moutonnées affleurent presque jusque vers la Brèche-du-Port.

Au sud-ouest de Luchon vient aboutir la vallée du Lys, étudiée par M. Gourdon [1] et M. Trutat. A chaque pas, on y retrouve des traces des phénomènes glaciaires. Le sol n'étant pas cultivé, mais seulement couvert de pâturages et de prairies, les blocs ont été respectés. M. Gourdon a pu en cataloguer une centaine parmi les plus remarquables, et il en a noté plus de 900 moins importants!

Le plus volumineux de ces blocs mesure 175 mètres en bas. Au pont de Lapadé, M. Trutat a photographié un gros bloc erratique calé dans une situation fort pittoresque; nous en donnons une reproduction.

Tous ces blocs sont formés d'un granite à grands cristaux feldspathiques, propre à cette vallée et à celle d'Oo. Aucun ne porte un nom particulier ni ne figure dans les vieilles légendes. L'altitude la plus élevée où on les rencontre est de 1450 mètres, dans les pâturages de l'Esponne.

1. Le glaciaire de la vallée du Lys, *Bull. Soc. hist. nat. de Toulouse.*

Sur une foule de points apparaît la moraine profonde ou boue glaciaire. Aujourd'hui le cirque où l'ancien glacier prenait sa source est encore couronné par des amas de neige et de glace. A la hauteur de Castel-Vieil, où apparaissent de belles roches polies, le glacier de la Pique recevait le petit glacier secondaire de la vallée de la Burbe, qui n'était qu'un de ces épanchements latéraux du glacier de la Garonne dont nous avons déjà parlé.

Fig. 96. — Bloc erratique calé, près du pont de Lapadé, vallée du Lys (d'après une photographie de M. Trutat).

La vallée d'Oo est dominée par un vaste cirque ouvert au nord et situé à 3000 mètres d'altitude. De petits glaciers, tels que celui du Ceil-de-la-Baque, du Port d'Oo, brillent encore au sommet de ces crêtes, mais à l'époque quaternaire des masses énormes de neige devaient s'accumuler dans cette vaste dépression ; puis ces névés se transformaient en un puissant glacier qui remplissait les vallées inférieures avant de se réunir à celui de la vallée du Lys, pour aller ensemble rejoindre celui de la Garonne.

D'après M. Piette [1], dans la vallée de la Pique, près de Luchon, l'épaisseur du glacier devait être environ de 860 mètres depuis le sommet du mont Cazaril jusqu'au thalweg de la vallée. Dans toute la région supérieure, et dans la vallée d'Estan, les surfaces polies et moutonnées sont très nombreuses, mais les blocs sont assez rares ; ils semblent s'être accumulés plus bas en masses prodigieuses pour former la belle moraine de l'Arboust, qui commence en aval du village d'Oo. Les montagnes voisines et celles qui paraissent barrer la vallée sont couvertes de blocs. M. E. Trutat et M. M. Gourdon [2], qui ont fait une étude particulière de la vallée de l'Ar-

1. La hauteur du glacier quaternaire de la Pique à Bagnères-de-Luchon. *Comptes rendus de l'Académie des sciences*, t. LXXXIII, p. 1187, décembre 1876.
2. Catalogue des blocs erratiques de la vallée de l'Arboust, Haute-Garonne. *Bull. Soc. hist. nat. de Toulouse*, 1879. *Ante*, p. 79.

boust, ont inventorié près de 3000 blocs dans cette seule localité. Mais, pour en débarrasser leurs champs, les paysans leur font une guerre acharnée, et la physionomie de la moraine se modifie d'année en année. Il était temps de prendre des mesures pour en garantir quelques-uns et d'en dresser un catalogue, illustré de nombreuses photographies. M. Trutat a convenablement rempli cette tâche. Le bloc dont nous donnons le dessin appartient à l'État; il est situé près de Cazaux, vallée de l'Arboust.

Fig. 97. — Bloc erratique appartenant à l'État, près de Cazaux, vallée de l'Arboust (d'après une photographie de M. Trutat).

Ces blocs généralement granitiques sont tantôt réunis en groupes, tantôt isolés ou bien encore calés ou adossés sur une pente fort déclive dans une situation où jamais des courants d'eau n'auraient pu les déposer. Souvent ils ont été roulés et arrondis, d'autres fois ils ont conservé leurs angles et sont très volumineux.

Quelques-uns ont des noms particuliers, comme le *Cailhaou-de-Magras*, le *Cailhaou-de-Sagal*, la *Table-de-Bois-Garon*, etc. Ces derniers se trouvent à Suvieille-Bas et ont chacun leur légende. Là, comme dans les Dombes et le Bugey (Ain), ou dans le Dauphiné, on se livrait près de plusieurs de ces blocs à des coutumes superstitieuses, qui remontaient aux époques les plus reculées et qui ne respectaient pas toujours les bonnes mœurs. Pour faire disparaître ces abus, on a détruit quelques-uns de ces blocs ou bien on les a consacrés au culte. Précédemment nous en avons figuré un surmonté d'une croix [1].

Souvent des blocs peu volumineux sont alignés en cercle et au centre est placée une sépulture. M. Ed. Piette et M. J. Sacaze ont étudié au point de vue archéologique les blocs erratiques qui couvrent le flanc méridional de la montagne d'Espiaut, et ils ont publié [2] un mémoire fort intéressant sur les blocs dont les populations primitives des vallées de l'Arboust et d'Oo s'étaient servies pour faire des alignements, des cromlechs et pour élever des

1. *Ante*, p. 76.
2. *Bull. Soc. d'anthropologie de Paris*, 5 avril 1877.

menhirs. Ils ont mentionné en même temps toute une série de superstitions bizarres et licencieuses et de coutumes aussi anciennes qu'étranges qui se rattachaient à une sorte de culte dont les *Pierres sacrées* étaient entourées.

A Saint-Aventin, une superbe moraine profonde à boue glaciaire et à cailloux striés a été entamée par la route sur une dizaine de mètres d'épaisseur. C'est une des plus belles des Pyrénées. Dans la vallée tributaire d'Oueil, à Saint-Paul, les eaux pluviales ont pit-

Fig. 98. — Bloc erratique anguleux, perché sur un des flancs de la vallée d'Oo (d'après M. Trutat).

toresquement entamé la moraine profonde et des tables de pierre ont protégé d'étranges colonnes de débris morainiques, cimentées par la boue glaciaire.

Il nous suffit de citer ces exemples pour faire comprendre quelle a été la grandeur des phénomènes glaciaires dans le bassin de Luchon.

A Cierp, les glaciers de la Pique, d'Oo venaient se confondre avec celui de la Garonne, qui recevait encore celui de la Barousse, près de Saint-Bertrand-de-Comminges. C'est dans cette vallée, près des Chalets de Saint-Néré, que le glacier a abandonné le plus gros bloc des Pyrénées, la *Pierre-Damnée* [1], qui a un volume de plus de 400 mètres cubes.

Plus bas au delà de la moraine frontale de Mauléon, près de

1. *Ante*, p. 80.

Gréchet, un gros bloc de 200 mètres cubes de grès siliceux est appelé la *Pierre-de-Saint-Bertrand.* Vers le village de Sarp, une seconde moraine frontale barre presque la vallée.

Après avoir reçu tous ces affluents, le glacier de la Garonne fut assez puissant pour se joindre à celui de la Neste, et toute cette immense nappe de glace largement épanouie au nord s'arrêta vers les moraines frontales de Lannemezan, de Montréjeau et de Saint-Gaudens.

Il y a déjà bien longtemps que Palassou [1] avait remarqué les gros blocs erratiques de Saint-Bertrand-de-Comminges, et ils n'échappèrent pas non plus à l'attention de J. de Charpentier [2] et de Durocher [3], qui ont indiqué, comme limite du transport des blocs de la vallée d'Oo, les environs de Saint-Bertrand et de Labroquère, au midi de Montréjeau. Ils préludaient ainsi pour le glacier de la Garonne et ses glaciers secondaires aux travaux de MM. de Collegno [4], Leymerie [5], Trutat [6], Piette [7], Garrigou [8], Gourdon [9], Dr A. Penck [10]. La situation exacte de la plus extrême moraine frontale du glacier de la Garonne est néanmoins restée discutée et un peu indécise, mais il ne s'agit que de quelques questions de détail. On est d'accord sur les faits principaux.

Glacier de la Neste. — En remontant le cours de la Neste, on voit que cette rivière se partage, près d'Arreau, en deux branches principales, celle d'Aure et celle du Louron, qui elles-mêmes se subdivisent en suivant plusieurs cours d'eau, qui vont se ramifier dans le fond d'un cirque composé de montagnes élevées et presque aussi vaste que le val d'Arreau. Pendant la période glaciaire, les neiges et les névés se sont amoncelés dans cette vaste dépression; chaque grand cours d'eau fut remplacé par un courant de glace. Tout le bassin de la Neste fut donc rempli par un vaste glacier, qui

1. *Essai sur la minéralogie des monts Pyrénées.* Paris, 1874.
2. *Essai sur les glaciers,* p. 210, 1841.
3. Traces du phénomène erratique dans les Pyrénées, *Voyage en Scandinavie, en Laponie,* etc., t. I, 1843. — Étude sur les phénomènes erratiques de la Scandinavie, *Bull. Soc. géol.,* 2e série, t. IV, 1846-1847.
4. Sur le terrain diluvien des Pyrénées, *Bull. Soc. géol.,* 11e série, t. XIV, 1843.
5. Du phénomène diluvien dans la vallée de la Garonne, *Bull. Soc. géol.,* 11e série, t. XII, 1855. — *Description géologique et paléontologique des Pyrénées de la Haute-Garonne.* Toulouse, 1881.
6. *Ouvrages cités,* etc., p. 37 et 360.
7. Sur le glacier quaternaire de la Garonne, etc., *Bull. Soc géol.,* 11e série, t. II, p. 498, 1874. — *Sur la hauteur du glacier quaternaire de la Pique à Bagnères-de-Luchon.* Laon, 1877.
8. Les glaciers anciens et récents des Pyrénées, *Conférence faite à Bordeaux.* Toulouse, 1876.
9. *Ouvrage cité,* p. 37 et 363.
10. La période glaciaire dans les Pyrénées, traduit par L. Brœmer, *Soc. hist. nat. de Toulouse,* 1885.

pour la grandeur ne le cédait en rien à celui de la Garonne proprement dit.

Nous abrégerons la description des traces laissées par cet ancien glacier, car notre but n'est pas d'entreprendre une *Monographie* des glaciers quaternaires et du terrain erratique des Pyrénées françaises. Ce sont toujours des moraines profondes, des moraines frontales, des surfaces polies et moutonnées, des blocs erratiques dont nous n'avons pas à dresser un inventaire. Nous essayerons de ne citer que les faits les plus saillants.

Commençons par une moraine frontale déposée au débouché de la vallée de Lapeyre, près du village d'Aulon, sans oublier une moraine fort nette qui barre la vallée en aval de Vieille-Aure; puis

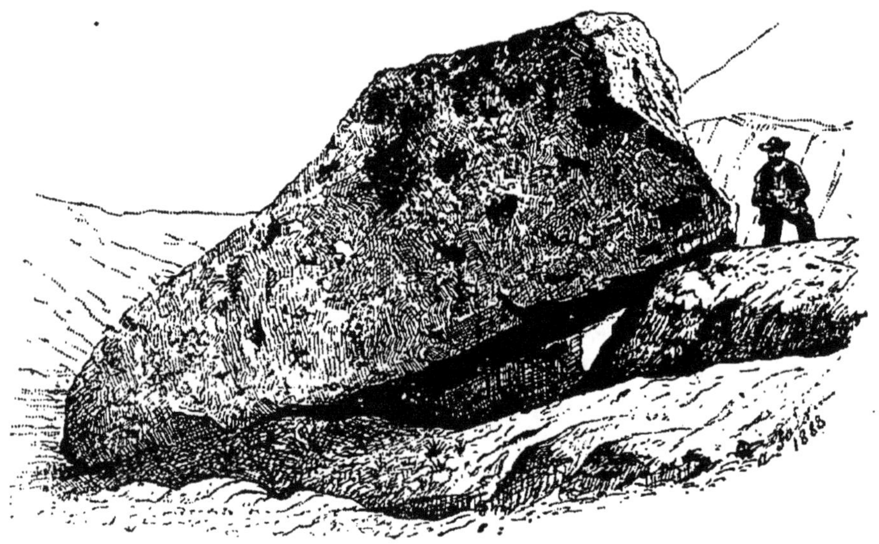

Fig. 99. — La Peyro-Couloumero, bloc erratique calé, près de la Cascade d'Enfer, vallée du Louron, ancien glacier de la Neste (d'après M. Trutat).

citons une moraine latérale ou terrasse qui va rejoindre le plateau de Lannemezan. En amont et en aval d'Arreau, les roches offrent de nombreuses surfaces polies et striées qui prouveraient à elles seules l'intensité de l'action des anciens glaciers, si la présence d'une foule innombrable de blocs de toutes formes, de toutes grosseurs ne la démontrait pas aussi clairement. Les vallées d'Aulon, de Lapeyre, les vallées d'Aure, du Louron et toutes les vallées convergentes sont parsemées de blocs erratiques; même à Sarrancolin, J. de Charpentier en a signalé plusieurs [1].

Les gens du pays appellent la *Peyro-Couloumero* un énorme bloc de granite anguleux et calé qui apparaît près de la Cascade d'Enfer dans la vallée de Louron, en face du ruisseau d'Aula, au-dessus de Genost (Hautes-Pyrénées). Il repose sur des roches moutonnées et

1. *Essai*, p. 210.

laisse en dessous de lui une cavité spacieuse; nous le reproduisons d'après une photographie de M. Trutat.

Glacier de la haute Adour. — Nous ne ferons que mentionner les glaciers qui occupent la haute vallée de l'Adour et celle de l'Esponne, ouvertes toutes deux au pied du Pic-du-Midi-de-Bigorre (2831^{m}), non loin de Campan et de Bagnères. La branche la plus importante était celle de l'Esponne, et le Dr Penck a trouvé des stries glaciaires et des moraines au col d'Aoubé, à 2200 mètres d'altitude, autour du Lac-Bleu et jusqu'au village de l'Esponne [1].

Ces indications nous suffiront pour cette rapide esquisse, et nous arriverons de suite au glacier de la vallée d'Argelès.

Glacier de la vallée d'Argelès. — Depuis longtemps, la beauté du cirque de Gavarnie a appelé l'attention des naturalistes et des voyageurs et les a attirés dans la vallée d'Argelès. Déjà en 1784, Palassou a signalé [2] les blocs erratiques et les alluvions de cette magnifique vallée; de Charpentier [3], puis Durocher [4], ont suivi cet exemple. Enfin en 1867 Ch. Martins et Ed. Collomb ont publié sur l'ancien glacier de la vallée d'Argelès une description succincte dans laquelle on reconnaît l'habileté de ces deux maîtres [5]. Ce sont eux qui les premiers ont étudié avec autant de soin un glacier quaternaire des Pyrénées. Nous leur ferons donc de nombreux emprunts sans cesser de recourir au mémoire du Dr A. Penck, ainsi qu'aux observations que M. Trutat a mises à notre service. C'est aux grands cirques de Gavarnie, des Oulettes, d'Estaubé et de Troumouse que vient aboutir dans le haut, en se ramifiant, la grande vallée d'Argelès. Le vaste glacier qui la remplissait jadis, ainsi que ses vallées tributaires, a disparu, mais il reste encore des amas de glace autour du Vignemale (3290^{m}), des pics de Méouvieille et dans les cirques de Gavarnie et de Troumouse.

MM. Ch. Martins et Collomb ayant observé des traces glaciaires, depuis les crêtes frontières et les Tours-de-Marboré jusqu'au village d'Adé, aux confins de la plaine qui s'étend au pied des Pyrénées, sur une longueur de 53 kilomètres, regardaient comme le plus vaste de toute la chaîne le glacier dont les traces étaient le sujet de leurs études; mais c'était une erreur, puisque nous venons de voir qu'on estime à 70 kilomètres au minimum le développement des glaciers de la Garonne et de la Neste.

1. *Ouvrage cité,* p. 135.

2. *Essai sur la minéralogie des monts Pyrénées.* Paris, 1784, p. 136. — *Mémoire pour servir à l'histoire naturelle des Pyrénées.* Pau, 1815, p. 81.

3. *Essai sur les glaciers,* p. 210.

4. Études sur les phénomènes erratiques de la Scandinavie, *Bull. Soc. géol.,* 2e série, t. IV, pages 77, 83, 1846. — Cf. Dr A. Penck, *ouvrage cité,* 125.

5. Essai sur l'ancien glacier de la vallée d'Argelès (Hautes-Pyrénées), *Bull. Soc. géol.,* 2e série, t. XXV, p. 41, 1867.

Les principaux affluents du glacier d'Argelès, dans la vallée où roule aujourd'hui le Gave de Pau, étaient sur la rive gauche ceux des vallées de Cauterets et d'Arrens et sur la rive droite celui de Barèges, au pied du Pic-du-Midi (2877^{m}). Ils avaient tous pour bassins d'alimentation des cirques dominés par des pics qui s'élevaient souvent à plus de 3000 mètres d'altitude. Le Cylindre a encore 3327 mètres, le Mont-Perdu, 3352 mètres, le Vignemale, 3296 mètres, et ces cimes n'ont fait que perdre de leur hauteur primitive.

C'était la disposition la plus favorable pour le développement d'un immense glacier. Il ne faut donc pas s'étonner si les effets grandioses qu'il a produits sont proportionnés à sa puissance.

Fig. 100. — Bloc erratique perché au Béout, près de Lourdes, vallée d'Argelès (d'après M. Trutat).

Des deux côtés de la vallée de Gavarnie, qui n'est qu'un prolongement du célèbre cirque, on voit des terrasses morainiques, et on peut en suivre des traces, depuis les montagnes de Gèdre jusqu'à Argelès, Lourdes, Adé, où apparaît une superbe moraine frontale, disposée selon un grand arc de cercle de 4 ou 5 kilomètres de rayon. Des roches polies affleurent sur des masses de points dans tout le bassin : M. Penck en cite sur les pentes du pic de Pimené à 2000 mètres de hauteur et MM. Ch. Martins et Collomb ont fixé la limite des polis à 1658 mètres, près des Granges de Font-Grane, à la montagne de Saugué ; près de Lourdes, il y en a de superbes spécimens.

Suivant Ch. Martins et Collomb, la puissance du glacier calculée d'après la hauteur des stries devait être à Gèdre de 850 mètres, à Saint-Sauveur de 800 mètres, à Argelès de 600 mètres, au pic de Ger 412 mètres.

Des blocs erratiques apparaissent de toutes parts, et ces mêmes géologues en ont rencontré près des Granges d'Albié, à 1610 mètres au-dessus de Luz.

La croupe du Béout, au-dessus de Lourdes, le pic de Ger, près d'Argelès, en sont couverts. Tantôt ils sont très volumineux, tantôt ils se maintiennent dans les positions les plus étranges, les plus pittoresques; Charles Martins et Collomb en ont dessiné plusieurs, et nous en reproduisons quelques types d'après les photographies de la collection où M. Trutat nous a permis de puiser si souvent.

Le bassin du Gave de Pau renferme de superbes affleurements d'anciennes moraines latérales droites, moraines latérales gauches, moraines médianes ou profondes; mais nous ne pouvons

Fig. 101. — Bloc perché; mont Béout, près de Lourdes (d'après une photographie de M. Trutat).

répéter ici la description qu'en ont faite Ch. Martins et son savant compagnon. Quant aux moraines frontales, ces deux observateurs en ont compté plus de six en aval de Lourdes jusqu'au village d'Adé. Elles sont traversées par le chemin de fer de Tarbes, et les tranchées montrent des amoncellements de cailloux roulés ou anguleux et striés, et des blocs erratiques de toutes grosseurs, offrant une collection de toutes les roches du bassin.

Le petit lac de Lourdes serait pour Ch. Martins et Collomb un simple lac morainique, dont les eaux seraient contenues par des bourrelets de terrain glaciaire. M. le Dr Penck le considérerait plutôt comme une de ces *dépressions centrales* qui, dans les Alpes, se trouvent souvent au débouché des grandes vallées et qui renferment parfois les eaux d'un lac, comme celui de Constance par exemple [1].

Au delà de la moraine d'Adé, s'étend une vaste plaine d'alluvion, véritable *boden* (plancher), comme il y en a parfois en avant des glaciers actuels.

Enfin, rappelons quelques conclusions de Ch. Martins. Le glacier d'Argelès avait son point de départ à 3000 mètres et des-

1. *Ouvrage cité*, p. 130.

cendait dans la plaine en amont de Tarbes, à l'altitude de 400 mètres seulement. La pente moyenne était donc de 0,039, et cette nappe de glace devait couvrir approximativement 140 000 hectares!

Glacier de la vallée du Gave d'Ossau. — A l'ouest de la vallée d'Argelès et du Cylindre-de-Marboré (3327m), la chaîne des Pyrénées s'abaisse doucement vers le golfe de Gascogne, et les parois des montagnes perdent progressivement leur puissance condensatrice. Les neiges ne peuvent y former des glaciers permanents. Il devait déjà en être ainsi à l'époque quaternaire, mais dans des proportions très atténuées, car, à mesure qu'on s'approche de l'Océan, on voit diminuer l'importance des traces glaciaires. Les phénomènes de la glaciation ne se sont manifestés avec une certaine énergie que dans la vallée d'Ossau et assez faiblement dans celle d'Aspes, et surtout dans celle de Mauléon. Le Gave supérieur d'Ossau qui coule dans la vallée de Broussette et son affluent le torrent de Bious prennent leur source dans le vaste cirque au milieu duquel s'élève, isolé comme une pyramide, le Pic-du-Midi (2885m). Ce bassin de réception et ses dépendances étaient assez étendus pour alimenter un grand glacier. En dessous de Gabas, où la vallée de Broussette se réunit à celle de Bious, pour former celle d'Ossau et des Eaux-Chaudes, on trouve donc une puissante moraine qui encombre la vallée, et de nombreux blocs apparaissent près de l'auberge. M. Trutat va s'occuper d'en garantir plusieurs d'une destruction certaine.

D'après M. Baysselance [1], qui a fait de cette vallée d'Ossau une étude particulière, et d'après M. Trutat, les surfaces polies apparaissent jusque près du Pic-du-Midi; on en voit aussi près du petit lac d'Arbouste, dans la vallée de Soussoueou. Près de Gabas, les roches polies et striées sont très fréquentes et apparaissent souvent le long de la vallée. En aval des Eaux-Chaudes, la vallée se resserre et les parois du défilé du Hourat ont été polies et rayées par le glacier. Les mêmes phénomènes se sont produits à la Montagne-Verte, près des Eaux-Bonnes.

Plus bas, on retrouve les traces du glacier secondaire du Soussoueou, qui a été assez puissant pour se déverser dans la vallée des Eaux-Bonnes par-dessus le contrefort qui les séparait. Le fond de la vallée est encombré de blocs et de nappes morainiques, depuis les Eaux-Bonnes jusqu'au débouché de la vallée de Laruns.

Au-dessus de Bielle, dans une vallée parallèle, Palassou et M. Baysselance ont découvert des blocs d'ophite de la vallée d'Ossau, des galets striés et des moraines. Ce dernier géologue en a conclu que le glacier avait pu s'élever jusqu'à cette station à

1. L'ancien glacier de la vallée d'Ossau, *Bull. Soc. Ramond*, 1875, p. 1. — La période glaciaire dans la vallée d'Ossau, *Ann. Club alp. franç.*, p. 480, 1876.

1000 mètres au-dessus de la mer sans se déverser néanmoins dans la vallée d'Aspe, où l'on ne constate aucune trace de glacier en aval de Bédous [1].

En aval de Laruns, plusieurs moraines frontales barrent la vallée; à Castels, elles ont plus de 30 mètres de puissance. Les ouvertures des vallées latérales sont obstruées par des bourrelets morainiques, qui forment des gradins du haut desquels se précipitent des cascades; M. Baysselance l'a signalé le premier.

Fig. 102. — Le Cailhaou-Tuberne, vallée d'Ossau (d'après une photographie de M. Trutat).

Mais c'est à Arudy que se développe la moraine frontale la plus importante. Déjà J. de Charpentier [2] l'avait signalée. Elle s'étend sur une ligne courbe menée par Sainte-Colonne, Sévignac et Buzy. Tous les coteaux sont couverts de blocs erratiques, et, à Buzy, près de l'endroit où la route et le chemin de fer ont coupé la moraine, on voit sur le bord de la route deux gros blocs d'ophite : l'un, appelé le *Cailhaou-Tuberne*, cube 360 mètres, l'autre ne mesure que 240 mètres et s'appelle le *Cailhaou-de-Cazeneuve*.

Enfin, c'est avec des blocs erratiques qu'on a construit à l'époque préhistorique le dolmen de Buzy [3].

Au delà de la moraine frontale d'Arudy, le terrain perd son caractère franchement glaciaire. Ce ne sont plus que des alluvions anciennes ou des moraines profondes fortement remaniées par les eaux.

Glacier de la vallée d'Aspe. — La vallée du Gave d'Aspe est une

1. Dr A. Penck, *ouvrage cité*, p. 121

2. *Essai sur les glaciers*, p. 210. — *Essai sur la constitution des Pyrénées*, p. 157.

3. *Ante*, p. 279.

vallée parallèle à celle du Gave d'Ossau; elle se termine près d'Ossau, à une quarantaine de kilomètres de la crête pyrénéenne qui lui sert de point de départ. Le Pic-d'Anie (2304^{m}) la domine à l'ouest, et une chaîne de hautes cimes l'entoure au midi et à l'est, en formant au-dessus d'elle de vastes bassins de réception. Malgré les rapports qui existent entre sa configuration générale et celle de toutes les vallées que nous venons d'étudier, elle semble avoir été le théâtre de phénomènes glaciaires moins importants. Cpendant J. de Charpentier les a déjà signalés dans son *Essai sur les glaciers* [1]. Toute la partie inférieure de la vallée est encombrée d'alluvions remaniées. M. Trutat [2] ne regarde donc pas comme du terrain glaciaire proprement dit le bourrelet d'Ogen, qui paraîtrait former une moraine frontale en avant de la vallée. Mais le Dr Penck [3] attribue à l'action d'anciens glaciers le transport d'un énorme dépôt d'alluvions, de cailloux et de blocs roulés, que M. Lourde-Rocheblave a indiqué [4] près de Bédous; le manque de stries et de toutes marques positives de l'action glaciaire ne motive en lui aucune hésitation. Pour nous ces terrasses seraient d'anciennes moraines, mais des moraines remaniées, résultant ainsi de la double action de l'eau et de la glace. En remontant la vallée, M. Trutat a observé en amont du Port d'Urdos, jusqu'au lac d'Aistans, une série de roches rayées et polies ainsi que de nombreux blocs erratiques. D'ailleurs, il se propose de compléter bientôt cette étude et de cataloguer les blocs les plus remarquables.

Vallée de Mauléon ou du Saizon. — La vallée d'Aspe est la dernière, du côté de l'ouest, où l'on ait rencontré avec certitude des traces de glaciers quaternaires; cependant il est à croire que des masses de glace ont pu s'amonceler dans les cirques supérieurs de la vallée de Mauléon, et M. le Dr Penck pense avoir observé une véritable moraine à Saint-Engrace, au pied du Pic-d'Anie. M. Trutat avait déjà cité des roches polies dans cette station et s'était demandé si elles n'indiqueraient pas simplement un épanchement du glacier de la vallée d'Aspe dans celle de Mauléon ou du Saizon. Ainsi se termine notre revue des dépôts erratiques et des traces de la glaciation dans les hautes et basses Pyrénées. Puisque notre point de départ a été le glacier de la Garonne, parce qu'il avait été le plus important de tous et qu'il était situé au pied des cimes les plus élevées des Pyrénées, nous devons revenir sur nos pas pour aborder l'étude de l'ancien glacier du Salat qui est à l'est du glacier de la Garonne.

1. P. 210.
2. *Ouvrage cité.*
3. *La Période glaciaire,* etc., p. 118.
4. La Vallée d'Aspe, Basses-Pyrénées, *Ann. Club alp. franç.*, p. 408, 1878

Glacier du Salat. — Le premier bassin qui se rencontre à l'est de la haute Garonne est celui du Salat, affluent de cette rivière. Le Salat prend sa source dans un des cirques situés près de l'arête frontière, et il reçoit les eaux de la vallée du Lez ou de Castillon sur sa rive gauche, et celles des vallées d'Aulus et d'Arac sur sa rive droite. Nous retrouvons dans cette région la même disposition orographique que nous avons toujours vue jusqu'à présent sur le versant français des Pyrénées. Tournés au nord et dominés par les cimes qui forment l'arête dorsale ou ses contreforts les plus élevés, de vastes cirques couronnent un bassin plus ou moins étendu arrosé par un cours d'eau important et ses nombreux tributaires. Autrefois la neige de ces bassins-réservoirs se transformait en autant de branches de glaciers qu'il y avait de vallées convergeantes vers le thalweg de la vallée principale. Puis tous ces glaciers secondaires venaient se réunir en un glacier de premier ordre, qui s'est arrêté vers les dernières moraines frontales dont on voit encore les débris.

Les mêmes causes ont produit les mêmes effets. Les traces des glaciers ne peuvent être que très fréquentes dans un bassin disposé si favorablement, et il ne s'agit plus que de questions de détail fort intéressantes pour les géologues qui veulent faire de la contrée une étude spéciale. Nous ne devons pas nous en occuper, l'espace nous manque ; aussi nous renonçons à suivre M. Trutat dans ses explorations minutieuses, pour dire quelques mots des terrains glaciaires de la vallée de l'Ariège qui ont le plus d'importance.

Glacier de l'Ariège. — L'Ariège prend sa source dans une série de cirques dont les sommets font partie de l'arête de partage entre la France et l'Espagne ; elle se dirige du sud au nord et va se jeter dans la Garonne, après un cours de 150 kilomètres. Mais le glacier auquel on a donné son nom avait un cours bien moins développé et ne dépassait pas Varilhes, où l'on voit ses moraines frontales les plus extrêmes. Près des sources mêmes de cette rivière, dans la haute vallée que domine l'Hospitalet, M. Trutat a remarqué des roches moutonnées et striées qui sont autant de preuves du passage de l'ancien glacier. A Mérens, le glacier de l'Ariège recevait deux affluents, dont l'un provenait du massif de Carlitte (2921^{m}). Ces courants de glace en recevaient un troisième près des Cabanes, après avoir laissé des blocs erratiques et des roches moutonnées à Savignac. A Bouan, un quatrième affluent descendait du massif du Siguier, venant se joindre à la masse principale. Ce point de jonction est couvert de blocs erratiques et le plateau d'Albieck, qui limite au nord le champ d'action de l'affluent du Bouan, en est également comme saupoudré, mais il s'est produit là un phénomène des plus étranges. D'après M. Trutat, une branche de glace s'était introduite dans une des ouvertures supérieures d'un long souterrain, qui aboutissait à la grotte de Lombrives, dont l'entrée actuelle est sur le flanc de la montagne, en face des bains d'Ussat [1]. Elle faisait ainsi communiquer les glaces du plateau d'Albieck avec le glacier de la vallée de l'Ariège. Déjà MM. Rames, Filhol, Noulet, Garrigou [2], en étudiant toute la contrée, avaient observé les blocs et le terrain erratiques qui encombrent la grotte; ils avaient reconnu leurs affinités avec le terrain glaciaire du plateau d'Albieck. Mais M. Trutat, au lieu de voir dans le transport de ces blocs une action des eaux souterraines, comme l'avaient fait ces savants, l'attribue directement à celle de la glace. Nous ne pouvons qu'exposer la question sans prendre part aux débats, mais la présence de stries glaciaires que M. Trutat a vues sur les parois de la grotte nous semblerait décisive.

C'est à Tarascon que le grand glacier de la vallée de Vic-Dessos se soudait au glacier de l'Ariège, et près de ce confluent il existe encore un énorme dépôt morainique. Le glacier pouvait avoir sur ce point une puissance de 400 mètres. Dans la vallée de Lartigue, ou vallée supérieure de Vic-Dessos, les roches schisteuses sont trop tendres, trop délitées pour que le glacier ait pu laisser des traces durables de son passage. M. Trutat [3] a décrit ces phénomènes de désagrégation qui ont pris des proportions funestes depuis le déboisement des montagnes en face du Mont-Calm (3080^{m}).

Plus bas, les granites du massif de Bassiès ont fourni de nombreux blocs erratiques, et J. de Charpentier a signalé de belles parois calcaires largement cannelées, au-dessus de l'ancienne forge de Guille.

La vallée de Sen, une des ramifications de celle de Vic-Dessos, laisse voir un des blocs perchés les plus curieux des Pyrénées. On le nomme le *Palet de Samson*, et même on l'a pris quelquefois pour un dolmen. Le voici, d'après une photographie communiquée par M. Trutat.

La vallée du Riberot est la plus riche du bassin du Lez ou de Castillon en dépôts glaciaires : deux longues traînées de blocs se développent de chaque côté de la vallée et à une assez grande hauteur. Au Port de Gama, un amas considérable de blocs forme

1. Les Traces glaciaires dans la grotte de Lombrives (Ariège), *Comptes rendus Acad. des sciences*, 28 décembre 1885.

2. Études comparatives des alluvions quaternaires et des cavernes à ossements des Pyrénées au point de vue géologique, paléontologique et anthropologique, *Bull. Soc. géol.*, 2e série, t. XXII, 1865. — Aperçu géologique sur le bassin de l'Ariège, *Bull. Soc. géol.*, 2e série, t. XXII, 1865. — Traces de diverses époques glaciaires dans la vallée de Tarascon (Ariège), *Bull. Soc. géol.*, 2e série, t. XXIV, 1867.

3. Excursion au torrent de Moulinas, bassin de Vic-Dessos (Ariège), *Soc. de géographie de Toulouse*, n° 8, 1882.

une moraine transversale. Sous un de ces blocs que nous figurons, M. Durban, curé de Bordes, a recueilli une belle série de parures de l'âge de bronze.

Dans la partie inférieure du bassin, entre Tarascon et Foix, à Bompas et à Varilhes, M. Garrigou a cru reconnaître les traces de deux époques glaciaires, et M. Trutat a signalé plusieurs traînées de blocs; mais nous ne pouvons suivre ces deux observateurs dans tous les détails de leurs persévérantes et habiles recherches et encore moins les discuter. Disons seulement qu'au niveau

Fig. 103. — Le Palet de Samson, bloc perché de la vallée de Sen (d'après une photographie de M. Trutat).

du défilé de Saint-Antoine il y a encore une puissante moraine couverte de magnifiques blocs erratiques, et que notre savant collègue s'occupe d'assurer la conservation de plusieurs d'entre eux.

Fig. 104. — Bloc erratique du Riberot, vallée du Lez, ancien glacier du Salat (d'après M. Trutat).

En aval de Foix, au delà de Varilhes, le passage d'un ancien glacier devient problématique, l'action des eaux torrentielles semble avoir succédé à celle de la glace. Si l'on voit encore des lambeaux de terrains morainiques, ce sont des moraines profondément remaniées par les eaux; si l'on aperçoit des blocs erratiques, ils sont tous roulés et privés de leurs angles.

Bassin de la Méditerranée. Pyrénées orientales. Glaciers de l'Aude, de la Tet et du Tech. — A l'est du bassin de l'Ariège s'ouvre le bassin pyrénéen de la Méditerranée, qui se subdivise en trois bassins principaux : celui de l'Aude et ceux de la Tet et du Tech.

L'Aude prend sa source au pied du Pic-de-Carlitte. A Quillon, après un parcours d'une quarantaine de kilomètres au milieu des contreforts des Pyrénées, elle entre dans un pays moins accidenté; puis ayant fait un brusque coude du côté de l'est, à la hauteur de Carcassonne, elle va se jeter dans la Méditerranée, près de Narbonne.

Toute la vallée supérieure a été parcourue par un glacier important que venaient alimenter les névés glissant sur les pentes du Pic-de-Carlitte (2915^m) et des cimes voisines. Partout on trouve donc dans ce bassin des restes de moraines, des roches moutonnées, des blocs erratiques, mais nous renonçons à en donner une description, même aussi brève qu'elle puisse être, et nous en ferons de même pour les traces glaciaires des vallées de la Tet et du Tech, dont les glaciers prenaient leur origine dans les neiges de la haute chaîne de Costabona (2464^m). Entre ces deux vallées s'élève isolément le puissant massif du Canigou (2787^m), qui avait ses courants de glace particuliers dont les masses grandioses allaient grossir les glaciers du Tech et de la Tet. Certes il y aurait là de magnifiques sujets d'études, mais nous n'essayerons pas de résumer les travaux qui ont déjà été faits sur cette région par de Collegno, Durocher, Braun, Ch. Martins, E. Trutat et plusieurs autres géologues. Nous ne nous servirons même pas des documents qu'on a si généreusement mis à notre disposition. Nous craignons déjà d'avoir fatigué nos lecteurs et d'avoir abusé de l'obligeance de M. Trutat, puisqu'il prépare un travail d'ensemble sur tout le terrain glaciaire des Pyrénées.

Nous sommes arrivé près des limites extrêmes de notre cadre, et l'espace nous manque pour de plus amples développements. D'ailleurs dans ce chapitre notre but était plutôt d'indiquer d'une manière générale le fonctionnement et les allures des anciens glaciers des Pyrénées, que de faire la description des gisements du terrain erratique et des traces de la glaciation dans chaque vallée. Si nous n'avons pas été trop au-dessous de notre tâche, le résumé que nous venons de donner des travaux des géologues qui ont le plus étudié la contrée, doit suffire pour faire comprendre qu'au pied des Pyrénées les glaciers quaternaires, au lieu de s'épancher en immenses mers de glace et de former en même temps d'autres groupes isolés de moindres dimensions, comme dans les Alpes et les contrées du Nord, ou de s'écouler en courants divergeants autour d'un massif central comme dans les Vosges ou le centre de la France, constituaient, sur une longueur équivalente environ à celle du glacier du Rhône, une série de 13 glaciers principaux, se subdivisant tous en glaciers secondaires[1]. Les grands glaciers se développaient parallèlement les uns aux autres du midi au nord, avec une modification d'allures de l'ouest à l'est dans les Pyrénées orientales. Ils prenaient leurs sources près des cimes de l'arête frontière, à une altitude comprise entre 2 et 3000 mètres, et, après un parcours moyen d'une cinquantaine de kilomètres, ils venaient se terminer à l'extrémité de ses contreforts. Leurs moraines frontales formaient par leur ensemble une ligne droite assez régulière et sensiblement parallèle à la chaîne centrale. Au delà de ces dépôts morainiques extrêmes s'ouvraient, comme devant presque tous les glaciers, de vastes plaines d'alluvions. Ces terrains glaciaires, fortement remaniés par les eaux torrentielles, doivent correspondre aux alluvions anciennes du bassin du Rhône et résultent de l'action combinée de la glace d'abord et de l'eau ensuite.

La diversité qui apparaît constamment dans les phénomènes de la nature, ne peut empêcher qu'on ne retrouve partout et toujours l'influence des lois qui rattachent les effets à leurs causes. C'est ce qui permet d'attribuer la même origine à tous les terrains dans lesquels on constate des dispositions physiques similaires, sans qu'on ait à tenir compte des lieux où se font les observations.

La détermination de l'unité originelle du terrain erratique et du terrain glaciaire moderne, en France et sur toute la terre, n'est qu'une conséquence de ce principe.

1. Glaciers des Pyrénées, versant français, *bassin de l'Océan :* 1° glaciers de l'Ariège; 2° du Salat; 3° de la Garonne; 4° de la Pique; 5° de la Neste; 6° de l'Adour; 7° du Gave de Pau ou d'Argelès; 8° du Gave d'Ossau; 9° de l'Aspe; 10° du Saizon. *Bassin de la Méditerranée :* 11° glaciers de l'Aude; 12° de la Tet; 13° du Tech. Ces grands glaciers se subdivisaient chacun en plusieurs bassins secondaires; ainsi les glaciers de la Neste et de la Pique finissaient par se souder dans leur partie inférieure, pour aller se confondre avec celui de la Garonne. Ces trois glaciers n'en formaient donc qu'un pour ainsi dire.

RÉSUME

Après avoir terminé cette rapide esquisse des phénomènes de la période glaciaire en France, nous désirons qu'on nous permette de rappeler les faits et les théories qui ont le plus captivé notre attention.

I. Avec la plupart des géologues, nous ne considérons pas l'établissement de la période glaciaire comme un simple accident fortuit, mais plutôt comme une conséquence naturelle des grandes lois qui régissent la constitution physique du soleil et de la terre. Les phénomènes qui découlent de ces lois se groupent en deux catégories : les uns sont périodiques, les autres continus et progressifs. Pour nous, l'apparition et le développement des glaciers se lient étroitement aux phénomènes de ce dernier ordre : ils ne sont presque en réalité que les résultats de la concentration du soleil et de celle de la terre. Cette explication nous a semblé en harmonie avec les données géologiques et astronomiques.

II. Le soleil se refroidit progressivement; il a dû par suite diminuer de volume : ce sont deux faits admis. En raison de cette concentration, le soleil n'a pas distribué toujours de la même manière, sur notre globe, la même quantité de lumière qu'aux temps lointains et primordiaux. Ainsi à une époque difficile à déterminer rigoureusement, mais que nous serions tenté de rapporter au début de la série des temps tertiaires ou mieux à la seconde moitié des temps crétacés, la diminution apparente du disque solaire a dû inaugurer sur notre globe un nouvel ordre de choses. La température terrestre superficielle ayant cessé d'être uniforme, chacun des pôles est resté alternativement dans une longue et froide nuit, phénomène dont l'intensité d'abord peu sensible est toujours allée en s'accentuant. Les zones climatériques se sont graduellement prononcées, et les saisons ont fait sentir de plus en plus leurs variations annuelles. En conséquence de ces faits, la chaleur a fui lentement les régions polaires pour se concentrer vers l'équateur, entraînant avec elle une partie considérable de la flore et de la faune. A la suite, et par l'effet de cette marche descendante de la chaleur, de nombreuses espèces de plantes et d'animaux, restées en arrière dans chaque région, ont pu s'y adapter peu à peu aux nouvelles conditions climatériques. Enfin, au point de vue général, la température, devenue en somme plus basse, s'est trouvée, à un moment donné, en un certain état d'équilibre instable qui lui a permis de se modifier plus ou moins sous l'influence de tel ou tel phénomène secondaire.

III. De son côté, la terre était soumise aux mêmes lois de refroidissement et de concentration que le soleil, mais les effets de ce mouvement eurent un caractère et des conséquences tout autres : ils se manifestèrent surtout par des modifications de son volume et de ses formes orographiques. La croûte terrestre étant devenue de plus en plus épaisse, sans être néanmoins assez résistante pour ne pas se briser et se refouler sur elle-même, subit d'énormes pressions latérales, qui engendrèrent en dernier lieu des reliefs bien plus accentués qu'à aucune des époques précédentes. Les sommets des massifs ainsi érigés et ceux de ces longues chaînes de montagnes qui dessinent çà et là leurs puissants reliefs, furent soulevés jusque dans les froides régions de l'atmosphère et devinrent ainsi de puissants condensateurs. Ces condensateurs, en agissant d'une manière énergique sur les vapeurs d'eau pompées dans les mers tropicales par le soleil et charriées par les grands courants aériens, déterminèrent de nombreuses et abondantes précipitations de neige sur les hauteurs, d'eau dans les plaines. La neige apparut d'abord près des pôles; elle tomba ensuite en dehors des cercles polaires; elle blanchit même jusque dans la zone tropicale les sommets des plus hautes montagnes. Elle s'accumula dans les cirques, puis dans les vallées, et se transforma en glace et en glaciers. Ces glaciers, en conséquence d'une surabondante alimentation, ont grossi de volume et ont débordé dans de vastes plaines laissant sur le sol, pour preuves de leur passage, des blocs gigantesques et un terrain spécial, le *terrain erratique*. Tels sont les faits les plus remarquables de la période glaciaire.

IV. Il est évident que notre globe a diminué de volume en se contractant et que sa masse solide s'est condensée en même temps que sa croûte était fendue et refoulée latéralement. Mais ne peut-on pas dire aussi que l'atmosphère terrestre, liée à cette marche, a dû parallèlement perdre de son étendue en diamètre, comme en densité! Nous serions porté à partager les idées nouvelles de M. de Saporta à l'égard de cette diminution de l'atmosphère et des déductions ingénieuses qu'il a su tirer de ce fait. Au fur et à mesure du refroidissement général, la masse atmosphérique a dû continuer à s'épurer par suite des combinaisons chimiques opérées entre quelques éléments de la croûte terrestres et une partie des matières gazeuses dont cette atmosphère était originairement composée. Sous l'influence de cette double action, elle devint moins capable de servir de véhicule à la vapeur d'eau. Cette diminution de capacité, au moment où elle faisait des progrès sensibles, a dû occasionner des précipitations plus surabondantes. Pendant ces sortes de crises, l'équilibre se trouvait rompu, les quantités d'eau, vaporisées par la chaleur solaire, qui ne pouvaient rester en suspension dans les régions atmosphériques, retombaient en pluies diluviennes. MM. d'Archiac et de Saporta ont cru retrouver les traces de ces *déversements aqueux* à l'époque du trias, mais il a dû s'en produire à d'autres époques. Ainsi les dépôts quaternaires semblent s'être effectués pendant une de ces périodes de déversement. Toutefois ces savants admettent que l'abaissement progressif de la température et l'érection de puissants condensateurs montagneux ont compliqué la marche de ces phénomènes. L'apparition de la neige et de la glace a été une résultante nécessaire de ces abondantes précipitations à partir des temps tertiaires, et ces transformations de l'eau se sont traduites en définitive par la grande extension des glaces polaires à la fin du miocène, probablement.

Dans ce sens, l'étendue et la densité décroissantes de l'atmosphère, en rapport avec la contraction de la masse planétaire, ont pu avoir une influence marquée sur le développement des glaciers et les autres faits de la période quaternaire. Ce serait une cause de plus à joindre à celles qu'on a déjà signalées en vue d'expliquer la raison d'être de ces curieux phénomènes.

V. A propos de cette solidification de l'eau et de cette extension des anciens glaciers, faisons remarquer que les diverses modifications de l'état physique de l'eau sur la terre ont toujours été en rapport direct avec le degré d'intensité de la chaleur de notre globe. Tout d'abord les éléments terrestres étaient volatilisés ou plutôt dissociés : l'eau n'existait pas même à l'état de vapeur ; il lui fallut attendre longtemps un abaissement de température suffisant pour pouvoir revêtir cette forme. De nouveaux refroidissements permirent ensuite à l'eau de se montrer à l'état de pluie; puis de demeurer à l'état liquide d'une manière permanente. Enfin, le calorique terrestre se diffusant de plus en plus dans les espaces, l'eau put en partie se solidifier : la neige et la glace apparurent alors, et ce fut le commencement de la période glaciaire, d'après nos idées. Ces diverses transformations de l'eau n'étant que des conséquences naturelles, forcées, des lois générales du refroidissement, ont dû s'opérer suivant une progression régulière, sans secousses, ni récurrences. De même que la vapeur d'eau et l'eau elle-même se sont toujours maintenues sur la terre après leur première apparition, ainsi la neige et la glace n'ont pas cessé d'exister et ont dû rester sans interruption à la surface de notre globe; seulement le phénomène de la glaciation a pu varier dans son intensité, sous l'influence de causes accidentelles, complexes et aussi variables que les mouvements et les formes orographiques. Aux pôles, des conditions météorologiques plus stables ont définitivement maintenu avec régularité la masse des neiges et des glaces. Néanmoins à l'époque actuelle, les glaciers des plus hautes montagnes des zones tempérées et torrides, comme les champs polaires de glace paléocrystique, ne sont que les restes ou la continuation des immenses glaciers quaternaires et des embryons éocènes ou miocènes, si le regard se prolonge jusqu'aux alentours du pôle. Les régions circumpolaires ont dû être envahies par les glaces et disparaître en grande partie sous les glaciers, bien avant l'Europe. La chaîne n'a pas été interrompue, mais les anneaux en ont été plus ou moins développés et agrandis.

VI. Nous avons été amené ainsi à n'accepter qu'une seule période glaciaire, d'une durée immense, prise dans son ensemble, mais embrassant des phénomènes partiels d'une intensité sans doute fort variable. Ces degrés d'énergie constituent ce que nous appelons les *phases* de la période glaciaire, et nous sommes disposé à en admettre plusieurs, s'il le faut. Mais jusqu'à preuve évidente, nous repoussons, comme peu vraisemblable, la théorie des récurrences de périodes glaciaires distinctes ou des répétitions avec intermittence des phénomènes dus à la solidification de l'eau à la surface de la terre, depuis les époques géologiques les plus anciennes jusqu'à nos jours.

VII. Nous ne pensons pas que les plus grandes extensions des glaciers aient dû nécessairement être synchroniques sur tout le globe : nous le croyons d'autant moins, que, dans les conditions climatériques actuelles, les causes de ces grandes extensions glaciaires sont des causes locales, dépendant du soulèvement des montagnes et de la formation de puissants condensateurs. Dans une certaine mesure, la direction et l'influence des courants atmosphériques et marins ont dû y contribuer.

VIII. L'adoption de ce système nous a entraîné forcément à regarder comme inutile l'intervention d'un grand froid, d'un abaissement rigoureux de température pour expliquer ce que l'on sait de la période glaciaire. L'action des condensateurs ne peut s'exercer que sur la vapeur d'eau, et cette vapeur, la chaleur solaire peut seule la produire. Le froid, et par-dessus tout le froid intense, nécessairement sec, tue les glaciers; la chaleur du soleil en vaporisant l'eau les alimente et les développe au contraire.

IX. Le climat de la France quaternaire ne pouvait donc pas se comparer à celui des régions polaires. Sa latitude lui imposait des conditions météorologiques toutes spéciales, telles que le renouvellement des saisons et une distribution plus égale de la chaleur et de la lumière. A l'époque glaciaire, la France ressemblait plutôt aux contrées enveloppées d'une atmosphère humide, tiède et chargée de brouillards qu'aux régions arctiques ou bien aux hautes cimes des massifs montagneux.

X. D'ailleurs, comment pourrait-on concilier l'idée d'un froid rigoureux avec l'existence d'une faune riche et puissante, et celle d'une flore assez abondante pour la nourrir? La chaleur, indispensable au développement des glaciers, n'était pas moins nécessaire pour maintenir la vie des plantes et celle des animaux que pour favoriser l'épanouissement de la race humaine. De nombreuses migrations nécessitées par les changements de saisons expliquent naturellement les mélanges de faunes observés dans le bassin du Rhône et sur plusieurs autres points. La présence des os de rennes dans les plaines n'indique pas une époque livrée à une température constamment plus froide; il est plus simple de supposer que ces animaux, amis de la neige, la suivaient pendant l'hiver, en s'avançant jusque bien loin des montagnes et des glaciers qui leur servaient de retraites pendant les étés.

XI. Les hommes préhistoriques durent obéir eux-mêmes à ces influences de changements de saison; ils devinrent chasseurs et nomades. Ils se plièrent forcément aux exigences du développement et des oscillations des anciens glaciers. Ils furent toujours obligés de camper à une certaine distance des moraines terminales; mais, lorsque, par suite de la diminution de l'humidité atmosphérique, les glaciers se mirent à décroître et à reculer, nos ancêtres les suivirent dans leur marche rétrograde et vinrent établir de nouvelles stations en plein pays glaciaire, sur le terrain erratique abandonné récemment par les glaces. L'unité stratigraphique de ce terrain et la disposition de ces stations humaines à un seul niveau fournissent une preuve importante à la théorie de l'unité de l'extension glaciaire en France, ou du moins dans le bassin du Rhône. Deux terrains erratiques, distincts, étendus sur de vastes espaces, auraient été les conséquences nécessaires de deux périodes ou plutôt de deux phases glaciaires, parfaitement séparées, et ces deux terrains manquent autour de nous.

XII. Nous ne pouvons donner le nom de périodes aux séries de temps durant lesquelles se sont produites de simples oscillations locales ou partielles, quelque étendues qu'on les suppose. Elles n'ont occasionné en tout cas que des enchevêtrements peu importants de terrain erratique et d'alluvions. Mais en dehors des limites de nos études, la superposition constatée de plusieurs terrains erratiques peut s'expliquer facilement par des soulèvements répétés des hautes montagnes et l'action intermittente d'énergiques condensateurs, puisque, dans les zones tempérées et chaudes, il y a toujours une connexion intime entre la présence des glaciers et celle des montagnes élevées.

XIII. Lorsque l'équilibre des masses glaciaires fut détruit par une ablation trop abondante qui les fit reculer jusque dans les hautes vallées, on vit alors apparaître de grands lacs qui forment en quelque sorte une ceinture autour des Alpes et d'autres groupes de montagnes. Toujours on a admiré ces belles nappes d'eau, mais seulement vers le milieu de ce siècle on s'est demandé quelle en avait été l'origine. Plusieurs systèmes furent alors en présence; nous nous sommes rattaché à la théorie de Desor, à la théorie de la persistance des lacs et de leur conservation par la glace. Nous pensons donc que les glaciers n'ont pas pu creuser de grands lacs, surtout des lacs de plusieurs centaines de mètres de profondeur. Ces lacs, ouverts par des mouvements orographiques du sol, existaient avant l'arrivée des glaciers. Ceux-ci n'ont pu que façonner leurs contours et les garantir contre l'envahissement des alluvions, en les comblant de glace. Après la période glaciaire, cette glace a fondu, laissant derrière elle ces cavités béantes, presque intactes et remplies d'eau.

XIV. Il nous semble que la même théorie peut s'appliquer encore aux fjords des régions polaires. Ce sont des forces souterraines qui ont engendré ces longues crevasses; et la glace n'a fait que les conserver, en les comblant et en façonnant plus ou moins leurs parois, pendant sa progression.

XV. Quand il s'agit d'érosion glaciaire, nous refusons d'admettre la possibilité de quelques effets qui nous semblent exagérés, mais nous sommes tout disposé à recourir à l'action de cette puissance, dès qu'on lui pose certaines limites. Nous croyons donc que les *petits lacs de montagnes*, les *lacs élevés* des Alpes dauphinoises, des Pyrénées, des environs de Belley, etc., tout aussi bien que ceux des Alpes bavaroises ou autrichiennes, sont des produits véritables de l'érosion glaciaire; leur multiplicité et leur conservation parfaite dans ces hautes régions indiquent une dernière étape dans le recul des glaciers. D'ailleurs comment pourrait-on nier l'énergie de la puissance érosive de la glace, lorsqu'on voit les profils arrondis et fortement usés de toutes les montagnes qui se sont trouvées sur le passage des glaciers? L'aspect particulier des paysages morainiques n'est en grande partie qu'une conséquence de cette usure, de cette érosion, pendant la marche en avant des glaces.

XVI. Les glaciers sont donc animés de mouvements. En progressant, non seulement ils ont couvert les roches dures de longues stries parallèles, mais encore ils ont été d'excellents agents de transport. Ainsi ce sont les glaciers quaternaires qui ont charrié jusque sur les collines lyonnaises, à 400 kilomètres de distance, de gigantesques blocs erratiques et des masses énormes de débris striés, arrachés aux montagnes du Valais, de la Savoie et du Dauphiné.

XVII. D'où leur venait cette puissance incalculable, capable de mettre en mouvement des masses de glace de plus de 1000 mètres d'épaisseur, sur une longueur souvent de plusieurs centaines de kilomètres et une largeur proportionnée? En se posant cette question, on se trouve en face d'un problème rempli d'intérêt, dont la solution n'a pu être saisie complètement. Nous n'avons pas à expliquer ce fait; nous nous bornerons à avouer nos préférences pour le système qui fait intervenir la regélation ou la dilatation de l'eau qui se congèle. Mais cette force ne peut agir seule. Si l'on embrasse l'ensemble d'un glacier, il faut en outre rapporter sa marche à plusieurs autres causes : au glissement, dans les parties les plus déclives; à la pesanteur, qui est une force vive dont on ne peut supprimer l'action; à la dilatation produite par la chaleur solaire, etc., etc.

XVIII. Quelle part peut-on attribuer à chacune de ces forces dans le phénomène de la marche d'un glacier? On ne peut le déterminer; il reste encore trop de mystères à éclaircir, trop de difficultés à vaincre, mais la regélation et la pesanteur nous paraissent jouer les rôles les plus importants. La progression des glaciers est un fait évident; néanmoins l'analyse détaillée de toutes les causes qui la produisent, nécessitera encore de nouvelles études. Il en est ainsi pour bien d'autres questions relatives à la période glaciaire!

XIX. Contemporains de l'époque qui a vu poser les problèmes liés à l'extension des glaciers, avouons sans découragement les incertitudes et les lacunes de la science, et sachons nous résigner à une prudente réserve; mais en face des résultats grandioses déjà obtenus, regardons l'avenir avec confiance!

Ce mémoire n'est pour ainsi dire qu'une œuvre collective, et, au milieu de tous les documents que les géologues nous ont procurés ou que nous avons empruntés à leurs ouvrages, la part de nos observations personnelles occupe une bien petite place. C'était donc pour nous un devoir d'indiquer les sources nombreuses où nous avons largement puisé. Nous avons été heureux de nous soumettre à cette obligation, en multipliant les références et les notes bibliographiques, dans le cours de cet ouvrage.

Cet acte de simple justice ne peut nous suffire; nous devons obéir à un sentiment d'un autre ordre, et nous remercierons tout d'abord M. Alglave de l'honneur qu'il nous a fait en nous admettant au nombre de ses collaborateurs. Nous avons longtemps hésité à nous rendre à son appel, mais M. le marquis de Saporta, à qui sont familières plusieurs questions relatives à la climatologie et aux lois du développement des séries organiques que nous avons traitées, a su vaincre nos résistances en nous promettant son concours éventuel, comme un nouveau gage de son amitié. Qu'il nous permette de lui en exprimer ici notre profonde gratitude!

Nous dirons aussi que le talent et l'obligeance de M. Alcan ont facilité notre tâche et l'ont rendue plus agréable.

Il nous reste à remercier cordialement les savants, les géologues qui ont bien voulu nous prêter leur concours. Citons en premier lieu : M. Daubrée, membre de l'Institut, et M. A. Favre, professeur de géologie à l'Académie de Genève, qui nous ont constamment témoigné l'intérêt qu'ils portent à nos études. Nommons ensuite M. le Dr Lortet, directeur du Muséum de Lyon; M. E. Chantre, son collègue, qui fut pour nous jadis un collaborateur aussi actif que dévoué; M. Gaudry, le savant professeur du Muséum; M. de Lapparent, dont le beau traité de géologie a rendu tant de services à la science; M. A. Locard, bien connu par ses nombreux travaux sur la malacologie et les fossiles tertiaires et quaternaires du bassin du Rhône; M. G. de Mortillet, dont nous avons, souvent et toujours avec fruit, consulté les œuvres pour saisir les rapports de l'homme préhistorique avec les anciens glaciers. N'oublions pas non plus M. l'abbé Ducrost, le savant curé de Solutré; son ami M. Arcelin; M. Collenot, de Semur; M. le professeur Lory, de Grenoble; enfin MM. Cartailhac, Barrois, Pillet, Tardy, F. Reymond, que l'on doit toujours consulter quand on étudie les terrains quaternaires de la France, et qui ont bien voulu enrichir notre bibliothèque de leurs savants ouvrages ou nous aider de leur concours.

Ce sera aussi une satisfaction pour nous de mentionner M. Rames, qui nous a initié à l'étude de la géologie et des formations glaciaires du Cantal; M. Trutat, l'habile conservateur du Musée de Toulouse, qui nous a communiqué de précieux documents sur le terrain erratique des Pyrénées; M. Ed. Piette, qui nous a également rendu service en nous donnant des mémoires intéressants sur les anciens glaciers pyrénéens, et nous leur en exprimons tout notre gré. Nous rappellerons encore avec plaisir le R. P. M. J. Lagrange, qui a mis à notre disposition sa connaissance des langues étrangères.

Hors de France, on nous a témoigné la même bienveillance : M. J. Marcou, malgré l'éloignement de sa résidence aux États-Unis, a bien voulu plusieurs fois nous être utile. M. le Président de l'*United States Geological Survey*; M. J.-C. Branner, professeur de géologie de l'État d'Indiana; M. G.-K. Gilbert, membre de l'*U. S. Geological Survey*; M. Er. Favre, de Genève, le fondateur de la *Revue géologique suisse*; M. le professeur Renevier, de Lausanne; M. de Tribolet et M. A. Jaccard, de Neuchâtel; M. J. Geikie, professeur de géologie à l'Université d'Edimbourg; M. John Hornes, du *Geological Survey* d'Écosse; M. le professeur Zittel, de l'Université de Munich; M. le Dr A. Penck, qui occupe la chaire de géologie à l'Université de Vienne, et son disciple M. le Dr A. Böhm; MM. Nathorst, Gerard de Geer, de Stockholm, etc., etc., nous permettront de les remercier de nous avoir donné gracieusement quelques-uns de leurs savants ouvrages dont nous pouvions avoir besoin pour rédiger cette esquisse et qui nous ont été très utiles.

Depuis nos premières études sur le terrain erratique, la mort ou une retraite définitive en dehors de la vie d'action ont éclairci les rangs des glaciairistes. La mort a déjà frappé plusieurs de ceux que nous avions le mieux appréciés, de ceux qui nous avaient le plus habitué à compter sur leur bienveillant intérêt ou même sur leur amitié. Lorsque nous nous sommes remis à l'ouvrage, nous avons senti un vide autour de nous, et bien des conseils nous ont manqué!

Nous devons donc un juste tribut d'hommages à la mémoire des géologues et des hommes de science qui ont le plus largement contribué en France au progrès de l'étude des anciens glaciers; obéissant à un devoir, nous rappelons au moins les noms de Belgrand, ingénieur en chef du service municipal de la ville de Paris, qui nous a toujours prêté le plus sérieux appui et qui a cherché les traces glaciaires dans le Morvan et le bassin de la Seine; de J. Martin, l'ardent glaciairiste bourguignon; d'E. Benoît, qui le premier a décrit le terrain erratique du département de l'Ain; de l'abbé Vallet, de Chambéry, le zélé continuateur des brillantes traditions de Nosseigneurs Rendu et Billet; enfin celui de Desor, cet infatigable pionnier de la science des anciens glaciers. A la mention de Desor se trouve inséparablement associée celle de Ch. Martins, le vulgarisateur des théories glaciaires en France, le collaborateur ou le compagnon de Dollfus-Ausset, d'Ed. Collomb, de Desor, de Bravais, depuis le Spitzberg, les forêts de l'Amérique, le Sahara, les Pyrénées jusqu'au Pavillon de l'Aar.

Ces hommes embrasés du désir de connaître, ces vaillants et fidèles disciples de Playfair, de Venetz et de Jean de Charpentier ont disparu comme eux. Mais, ne leur fallait-il pas succomber comme leurs illustres maîtres pour contempler sans voiles l'Éternelle Vérité?

A. Falsan.

Saint-Cyr, près de Lyon, le 15 octobre 1888.

FIN

TABLE DES FIGURES

TABLE DES MATIÈRES

Coulommiers. — Imp. Paul BRODARD et GALLOIS.

MANCHE

MÉDITERRANÉE

CARTE
DES
GLACIERS QUATERNAIRES
DE LA FRANCE

Indiquant leur développement et la direction de leurs courants au moment de leur plus grande extension,

D'après les travaux de

MM. Barrois, E. Benoit, Belgrand, Blanchet, Chantre, de Charpentier, Collenot, E. Collomb, Desor, Ducrost, Falsan, A. Favre, Hogard, Garrigou, Guyot, Gourdon, Julien, Leblanc, Lecoq, Lory, Marcou, J. Martin, Ch. Martins, de Mortillet, A. Penck, Pillet, Rames, Raymond, de Saporta, Tardy, Trutat, Torcapel, Vallet, etc.

Par A. FALSAN

1888

Signes conventionnels :

Les lignes et les pointes de flèches ⟶ *indiquent la grandeur approximative des anciens glaciers et la direction de leurs courants. — La grande réduction de la carte a parfois nécessité l'exagération des aires occupées par les anciens glaciers les moins étendus. — Les cotes de points culminants des chaînes sont représentées par des chiffres : 4,810 m., 3,404 m.*

A. Falsan del.

COUPE LONGITUDINALE DE L'ANCIEN GLACIER DU RHONE

SERVANT A INDIQUER SON DÉVELOPPEMENT HORIZONTAL ET VERTICAL

PENDANT SA PLUS GRANDE EXTENSION, DEPUIS SON ORIGINE DANS LE HAUT VALAIS JUSQUE VERS LES MORAINES TERMINALES LYONNAISES

Par A. FALSAN

1888

LÉGENDE

La coupe de l'ancien glacier du Rhône est disposée en sections superposées au lieu de se développer sur une seule ligne.

Les hachures verticales représentent les montagnes; les hachures inclinées figurent la masse glaciaire; les hachures horizontales forment le lit du glacier.

Les hauteurs sont quadruplées par rapport aux longueurs.

Les chiffres inscrits près des noms de lieux sont les cotes d'altitude de ces points au-dessus du niveau de la mer.

En dessous de la ligne du niveau marin, les chiffres inscrits sur la première ligne indiquent les distances kilométriques partielles ; ceux de la seconde ligne les mêmes distances cumulées.

Les chiffres gravés verticalement au milieu des hachures inclinées représentent la puissance maximum de la glace.

Longueur totale du glacier : 395 kil.

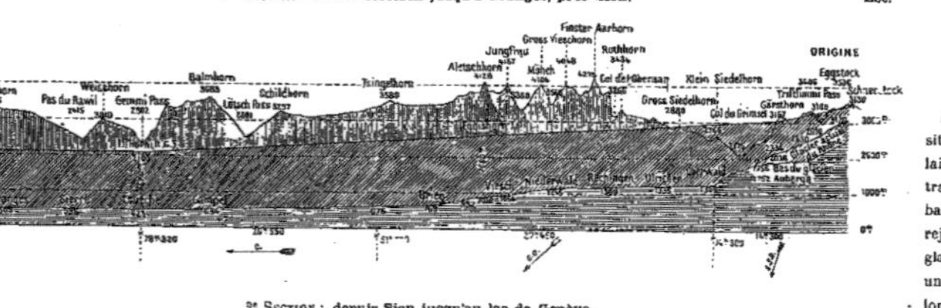

1re SECTION : du Schneestock jusqu'à Granges, près Sion. Est.

2e SECTION : depuis Sion jusqu'au lac de Genève.

3e SECTION : depuis le lac de Genève jusqu'à Culoz.

Ouest. 4e SECTION : depuis Culoz jusqu'à Lyon, vers les moraines terminales.

A. FALSAN DEL.

LÉGENDE

Les glaces des pentes situées à droite du Valais se sont dirigées à travers la plaine de la basse Suisse pour aller rejoindre au nord le glacier du Rhin, après un parcours de 130 kilomètres environ.

Les glaces du flanc gauche du Valais ont suivi le cours du Rhône au midi. Elles se sont fusionnées avec les glaciers du Jura et du Bugey, ainsi qu'avec les glaciers delphino-savoisiens; puis elles se sont étalées jusque vers Lyon et Bourg.

Depuis Culoz jusqu'à Grenoble, sur une distance de 80 kilomètres, les glaciers combinés du Rhône, de la Savoie et du Dauphiné se sont maintenus à un niveau horizontal de 1200m mais les glaces ont profité de toutes les échancrures pour se déverser dans les plaines des Dombes et du Dauphiné.

(Voir figure 6, p. 66.

ANCIENNE LIBRAIRIE GERMER BAILLIÈRE ET Cie
FÉLIX ALCAN, ÉDITEUR

CATALOGUE

DES

LIVRES DE FONDS

(PHILOSOPHIE — HISTOIRE)

TABLE DES MATIÈRES

On peut se procurer tous les ouvrages qui se trouvent dans ce Catalogue par l'intermédiaire des libraires de France et de l'Etranger.

On peut également les recevoir *franco* par la poste, sans augmentation des prix désignés, en joignant à la demande des TIMBRES-POSTE FRANÇAIS ou un MANDAT sur Paris.

PARIS
108, BOULEVARD SAINT-GERMAIN, 108
Au coin de la rue Hautefeuille.

OCTOBRE 1888

Les titres précédés d'un *astérisque* sont recommandés par le Ministère de l'Instruction publique pour les Bibliothèques et pour les distributions de prix des lycées et des collèges. — Les lettres V. P. indiquent les volumes adoptés pour les distributions de prix et les Bibliothèques de la Ville de Paris.

BIBLIOTHÈQUE DE PHILOSOPHIE CONTEMPORAINE

Volumes in-12 brochés à 2 fr. 50.

Cartonnés toile. 3 francs. — En demi-reliure, plats papier. 4 francs.

Quelques-uns de ces volumes sont épuisés, et il n'en reste que peu d'exemplaires imprimés sur papier vélin; ces volumes sont annoncés au prix de 5 francs.

ALAUX, professeur à la Faculté des lettres d'Alger. **Philosophie de M. Cousin.**

AUBER (Ed.). **Philosophie de la médecine.**

BALLET (G.), professeur agrégé à la Faculté de médecine. **Le Langage intérieur** et les diverses formes de l'aphasie, avec figures dans le texte. 2e édit. 1888.

* BARTHÉLEMY SAINT-HILAIRE, de l'Institut. **De la Métaphysique.**

* BEAUSSIRE, de l'Institut. **Antécédents de l'hégélianisme dans la philosophie française.**

* BERSOT (Ernest), de l'Institut. **Libre Philosophie.** (V. P.)

* BERTAULD, de l'Institut. **L'Ordre social et l'Ordre moral.**

— **De la Philosophie sociale.**

BINET (A.). **La Psychologie du raisonnement**, expériences par l'hypnotisme.

BOST. **Le Protestantisme libéral.**

BOUILLIER. **Plaisir et Douleur.** Papier vélin. 5 fr.

* BOUTMY (E.), de l'Institut. **Philosophie de l'architecture en Grèce.** (V. P.)

* CHALLEMEL-LACOUR. **La Philosophie individualiste**, étude sur G. de Humboldt. (V. P.)

COIGNET (Mme C.). **La Morale indépendante.**

COQUEREL FILS (Ath.). **Transformations historiques du christianisme.**

— **La Conscience et la Foi.**

— **Histoire du Credo.**

COSTE (Ad.). **Les Conditions sociales du bonheur et de la force.** (V. P.)

DELBŒUF (J.). **La Matière brute et la Matière vivante.** Étude sur l'origine de la vie et de la mort.

ESPINAS (A.), doyen de la Faculté des lettres de Bordeaux. **La Philosophie expérimentale en Italie.**

FAIVRE (E.), professeur à la Faculté des sciences de Lyon. **De la Variabilité des espèces.**

FÉRÉ (Ch.). **Sensation et Mouvement.** Étude de psycho-mécanique, avec figures.

— **Dégénérescence et Criminalité**, avec figures. 1888.

FONTANÈS. **Le Christianisme moderne.**

FONVIELLE (W. de). **L'Astronomie moderne.**

* FRANCK (Ad.), de l'Institut. **Philosophie du droit pénal.** 3e édit.

— **Des Rapports de la religion et de l'Etat.** 2e édit.

— **La Philosophie mystique en France au XVIIIe siècle.**

* GARNIER. **De la Morale dans l'antiquité.** Papier vélin. 5 fr.

GAUCKLER. **Le Beau et son histoire.**

HAECKEL, prof. à l'Université d'Iéna. **Les Preuves du transformisme.** 2e édit.

HARTMANN (E. de). **La Religion de l'avenir.** 2e édit.

— **Le Darwinisme**, ce qu'il y a de vrai et de faux dans cette doctrine. 3e édit.

* HERBERT SPENCER. **Classification des sciences**, trad. de M. Cazelles. 4e édit.

— **L'Individu contre l'État**, traduit par M. Gerschel. 2e édit.

Suite de la *Bibliothèque de philosophie contemporaine*, format in-12 à 2 fr. 50 le volume.

* JANET (Paul), de l'Institut. **Le Matérialisme contemporain.** 4e édit.

— * **La Crise philosophique.** Taine, Renan, Vacherot, Littré.

— * **Philosophie de la Révolution française.** 4e édit. (V. P.)

— * **Saint-Simon et le Saint-Simonisme.**

— **Les Origines du socialisme contemporain.**

* LAUGEL (Auguste). **L'Optique et les Arts.** (V. P.)

— * **Les Problèmes de la nature.**

— * **Les Problèmes de la vie.**

— * **Les Problèmes de l'âme.**

— * **La Voix, l'Oreille et la Musique.** Papier vélin. 5 fr.

LEBLAIS. **Matérialisme et Spiritualisme.**

* LEMOINE (Albert), maître de conférences à l'Ecole normale. **Le Vitalisme et l'Animisme.**

— * **De la Physionomie et de la Parole.**

LEOPARDI. **Opuscules et Pensées,** traduit par M. Aug. Dapples.

LEVALLOIS (Jules). **Déisme et Christianisme.**

* LÉVÊQUE (Charles), de l'Institut. **Le Spiritualisme dans l'art.**

— * **La Science de l'invisible.**

LÉVY (Antoine). **Morceaux choisis des philosophes allemands.**

* LIARD, directeur de l'Enseignement supérieur. **Les Logiciens anglais contemporains.** 2e édit.

— * **Des définitions géométriques et des définitions empiriques.** 2e édit.

MARIANO. **La Philosophie contemporaine en Italie.**

* MARION, professeur à la Faculté des lettres de Paris. **J. Locke, sa vie, son œuvre.**

* MILSAND. **L'Esthétique anglaise,** étude sur John Ruskin.

MOSSO. **La Peur.** Étude psycho-physiologique, trad. de l'italien par F. Hément (avec figures).

ODYSSE BAROT. **Philosophie de l'histoire.**

PAULHAN. **Les Phénomènes affectifs et les lois de leur apparition.** Essai de psychologie générale.

PI Y MARGALL. **Les Nationalités,** traduit par M. L. X. de Ricard.

* RÉMUSAT (Charles de), de l'Académie française. **Philosophie religieuse.**

RÉVILLE (A.), professeur au Collège de France. **Histoire du dogme de la divinité de Jésus-Christ.** Papier vélin. 5 fr.

RIBOT (Th.), directeur de la *Revue philos.* **La Philosophie de Schopenhauer.** 3e édition.

— * **Les Maladies de la mémoire.** 5e édit.

— **Les Maladies de la volonté.** 5e édit.

— **Les Maladies de la personnalité.** 2e édit.

— **La Psychologie de l'attention.** 1888.

RICHET (Ch.), professeur à la Faculté de médecine. **Essai de psychologie générale** (avec figures).

ROISEL. **De la Substance.**

SAIGEY. **La Physique moderne.** 2e tirage. (V. P.)

* SAISSET (Emile), de l'Institut. **L'Ame et la Vie.**

— * **Critique et Histoire de la philosophie** (fragm. et disc.).

SCHMIDT (O.). **Les Sciences naturelles et la Philosophie de l'inconscient.**

SCHŒBEL. **Philosophie de la raison pure.**

Suite de la *Bibliothèque de philosophie contemporaine*, format in-12, à 2 fr. 50 le volume.

* SCHOPENHAUER. **Le Libre arbitre**, traduit par M. Salomon Reinach. 3e édit.
— * **Le Fondement de la morale**, traduit par M. A. Burdeau. 3e édit.
— **Pensées et Fragments**, avec intr. par M. J. Bourdeau. 9e édit.
SELDEN (Camille). **La Musique en Allemagne**, étude sur Mendelssohn. (V. P.)
SICILIANI (P.). **La Psychogénie moderne.**
STRICKER. **Le Langage et la Musique**, traduit par M. Schwiedland.
* STUART MILL. **Auguste Comte et la Philosophie positive**, traduit par M. Clémenceau. 2e édit. (V. P.)
— **L'Utilitarisme**, traduit par M. Le Monnier.
TAINE (H.), de l'Académie française. **L'Idéalisme anglais**, étude sur Carlyle.
— * **Philosophie de l'art dans les Pays-Bas.** 2e édit. (V. P.)
— * **Philosophie de l'art en Grèce.** 2e édit. (V. P.)
— * **Philosophie de l'art en Italie.** Papier vélin. 5 fr.
TARDE. **La Criminalité comparée.**
TISSANDIER. **Des Sciences occultes et du Spiritisme.** Pap. vélin. 5 fr.
* VACHEROT (Et.), de l'Institut. **La Science et la Conscience.**
VÉRA (A.), professeur à l'Université de Naples. **Philosophie hégélienne.**
VIANNA DE LIMA. **L'Homme selon le transformisme.** 1888.
ZELLER. **Christian Baur et l'École de Tubingue**, traduit par M. Ritter.

BIBLIOTHÈQUE DE PHILOSOPHIE CONTEMPORAINE

Volumes in-8.

Brochés à 5 fr., 7 fr. 50 et 10 fr. — Cart. anglais, 1 fr. en plus par volume.
Demi-reliure...................... 2 francs.

* AGASSIZ. **De l'Espèce et des Classifications.** 1 vol. 5 fr.
* BAIN (Alex.). **La Logique inductive et déductive.** Traduit de l'anglais par M. G. Compayré, 2 vol. 2e édit. 20 fr.
— * **Les Sens et l'Intelligence.** 1 vol. Traduit par M. Cazelles. 2e édit. 10 fr.
— * **L'Esprit et le Corps.** 1 vol. 4e édit. 6 fr.
— **La Science de l'Éducation.** 1 vol. 6e édit. 6 fr.
— **Les Émotions et la Volonté.** Trad. par M. Le Monnier. 1 vol. 10 fr.
* BARDOUX, sénateur. **Les Légistes, leur influence sur la société française.** 1 vol. 5 fr.
* BARNI (Jules). **La Morale dans la démocratie.** 1 vol. 2e édit. précédée d'une préface de M. D. NOLEN, recteur de l'académie de Douai. (V. P.) 5 fr.
BEAUSSIRE (Émile), de l'Institut. **Les Principes de la morale.** 1 vol. 5 fr.
— **Les Principes du droit.** 1 vol. in-8. 1888. 7 fr. 50
BERTRAND (A.), professeur à la Faculté des lettres de Lyon. **L'Aperception du corps humain par la conscience.** 1 vol. Cart. 6 fr.
BÜCHNER. **Nature et Science.** 1 vol. 2e édit. Traduit par M. Lauth. 7 fr. 50
CARRAU (Ludovic), professeur à la Faculté des lettres de Paris. **La Philosophie religieuse en Angleterre**, depuis Locke jusqu'à nos jours. 1 vol. 1888. 5 fr.
CLAY (R.). **L'Alternative, contribution à la psychologie.** 1 vol. Traduit de l'anglais par M. A. Burdeau, député, ancien prof. au lycée Louis-le-Grand. 10 fr.
EGGER (V.), professeur à la Faculté des lettres de Nancy. **La Parole intérieure.** 1 vol. 5 fr.
ESPINAS (Alf.), doyen de la Faculté des lettres de Bordeaux. **Des Sociétés animales.** 1 vol. 2e édit. 7 fr. 50
FERRI (Louis), correspondant de l'Institut. **La Psychologie de l'association**, depuis Hobbes jusqu'à nos jours. 1 vol. 7 fr. 50

Suite de la *Bibliothèque de philosophie contemporaine*, format in-8.

* FLINT, professeur à l'Université d'Edimbourg. **La Philosophie de l'histoire en France.** Traduit de l'anglais par M. Ludovic Carrau, professeur à la Faculté des lettres de Paris. 1 vol. 7 fr. 50

— * **La Philosophie de l'histoire en Allemagne.** Trad. de l'angl. par M. Ludovic Carrau. 1 vol. 7 fr. 50

FONSEGRIVES. **Essai sur le libre arbitre.** Sa théorie, son histoire. 1 vol. 1887. 10 fr.

* FOUILLÉE (Alf.), ancien maître de conférences à l'École normale supérieure. **La Liberté et le Déterminisme.** 1 vol. 2e édit. 7 fr. 50

— **Critique des systèmes de morale contemporains.** 1 vol. 2e édit. 7 fr. 50

L'Avenir de la Morale, de l'Art et de la Religion, d'après M. Guyau. 1 vol. (*Sous presse.*)

FRANCK (A.), de l'Institut. **Philosophie du droit civil.** 1 vol. 5 fr.

GAROFALO, agrégé de l'Université de Naples. **La Criminologie.** 1 vol. 7 fr. 50

* GUYAU. **La Morale anglaise contemporaine.** 1 vol. 2e édit. 7 fr. 50

— **Les Problèmes de l'esthétique contemporaine.** 1 vol. 5 fr.

— **Esquisse d'une morale sans obligation ni sanction.** 1 vol. 5 fr.

— **L'Irréligion de l'avenir**, étude de sociologie. 1 vol. 2e édit. 7 fr. 50

— **L'Art au point de vue sociologique.** (*Sous presse.*)

— **Hérédité et éducation**, étude sociologique. (*Sous presse.*)

HERBERT SPENCER *. **Les Premiers Principes.** Traduit par M. Cazelles. 1 fort volume. 10 fr.

— **Principes de biologie.** Traduit par M. Cazelles. 2 vol. 20 fr.

— * **Principes de psychologie.** Trad. par MM. Ribot et Espinas. 2 vol. 20 fr.

— * **Principes de sociologie :**

Tome I. Traduit par M. Cazelles. 1 vol. 10 fr.

Tome II. Traduit par MM. Cazelles et Gerschel. 1 vol. 7 fr. 50

Tome III. Traduit par M. Cazelles. 1 vol. 15 fr.

Tome IV. Traduit par M. Cazelles. 1 vol. 3 fr. 75

— * **Essais sur le progrès.** Traduit par M. A. Burdeau. 1 vol. 2e édit. 7 fr. 50

— **Essais de politique.** Traduit par M. A. Burdeau. 1 vol. 2e édit. 7 fr. 50

— **Essais scientifiques.** Traduit par M. A. Burdeau. 1 vol. 2e édit. 7 fr. 50

* **De l'Education physique, intellectuelle et morale.** 1 vol. 5e édit. 5 fr.

— * **Introduction à la science sociale.** 1 vol. 9e édit. 6 fr.

— **Les Bases de la morale évolutionniste.** 1 vol. 4e édit. 6 fr.

— * **Classification des sciences.** 1 vol. in-18. 4e édit. 2 fr. 50

— **L'Individu contre l'État.** Traduit par M. Gerschel. 1 vol. in-18. 2e édit. 2 fr. 50

— **Descriptive Sociology**, or Groups of sociological facts. French compiled by James COLLIER. 1 vol. in-folio. 50 fr.

* HUXLEY, de la Société royale de Londres. **Hume, sa vie, sa philosophie.** Traduit de l'anglais et précédé d'une Introduction par G. COMPAYRÉ. 1 vol. 5 fr.

* JANET (Paul), de l'Institut. **Les Causes finales.** 1 vol. 2e édit. 10 fr.

— * **Histoire de la science politique dans ses rapports avec la morale.** 2 forts vol. in-8. 3e édit., revue, remaniée et considérablement augmentée. 20 fr.

* LAUGEL (Auguste). **Les Problèmes** (Problèmes de la nature, problèmes de la vie, problèmes de l'âme). 1 vol. 7 fr. 50

* LAVELEYE (de), correspondant de l'Institut. **De la Propriété et de ses formes primitives.** 1 vol. 4e édit. (*Sous presse.*)

— **Le Gouvernement de la démocratie.** 1 vol. (*Sous presse.*)

* LIARD, directeur de l'enseignement supérieur. **La Science positive et la Métaphysique.** 1 vol. 2e édit. 7 fr. 50

— **Descartes.** 1 vol. 5 fr.

LYON (Georges), professeur au lycée Henri IV. **L'Idéalisme en Angleterre au XVIIIe siècle.** 1 vol. in-8. 1888. 7 fr. 50

LOMBROSO. **L'Homme criminel** (criminel-né, fou-moral, épileptique). Étude anthropologique et médico-légale, précédée d'une préface de M. le docteur LETOURNEAU. 1 vol. in-8. 10 fr.

— **Atlas** de 40 planches, contenant de nombreux portraits, fac-similé d'écritures et de dessins, tableaux et courbes statistiques pour accompagner ledit ouvrage. 2e édition. 12 fr.

Suite de la *Bibliothèque de philosophie contemporaine*, format in-8.

MARION (H.), professeur à la Faculté des lettres de Paris. **De la Solidarité morale.** Essai de psychologie appliquée. 1 vol. 2e édit. (V. P.) 5 fr.
MATTHEW ARNOLD. **La Crise religieuse.** 1 vol. 7 fr. 50
MAUDSLEY. **La Pathologie de l'esprit.** 1 vol. Trad. par M. Germont. 10 fr.
* NAVILLE (E.), correspond. de l'Institut. **La Logique de l'hypothèse.** 1 vol. 5 fr.
PÉREZ (Bernard). **Les trois premières années de l'enfant.** 1 vol. 3e édit. 5 fr.
— **L'Enfant de trois à sept ans.** 1 vol. 5 fr.
— **L'Éducation morale dès le berceau.** 1 vol. 2e édit. 1888. 5 fr.
— **L'Art et la Poésie chez l'enfant.** 1 vol. 1888. 5 fr.
PIDERIT. **La Mimique et la Physiognomonie.** Trad. de l'allemand par M. Girot. 1 vol. avec 95 figures dans le texte. 1888. 5 fr.
PREYER, professeur à la Faculté d'Iéna. **Éléments de physiologie.** Traduit de l'allemand par M. J. Soury. 1 vol. 5 fr.
— **L'Ame de l'enfant.** Observations sur le développement psychique des premières années. 1 vol., traduit de l'allemand par M. H. C. de Varigny. 1887. 10 fr.
* QUATREFAGES (De), de l'Institut. **Ch. Darwin et ses précurseurs français.** 1 vol. 5 fr.
RIBOT (Th.), directeur de la *Revue philosophique*. **L'Hérédité psychologique.** 1 vol. 3e édit. 7 fr. 50
— * **La Psychologie anglaise contemporaine.** 1 vol. 3e édit. 7 fr. 50
— * **La Psychologie allemande contemporaine.** 1 vol. 2e édit. 7 fr. 50
RICHET (Ch.), professeur à la Faculté de médecine de Paris. **L'Homme et l'Intelligence.** Fragments de psychologie et de physiologie. 1 vol. 2e édit. 10 fr.
ROBERTY (E. de). **L'Ancienne et la Nouvelle philosophie.** 1 vol. 7 fr. 50
SAIGEY (Emile). **Les Sciences au XVIIIe siècle.** La physique de Voltaire. 1 vol. 5 fr.
SCHOPENHAUER. **Aphorismes sur la sagesse dans la vie.** 3e édit. Traduit par M. Cantacuzène. 1 vol. 5 fr.
— **De la quadruple racine du principe de la raison suffisante,** suivi d'une *Histoire de la doctrine de l'idéal et du réel.* Trad. par M. Cantacuzène. 1 vol. 5 fr.
— **Le monde comme volonté et représentation.** Traduit de l'allemand par M. A. Burdeau. 3 vol. Tome I, 1 vol. 7 fr. 50
Tome II, 1 vol. 7 fr. 50
Le tome III paraîtra au commencement de l'année 1889.
SÉAILLES, maître de conférences à la Faculté des lettres de Paris. **Essai sur le génie dans l'art.** 1 vol. 5 fr.
SERGI, professeur à l'Université de Rome. **La Psychologie physiologique,** traduite de l'italien par M. Mouton. 1 vol. avec figures. 1888. 7 fr. 50
* STUART MILL. **La Philosophie de Hamilton.** 1 vol. 10 fr.
— * **Mes Mémoires.** Histoire de ma vie et de mes idées. Traduit de l'anglais par M. E. Cazelles. 1 vol. 5 fr.
— * **Système de logique déductive et inductive.** Trad. de l'anglais par M. Louis Peisse. 3e édit. 2 vol. 20 fr.
— * **Essais sur la religion.** 2e édit. 1 vol. 5 fr.
SULLY (James). **Le Pessimisme.** Trad. par MM. Bertrand et Gérard. 1 vol. 7 fr. 50
VACHEROT (Et.), de l'Institut. **Essais de philosophie critique.** 1 vol. 7 fr. 50
— **La Religion.** 1 vol. 7 fr. 50
WUNDT. **Éléments de psychologie physiologique.** 2 vol. avec figures, trad. de l'allem. par le Dr Élie Rouvier, et précédés d'une préface de M. D. Nolen. 20 fr.

ÉDITIONS ÉTRANGÈRES

Éditions anglaises.

AUGUSTE LAUGEL. The United States during the war. In-8. 7 sh. 6 p.
ALBERT RÉVILLE. History of the doctrine of the deity of Jesus-Christ. 3 sh. 6 p.
H. TAINE. Italy (Naples et Rome). 7 sh. 6 p.
H. TAINE. The philosophy of Art. 3 sh.
PAUL JANET. The Materialism of present day 1 vol. in-18, rel. 3 sh.

Éditions allemandes.

JULES BARNI. Napoléon Ier. In-18. 3 m.
PAUL JANET. Der Materialismus unsere Zeit. 1 vol. in-18. 3 m.
H. TAINE. Philosophie der Kun 1 volume in-18. 3 m.

COLLECTION HISTORIQUE DES GRANDS PHILOSOPHES

PHILOSOPHIE ANCIENNE

ARISTOTE (Œuvres d'), traduction de M. BARTHÉLEMY SAINT-HILAIRE.

— **Psychologie** (Opuscules), avec notes. 1 vol. in-8 .... 10 fr.

— **Rhétorique**, avec notes. 1870. 2 vol. in-8............... 16 fr.

— **Politique**, 1868, 1 v. in-8. 10 fr.

— **Traité du ciel**, 1866. 1 fort vol. grand in-8............ 10 fr.

— **La Métaphysique d'Aristote.** 3 vol. in-8, 1879.......... 30 fr.

— **Traité de la production et de la destruction des choses**, avec notes. 1866. 1 v. gr. in-8.... 10 fr.

— **De la Logique d'Aristote**, par M. BARTHÉLEMY SAINT-HILAIRE. 2 vol. in-8.............. 10 fr.

* SOCRATE. **La Philosophie de Socrate**, par M. Alf. FOUILLÉE. 2 vol. in-8.................... 16 fr.

* PLATON. **La Philosophie de Platon**, par M. Alfred FOUILLÉE. 2 vol. in-8.................. 16 fr.

— **Études sur la Dialectique dans Platon et dans Hegel**, par M. Paul JANET. 1 vol. in-8. 6 fr.

— **Platon et Aristote**, par VAN DER REST. 1 vol. in-8....... 10 fr.

* ÉPICURE. **La Morale d'Épicure** et ses rapports avec les doctrines contemporaines, par M. GUYAU. 1 vol. in-8. 3e édit.... 7 fr. 50

* ÉCOLE D'ALEXANDRIE. **Histoire de l'École d'Alexandrie**, par M. BARTHÉLEMY SAINT-HILAIRE. 1 v. in-8.................. 6 fr.

MARC-AURÈLE. **Pensées de Marc-Aurèle**, traduites et annotées par M. BARTHÉLEMY SAINT-HILAIRE. 1 vol. in-18................ 4 fr. 50

BÉNARD. **La Philosophie ancienne**, histoire de ses systèmes. Première partie : *La Philosophie et la Sagesse orientales.* — *La Philosophie grecque avant Socrate.* — *Socrate et les socratiques.* — *Etudes sur les sophistes grecs.* 1 vol. in-8. 1885......... 9 fr.

BROCHARD (V.). **Les Sceptiques grecs** (couronné par l'Académie des sciences morales et politiques). 1 vol. in-8. 1887........ 8 fr.

* FABRE (Joseph). **Histoire de la philosophie, antiquité et moyen âge.** 1 vol. in-18. .... 3 fr. 50

OGEREAU. **Essai sur le système philosophique des stoïciens.** 1 vol. in-8. 1885......... 5 fr.

FAVRE (Mme Jules), née VELTEN. **La Morale des stoïciens.** 1 volume in-18. 1887.......... 3 fr. 50

— **La Morale de Socrate.** 1 vol. in-18. 1888.......... 3 fr. 50

TANNERY (Paul). **Pour l'histoire de la science hellène** (de Thalès à Empédocle). 1 v. in-8. 1887. 7 fr. 50

PHILOSOPHIE MODERNE

* LEIBNIZ. **Œuvres philosophiques**, avec introduction et notes par M. Paul JANET. 2 vol. in-8. 16 fr.

— **Leibniz et Pierre le Grand**, par FOUCHER DE CAREIL. 1 v. in-8. 2 fr.

— **Leibniz et les deux Sophie**, par FOUCHER DE CAREIL. In-8. 2 fr.

DESCARTES, par Louis LIARD. 1 vol. in-8.................. 5 fr.

— **Essai sur l'Esthétique de Descartes**, par KRANTZ. 1 v. in-8. 6 fr.

* SPINOZA. **Dieu, l'homme et la béatitude**, trad. et précédé d'une Introd. de P. JANET. In-18. 2 fr. 50

— **Benedicti de Spinoza opera** quotquot reperta sunt, recognoverunt J. Van Vloten et J.-P.-N. Land. 2 forts vol. in-8 sur papier de Hollande............... 45 fr.

* LOCKE. **Sa vie et ses œuvres**, par M. MARION. 1 vol. in-18. 2 fr. 50

* MALEBRANCHE. **La Philosophie de Malebranche**, par M. OLLÉ-LAPRUNE. 2 vol. in-8...... 16 fr.

PASCAL. **Études sur le scepticisme de Pascal**, par M. DROZ, 1 vol. in-8............. 6 fr.

* VOLTAIRE. **Les Sciences au XVIIIe siècle.** Voltaire physicien, par M. Em. SAIGEY. 1 vol. in-8. 5 fr.

FRANCK (Ad.). **La Philosophie mystique en France au XVIIIe siècle.** 1 vol. in-18... 2 fr. 50

* DAMIRON. **Mémoires pour servir à l'histoire de la philosophie au XVIIIe siècle.** 3 vol. in-8. 15 fr.

PHILOSOPHIE ECOSSAISE

* DUGALD STEWART. **Éléments de la philosophie de l'esprit humain**, traduits de l'anglais par L. PEISSE. 3 vol. in-12... 9 fr.

* HAMILTON. **La Philosophie de Hamilton**, par J. STUART MILL, 1 vol. in-8............ 10 fr.

* HUME. **Sa vie et sa philosophie**. par Th. HUXLEY, trad. de l'angl. par M. G. COMPAYRÉ. 1 vol. in-8. 5 fr.

PHILOSOPHIE ALLEMANDE

KANT. **La Critique de la raison pratique**, traduction nouvelle avec introduction et notes, par M. PICAVET. 1 vol. in-8. 1888... 6 fr.

— **Critique de la raison pure**, trad. par M. TISSOT. 2 v. in-8. 16 fr.

— Même ouvrage, traduction par M. Jules BARNI. 2 vol. in-8. . 16 fr.

*. — **Éclaircissements sur la Critique de la raison pure**, trad. par M. J. TISSOT. 1 vol. in-8... 6 fr.

— **Principes métaphysiques de la morale**, augmentés des *Fondements de la métaphysique des mœurs*, traduct. par M. TISSOT. 1 v. in-8. 8 fr.

— Même ouvrage, traduction par M. Jules BARNI. 1 vol. in-8... 8 fr.

* — **La Logique**, traduction par M. TISSOT. 1 vol. in-8..... 4 fr.

* — **Mélanges de logique**, traduction par M. TISSOT. 1 v. in-8. 6 fr.

* — **Prolégomènes à toute métaphysique future** qui se présentera comme science, traduction de M. TISSOT. 1 vol. in-8... 6 fr.

* — **Anthropologie**, suivie de divers fragments relatifs aux rapports du physique et du moral de l'homme, et du commerce des esprits d'un monde à l'autre, traduction par M. TISSOT. 1 vol. in-8..... 6 fr.

— **Traité de pédagogie**, trad. J. BARNI; préface et notes par M. Raymond THAMIN. 1 vol. in-12. 2 fr.

* FICHTE. **Méthode pour arriver à la vie bienheureuse**, trad. par M. Fr. BOUILLIER. 1 vol. in-8. 8 fr.

— **Destination du savant et de l'homme de lettres**, traduit par M. NICOLAS. 1 vol. in-8. 3 fr.

* — **Doctrines de la science**. 1 vol. in-8............. 9 fr.

SCHELLING. **Bruno**, ou du principe divin. 1 vol. in-8....... 3 fr. 50

SCHELLING. **Écrits philosophiques** et morceaux propres à donner une idée de son système, traduit par M. Ch. BÉNARD. 1 vol. in-8. 9 fr.

HEGEL. * **Logique**. 2e édit. 2 vol. in-8................. 14 fr.

* — **Philosophie de la nature**. 3 vol. in-8............ 25 fr.

* — **Philosophie de l'esprit**. 2 vol. in-8............ 18 fr.

* — **Philosophie de la religion**. 2 vol. in-8........... 20 fr.

— **Essais de philosophie hegelienne**, par A. VÉRA. 1 vol. 2 fr. 50

— **La Poétique**, trad. par M. Ch. BÉNARD. Extraits de Schiller, Gœthe, Jean, Paul, etc., et sur divers sujets relatifs à la poésie. 2 v. in-8. 12 fr.

— **Esthétique**. 2 vol. in-8, traduit par M. BÉNARD....... 16 fr.

— **Antécédents de l'hegelianisme dans la philosophie française**, par M. BEAUSSIRE. 1 vol. in-18... ...... 2 fr. 50

* — **La Dialectique dans Hegel et dans Platon**, par M. Paul JANET. 1 vol. in-8. .... 6 fr.

— **Introduction à la philosophie de Hegel**, par VÉRA. 1 vol. in-8. 2e édit.............. 6 fr. 50

HUMBOLDT (G. de). **Essai sur les limites de l'action de l'État**. 1 vol. in-18 .... 3 fr. 50

—* **La Philosophie individualiste**, étude sur G. de HUMBOLDT, par M. CHALLEMEL-LACOUR. 1 v. in-18. 2 fr. 50

* STAHL. **Le Vitalisme et l'Animisme de Stahl**, par M. Albert LEMOINE. 1 vol. in-18.... 2 fr. 50

LESSING. **Le Christianisme moderne**. Étude sur Lessing, par M. FONTANÈS. 1 vol. in-18. 2 fr. 50

PHILOSOPHIE ALLEMANDE CONTEMPORAINE

BUCHNER (L.). **Nature et Science.** 1 vol. in-8. 2e édit....... 7 fr. 50

— * **Le Matérialisme contemporain**, par M. P. Janet. 4e édit. 1 vol. in-18......... 2 fr. 50

CHRISTIAN BAUR **et l'École de Tubingue**, par M. Ed. Zeller. 1 vol. in-18........... 2 fr. 50

HARTMANN (E. de). **La Religion de l'avenir.** 1 vol. in-18.. 2 fr. 50

— **Le Darwinisme**, ce qu'il y a de vrai et de faux dans cette doctrine. 1 vol. in-18. 3e édition.. 2 fr. 50

HAECKEL. **Les Preuves du transformisme.** 1 vol. in-18. 2 fr. 50

O. SCHMIDT. **Les Sciences naturelles et la Philosophie de l'inconscient.** 1 v. in-18. 2 fr. 50

PIDERIT. **La Mimique et la Physiognomonie.** 1 v. in-8. 5 fr.

PREYER. **Éléments de physiologie.** 1 vol. in-8........ 5 fr.

— **L'Ame de l'enfant.** Observations sur le développement psychique des premières années. 1 vol. in-8. 10 fr.

SCHŒBEL. **Philosophie de la raison pure.** 1 vol. in-18. 2 fr. 50

SCHOPENHAUER. **Essai sur le libre arbitre.** 1 vol. in-18. 3e éd. 2 fr. 50

— **Le Fondement de la morale.** 1 vol. in-18........... 2 fr. 50

— **Essais et fragments**, traduit et précédé d'une Vie de Schopenhauer, par M. Bourdeau. 1 vol. in-18. 6e édit......... 2 fr. 50

— **Aphorismes sur la sagesse dans la vie.** 1 vol. in-8. 3e éd. 5 fr.

— **De la quadruple racine du principe de la raison suffisante.** 1 vol. in-8....... 5 fr.

— **Le Monde comme volonté et représentation.** Tome premier. 1 vol. in-8........... 7 fr. 50

— **Schopenhauer et les origines de sa métaphysique**, par M. L. Ducros. 1 vol. in-8..... 3 fr. 50

— **La Philosophie de Schopenhauer**, par M. Th. Ribot. 1 vol. in-18. 3e édit.......... 2 fr. 50

RIBOT (Th.). **La Psychologie allemande contemporaine.** 1 vol. in-8. 2e édit......... 7 fr. 50

STRICKER. **Le Langage et la Musique.** 1 vol. in-18....... 2 fr. 50

WUNDT. **Psychologie physiologique.** 2 vol. in-8 avec fig. 20 fr.

PHILOSOPHIE ANGLAISE CONTEMPORAINE

STUART MILL *. **La Philosophie de Hamilton.** 1 fort vol. in-8. 10 fr.

— * **Mes Mémoires.** Histoire de ma vie et de mes idées. 1 v. in-8. 5 fr.

— * **Système de logique** déductive et inductive. 2 v. in-8. 20 fr.

— * **Auguste Comte** et la philosophie positive. 1 vol. in-18. 2 fr. 50

— **L'Utilitarisme.** 1 v. in-18. 2 fr. 50

— **Essais sur la Religion.** 1 vol. in-8. 2e édit........... 5 fr.

— **La République de 1848 et ses détracteurs**, trad. et préface de M. Sadi Carnot. 1 v. in-18. 1 fr.

— **La Philosophie de Stuart Mill**, par H. Lauret. 1 v. in-8. 6 fr.

HERBERT SPENCER *. **Les Premiers Principes.** 1 fort volume in-8................ 10 fr.

HERBERT SPENCER *. **Principes de biologie.** 2 forts vol. in-8. 20 fr.

— * **Principes de psychologie.** 2 vol. in-8............ 20 fr.

— * **Introduction à la science sociale.** 1 v. in-8 cart. 6e édit. 6 fr.

— * **Principes de sociologie.** 4 vol. in-8............... 36 fr. 25

— * **Classification des sciences.** 1 vol. in-18, 2e édition. 2 fr. 50

— * **De l'éducation intellectuelle, morale et physique.** 1 vol. in-8, 5e édit............ 5 fr.

— * **Essais sur le progrès.** 1 vol. in-8. 2e édit......... 7 fr. 50

— **Essais de politique.** 1 vol. in-8. 2e édit........ 7 fr. 50

— **Essais scientifiques.** 1 vol. in-8............... 7 fr. 50

HERBERT SPENCER *. **Les Bases de la morale évolutionniste.** 1 vol. in-8. 3e édit. . . . . 6 fr.

— **L'Individu contre l'État.** 1 vol. in-18. 2e édit. . . . . 2 fr. 50

BAIN *. **Des sens et de l'intelligence.** 1 vol. in-8. . . . 10 fr.

— **Les Émotions et la Volonté.** 1 vol. in-8. . . . . 10 fr.

— * **La Logique inductive et déductive.** 2 vol. in-8. 2e édit. 20 fr.

— * **L'Esprit et le Corps.** 1 vol. in-8, cartonné, 4e édit . . . . 6 fr.

— * **La Science de l'éducation.** 1 vol. in-8, cartonné. 6e édit. 6 fr.

DARWIN *. **Ch. Darwin et ses précurseurs français**, par M. de QUATREFAGES. 1 vol. in-8. . 5 fr.

— * **Descendance et Darwinisme**, par Oscar SCHMIDT. 1 vol. in-8 cart. 5e édit. . . . . 6 fr.

— **Le Darwinisme**, par E. DE HARTMANN. 1 vol. in-18. . 2 fr. 50

FERRIER. **Les Fonctions du Cerveau.** 1 vol. in-8. . . . . . . 10 fr.

CHARLTON BASTIAN. **Le cerveau**, organe de la pensée chez l'homme et les animaux. 2 vol. in-8. 12 fr.

CARLYLE. **L'Idéalisme anglais**, étude sur Carlyle, par H. TAINE. 1 vol. in-18 . . . . 2 fr. 50

BAGEHOT *. **Lois scientifiques du développement des nations.** 1 vol. in-8, cart. 4e édit. . . . 6 fr.

DRAPER. **Les Conflits de la science et de la religion.** 1 volume in-8. 7e édit. . . . . 6 fr.

RUSKIN (JOHN) *. **L'Esthétique anglaise**, étude sur J. Ruskin, par MILSAND. 1 vol. in-18 . . . 2 fr. 50

MATTHEW ARNOLD. **La Crise religieuse.** 1 vol. in-8. . . . 7 fr. 50

MAUDSLEY *. **Le Crime et la Folie.** 1 vol. in-8. cart. 5e édit. . . 6 fr.

— **La Pathologie de l'esprit.** 1 vol in-8. . . . . 10 fr.

FLINT *. **La Philosophie de l'histoire en France et en Allemagne.** 2 vol in-8. Chacun, séparément . . . . 7 fr. 50

RIBOT (Th.). **La Psychologie anglaise contemporaine.** 3e édit. 1 vol. in-8. . . . . 7 fr. 50

LIARD *. **Les Logiciens anglais contemporains.** 1 vol. in-18. 2e édit. . . . . 2 fr. 50

GUYAU *. **La Morale anglaise contemporaine.** 1 v. in-8. 2e éd. 7 fr. 50

HUXLEY *. **Hume, sa vie, sa philosophie.** 1 vol. in-8. . . . . . 5 fr.

JAMES SULLY. **Le Pessimisme.** 1 vol. in-8. . . . . 7 fr. 50

— **Les Illusions des sens et de l'esprit.** 1 vol. in-8, cart. . 6 fr.

CARRAU (L.). **La Philosophie religieuse en Angleterre**, depuis Locke jusqu'à nos jours. 1 volume in-8 . . . . 5 fr.

LYON (Georges). **L'Idéalisme en Angleterre au XVIIIe siècle.** 1 vol. in-8. . . . . 7 fr. 50

PHILOSOPHIE ITALIENNE CONTEMPORAINE

SICILIANI. **La Psychogénie moderne.** 1 vol. in-18. . . . . 2 fr. 50

ESPINAS *. **La Philosophie expérimentale en Italie**, origines, état actuel. 1 vol. in-18. 2 fr. 50

MARIANO. **La Philosophie contemporaine en Italie**, essais de philos. hegelienne. 1 v. in-18. 2 fr. 50

FERRI (Louis). **Essai sur l'histoire de la philosophie en Italie au XIXe siècle.** 2 vol. in-8. 12 fr.

— **La Philosophie de l'association depuis Hobbes jusqu'à nos jours.** In-8. . . . . 7 fr. 50

MINGHETTI. **L'État et l'Église.** 1 vol. in-8. . . . . 5 fr.

LEOPARDI. **Opuscules et pensées.** 1 vol. in-18. . . . . 2 fr. 50

MOSSO. **La Peur.** 1 vol. in-18. 2 fr. 50

LOMBROSO. **L'Homme criminel.** 1 vol. in-8. . . . . 10 fr.

— **Atlas** accompagnant l'ouvrage ci-dessus. . . . . 12 fr.

MANTEGAZZA. **La Physionomie et l'Expression des sentiments.** 1 vol. in-8 cart. . . . . 6 fr.

SERGI. **La Psychologie physiologique.** 1 vol. in-8. . . 7 fr. 50

GAROFALO. **La Criminologie.** 1 volume in-8. . . . . 7 fr. 50

BIBLIOTHÈQUE D'HISTOIRE CONTEMPORAINE

Volumes in-18 brochés à 3 fr. 50. — Volumes in-8 brochés à 5 et 7 francs.

Cartonnage anglais, 50 cent. par vol. in-18; 1 fr. par vol. in-8.

Demi-reliure, 1 fr. 50 par vol. in-18; 2 fr. par vol. in-8.

EUROPE

* SYBEL (H. de). **Histoire de l'Europe pendant la Révolution française**, traduit de l'allemand par Mlle DOSQUET. Ouvrage complet en 6 vol. in-8. 42 fr.
Chaque volume séparément. 7 fr.

FRANCE

BLANC (Louis). **Histoire de Dix ans.** 5 vol. in-8. 25 fr.
Chaque volume séparément. 5 fr.
— 25 pl. en taille-douce. Illustrations pour l'*Histoire de Dix ans*. 6 fr.
* BOERT. **La Guerre de 1870-1871**, d'après le colonel fédéral suisse Rustow. 1 vol. in-18. (V. P.) 3 fr. 50
CARLYLE. **Histoire de la Révolution française**. Traduit de l'anglais. 3 vol. in-18. Chaque volume. 3 fr. 50
* CARNOT (H.), sénateur. **La Révolution française**, résumé historique. 1 volume in-18. Nouvelle édit. (V. P.) 3 fr. 50
ÉLIAS REGNAULT. **Histoire de Huit ans** (1840-1848). 3 vol. in-8. 15 fr.
Chaque volume séparément. 5 fr.
— 14 planches en taille-douce, illustrations pour l'*Histoire de Huit ans*. 4 fr.
* GAFFAREL (P.), professeur à la Faculté des lettres de Dijon. **Les Colonies françaises.** 1 vol. in-8. 4e édit. (V. P.) 5 fr.
* LAUGEL (A.). **La France politique et sociale.** 1 vol. in-8. 5 fr.
ROCHAU (de). **Histoire de la Restauration.** 1 vol. in-18. 3 fr. 50
* TAXILE DELORD. **Histoire du second Empire** (1848-1870). 6 vol. in-8. 42 fr.
Chaque volume séparément. 7 fr.
WAHL, professeur au lycée Lakanal. **L'Algérie.** 1 vol. in-8. 2e édit. (V. P.) 5 fr.
LANESSAN (de), député. **L'Expansion coloniale de la France.** Étude économique, politique et géographique sur les établissements français d'outre-mer. 1 fort vol. in-8, avec cartes. 1886. 12 fr.
— **La Tunisie.** 1 vol. in-8 avec une carte en couleurs. 1887. 5 fr.
— **L'Indo-Chine française.** 1 vol. in-8 avec cartes. (*Sous presse.*)

ANGLETERRE

* BAGEHOT (W.). **Lombard-street.** Le Marché financier en Angleterre. 1 vol. in-18. 3 fr. 50
GLADSTONE (E. W.). **Questions constitutionnelles** (1873-1878). — Le prince-époux. — Le droit électoral. Traduit de l'anglais, et précédé d'une Introduction par Albert GIGOT. 1 vol. in-8. 5 fr.
* LAUGEL (Aug.). **Lord Palmerston et lord Russel.** 1 vol. in-18. 3 fr. 50
* SIR CORNEWAL LEWIS. **Histoire gouvernementale de l'Angleterre depuis 1770 jusqu'à 1830.** Traduit de l'anglais. 1 vol. in-8. 7 fr.
* REYNALD (H.), doyen de la Faculté des lettres d'Aix. **Histoire de l'Angleterre** depuis la reine Anne jusqu'à nos jours. 1 vol. in-18. 2e édit. (V. P.) 3 fr. 50
* THACKERAY. **Les Quatre George.** Traduit de l'anglais par LEFOYER. 1 vol. in-18. (V. P.) 3 fr. 50

ALLEMAGNE

* VÉRON (Eug.). **Histoire de la Prusse**, depuis la mort de Frédéric II jusqu'à la bataille de Sadowa. 1 vol. in-18. 4e édit. (V. P.) 3 fr. 50
— * **Histoire de l'Allemagne**, depuis la bataille de Sadowa jusqu'à nos jours. 1 vol. in-18. 2e édit. (V. P.) 3 fr. 50
* BOURLOTON (Ed.). **L'Allemagne contemporaine.** 1 vol. in-18. 3 fr. 50

AUTRICHE-HONGRIE

* ASSELINE (L.). **Histoire de l'Autriche**, depuis la mort de Marie-Thérèse jusqu'à nos jours. 1 vol. in-18. 3e édit. (V. P.) 3 fr. 50
SAYOUS (Ed.), professeur à la Faculté des lettres de Toulouse. **Histoire des Hongrois** et de leur littérature politique, de 1790 à 1815. 1 vol. in-18. 3 fr. 50

ITALIE

SORIN (Élie). **Histoire de l'Italie**, depuis 1815 jusqu'à la mort de Victor-Emmanuel. 1 vol. in-18. 1888. 3 fr. 50

ESPAGNE

* REYNALD (H.). **Histoire de l'Espagne** depuis la mort de Charles III jusqu'à nos jours. 1 vol. in-18. (V. P.) 3 fr. 50

RUSSIE

HERBERT BARRY. **La Russie contemporaine.** Traduit de l'anglais. 1 vol. in-18. (V. P.) 3 fr. 50

CRÉHANGE (M.). **Histoire contemporaine de la Russie.** 1 vol. in-18. (V. P.) 3 fr. 50

SUISSE

* DAENDLIKER. **Histoire du peuple suisse.** Trad. de l'allem. par Mme Jules FAVRE et précédé d'une Introduction de M. Jules FAVRE. 1 vol. in-8. (V. P.) 5 fr.

DIXON (H.). **La Suisse contemporaine.** 1 vol. in-18, trad. de l'angl. (V. P.) 3 fr. 50

AMÉRIQUE

DEBERLE (Alf.). **Histoire de l'Amérique du Sud**, depuis sa conquête jusqu'à nos jours. 1 vol. in-18. 2e édit. (V. P.) 3 fr. 50

* LAUGEL (Aug.). **Les États-Unis pendant la guerre. 1861-1864.** Souvenirs personnels. 1 vol. in-18. 3 fr. 50

---

* BARNI (Jules). **Histoire des idées morales et politiques en France au dix-huitième siècle.** 2 vol. in-18. (V. P.) Chaque volume. 3 fr. 50

— * **Les Moralistes français au dix-huitième siècle.** 1 vol. in-18 faisant suite aux deux précédents. (V. P.) 3 fr. 50

BEAUSSIRE (Émile), de l'Institut. **La Guerre étrangère et la Guerre civile.** 1 vol. in-18. 3 fr. 50

* DESPOIS (Eug.). **Le Vandalisme révolutionnaire.** Fondations littéraires, scientifiques et artistiques de la Convention. 2e édition, précédée d'une notice sur l'auteur par M. Charles BIGOT. 1 vol. in-18. (V. P.) 3 fr. 50

* CLAMAGERAN (J.), sénateur. **La France républicaine.** 1 vol. in-18. (V. P.) 3 fr. 50

LAVELEYE (E. de), correspondant de l'Institut. **Le Socialisme contemporain.** 1 vol. in-18. 4e édit. augmentée. 3 fr. 50

MARCELLIN PELLET, ancien député. **Variétés révolutionnaires.** 2 vol. in-18, précédés d'une Préface de A. RANC. Chaque volume séparément. 3 fr. 50

SPULLER (E.), député, ancien ministre de l'Instruction publique. **Figures disparues**, portraits contemporains, littéraires et politiques. 1 vol. in-18. 2e édit. 3 fr. 50

BIBLIOTHÈQUE INTERNATIONALE
D'HISTOIRE MILITAIRE

25 VOLUMES PETIT IN-8° DE 250 A 400 PAGES

AVEC CROQUIS DANS LE TEXTE

Chaque volume cartonné à l'anglaise............ **5 francs.**

VOLUMES PUBLIÉS :

1. — **Précis des campagnes de Gustave-Adolphe en Allemagne (1630-1632)**, précédé d'une Bibliographie générale de l'histoire militaire des temps modernes.
2. — **Précis des campagnes de Turenne (1644-1675).**
3. — **Précis de la campagne de 1805 en Allemagne et en Italie.**
4. — **Précis de la campagne de 1815 dans les Pays-Bas.**
5. — **Précis de la campagne de 1859 en Italie.**
6. — **Précis de la guerre de 1866 en Allemagne et en Italie.**

BIBLIOTHÈQUE HISTORIQUE ET POLITIQUE

* ALBANY DE FONBLANQUE. **L'Angleterre, son gouvernement, ses institutions.** Traduit de l'anglais sur la 14ᵉ édition par M. F. C. DREYFUS, avec Introduction par M. H. BRISSON. 1 vol. in-8. 5 fr.

BENLOEW. **Les Lois de l'Histoire.** 1 vol. in-8. 5 fr.

* DESCHANEL (E.). **Le Peuple et la Bourgeoisie.** 1 vol. in-8. 2ᵉ éd. 5 fr.

DU CASSE. **Les Rois frères de Napoléon Iᵉʳ.** 1 vol. in-8. 10 fr.

MINGHETTI. **L'État et l'Église.** 1 vol. in-8. 5 fr.

LOUIS BLANC. **Discours politiques** (1848-1881). 1 vol. in-8. 7 fr. 50

PHILIPPSON. **La Contre-révolution religieuse au XVIᵉ siècle.** 1 vol. in-8. 10 fr.

HENRARD (P.). **Henri IV et la princesse de Condé.** 1 vol. in-8. 6 fr.

NOVICOW. **La Politique internationale,** précédé d'une Préface de M. Eugène VÉRON. 1 fort vol. in-8. 7 fr.

DREYFUS (F. C.). **La France, son gouvernement, ses institutions.** 1 vol. (*Sous presse.*)

PUBLICATIONS HISTORIQUES ILLUSTRÉES

HISTOIRE ILLUSTRÉE DU SECOND EMPIRE, par Taxile DELORD. 6 vol. in-8 colombier avec 500 gravures de FERAT, Fr. REGAMEY, etc.
Chaque vol. broché, 8 fr. — Cart. doré, tr. dorées. 11 fr. 50

HISTOIRE POPULAIRE DE LA FRANCE, depuis les origines jusqu'en 1815. — Nouvelle édition. — 4 vol. in-8 colombier avec 1323 gravures sur bois dans le texte. Chaque vol. broché, 7 fr. 50 — Cart. toile, tranches dorées. 11 fr.

RECUEIL DES INSTRUCTIONS

DONNÉES

AUX AMBASSADEURS ET MINISTRES DE FRANCE

DEPUIS LES TRAITÉS DE WESTPHALIE JUSQU'A LA RÉVOLUTION FRANÇAISE

Publié sous les auspices de la Commission des archives diplomatiques au Ministère des affaires étrangères.

Beaux volumes in-8 cavalier, imprimés sur papier de Hollande :

I. — **AUTRICHE,** avec Introduction et notes, par M. Albert SOREL. 20 fr.

II. — **SUÈDE,** avec Introduction et notes, par M. A. GEFFROY, membre de l'Institut.............................. 20 fr.

III. — **PORTUGAL,** avec Introduction et notes, par le vicomte DE CAIX DE SAINT-AYMOUR.............................. 20 fr.

IV et V. — **POLOGNE,** avec Introduction et notes, par M. LOUIS FARGES, 2 vol.............................. 30 fr.

VI. — **ROME,** avec Introduction et notes, par M. G. HANOTAUX, 1 vol. in-8.............................. 20 fr.

La publication se continuera par les volumes suivants :

ANGLETERRE, par M. Jusserand.
PRUSSE, par M. E. Lavisse.
RUSSIE, par M. A. Rambaud.
TURQUIE, par M. Girard de Rialle.
HOLLANDE, par M. H. Maze.
ESPAGNE, par M. Morel Fatio.
DANEMARK, par M. Geffroy.
SAVOIE ET MANTOUE, par M. Armingaud.
BAVIÈRE ET PALATINAT, par M. Lebon.
NAPLES ET PARME, par M. Joseph Reinach.
DIÈTE GERMANIQUE, par M. Chuquet.
VENISE, par M. Jean Kaulek.

INVENTAIRE ANALYTIQUE
DES
ARCHIVES DU MINISTÈRE DES AFFAIRES ÉTRANGÈRES
Publié sous les auspices de la Commission des archives diplomatiques

I. — **Correspondance politique de MM. de CASTILLON et de MARILLAC, ambassadeurs de France en Angleterre (1538-1540)**, par M. JEAN KAULEK, avec la collaboration de MM. Louis Farges et Germain Lefèvre-Pontalis. 1 beau volume in-8 raisin sur papier fort.. 15 francs.

II. — **Papiers de BARTHÉLEMY, ambassadeur de France en Suisse**, de 1792 à 1797 (Année 1792), par M. Jean KAULEK. 1 beau vol. in-8 raisin sur papier fort........................... 15 fr.

III. — **Papiers de BARTHÉLEMY** (janvier-août 1793), par M. Jean KAULEK. 1 beau vol. in-8 raisin sur papier fort................ 15 fr.

IV. — **Correspondance politique de ODET DE SELVE, ambassadeur de France en Angleterre** (1546-1549), par M. G. LEFÈVRE-PONTALIS. 1 beau vol. in-8 raisin sur papier fort.............. 15 fr.

V. — **Papiers de BARTHÉLEMY** (Septembre 1793 à mars 1794,) par M. Jean KAULEK. 1 beau vol. in-8 raisin sur papier fort........ 18 fr.

ANTHROPOLOGIE ET ETHNOLOGIE

EVANS (John). **Les Ages de la pierre.** 1 vol. grand in-8, avec 467 figures dans le texte. 15 fr. — En demi-reliure. 18 fr.

EVANS (John). **L'Age du bronze.** 1 vol. grand in-8, avec 540 gravures dans le texte, broché, 15 fr. — En demi-reliure. 18 fr.

GIRARD DE RIALLE. **Les Peuples de l'Afrique et de l'Amérique.** 1 vol. petit in-18. 60 c.

GIRARD DE RIALLE. **Les Peuples de l'Asie et de l'Europe.** 1 vol. petit in-18. 60 c.

HARTMANN (R.). **Les Peuples de l'Afrique.** 1 vol. in-8, avec fig. 6 fr.

HARTMANN (R.). **Les Singes anthropoïdes.** 1 vol. in-8 avec fig. 6 fr.

JOLY (N.). **L'Homme avant les métaux.** 1 vol. in-8 avec 150 gravures dans le texte et un frontispice. 4ᵉ édit. 6 fr.

LUBBOCK (Sir John). **Les Origines de la civilisation.** État primitif de l'homme et mœurs des sauvages modernes. 1877. 1 vol. gr. in-8, avec gravures et planches hors texte. Trad. de l'anglais par M. Ed. BARBIER. 2ᵉ édit. 15 fr. — Relié en demi-maroquin, avec tranch. dorées. 18 fr.

LUBBOCK (Sir John). **L'Homme préhistorique.** 3ᵉ édit., avec gravures dans le texte. 2 vol. in-8. 12 fr.

PIÉTREMENT. **Les Chevaux dans les temps préhistoriques et historiques.** 1 fort vol. gr. in-8., 15 fr.

DE QUATREFAGES. **L'Espèce humaine.** 1 vol. in-8. 6ᵉ édit. 6 fr.

WHITNEY. **La Vie du langage.** 1 vol. in-8. 3ᵉ édit. 6 fr.

CARETTE (le colonel). **Études sur les temps antéhistoriques.**
Première étude : *Le Langage*. 1 vol. in-8. 1878. 8 fr.
Deuxième étude : *Les Migrations*. 1 vol. in-8. 1888. 7 fr.

REVUE PHILOSOPHIQUE

DE LA FRANCE ET DE L'ÉTRANGER

Dirigée par TH. RIBOT

Professeur au Collège de France.

(14e *année*, 1889.)

La REVUE PHILOSOPHIQUE paraît tous les mois, par livraisons de 6 ou 7 feuilles grand in-8, et forme ainsi à la fin de chaque année deux forts volumes d'environ 680 pages chacun.

CHAQUE NUMÉRO DE LA *REVUE* CONTIENT :

1° Plusieurs articles de fond; 2° des analyses et comptes rendus des nouveaux ouvrages philosophiques français et étrangers; 3° un compte rendu aussi complet que possible des *publications périodiques* de l'étranger pour tout ce qui concerne la philosophie; 4° des notes, documents, observations, pouvant servir de matériaux ou donner lieu à des vues nouvelles.

Prix d'abonnement :

Un an, pour Paris, 30 fr. — Pour les départements et l'étranger, 33 fr.
La livraison........................ 3 fr.

Les années écoulées se vendent séparément 30 francs, et par livraisons de 3 francs.

Table générale des matières contenues dans les 12 premières années (1876-1887), par M. BÉLUGOUX. 1 vol. in-8.................. 3 fr.

REVUE HISTORIQUE

Dirigée par G. MONOD

Maître de conférences à l'École normale, directeur à l'École des hautes études.

(14e *année*, 1889.)

La REVUE HISTORIQUE paraît tous les deux mois, par livraisons grand in-8 de 15 ou 16 feuilles, de manière à former à la fin de l'année trois beaux volumes de 500 pages chacun.

CHAQUE LIVRAISON CONTIENT :

I. Plusieurs *articles de fond*, comprenant chacun, s'il est possible, un travail complet. — II. Des *Mélanges et Variétés*, composés de documents inédits d'une étendue restreinte et de courtes notices sur des points d'histoire curieux ou mal connus. — III. Un *Bulletin historique* de la France et de l'étranger, fournissant des renseignements aussi complets que possible sur tout ce qui touche aux études historiques. — IV. Une *analyse des publications périodiques* de la France et de l'étranger, au point de vue des études historiques. — V. Des *Comptes rendus critiques* des livres d'histoire nouveaux.

Prix d'abonnement :

Un an, pour Paris, 30 fr. — Pour les départements et l'étranger, 33 fr.
La livraison.................. 6 fr.

Les années écoulées se vendent séparément 30 francs, et par fascicules de 6 francs. Les fascicules de la 1re année se vendent 9 francs.

Tables générales des matières contenues dans les cinq premières années de la Revue historique.

I. — Années 1876 à 1880, par M. CHARLES BÉMONT.
II. — Années 1881 à 1885, par M. RENÉ COUDERC.

Chaque Table formant un vol. in-8, 3 francs; 1 fr. 50 pour les abonnés.

ANNALES DE L'ÉCOLE LIBRE
DES
SCIENCES POLITIQUES

RECUEIL TRIMESTRIEL

Publié avec la collaboration des professeurs et des anciens élèves de l'école

QUATRIÈME ANNÉE, 1889

COMITÉ DE RÉDACTION :

M. Émile BOUTMY, de l'Institut, directeur de l'École; M. Léon SAY, de l'Académie française, ancien ministre des Finances; M. ALF. DE FOVILLE, chef du bureau de statistique au ministère des Finances, professeur au Conservatoire des arts et métiers; M. R. STOURM, ancien inspecteur des Finances et administrateur des Contributions indirectes; M. Alexandre RIBOT, député; M. Gabriel ALIX; M. L. RENAULT, professeur à la Faculté de droit; M. André LEBON; M. Albert SOREL; M. PIGEONNEAU, professeur à la Sorbonne; M. A. VANDAL, auditeur de 1re classe au Conseil d'État; Directeurs des groupes de travail, professeurs à l'École.

Secrétaire de la rédaction : M. Aug. ARNAUNÉ, docteur en droit.

Les sujets traités dans ces *Annales* embrassent tout le champ couvert par le programme d'enseignement de l'École : *Economie politique, finances, statistique, histoire constitutionnelle, droit international, public et privé, droit administratif, législations civile et commerciale privées, histoire législative et parlementaire, histoire diplomatique, géographie économique, ethnographie, etc.*

La direction du Recueil ne néglige aucune des questions qui présentent, tant en France qu'à l'étranger, un intérêt pratique et actuel. L'esprit et la méthode en sont strictement scientifiques.

Les *Annales* contiennent en outre des notices bibliographiques et des correspondances de l'étranger.

Cette publication présente donc un intérêt considérable pour toutes les personnes qui s'adonnent à l'étude des sciences politiques. Sa place est marquée dans toutes les Bibliothèques des Facultés, des Universités et des grands corps délibérants.

MODE DE PUBLICATION ET CONDITIONS D'ABONNEMENT

Les *Annales de l'École libre des sciences politiques* paraissent tous les trois mois (15 janvier, 15 avril, 15 juillet et 15 octobre), par fascicules gr. in-8, de 186 pages chacun.

Les conditions d'abonnement sont ainsi modifiées à partir du 1er janvier 1889 et chaque numéro est augmenté de 32 pages.

Un an (du 15 janvier)	Paris	18	francs.
	Départements et étranger.	19	—
	La livraison.	5	—

Les trois premières années (1886–1887–1888) *se vendent chacune* 16 *francs ou par livraisons de* 5 *francs.*

BIBLIOTHÈQUE SCIENTIFIQUE
INTERNATIONALE

Publiée sous la direction de M. Émile ALGLAVE

La *Bibliothèque scientifique internationale* est une œuvre dirigée par les auteurs mêmes, en vue des intérêts de la science, pour la populariser sous toutes ses formes, et faire connaître immédiatement dans le monde entier les idées originales, les directions nouvelles, les découvertes importantes qui se font chaque jour dans tous les pays. Chaque savant expose les idées qu'il a introduites dans la science et condense pour ainsi dire ses doctrines les plus originales.

On peut ainsi, sans quitter la France, assister et participer au mouvement des esprits en Angleterre, en Allemagne, en Amérique, en Italie, tout aussi bien que les savants mêmes de chacun de ces pays.

La *Bibliothèque scientifique internationale* ne comprend pas seulement des ouvrages consacrés aux sciences physiques et naturelles, elle aborde aussi les sciences morales, comme la philosophie, l'histoire, la politique et l'économie sociale, la haute législation, etc.; mais les livres traitant des sujets de ce genre se rattachent encore aux sciences naturelles, en leur empruntant les méthodes d'observation et d'expérience qui les ont rendues si fécondes depuis deux siècles.

Cette collection paraît à la fois en français, en anglais, en allemand et en italien : à Paris, chez Félix Alcan; à Londres, chez C. Kegan, Paul et Cie; à New-York, chez Appleton; à Leipzig, chez Brockhaus; et à Milan, chez Dumolard frères.

LISTE DES OUVRAGES PAR ORDRE D'APPARITION

VOLUMES IN-8, CARTONNÉS A L'ANGLAISE, A 6 FRANCS.

Les mêmes en demi-reliure veau, avec coins, tranche supérieure dorée, non rognés........................ 10 francs.

* 1. J. TYNDALL. **Les Glaciers et les Transformations de l'eau**, avec figures. 1 vol. in-8. 5e édition. 6 fr

* 2. BAGEHOT. **Lois scientifiques du développement des nations** dans leurs rapports avec les principes de la sélection naturelle et de l'hérédité. 1 vol. in-8. 5e édition. 6 fr.

* 3. MAREY. **La Machine animale**, locomotion terrestre et aérienne, avec de nombreuses fig. 1 vol. in-8. 4e édit. augmentée. 6 fr.

4. BAIN. **L'Esprit et le Corps**. 1 vol. in-8. 4e édition. 6 fr.

* 5. PETTIGREW. **La Locomotion chez les animaux**, marche, natation. 1 vol. in-8, avec figures. 2e édit. 6 fr.

* 6. HERBERT SPENCER. **La Science sociale**. 1 v. in-8. 9e édit. 6 fr.

* 7. SCHMIDT (O.). **La Descendance de l'homme et le Darwinisme**. 1 vol. in-8, avec fig. 5e édition. 6 fr.

8. MAUDSLEY. **Le Crime et la Folie.** 1 vol. in-8. 4e édit. 6 fr.

* 9. VAN BENEDEN. **Les Commensaux et les Parasites dans le règne animal.** 1 vol. in-8, avec figures. 3e édit. 6 fr.

* 10. BALFOUR STEWART. **La Conservation de l'énergie,** suivi d'une Étude sur la *nature de la force,* par M. P. DE SAINT-ROBERT, avec figures. 1 vol. in-8. 4e édition. 6 fr.

11. DRAPER. **Les Conflits de la science et de la religion.** 1 vol. in-8. 8e édition. 6 fr.

12. L. DUMONT. **Théorie scientifique de la sensibilité.** 1 vol. in-8. 3e édition. 6 fr.

* 13. SCHUTZENBERGER. **Les Fermentations.** 1 vol. in-8, avec fig. 5e édition. 6 fr.

* 14. WHITNEY. **La Vie du langage.** 1 vol. in-8. 3e édit. 6 fr.

15. COOKE et BERKELEY. **Les Champignons.** 1 vol. in-8, avec figures. 4e édition. 6 fr.

16. BERNSTEIN. **Les Sens.** 1 vol. in-8, avec 91 fig. 4e édit. 6 fr.

* 17. BERTHELOT. **La Synthèse chimique.** 1 vol. in-8. 6e édit. 6 fr.

* 18. VOGEL. **La Photographie et la Chimie de la lumière,** avec 95 figures. 1 vol. in-8. 4e édition. 6 fr.

* 19. LUYS. **Le Cerveau et ses fonctions,** avec figures. 1 vol. in-8. 6e édition. 6 fr.

* 20. STANLEY JEVONS. **La Monnaie et le Mécanisme de l'échange.** 1 vol. in-8. 4e édition. 6 fr.

21. FUCHS. **Les Volcans et les Tremblements de terre.** 1 vol. in-8, avec figures et une carte en couleur. 4e édition. 6 fr.

* 22. GÉNÉRAL BRIALMONT. **Les Camps retranchés et leur rôle dans la défense des États,** avec fig. dans le texte et 2 planches hors texte. 3e édit. 6 fr.

23. DE QUATREFAGES. **L'Espèce humaine.** 1 vol. in-8. 9e édit. 6 fr.

* 24. BLASERNA et HELMHOLTZ. **Le Son et la Musique.** 1 vol. in-8, avec figures. 4e édition. 6 fr.

* 25. ROSENTHAL. **Les Nerfs et les Muscles.** 1 vol. in-8, avec 75 figures. 3e édition. 6 fr.

* 26. BRUCKE et HELMHOLTZ. **Principes scientifiques des beaux-arts.** 1 vol. in-8, avec 39 figures. 2e édition. 6 fr.

* 27. WURTZ. **La Théorie atomique.** 1 vol. in-8. 5e édition. 6 fr.

* 28-29. SECCHI (le père). **Les Étoiles.** 2 vol. in-8, avec 63 figures dans le texte et 17 planches en noir et en couleur hors texte. 2e édit. 12 fr.

30. JOLY. **L'Homme avant les métaux.** 1 vol. in-8, avec figures. 4e édition. 6 fr.

* 31. A. BAIN. **La Science de l'éducation.** 1 vol. in-8. 6e édition. 6 fr.

* 32-33. THURSTON (R.). **Histoire de la machine à vapeur,** précédée d'une Introduction par M. HIRSCH. 2 vol. in-8, avec 140 figures dans le texte et 16 planches hors texte. 3e édition. 12 fr.

34. HARTMANN (R.). **Les Peuples de l'Afrique.** 1 vol. in-8, avec figures. 2e édition. 6 fr.

* 35. HERBERT SPENCER. **Les Bases de la morale évolutionniste.** 1 vol. in-8. 4e édition. 6 fr.

36. HUXLEY. **L'Écrevisse,** introduction à l'étude de la zoologie. 1 vol. in-8, avec figures. 6 fr.

37. DE ROBERTY. **De la Sociologie.** 1 vol. in-8. 2e édition. 6 fr.

* 38. ROOD. **Théorie scientifique des couleurs.** 1 vol. in-8, avec figures et une planche en couleur hors texte. 6 fr.

39. DE SAPORTA et MARION. **L'Évolution du règne végétal** (les Cryptogames). 1 vol. in-8 avec figures. 6 fr.

40-41. CHARLTON BASTIAN. **Le Cerveau, organe de la pensée chez l'homme et chez les animaux.** 2 vol. in-8, avec figures. 2e éd. 12 fr.

42. JAMES SULLY. **Les Illusions des sens et de l'esprit.** 1 vol. in-8, avec figures. 2e édit. 6 fr.

43. YOUNG. **Le Soleil.** 1 vol. in-8, avec figures. 6 fr.

44. DE CANDOLLE. **L'Origine des plantes cultivées.** 3e édition. 1 vol. in-8. 6 fr.

45-46. SIR JOHN LUBBOCK. **Fourmis, abeilles et guêpes.** Études expérimentales sur l'organisation et les mœurs des sociétés d'insectes hyménoptères. 2 vol. in-8, avec 65 figures dans le texte et 13 planches hors texte, dont 5 coloriées. 12 fr.

47. PERRIER (Edm.). **La Philosophie zoologique avant Darwin.** 1 vol. in-8. 2e édition. 6 fr.

48. STALLO. **La Matière et la Physique moderne.** 1 vol. in-8, précédé d'une Introduction par FRIEDEL. 6 fr.

49. MANTEGAZZA. **La Physionomie et l'Expression des sentiments.** 1 vol. in-8 avec huit planches hors texte. 6 fr.

50. DE MEYER. **Les Organes de la parole et leur emploi pour la formation des sons du langage.** 1 vol. in-8 avec 51 figures, traduit de l'allemand et précédé d'une Introduction par M. O. CLAVEAU. 6 fr.

51. DE LANESSAN. **Introduction à l'Étude de la botanique** (le Sapin). 1 vol. in-8, avec 143 figures dans le texte. 6 fr.

52-53. DE SAPORTA et MARION. **L'évolution du règne végétal** (les Phanérogames). 2 vol. in-8, avec 136 figures. 12 fr.

54. TROUESSART. **Les Microbes, les Ferments et les Moisissures.** 1 vol. in-8, avec 107 figures dans le texte. 6 fr.

55. HARTMANN (R.). **Les Singes anthropoïdes, et leur organisation comparée à celle de l'homme.** 1 vol. in-8, avec 63 figures dans le texte. 6 fr.

56. SCHMIDT (O.). **Les Mammifères dans leurs rapports avec leurs ancêtres géologiques.** 1 vol. in-8 avec 51 figures. 6 fr.

57. BINET et FÉRÉ. **Le Magnétisme animal.** 1 vol. in-8 avec figures. 2e édit. 6 fr.

58-59. ROMANES. **L'Intelligence des animaux.** 2 vol. in-8. 12 fr.

60. F. LAGRANGE. **Physiologie des exercices du corps.** 1 vol. in-8. 6 fr.

61. DREYFUS (Camille). **La Théorie de l'évolution.** 1 vol. in-8. 6 fr.

62. DAUBRÉE. **Les régions invisibles du globe et des espaces célestes.** 1 vol. in-8 avec 78 gravures dans le texte. 6 fr.

63-64. SIR JOHN LUBBOCK. **L'homme préhistorique.** 2 vol. in-8, avec figures dans le texte. 3e édit. 12 fr.

65. RICHET (CH.). **La chaleur animale.** 1 vol. avec figures. 6 fr.

OUVRAGES SUR LE POINT DE PARAITRE :

FALSAN. **Les périodes glaciaires en France.** 1 vol. avec cartes et figures.

BERTHELOT. **La Philosophie chimique.** 1 vol.

BEAUNIS. **Les Sensations internes.** 1 vol. avec figures.

MORTILLET (de). **L'Origine de l'homme.** 1 vol. avec figures.

PERRIER (E.). **L'Embryogénie générale.** 1 vol. avec figures.

LACASSAGNE. **Les Criminels.** 1 vol. avec figures.

DURAND-CLAYE (A.). **L'hygiène des villes.** 1 vol. avec figures.

CARTAILHAC. **La France préhistorique.** 1 vol. avec figures.

POUCHET (G.). **La forme et la vie.** 1 vol. avec figures.

LISTE DES OUVRAGES

DE LA

BIBLIOTHÈQUE SCIENTIFIQUE INTERNATIONALE

PAR ORDRE DE MATIÈRES.

Chaque volume in-8, cartonné à l'anglaise......... 6 francs.
En demi-rel. veau avec coins, tranche supérieure dorée, non rognés. 10 fr.

SCIENCES SOCIALES

* **Introduction à la science sociale,** par HERBERT SPENCER. 1 vol. in-8, 9e édit. 6 fr.

* **Les Bases de la morale évolutionniste,** par HERBERT SPENCER. 1 vol. in-8, 4e édit. 6 fr.

Les Conflits de la science et de la religion, par DRAPER, professeur à l'Université de New-York. 1 vol. in-8, 8e édit. 6 fr.

Le Crime et la Folie, par H. MAUDSLEY, professeur de médecine légale à l'Université de Londres. 1 vol. in-8, 5e édit. 6 fr.

* **La Défense des États et les Camps retranchés,** par le général A. BRIALMONT, inspecteur général des fortifications et du corps du génie de Belgique. 1 vol. in-8 avec nombreuses figures dans le texte et 2 pl. hors texte, 3e édit. 6 fr

* **La Monnaie et le Mécanisme de l'échange,** par W. STANLEY JEVONS, professeur d'économie politique à l'Université de Londres. 1 vol. in-8, 4e édit. (V. P.) 6 fr.

La Sociologie, par DE ROBERTY. 1 vol. in-8, 2e édit. (V. P.) 6 fr.

* **La Science de l'éducation,** par Alex. BAIN, professeur à l'Université d'Aberdeen (Écosse). 1 vol. in-8, 6e édit. (V. P.) 6 fr.

* **Lois scientifiques du développement des nations** dans leurs rapports avec les principes de l'hérédité et de la sélection naturelle, par W. BAGEHOT. 1 vol. in-8, 5e édit. 6 fr.

* **La Vie du langage,** par D. WHITNEY, professeur de philologie comparée à Yale-College de Boston (États-Unis). 1 vol. in-8, 3e édit. (V. P.) 6 fr.

PHYSIOLOGIE

Les Illusions des sens et de l'esprit, par James SULLY. 1 vol. in-8. 2e édit. (V. P.) 6 fr.

* **La Locomotion chez les animaux** (marche, natation et vol), suivie d'une étude sur l'*Histoire de la navigation aérienne*, par J.-B. PETTIGREW, professeur au Collège royal de chirurgie d'Édimbourg (Écosse). 1 vol. in-8 avec 140 figures dans le texte. 2e édit. 6 fr.

* **Les Nerfs et les Muscles,** par J. ROSENTHAL, professeur de physiologie à l'Université d'Erlangen (Bavière). 1 vol. in-8 avec 75 figures dans le texte, 3e édit. (V. P.) 6 fr.

* **La Machine animale,** par E.-J. MAREY, membre de l'Institut, professeur au Collège de France. 1 vol. in-8 avec 117 figures dans le texte, 4e édit. (V. P.) 6 fr.

* **Les Sens,** par BERNSTEIN, professeur de physiologie à l'Université de Halle (Prusse). 1 vol. in-8 avec 91 figures dans le texte, 4e édit. (V. P.) 6 fr.

Les Organes de la parole, par H. DE MEYER, professeur à l'Université de Zurich, traduit de l'allemand et précédé d'une introduction sur l'*Enseignement de la parole aux sourds-muets*, par O. CLAVEAU, inspecteur général des établissements de bienfaisance. 1 vol. in-8 avec 51 figures dans le texte. 6 fr.

La Physionomie et l'Expression des sentiments, par P. MANTEGAZZA, professeur au Muséum d'histoire naturelle de Florence. 1 vol. in-8 avec figures et 8 planches hors texte, d'après les dessins originaux d'Edouard Ximenès. 6 fr.

Physiologie des exercices du corps, par le docteur F. LAGRANGE. 1 vol. in-8. 6 fr.

La Chaleur animale, par CH. RICHET, professeur de physiologie à la Faculté de médecine de Paris. 1 vol. in-8 avec gravures dans le texte. 6 fr

PHILOSOPHIE SCIENTIFIQUE

* **Le Cerveau et ses fonctions**, par J. LUYS, membre de l'Académie de médecine, médecin de la Salpêtrière. 1 vol. in-8 avec fig. 6e édit. (V. P.) 6 fr.

Le Cerveau et la Pensée chez l'homme et les animaux, par CHARLTON BASTIAN, professeur à l'Université de Londres. 2 vol. in-8 avec 184 fig. dans le texte. 2e édit. 12 fr.

Le Crime et la Folie, par H. MAUDSLEY, professeur à l'Université de Londres. 1 vol. in-8, 5e édit. 6 fr.

L'Esprit et le Corps, considérés au point de vue de leurs relations, suivi d'études sur les *Erreurs généralement répandues au sujet de l'esprit*, par Alex. BAIN, professeur à l'Université d'Aberdeen (Écosse). 1 vol. in-8, 4e édit. (V. P.) 6 fr.

* **Théorie scientifique de la sensibilité** : *le Plaisir et la Peine*, par Léon DUMONT. 1 vol. in-8, 3e édit. 6 fr.

La Matière et la Physique moderne, par STALLO, précédé d'une préface par M. Ch. FRIEDEL, de l'Institut. 1 vol. in-8. 6 fr.

Le Magnétisme animal, par A. BINET et Ch. FÉRÉ. 1 vol. in-8, avec figures dans le texte. 2e édit. 6 fr.

L'Intelligence des animaux, par ROMANES. 2 vol. in-8, précédés d'une préface de M. E. PERRIER, professeur au Muséum d'histoire naturelle. 12 fr.

L'Évolution des mondes et des sociétés, par C. DREYFUS, député de la Seine. 1 vol. in-8. 6 fr.

ANTHROPOLOGIE

* **L'Espèce humaine**, par A. DE QUATREFAGES, membre de l'Institut, professeur d'anthropologie au Muséum d'histoire naturelle de Paris. 1 vol. in-8, 9e édit. (V. P.) 6 fr.

* **L'Homme avant les métaux**, par N. JOLY, correspondant de l'Institut, professeur à la Faculté des sciences de Toulouse. 1 vol. in-8 avec 150 figures dans le texte et un frontispice, 4e édit. (V. P.) 6 fr.

* **Les Peuples de l'Afrique**, par R. HARTMANN, professeur à l'Université de Berlin. 1 vol. in-8 avec 93 figures dans le texte, 2e édit. (V. P.) 6 fr.

Les Singes anthropoïdes, et leur organisation comparée à celle de l'homme, par R. HARTMANN, professeur à l'Université de Berlin. 1 vol. in-8 avec 63 figures gravées sur bois. 6 fr.

L'Homme préhistorique, par SIR JOHN LUBBOCK, membre de la Société royale de Londres. 2 vol. in-8, avec 228 gravures dans le texte. 3e édit. 12 fr.

ZOOLOGIE

* **Descendance et Darwinisme**, par O. SCHMIDT, professeur à l'Université de Strasbourg. 1 vol. in-8 avec figures, 5e édit. 6 fr.

Les Mammifères dans leurs rapports avec leurs ancêtres géologiques, par O. SCHMIDT. 1 vol. in-8 avec 51 figures dans le texte. 6 fr.

Fourmis, Abeilles et Guêpes, par sir JOHN LUBBOCK, membre de la Société royale de Londres. 2 vol. in-8 avec figures dans le texte et 13 planches hors texte, dont 5 coloriées. (V. P.) 12 fr.

L'Écrevisse, introduction à l'étude de la zoologie, par Th.-H. HUXLEY, membre de la Société royale de Londres et de l'Institut de France, professeur d'histoire naturelle à l'École royale des mines de Londres. 1 vol. in-8 avec 82 figures. 6 fr.

* **Les Commensaux et les Parasites** dans le règne animal, par P.-J. VAN BENEDEN, professeur à l'Université de Louvain (Belgique). 1 vol. in-8 avec 82 figures dans le texte. 3e édit. (V. P.) 6 fr.

La Philosophie zoologique avant Darwin, par EDMOND PERRIER, professeur au Muséum d'histoire naturelle de Paris. 1 vol. in-8, 2e édit. (V. P.) 6 fr.

BOTANIQUE — GÉOLOGIE

Les Champignons, par COOKE et BERKELEY. 1 vol. in-8 avec 110 figures. 4e édition. 6 fr.

L'Évolution du règne végétal, par G. DE SAPORTA, correspondant de l'Institut, et MARION, correspondant de l'Institut, professeur à la Faculté des sciences de Marseille.

I. *Les Cryptogames*. 1 vol. in-8 avec 85 figures dans le texte. 6 fr.

II. *Les Phanérogames*. 2 v. in-8 avec 136 fig. dans le texte. 12 fr.

* **Les Volcans et les Tremblements de terre**, par FUCHS, professeur à l'Université de Heidelberg. 1 vol. in-8 avec 36 figures et une carte en couleur, 4e édition. 6 fr.

Les Régions invisibles du globe et des espaces célestes, par A. DAUBRÉE, de l'Institut, professeur au Muséum d'histoire naturelle. 1 vol. in-8, avec 78 gravures dans le texte. 6 fr.

L'Origine des plantes cultivées, par A. DE CANDOLLE, correspondant de l'Institut. 1 vol. in-8, 3e édit. 6 fr.

Introduction à l'étude de la botanique (le Sapin), par J. DE LANESSAN, professeur agrégé à la Faculté de médecine de Paris. 1 vol. in-8 avec figures dans le texte. (V. P.) 6 fr.

Microbes, Ferments et Moisissures, par le docteur L. TROUESSART. 1 vol. in-8 avec 108 figures dans le texte. (V. P.) 6 fr.

CHIMIE

Les Fermentations, par P. SCHUTZENBERGER, membre de l'Académie de médecine, professeur de chimie au Collège de France. 1 vol. in-8 avec figures, 5e édit. 6 fr

* **La Synthèse chimique**, par M. BERTHELOT, membre de l'Institut, professeur de chimie organique au Collège de France. 1 vol. in-8, 6e édit. 6 fr.

* **La Théorie atomique**, par Ad. WURTZ, membre de l'Institut, professeur à la Faculté des sciences et à la Faculté de médecine de Paris. 1 vol. in-8, 5e édit., précédée d'une introduction sur la *Vie et les travaux* de l'auteur, par M. CH. FRIEDEL, de l'Institut. 6 fr.

ASTRONOMIE — MÉCANIQUE

* **Histoire de la Machine à vapeur, de la Locomotive et des Bateaux à vapeur**, par R. THURSTON, professeur de mécanique à l'Institut technique de Hoboken, près de New-York, revue, annotée et augmentée d'une Introduction par M. HIRSCH, professeur de machines à vapeur à l'École des ponts et chaussées de Paris. 2 vol. in-8 avec 160 figures dans le texte et 16 planches tirées à part. 3e édit. (V. P.) 12 fr.

* **Les Étoiles**, notions d'astronomie sidérale, par le P. A. SECCHI, directeur de l'Observatoire du Collège Romain. 2 vol. in-8 avec 68 figures dans le texte et 16 planches en noir et en couleurs, 2e édit. (V. P.) 12 fr.

Le Soleil, par C.-A. YOUNG, professeur d'astronomie au Collège de New-Jersey. 1 vol. in-8 avec 87 figures. (V. P.) 6 fr.

PHYSIQUE

La Conservation de l'énergie, par BALFOUR STEWART, professeur de physique au collège Owens de Manchester (Angleterre), suivi d'une étude sur la *Nature de la force*, par P. DE SAINT-ROBERT (de Turin). 1 vol. in-8 avec figures, 4e édit. 6 fr.

* **Les Glaciers et les Transformations de l'eau**, par J. TYNDALL, professeur de chimie à l'Institution royale de Londres, suivi d'une étude sur le même sujet, par HELMHOLTZ, professeur à l'Université de Berlin. 1 vol. in-8 avec nombreuses figures dans le texte et 8 planches tirées à part sur papier teinté, 5e édit. (V. P.) 6 fr.

* **La Photographie et la Chimie de la lumière**, par VOGEL, professeur à l'Académie polytechnique de Berlin. 1 vol. in-8 avec 95 figures dans le texte et une planche en photoglyptie, 4e édit. (V. P.) 6 fr.

La Matière et la Physique moderne, par STALLO. 1 vol. in-8. 6 fr.

THÉORIE DES BEAUX-ARTS

* **Le Son et la Musique**, par P. BLASERNA, professeur à l'Université de Rome, suivi des *Causes physiologiques de l'harmonie musicale*, par H. HELMHOLTZ, professeur à l'Université de Berlin. 1 vol. in-8 avec 41 figures, 4e édit. (V. P.) 6 fr.

Principes scientifiques des Beaux-Arts, par E. BRUCKE, professeur à l'Université de Vienne, suivi de *l'Optique et les Arts*, par HELMHOLTZ, professeur à l'Université de Berlin. 1 vol. in-8 avec figures, 4e édit. (V. P.) 6 fr.

* **Théorie scientifique des couleurs** et leurs applications aux arts et à l'industrie, par O. N. ROOD, professeur de physique à Colombia-College de New-York (Etats-Unis). 1 vol. in-8 avec 130 figures dans le texte et une planche en couleurs. (V. P.) 6 fr.

PUBLICATIONS

HISTORIQUES, PHILOSOPHIQUES ET SCIENTIFIQUES
qui ne se trouvent pas dans les collections précédentes.

ALAUX. **La Religion progressive.** 1 vol. in-18. 3 fr. 50

ALAUX. **Esquisse d'une philosophie de l'être.** In-8. 1888. 1 fr.

ALAUX. Voy. p. 2.

ALGLAVE. **Des Juridictions civiles chez les Romains.** 1 vol. in-8. 2 fr. 50

ALTMEYER (J. J.). **Les Précurseurs de la réforme aux Pays-Bas.** 2 forts volumes in-8°. 12 fr.

ARRÉAT. **Une Éducation intellectuelle.** 1 vol. in-18. 2 fr. 50

ARRÉAT. **La Morale dans le drame, l'épopée et le roman.** 1 vol. in-18. 1883. 2 fr. 50

ARRÉAT. **Journal d'un philosophe.** 1 vol. in-18. 1887. 3 fr. 50

AUBRY. **La Contagion du meurtre.** 1 vol. in-8. 1887. 3 fr. 50

AZAM. **Le Caractère dans la santé et dans la maladie.** 1 vol. in-8, précédé d'une préface de Th. RIBOT. 1887. 4 fr.

BALFOUR STEWART et TAIT. **L'Univers invisible.** 1 vol. in-8, traduit de l'anglais. 7 fr.

BARNI. **Les Martyrs de la libre pensée.** 1 vol. in-18. 2e édit. 3 fr. 50

BARNI. **Napoléon Ier.** 1 vol. in-18, édition populaire. 1 fr.

BARNI. Voy. p. 4 ; KANT, p. 8 ; p. 13 et 31.

BARTHÉLEMY SAINT-HILAIRE. Voy. pages 2 et 7, ARISTOTE.

BAUTAIN. **La Philosophie morale.** 2 vol. in-8. 12 fr.

BEAUNIS (H.). **Impressions de campagne** (1870-1871). In-18. 3 fr. 50

BÉNARD (Ch.). **De la philosophie dans l'éducation classique.** 1862. 1 fort vol. in-8. 6 fr.

BÉNARD. Voy. p. 8, SCHELLING et HEGEL.

BERTAULD (P.-A.). **Introduction à la recherche des causes premières. — De la méthode.** 3 vol. in-18. Chaque volume, 3 fr. 50

BLACKWELL (Dr Elisabeth). **Conseils aux parents** sur l'éducation de leurs enfants au point de vue sexuel. In-18. 2 fr.

BLANQUI. **L'Éternité par les astres.** In-8. 2 fr.

BLANQUI. **Critique sociale,** capital et travail. Fragments et notes. 2 vol. in-18. 1885. 7 fr.

BOUCHARDAT. **Le Travail,** son influence sur la santé (conférences faites aux ouvriers). 1 vol. in-18. 2 fr. 50

BOUILLET (Ad.). **Les Bourgeois gentilshommes. — L'Armée de Henri V.** 1 vol. in-18. 3 fr. 50

BOUILLET (Ad.). **Types nouveaux.** 1 vol. in-18. 1 fr. 50

BOUILLET (Ad.). **L'Arrière-ban de l'ordre moral.** 1 vol. in-18. 3 fr. 50

BOURBON DEL MONTE. **L'Homme et les Animaux.** 1 vol. in-8. 5 fr.

BOURDEAU (Louis). **Théorie des sciences,** plan de science intégrale. 2 vol. in-8. 20 fr.

BOURDEAU (Louis). **Les Forces de l'industrie,** progrès de la puissance humaine. 1 vol. in-8. 5 fr.

BOURDEAU (Louis). **La Conquête du monde animal.** In-8. 5 fr.

BOURDEAU (Louis). **L'Histoire et les Historiens.** 1 vol. in-8. 1888. 7 fr. 50

BOURDET (Eug.). **Principes d'éducation positive,** précédés d'une préface de M. Ch. ROBIN. 1 vol. in-18. 3 fr. 50

BOURDET. **Vocabulaire des principaux termes de la philosophie positive.** 1 vol. in-18. 3 fr. 50

BOURLOTON. Voy. p. 12.

BOURLOTON (Edg.) et ROBERT (Edmond). **La Commune et ses idées à travers l'histoire.** 1 vol. in-18. 3 fr. 50

BUCHNER. **Essai biographique sur Léon Dumont.** 1 vol. in-18 (1884). 2 fr.

Bulletins de la Société de psychologie physiologique. 1re année, 1885. 1 broch. in-8, 1 fr. 50. — 2e année, 1886, 1 broch. in-8, 1 fr. 50. — 3e année, 1887. 1 fr. 50

BUSQUET. **Représailles**, poésies. 1 vol. in-18. 3 fr.

CADET. **Hygiène, inhumation, crémation.** In-18. 2 fr.

CARRAU (Lud.). **Études historiques et critiques sur les preuves du Phédon de Platon en faveur de l'immortalité de l'âme humaine.** In-8. 2 fr.

CARRAU (Lud.). Voy. p. 4 et FLINT p. 5.

CLAMAGERAN. **L'Algérie.** 3e édit. 1 vol. in-18. 1884. 3 fr. 50

CLAMAGERAN. Voy. p. 13.

CLAVEL (Dr). **La Morale positive.** 1 vol. in-8. 3 fr.

CLAVEL (Dr). **Critique et conséquences des principes de 1789.** 1 vol. in-18. 3 fr.

CLAVEL (Dr). **Les Principes au XIXe siècle.** In-18. 1 fr.

CONTA. **Théorie du fatalisme.** 1 vol. in-18. 4 fr.

CONTA. **Introduction à la métaphysique.** 1 vol. in-18. 3 fr.

COQUEREL fils (Athanase). **Libres Études** (religion, critique, histoire, beaux-arts). 1 vol. in-8. 5 fr.

CORTAMBERT (Louis). **La Religion du progrès.** In-18. 3 fr. 50

COSTE (Adolphe). **Hygiène sociale contre le paupérisme** (prix de 5000 fr. au concours Pereire). 1 vol. in-8. 6 fr.

COSTE (Adolphe). **Les Questions sociales contemporaines**, comptes rendus du concours Pereire, et études nouvelles sur le *paupérisme*, *la prévoyance*, *l'impôt*, *le crédit*, *les monopoles*, *l'enseignement*, avec la collaboration de MM. A. BURDEAU et ARRÉAT pour la partie relative à l'enseignement. 1 fort. vol. in-8. 10 fr.

COSTE (Ad.). Voy. p. 2.

CRÉPIEUX-JANIN. **L'Écriture et le caractère.** 1 vol. in-8 avec fac-similé. (*Sous presse.*)

DANICOURT (Léon). **La Patrie et la République.** In-18. 2 fr. 50

DAURIAC. **Psychologie et pédagogie.** 1 br. in-8. 1884. 1 fr.

DAURIAC. **Sens commun et raison pratique.** 1 br. in-8. 1 fr. 50

DAVY. **Les Conventionnels de l'Eure.** 2 forts vol. in-8. 18 fr.

DELBŒUF. **Psychophysique**, mesure des sensations de lumière et de fatigue, théorie générale de la sensibilité. 1 vol. in-18. 3 fr. 50

DELBŒUF. **Examen critique de la loi psychophysique**, sa base et sa signification. 1 vol. in-18. 1883. 3 fr. 50

DELBŒUF. **Le Sommeil et les Rêves**, considérés principalement dans leurs rapports avec les théories de la certitude et de la mémoire. 1 vol. in-18. 3 fr. 50

DELBŒUF. **De l'origine des effets curatifs de l'hypnotisme.** Étude de psychologie expérimentale. 1887. In-8. 1 fr. 50

DELBŒUF. Voy. p. 2.

DESTREM (J.). **Les Déportations du Consulat.** 1 br. in-8. 1 fr. 50

DOLLFUS (Ch.). **Lettres philosophiques.** In-18. 3 fr.

DOLLFUS (Ch.). **Considérations sur l'histoire.** Le monde antique. 1 vol. in-8. 7 fr. 50

DOLLFUS (Ch.). **L'Ame dans les phénomènes de conscience** 1 vol. in-18. 3 fr. 50

DUBOST (Antonin). **Des conditions de gouvernement en France.** 1 vol. in-8. 7 fr. 50

DUFAY. **Études sur la destinée.** 1 vol. in-18. 1876. 3 fr.

DUMONT (Léon). **Le Sentiment du gracieux.** 1 vol. in-8. 3 fr.

DUMONT (Léon). Voy. p. 19 et 22.

DUNAN. **Sur les formes à priori de la sensibilité.** 1 vol. in-8. 5 fr.

DUNAN. **Les Arguments de Zénon d'Élée contre le mouvement.** 1 br. in-8. 1884. 1 fr. 50

DURAND-DÉSORMEAUX. **Réflexions et Pensées,** précédées d'une Notice sur l'auteur par Ch. Yriarte. 1 vol. in-8. 1884. 2 fr. 50

DURAND-DÉSORMEAUX. **Études philosophiques,** théorie de l'action, théorie de la connaissance. 2 vol. in-8. 1884. 15 fr.

DUTASTA. **Le Capitaine Vallé,** ou l'Armée sous la Restauration. 1 vol. in-18. 1883. 3 fr. 50

DUVAL-JOUVE. **Traité de logique.** 1 vol. in-8. 6 fr.

DUVERGIER DE HAURANNE (Mme E.). **Histoire populaire de la Révolution française.** 1 vol. in-18. 3e édit. 3 fr. 50

Éléments de science sociale. Religion physique, sexuelle et naturelle. 1 vol. in-18. 4e édit. 1885. 3 fr. 50

ESCANDE. **Hoche en Irlande** (1795-1798), d'après des documents inédits. 1 vol. in-18 en caractères elzéviriens. 1888. 3 fr. 50

ESPINAS. **Idée générale de la pédagogie.** 1 br. in-8. 1884. 1 fr.

ESPINAS. **Du Sommeil provoqué chez les hystériques,** br. in-8. 1 fr.

ESPINAS. Voy. p. 2 et 4.

ÉVELLIN. **Infini et quantité.** Étude sur le concept de l'infini dans la philosophie et dans les sciences. 1 vol. in-8. 2e édit. (*Sous presse.*)

FABRE (Joseph). **Histoire de la philosophie.** Première partie : Antiquité et moyen âge. 1 vol. in-12. 3 fr. 50

FAU. **Anatomie des formes du corps humain,** à l'usage des peintres et des sculpteurs. 1 atlas de 25 planches avec texte. 2e édition. Prix, figures noires, 15 fr. ; fig. coloriées. 30 fr.

FAUCONNIER. **Protection et libre échange.** In-8. 2 fr.

FAUCONNIER. **La morale et la religion dans l'enseignement.** 75 c.

FAUCONNIER. **L'Or et l'Argent.** In-8. 2 fr. 50

FEDERICI. **Les Lois du progrès.** 1 vol. in-8, 1888. 6 fr.

FERBUS (N.). **La Science positive du bonheur.** 1 vol. in-18. 3 fr.

FERRIÈRE (Em.). **Les Apôtres,** essai d'histoire religieuse, 1 vol. in-12. 4 fr. 50

FERRIÈRE (Em.). **L'Ame est la fonction du cerveau.** 2 volumes in-18. 1883. 7 fr.

FERRIÈRE (Em.). **Le Paganisme des Hébreux jusqu'à la captivité de Babylone.** 1 vol. in-18. 1884. 3 fr. 50

FERRIÈRE (Em.). **La Matière et l'Énergie.** 1 vol. in-18. 1887. 4 fr. 50

FERRIÈRE (Em.). **L'Ame et la Vie.** 1 vol. in-18. 1888. 4 fr. 50

FERRIÈRE (Em.). Voy. p. 32.

FERRON (de). **Institutions municipales et provinciales** dans les différents États de l'Europe. Comparaison. Réformes. 1 vol. in-8. 1883. 8 fr.

FERRON (de). **Théorie du progrès.** 2 vol. in-18. 7 fr.

FERRON (de). **De la division du pouvoir législatif en deux chambres,** histoire et théorie du Sénat. 1 vol. in-8. 8 fr.

FONCIN. **Essai sur le ministère Turgot.** In-8. 2e édit. (*Sous presse.*)

FOX (W.-J.). **Des idées religieuses.** In-8. 3 fr.

GASTINEAU. **Voltaire en exil.** 1 vol. in-18. 3 fr.

GAYTE (Claude). **Essai sur la croyance.** 1 vol. in-8. 3 fr.

GILLIOT (Alph.). **Études sur les religions et institutions comparées.** 2 vol. in-12, tome Ier, 3 fr. — Tome II. 5 fr.

GOBLET D'ALVIELLA. **L'Évolution religieuse** chez les Anglais, les Américains, les Hindous, etc. 1 vol. in-8. 1883. 7 fr. 50

GOURD. **Le Phénomène.** Esquisse de philosophie générale. 1 vol. in-8. 1888. 7 fr. 50

GRESLAND. **Le Génie de l'homme,** libre philosophie. Gr. in-8. 7 fr.

GRIMAUX (Ed.). **Lavoisier** (1743-1794), d'après sa correspondance et des documents inédits. 1 vol. gr. in-8 avec gravures en taille-douce, imprimé avec luxe. 1888. 15 fr.

GUILLAUME (de Moissey). **Traité des sensations.** 2 vol. in-8. 12 fr.

GUILLY. **La Nature et la Morale.** 1 vol. in-18. 2e édit. 2 fr. 50

GUYAU. **Vers d'un philosophe.** 1 vol. in-18. 3 fr. 50

GUYAU. Voy. p. 5, 7 et 10.

HAYEM (Armand). **L'Être social.** 1 vol. in-18. 2e édit. 3 fr. 50

HERZEN. **Récits et Nouvelles.** 1 vol. in-18. 3 fr. 50

HERZEN. **De l'autre rive.** 1 vol. in-18. 3 fr. 50

HERZEN. **Lettres de France et d'Italie.** In-18. 3 fr. 50

HUXLEY. **La Physiographie,** introduction à l'étude de la nature, traduit et adapté par M. G. Lamy. 1 vol. in-8 avec figures dans le texte et 2 planches en couleurs, broché, 8 fr. — En demi-reliure, tranches dorées. 11 fr.

HUXLEY. Voy. p. 5 et 32.

ISSAURAT. **Moments perdus de Pierre-Jean.** 1 vol. in-18. 3 fr.

ISSAURAT. **Les Alarmes d'un père de famille.** In-8. 1 fr.

JANET (Paul). **Le Médiateur plastique de Cudworth.** 1 vol. in-8. 1 fr.

JANET (Paul). Voy. p. 3, 5, 7, 8 et 9.

JEANMAIRE. **L'Idée de la personnalité dans la psychologie moderne.** 1 vol. in-8. 1883. 5 fr.

JOIRE. **La Population, richesse nationale; le travail, richesse du peuple.** 1 vol. in-8. 1886. 5 fr.

JOYAU. **De l'Invention dans les arts et dans les sciences.** 1 vol. in-8. 5 fr.

JOYAU. **Essai sur la liberté morale.** 1 vol. in-18. 1888. 2 fr. 50

JOZON (Paul). **De l'écriture phonétique.** In-18. 3 fr. 50

LABORDE. **Les Hommes et les Actes de l'insurrection de Paris** devant la psychologie morbide. 1 vol. in-18. 2 fr. 50

LACOMBE. **Mes droits.** 1 vol. in-12. 2 fr. 50

LAGGROND. **L'Univers, la force et la vie.** 1 vol. in-8. 1884. 2 fr. 50

LA LANDELLE (de). **Alphabet phonétique.** In-18. 2 fr. 50

LANGLOIS. **L'Homme et la Révolution.** 2 vol. in-18. 7 fr.

LAURET (Henri). **Critique d'une morale sans obligation ni sanction.** In-8. 1 fr. 50

LAURET (Henri). Voy. p. 9.

LAUSSEDAT. **La Suisse.** Études méd. et sociales. In-18 3 fr. 50

LAVELEYE (Em. de). **De l'avenir des peuples catholiques.** In-8. 21e édit. 25 c.

LAVELEYE (Em. de). **Lettres sur l'Italie** (1878-1879). In-18. 3 fr. 50

LAVELEYE (Em. de). **Nouvelles lettres d'Italie.** 1 vol. in-8. 1884. 3 fr.

LAVELEYE (Em. de). **L'Afrique centrale.** 1 vol. in-12. 3 fr.

LAVELEYE (Em. de). **La Péninsule des Balkans** (Vienne, Croatie, Bosnie, Serbie, Bulgarie, Roumélie, Turquie, Roumanie). 2e édit. 2 vol. in-12. 1888. 10 fr.

LAVELEYE (Em. de). **La Propriété collective du sol en différents pays.** In-8. 2 fr.

LAVELEYE (Em. de). Voy. p. 5 et 13.

LAVERGNE (Bernard). **L'Ultramontanisme et l'État.** In-8. 1 fr. 50

LEDRU-ROLLIN. **Discours politiques et écrits divers.** 2 vol. in-8 cavalier. 12 fr.

LEGOYT. **Le Suicide.** 1 vol. in-8. 8 fr.

LELORRAIN. **De l'aliéné au point de vue de la responsabilité pénale.** In-8. 2 fr.

LEMER (Julien). **Dossier des jésuites et des libertés de l'Église gallicane.** 1 vol. in-18. 3 fr. 50

LOURDEAU. **Le Sénat et la Magistrature dans la démocratie française.** 1 vol. in-18. 3 fr. 50

MAGY. **De la Science et de la Nature.** 1 vol. in-8. 6 fr.

MAINDRON (Ernest). **L'Académie des sciences** (Histoire de l'Académie, fondation de l'Institut national; Bonaparte, membre de l'Institut). 1 beau vol. in-8 cavalier, avec 53 gravures dans le texte, portraits, plans, etc., 8 planches hors texte et 2 autographes, d'après des documents originaux. 12 fr.

MARAIS. **Garibaldi et l'Armée des Vosges.** In-18. (V. P.) 1 fr. 50

MASSERON (I.). **Danger et Nécessité du socialisme.** In-18. 3 fr. 50

MAURICE (Fernand). **La Politique extérieure de la République française.** 1 vol. in-12. 3 fr. 50

MENIÈRE. **Cicéron médecin.** 1 vol. in-18. 4 fr. 50

MENIÈRE. **Les Consultations de Mme de Sévigné,** étude médico-littéraire. 1884. 1 vol. in-8. 3 fr.

MICHAUT (N.). **De l'Imagination.** 1 vol. in-8. 5 fr.

MILSAND. **Les Études classiques** et l'enseignement public. 1 vol. in-18. 3 fr. 50

MILSAND. **Le Code et la Liberté.** In-8. 2 fr.

MILSAND. Voy. p. 3.

MORIN (Miron). **De la séparation du temporel et du spirituel.** In-8. 3 fr. 50

MORIN (Miron). **Essais de critique religieuse.** 1 fort vol. in-8. 1885. 5 fr.

MORIN. **Magnétisme et Sciences occultes.** 1 vol. in-8. 6 fr.

MORIN (Frédéric). **Politique et Philosophie.** 1 vol. in-18. 3 fr. 50

NIVELET. **Loisirs de la vieillesse ou l'Heure de philosopher.** 1 vol. in-12. 3 fr.

NOEL (E.). **Mémoires d'un imbécile,** précédé d'une préface de *M. Littré.* 1 vol. in-18. 3e édition. 3 fr. 50

NOTOVITCH. **La Liberté de la volonté.** In-18. 1888. 3 fr. 50

OGER. **Les Bonaparte** et les frontières de la France. In-18. 50 c.

OGER. **La République.** In-8. 50 c.

OLECHNOWICZ. **Histoire de la civilisation de l'humanité,** d'après la méthode brahmanique. 1 vol. in-12. 3 fr. 50

PARIS (comte de). **Les Associations ouvrières en Angleterre** (Trades-unions). 1 vol. in-18. 7e édit. 1 fr. — Édition sur papier fort, 2 fr. 50. — Sur papier de Chine, broché, 12 fr. — Rel. de luxe. 20 fr.

PELLETAN (Eugène). **La Naissance d'une ville** (Royan). In-18. 1 fr. 40

PELLETAN (Eug.). **Jarousseau, le pasteur du désert.** 1 vol. in-18 (couronné par l'Académie française), toile, tr. jaspées. 2 fr. 50

PELLETAN (Eug.). **Un Roi philosophe, Frédéric le Grand.** In-18. 3 fr. 50

PELLETAN (Eug.). **Le monde marche** (la loi du progrès). In-18. 3 fr. 50

PELLETAN (Eug.). **Droits de l'homme.** 1 vol. in-12. 3 fr. 50

PELLETAN (Eug.). **Profession de foi du XIXe siècle.** in-12. 3 fr. 50

PELLETAN (Eug.). **La Mère.** 1 vol. in-8, toile, tr. dorées. 4 fr. 25

PELLETAN (Eug.). **Les Rois philosophes.** 1 vol. in-8, toile, tranches dorées. 4 fr. 25

PELLETAN (Eug.). **La Nouvelle Babylone.** 1 vol. in-12. 3 fr. 50

PELLETAN (Eug.). Voy. p. 31.

PELLIS (F.) **La Philosophie de la Mécanique.** 1 vol. in-8. 1888. 2 fr. 50

PÉNY (le major). **La France par rapport à l'Allemagne.** Étude de géographie militaire. 1 vol. in-8. 2e édit. 6 fr.

PEREZ (Bernard). **Thiery Tiedmann. — Mes deux chats.** In-12. 2 fr.

PEREZ (Bernard). **Jacotot et sa méthode d'émancipation intellectuelle.** 1 vol. in-18. 3 fr.

PEREZ (Bernard). Voy. p. 6.

PETROZ (P.). **L'Art et la Critique en France** depuis 1822. 1 volume in-18. 3 fr. 50

PETROZ. **Un Critique d'art au XIXe siècle**. In-18. 1 fr. 50

PHILBERT (Louis). **Le Rire**, essai littéraire, moral et psychologique. 1 vol. in-8. (Couronné par l'Académie française, prix Montyon.) 7 fr. 50

POEY. **Le Positivisme**. 1 fort vol. in-12. 4 fr. 50

POEY. **M. Littré et Auguste Comte**. 1 vol. in-18. 3 fr. 50

POULLET. **La Campagne de l'Est** (1870-1871). 1 vol. in-8 avec 2 cartes, et pièces justificatives. 7 fr.

QUINET (Edgar). **Œuvres complètes**. 30 volumes in-18. Chaque volume.. 3 fr. 50

Chaque ouvrage se vend séparément :

1. Génie des religions. 6e édition.
2. Les Jésuites. — L'Ultramontanisme. 11e édition.
3. Le Christianisme et la Révolution française. 6e édition.
4-5. Les Révolutions d'Italie. 5e édition. 2 vol.
6. Marnix de Sainte-Aldegonde. — Philosophie de l'Histoire de France. 4e édition.
7. Les Roumains. — Allemagne et Italie. 3e édition.
8. Premiers travaux : Introduction à la Philosophie de l'histoire. — Essai sur Herder. — Examen de la Vie de Jésus. — Origine des dieux. — L'Église de Brou. 3e édition.
9. La Grèce moderne. — Histoire de la poésie. 3e édition.
10. Mes Vacances en Espagne. 5e édition.
11. Ahasverus. — Tablettes du Juif errant. 5e édition.
12. Prométhée. — Les Esclaves. 4e édition.
13. Napoléon (poème). (*Épuisé.*)
14. L'Enseignement du peuple. — Œuvres politiques avant l'exil. 8e édition.
15. Histoire de mes idées (Autobiographie). 4e édition.
16-17. Merlin l'Enchanteur. 2e édition. 2 vol.
18-19-20. La Révolution. 10e édition. 3 vol.
21. Campagne de 1815. 7e édition.
22-23. La Création. 3e édition. 2 vol.
24. Le Livre de l'exilé. — La Révolution religieuse au XIXe siècle. — Œuvres politiques pendant l'exil. 2e édition.
25. Le Siège de Paris. — Œuvres politiques après l'exil. 2e édition.
26. La République. Conditions de régénération de la France. 2e édit.
27. L'Esprit nouveau. 5e édition.
28. Le Génie grec. 1re édition.
29-30. Correspondance. Lettres à sa mère. 1re édition. 2 vol.

RÉGAMEY (Guillaume). **Anatomie des formes du cheval**, à l'usage des peintres et des sculpteurs. 6 planches en chromolithographie, publiées sous la direction de FÉLIX RÉGAMEY, avec texte par le Dr KUHFF. 8 fr.

RIBERT (Léonce). **Esprit de la Constitution** du 25 février 1875. 1 vol. in-18. 3 fr. 50

RIBOT (Paul). **Spiritualisme et Matérialisme**. Étude sur les limites de nos connaissances. 2e édit. 1887. 1 vol. in-8. 6 fr.

ROBERT (Edmond). **Les Domestiques**. 1 vol. in-18. 3 fr. 50

ROSNY (Ch. de). **La Méthode conscienclelle**. Essai de philosophie exactiviste. 1 vol. in-8. 1887. 4 fr.

SANDERVAL (O. de). **De l'Absolu**. La loi de vie. 1887. 1 vol. in-8. 5 fr.

SECRÉTAN. **Philosophie de la liberté.** 2 vol. in-8. 10 fr.

SECRÉTAN. **La Civilisation et la Croyance.** 1 vol. in-8. 1887. 7 fr. 50

SIEGFRIED (Jules). **La Misère, son histoire, ses causes, ses remèdes.** 1 vol. grand in-18. 3e édition. 1879. 2 fr. 50

SIÈREBOIS. **Psychologie réaliste.** Étude sur les éléments réels de l'âme et de la pensée. 1876. 1 vol. in-18. 2 fr. 50

SOREL (Albert). **Le Traité de Paris du 20 novembre 1815.** 1 vol. in-8. 4 fr. 50

SPIR (A.). **Esquisses de philosophie critique**, précédées d'une préface de M. A. Penjon. 1 vol. in-18. 1887. 2 fr. 50

STUART MILL (J.). **La République de 1848 et ses détracteurs**, traduit de l'anglais, avec préface par M. Sadi Carnot. 1 vol. in-18. 2e édition. 1 fr.

STUART MILL. Voy. p. 4, 6 et 9.

TÉNOT (Eugène). **Paris et ses fortifications** (1870-1880). 1 vol. in-8. 5 fr.

TÉNOT (Eugène). **La Frontière** (1870-1881). 1 fort vol. grand in-8. 8 fr.

THIERS (Édouard). **La Puissance de l'armée par la réduction du service.** In-8. 1 fr. 50

THULIÉ. **La Folie et la Loi.** 2e édit. 1 vol. in-8. 3 fr. 50

THULIÉ. **La Manie raisonnante du docteur Campagne.** In-8. 2 fr.

TIBERGHIEN. **Les Commandements de l'humanité.** 1 vol. in-18. 3 fr.

TIBERGHIEN. **Enseignement et philosophie.** 1 vol. in-18. 4 fr.

TIBERGHIEN. **Introduction à la philosophie.** 1 vol. in-18. 6 fr.

TIBERGHIEN. **La Science de l'âme.** 1 vol. in-12. 3e édit. 6 fr.

TIBERGHIEN. **Éléments de morale universelle.** In-12. 2 fr.

TISSANDIER. **Études de théodicée.** 1 vol. in-8. 4 fr.

TISSOT. **Principes de morale.** 1 vol. in-8. 6 fr.

TISSOT. Voy. Kant, p. 7.

VACHEROT. **La Science et la Métaphysique.** 3 vol. in-18. 10 fr. 50

VACHEROT. Voy. p. 4 et 6.

VALLIER. **De l'intention morale.** 1 vol. in-8. 3 fr. 50

VAN ENDE (U.). **Histoire naturelle de la croyance**, *première partie :* l'Animal. 1887. 1 vol. in-8. 5 fr.

VERNIAL. **Origine de l'homme**, d'après les lois de l'évolution naturelle. 1 vol. in-8. 3 fr.

VILLIAUMÉ. **La Politique moderne.** 1 vol. in-8. 6 fr.

VOITURON (P.). **Le Libéralisme et les Idées religieuses.** 1 volume in-12. 4 fr.

WEILL (Alexandre). **Le Pentateuque selon Moïse et le Pentateuque selon Esra**, avec *vie, doctrine et gouvernement authentique de Moïse.* 1 fort vol. in-8. 7 fr. 50

WEILL (Alexandre). **Vie, doctrine et gouvernement authentique de Moïse**, d'après des textes hébraïques de la Bible jusqu'à ce jour incompris. 1 vol. in-8. 3 fr.

YUNG (Eugène). **Henri IV écrivain.** 1 vol. in-8. 5 fr.

ZIESING (Th.). **Érasme ou Salignac.** Étude sur la lettre de François Rabelais, avec un fac-similé de l'original de la Bibliothèque de Zurich. 1 brochure gr. in-8. 1887. 4 fr.

BIBLIOTHÈQUE UTILE

100 VOLUMES PARUS.

Le volume de 190 pages, broché, 60 centimes.

Cartonné à l'anglaise ou en cartonnage toile dorée, 1 fr.

Le titre de cette collection est justifié par les services qu'elle rend et la part pour laquelle elle contribue à l'instruction populaire.

Elle embrasse l'*histoire*, la *philosophie*, le *droit*, les *sciences*, l'*économie politique* et les *arts*, c'est-à-dire qu'elle traite toutes les questions qu'il est aujourd'hui indispensable de connaître. Son esprit est essentiellement démocratique. La plupart de ses volumes sont adoptés pour les Bibliothèques par le *Ministère de l'instruction publique*, le *Ministère de la guerre*, la *Ville de Paris*, la *Ligue de l'enseignement*, etc.

HISTOIRE DE FRANCE

* **Les Mérovingiens**, par BUCHEZ, anc. présid. de l'Assemblée constituante.

* **Les Carlovingiens**, par BUCHEZ.

Les Luttes religieuses des premiers siècles, par J. BASTIDE, 4e édit.

Les Guerres de la Réforme, par J. BASTIDE. 4e édit.

La France au moyen âge, par F. MORIN.

* **Jeanne d'Arc**, par Fréd. LOCK.

Décadence de la monarchie française, par Eug. PELLETAN. 4e édit.

* **La Révolution française**, par CARNOT, sénateur (2 volumes).

* **La Défense nationale en 1792**, par P. GAFFAREL.

* **Napoléon Ier**, par Jules BARNI.

* **Histoire de la Restauration**, par Fréd. LOCK. 3e édit.

* **Histoire de la marine française**, par Alfr. DONEAUD. 2e édit.

* **Histoire de Louis-Philippe**, par Edgar ZEVORT. 2e édit.

Mœurs et Institutions de la France, par P. BONDOIS. 2 volumes.

Léon Gambetta, par J. REINACH.

PAYS ÉTRANGERS

* **L'Espagne et le Portugal**, par E. RAYMOND. 2e édition.

Histoire de l'empire ottoman, par L. COLLAS. 2e édit.

* **Les Révolutions d'Angleterre**, par Eug. DESPOIS. 3e édit.

Histoire de la maison d'Autriche, par Ch. ROLLAND. 2 édit.

L'Europe contemporaine (1789-1879), par P. BONDOIS.

Histoire contemporaine de la Prusse, par Alfr. DONEAUD.

Histoire contemporaine de l'Italie, par Félix HENNEGUY.

Histoire contemporaine de l'Angleterre, par A. REGNARD.

HISTOIRE ANCIENNE

La Grèce ancienne, par L. COMBES, conseiller municipal de Paris. 2e éd.

L'Asie occidentale et l'Égypte, par A. OTT. 2e édit.

L'Inde et la Chine, par A. OTT.

Histoire romaine, par CREIGHTON.

L'Antiquité romaine, par WILKINS (avec gravures).

L'Antiquité grecque, par MAHAFFY (avec gravures).

GÉOGRAPHIE

* **Torrents, fleuves et canaux de la France**, par H. BLERZY.

* **Les Colonies anglaises**, par le même.

Les Iles du Pacifique, par le capitaine de vaisseau JOUAN (avec 1 carte).

* **Les Peuples de l'Afrique et de l'Amérique**, par GIRARD DE RIALLE.

* **Les Peuples de l'Asie et de l'Europe**, par le même.

L'Indo-Chine française, par FAQUE.

* **Géographie physique**, par GEIKIE, prof. à l'Univ. d'Edimbourg (avec fig.).

* **Continents et Océans**, par GROVE (avec figures).

Les Frontières de la France, par P. GAFFAREL.

COSMOGRAPHIE

* **Les Entretiens de Fontenelle sur la pluralité des mondes**, mis au courant de la science par BOILLOT.

* **Le Soleil et les Étoiles**, par le P. SECCHI, BRIOT, WOLF et DELAUNAY. 2e édit. (avec figures).

* **Les Phénomènes célestes**, par ZURCHER et MARGOLLÉ.

A travers le ciel, par AMIGUES.

Origines et Fin des mondes, par Ch. RICHARD. 3e édit.

* **Notions d'astronomie**, par L. CATALAN, professeur à l'Université de Liège. 4e édit.

SCIENCES APPLIQUÉES

* **Le Génie de la science et de l'industrie**, par B. GASTINEAU.

* **Causeries sur la mécanique**, par BROTHIER. 2e édit.

Médecine populaire, par le docteur TURCK. 4e édit.

La Médecine des accidents, par le docteur BROQUÈRE.

Les Maladies épidémiques (Hygiène et Protection), par le docteur L. MONIN.

* **Hygiène générale**, par le docteur L. CRUVEILHIER. 6e édit.

Petit Dictionnaire des falsifications, avec moyens faciles pour les reconnaître, par DUFOUR.

Les Mines de la France et de ses colonies, par P. MAIGNE.

Les Matières premières et leur emploi dans les divers usages de la vie, par H. GENEVOIX.

La Machine à vapeur, par H. GOSSIN, avec figures.

La Photographie, par le même, avec figures.

La Navigation aérienne, par G. DALLET (avec figures).

L'Agriculture française, par A. LARBALÉTRIER, avec figures.

SCIENCES PHYSIQUES ET NATURELLES

Télescope et Microscope, par ZURCHER et MARGOLLÉ.

* **Les Phénomènes de l'atmosphère**, par ZURCHER. 4e édit.

* **Histoire de l'air**, par Albert LÉVY.

* **Histoire de la terre**, par le même.

* **Principaux faits de la chimie**, par SAMSON, prof. à l'Éc. d'Alfort. 5e édit.

Les Phénomènes de la mer, par E. MARGOLLÉ. 5e édit.

* **L'Homme préhistorique**, par L. ZABOROWSKI. 2e édit.

* **Les Grands Singes**, par le même.

Histoire de l'eau, par BOUANT.

* **Introduction à l'étude des sciences physiques**, par MORAND. 5e édit.

* **Le Darwinisme**, par E. FERRIÈRE.

* **Géologie**, par GEIKIE (avec fig.).

* **Les Migrations des animaux et le Pigeon voyageur**, par ZABOROWSKI.

* **Premières Notions sur les sciences**, par Th. HUXLEY.

La Chasse et la Pêche des animaux marins, par le capitaine de vaisseau JOUAN.

Les Mondes disparus, par L. ZABOROWSKI (avec figures).

Zoologie générale, par H. BEAUREGARD, aide-naturaliste au Muséum (avec figures).

PHILOSOPHIE

La Vie éternelle, par ENFANTIN. 2e éd.

Voltaire et Rousseau, par Eug. NOEL. 3e édit.

* **Histoire populaire de a philosophie**, par L. BROTHIER. 3e édit.

* **La Philosophie zoologique**, par Victor MEUNIER. 2e édit.

* **L'Origine du langage**, par L. ZABOROWSKI.

Physiologie de l'esprit, par PAULHAN (avec figures).

L'Homme est-il libre? par RENARD. 2e édition.

La Philosophie positive, par le docteur ROBINET. 2e édit.

ENSEIGNEMENT. — ÉCONOMIE DOMESTIQUE

* **De l'Éducation**, par Herbert Spencer.

La Statistique humaine de la France, par Jacques BERTILLON.

Le Journal, par HATIN.

De l'Enseignement professionnel, par CORBON, sénateur. 3e édit.

* **Les Délassements du travail**, par Maurice CRISTAL. 2e édit.

Le Budget du foyer, par H. LENEVEUX

* **Paris municipal**, par le même.

* **Histoire du travail manuel en France**, par le même.

L'Art et les Artistes en France, par Laurent PICHAT, sénateur. 4e édit.

Premiers principes des beaux-arts, par J. COLLIER.

Économie politique, par STANLEY JEVONS. 3e édit.

* **Le Patriotisme à l'école**, par JOURDY, capitaine d'artillerie.

Histoire du libre échange en Angleterre, par MONGREDIEN.

Économie rurale et agricole, par PETIT.

Les Industries d'art, par Achille MERCIER.

DROIT

La Loi civile en France, par MORIN. 3e édit.

La Justice criminelle en France, par G. JOURDAN. 3e édit.

Imprimeries réunies, A, rue Mignon, 2, Paris. — 10043.

www.ingramcontent.com/pod-product-compliance
Ingram Content Group UK Ltd.
Pitfield, Milton Keynes, MK11 3LW, UK
UKHW020259230726
13925UKWH00001B/131